主编简介

肖玉兰，博士、研究员。1982 年 1 月毕业于云南农业大学，工作后留学日本千叶大学，获博士学位。曾先后在首都师范大学、浙江清华长三角研究院、昆明市环境科学研究所、昆明市农业技术推广站等单位工作过。

现任上海离草科技有限公司首席专家。主要从事植物组织培养、植物生长环境调控研究，在植物无糖培养快繁和植物工厂方面做了大量的研究工作，并带领团队将研究成果应用于生产实践，形成了系列化的专利技术和产品。

Sugar-free Micropropagation and Transplant Production

植物无糖培养
微繁殖及种苗生产

主编 肖玉兰
副主编 姜仕豪 党康 杨成贺

清华大学出版社
北京

图书在版编目（CIP）数据

植物无糖培养微繁殖及种苗生产 / 肖玉兰主编. —北京：清华大学出版社，2022.12
ISBN 978-7-302-61140-0

Ⅰ.①植… Ⅱ.①肖… Ⅲ.①植物－繁殖 ②育苗 Ⅳ.①Q945.5 ②S35

中国版本图书馆CIP数据核字（2022）第110666号

责任编辑：刘 杨
封面设计：意匠文化·丁奔亮
责任校对：王淑云
责任印制：朱雨萌

出版发行：清华大学出版社
　　　　　网　　址：http://www.tup.com.cn, http://www.wqbook.com
　　　　　地　　址：北京清华大学学研大厦A座　　　　邮　　编：100084
　　　　　社 总 机：010-83470000　　　　　　　　　邮　　购：010-62786544
　　　　　投稿与读者服务：010-62776969, c-service@tup.tsinghua.edu.cn
　　　　　质量反馈：010-62772015, zhiliang@tup.tsinghua.edu.cn
印 装 者：小森印刷（北京）有限公司
经　　销：全国新华书店
开　　本：185mm×260mm　　　印　　张：31.75　　　字　　数：574千字
版　　次：2022年12月第1版　　　　　　　　　　　印　　次：2022年12月第1次印刷
定　　价：249.00元

产品编号：092625-01

Preface

Congratulations, Professor and Dr. Xiao Yulan and her three co-authors, for writing this excellent book entitled *Sugar-free Micropropagation and Transplant Production.* This book will be vital in promoting the research, development, application, and business of sugar-free micropropagation (also called photoautotrophic or sugar-free-medium micropropagation) and transplant production. Sugar-free-micropropagation has many advantages over conventional (or sugar-containing medium) micropropagation, as described in detail in this book.

The concept and methodology of sugar-free micropropagation are relatively simple. On the other hand, its concept and methodology are quite different from those of conventional micropropagation. In the former, plants grow by photosynthesis (or photoautotrophically) using CO_2 in the air as a carbon source, light energy, and minerals in the medium. In contrast, plants grow using sugar as the main carbon source (heterotrophically or mixotrophically) in the latter, as described in the book.

The sugar-free micropropagation technology has been applied commercially for a wide range of plant species, including flowers, ornamentals, vegetables, fruit trees, trees for landscaping and forestation, medicinal or herbal plants, potatoes, sweet potatoes, sugarcane, ginger, and many others, as shown in this book. Covering our planet with green plants and using the plants wisely for our higher quality of life is essential to conserve our global and local environments and keep atmospheric CO_2 concentration as low as possible to suppress global climate change.

Sugar-free micropropagation can solve a number of the issues mentioned below by producing many high-quality transplants at low costs and minimum resource consumptions to provide the highest possible yields and quality of produce. The world today is facing a wide range of issues to be solved: 1) food security and safety,

2) shortages of natural resources such as water for irrigation and raw materials for phosphate and potassium fertilizers, 3) environmental conservation regarding soil, water, atmosphere, biomass and landscape, and 4) increasing demands for higher quality of life and food. We need to solve the issues under growing urban populations, contracting arable land area and agricultural population with aging farmers and growers, and climate change causing unstable crop yields and quality.

A remarkable feature of this book is that it covers almost all aspects of sugar-free micropropagation, so that the readers of this book can widen this technology by themselves. Besides, they can try the sugar-free tissue and organ culture method in the fields of in vitro breeding, in vitro selection of elite plantlets, and any physio- and ecological studies with use of chlorophyllous explants and sugar-free and phytohormone-free medium. Eco-physiological traits of plantlets grown on the sugar-free medium are significantly different from those grown on the sugar-containing medium. The reason is that the former aerial and rootzone environments is more natural and considerably different from those of the latter one.

I respect all the authors, Xiao Yulan, Jiang Shihao, Dang Kang and Yang Chenghe from the bottom of my heart for their willingness, efforts, skills, and achievements to solve the issues we are facing. I hope that readers of this book apply, revise and share the concepts, principles, theories, and applications of sugar-free micropropagation with researchers, educators, students, policymakers, business people, and citizens.

I have known Dr. Xiao Yulan well since I met her in 1996 in China. Since then, she has been devoting herself to developing sugar-free propagation systems as her life work for China and the world. This book is one of the fruit trees she grew with her colleagues and her many supporters. I sincerely hope that the readers of this book use and improve this sugar-free micropropagation technology for the next generations in China and the world.

Toyoki Kozai

Professor Emeritus of Chiba University

Japan Plant Factory Association, Honorary President

September 25, 2022

前　言

从事植物组织培养工作的同行们、朋友们，想必你们一定碰到过这样的问题，如果按植物组织培养理论增殖倍数来制定一年的生产计划及生产量，即使是按最低的增殖理论倍数来制定生产计划，其结果仍然达不到预定的生产数量。另外，好不容易得到了一个优良品种的试管苗，原指望它能为企业带来好效益，但还没等增殖起来，就已全军覆没。原因何在？是污染和植株生长发育不良！大量的小植株在培养过程中因为污染而损失惨重；培养容器内不良的微环境条件导致试管苗瘦弱、玻璃化、黄化、畸形和变异；特别是过渡阶段大量的小植株死亡更是令人痛心。为了防止污染，我们不得不采取种种严格的防范措施，过量使用各种消毒剂、杀菌剂，甚至不惜以损坏人的身体健康为代价，但效果仍然不尽如人意。我们曾经长时间地思索过，探索过，希望能找到将污染减至最少，提高试管苗质量的途径。植物无糖培养微繁殖技术（photoautotrophic micropropagation or sugar-free micropropagation）是植物组织培养的一个新亮点，当您读完这本书后，相信您已经找到了问题的答案和解决的办法。

植物无糖培养微繁殖技术的发明人是日本千叶大学园艺学部的古在丰树教授，他曾任日本千叶大学校长，千叶大学园艺学部部长，千叶大学环境健康实证基地科学研究中心主任，日本植物工厂研究会（PFAL）理事长，是当今国际设施园艺工程科学领域的著名权威学者，世界知名的生物环境控制和植物组织培养方面的科学家，其研究硕果累累。在过去的40多年间，他发表了300多篇论文，出版了100多本书，并取得了10多项发明专利。研究领域涉及温室环境控制、计算机、节能、通风、自动控制、植物组织培养、密闭型种苗生产、人工光植物工厂、可控环境下药用植物生产等。曾获日本农业气象学会奖、日本生物环境调节学会奖、日本植物工厂学会奖、日本农学奖。获奖内容包括：太阳光在温室的传播，工厂化种苗生产环境控制基本原理研究，光自养植物组织培养中的环境控制，通过环境控制调节试管中小植株的生长和快速繁殖等。为表彰和奖励古在丰树教授在科研和教育方面所做出的卓越成绩，2002 年日本文部省授予他"紫绶奖章"；2009 年美国组培生物学学会授予他"终身成就奖"；2019 年日本政府授予他"瑞宝重光勋章"。目前，古在丰树先生是千叶大学名誉教授和日本植物工厂协会的名誉主席，79 岁高龄的他仍在勤奋工作，致力于世界生物环境调控和植物工厂的研究和发展。

近 30 年来，古在教授始终致力于中日两国农业方面的学术与人才交流，不辞辛劳，多次应邀来华讲学、指导，进行学术交流。从乡间田野到大学讲堂，足迹遍布大半个中国；从普通农民到专家学者，受益人数数以千万计。令人惊喜的是，他的研究成果已在中国大地上开花结果，植物无糖培养微繁殖技术就是其中的一个典型案例。2002 年 9 月，为表彰他对中国的建设和发展所做的贡献，中国国家外国专家局授予他"友谊奖"。昆明市人民政府授予他"国际科学技术合作奖"。

笔者有幸师从古在丰树教授，系统学习了植物无糖培养微繁殖技术的理论，并进行了大量的试验、研究和实践工作。所取得的成绩和进步，都得益于古在老师的精心指导、严格要求和热情帮助。老师教给我的不仅是知识、技术和严谨求实的学风，他高尚的情操、无私奉献的精神引导着我在科学探索的道路上跋涉，甘于寂寞，淡泊名利。

通过多年的实践证明，植物无糖培养微繁殖技术具有很多的优势和广阔的应用前景。因此，我们把无糖培养微繁殖技术的理论和多年来的实践经验介绍给大家，希望能对读者的工作有所帮助。本书是在 2003 年出版的《植物无糖组培快繁工厂化生产技术》一书的基础上编写的，本书共分为 9 章，主要包括：植物无糖培养微繁殖技术的概念和原理；微繁殖中的碳营养和光合作用；微繁殖中的环境控制；植物无糖培养快繁生产技术；密闭型种苗生产系统；植物无糖培养大田及经济植物篇；观赏植物篇；药用植物篇；技术的发展历程和已成功培养的植物。第 1~5 章由肖玉兰编写，第 6 章由姜仕豪编写，第 7 章由杨成贺编写，第 8 章由党康编写，第 9 章由肖玉兰和姜仕豪编写。与前书相比，本书增加了10 多年来无糖培养研究和生产应用方面的最新研究成果和生产实践发展情况，希望这些内容的介绍能对植物组织培养的同行们及关注植物培养的读者朋友们提供参考和帮助。

植物无糖培养微繁殖技术的引进、研究和应用，曾得到中国国家外国专家局、科技部、昆明市科技局、昆明市环境科学研究所、浙江省科技厅、浙江清华长三角研究院、上海市科学技术委员会、嘉善县科技局的支持和帮助，才使得该项技术不但在研究方面取得进展并得以在生产中推广应用。在项目实施过程中，领导的信任和对项目的支持，给予课题组成员极大的鼓励和信心，大家不怕困难，勇于创新，不断进取，经历失败的教训，迎来成功的喜悦，始终一如既往，力求做得更好！我的同事们，特别是从事工程技术的同事们，他们的协作与投入对技术的研究进展和产业化的开发应用起了非常重要的作用。在本书出版之际，深深感谢各级领导的关心和支持；感谢参与研究的团队和企业的协作和付出；感谢我过去和现在的同事们为推动该项技术产业的发展所付出的辛勤劳动。

本书在撰写过程中得到了 Dr. Toyoki Kozai, Dr. Chieri Kubota, Dr. S. M. A. Zobayed, Dr. Fawzia Afreen, Dr. Quynh Thi Nguyen 的支持和帮助，并提供了大量相关内容的图片资料，在此一并深表感谢。此外，本书引用了大量国内外文献中的研究成果、数据，在此也向文献的作者们致以最诚挚的感谢！

本书在撰写过程中得到了我的同事姜仕豪、党康和杨成贺在图片编辑方面的大力协助，特别是姜仕豪不辞辛劳，完成了"已培养的植物种类列表"和"参考文献"的整理工作。同时这本书的出版还得益于上海离草科技有限公司董事长娄影的大力支持，包括写作时间和出版资金的支持，没有她的鼎力支持，这本书的出版不可能如此顺利。

感谢古在丰树教授在百忙之中为本书欣然作序；感谢中国农业科学院都市农业研究所党委书记杨其长研究员多年来在无糖培养微繁殖研究方面的协作和大力支持；感谢陕西清美生物科技有限公司的梁永琪、段珍珍、李志萍为本书撰写提供了大量的素材和资料；感谢河南华薯农业科技有限公司的马建伟、许玲玲、武功县海棠生态农林有限公司张科成、王忠景、王磊、郭瑶提供的图片和资料；感谢齐力旺（中国林科院）、韩惜兰、惠斐龙（北京国康本草物种生物科学技术研究院有限公司）、丁建丰（杭州创高农业开发有限公司）、解红娥（山西省农科院棉花所）、王立（广东江门市新会林科院）、蒙真铖、苏翠（云南红河热带农业科学研究所）、张玉华、莫雪燕、刘月（桂林莱茵生物股份有限公司），徐焕（山东陌上源林生物科技有限公司）等为本书编写提供了相关资料，在此一一深表感谢！

感谢清华大学出版社编辑们为此书的出版所付出的辛勤劳动；该书是集体智慧的结晶，没有大家的努力和付出，也就没有本书的出版。在此，再一次向协助本书出版和提供帮助的所有人表示衷心地和最深切地感谢！限于作者的学术水平和能力，书中难免存在疏漏和不足之处，敬请读者批评和指正。

肖玉兰

2022 年 9 月 28 日

目 录

第1章 植物无糖培养微繁殖技术的概念及原理

肖玉兰

1.1 技术的来源

植物无糖培养微繁殖技术来源于日本，其发明人是日本千叶大学园艺学部环境调节工学研究室的古在丰树教授（图1-1）。他自1974年起一直从事温室环境控制方面的研究。1986年，一次偶然的机会，古在丰树教授应邀帮助一位从事观赏园艺植物组培快繁生产的朋友，解决生产中出现的组培苗生根困难、污染率高等问题。古在教授很奇怪为什么在植物组织培养快繁中，所有的培养基都必须加入糖？甚至培养绿色带叶的植物时也是如此？这些植物的大小与温室或田野移栽的小植物或幼苗相似，而植物在大自然中可以健壮生长，

图1-1　日本千叶大学的古在丰树教授

不存在微生物污染问题，它们与生长在组培容器中植株的根本不同在于碳源不同。前者的碳来自于空气中的CO_2，后者的碳来自于培养基中的糖。糖是微生物最好的营养物质，培养基中的糖是引起微生物污染的主要因素。如果能用CO_2代替培养基中的糖作为组培苗生长的碳源，就有可能解决植物组织培养生产中存在的污染问题，以及由此带来的诸如组培苗生长差，劳动消耗高等一系列问题。更令古在教授惊讶的是，大多数植物组织培养学者对控制培养容器中的光强、光质、光周期、相对湿度、CO_2浓度和空气流动不感兴趣，而这些正是温室环境控制中最重要的因素。

这次偶然的发现和随之而引发的思索让古在教授走上了无糖培养微繁殖的研究道路。他发现在试管苗生长容器中，在光照期间，容器中的 CO_2 量急剧下降，这表明光照时容器内的 CO_2 被消耗了。在把培养基中的糖除去以后，他发现小植株仍然能够存活并生长。于是他确定容器中的小植株具有一定的光合能力，是培养容器内 CO_2 浓度太低限制了植物的光合作用；CO_2 能够取代培养基中的糖作为组培苗的碳源——无糖培养微繁殖的理论自此诞生。

古在教授把温室环境控制技术应用到植物组织培养中，开始了植物无糖培养环境的研究和探索。他逐步改善了容器内的相对湿度、光照强度、空气流动性等环境因素，以此来促进植物的生长和活力。经过多年的大量研究，已有近 100 个物种被成功培养的报道，研究人员通过改善其培养环境从而极大地促进了植株的生长发育，获得了理想的培养效果。虽然这一技术在世界范围内还没有实现大规模的商业化应用，但从带有透气膜的小型培养容器到带有强制换气的大型培养容器的无数研究已经证明了光自养微繁殖系统的可行性。随着光自养微繁殖技术的逐步发展，古在教授又产生了新的想法：将光自养微繁殖的概念和密闭生产系统相结合，形成密闭型种苗生产系统，也就是构建人工光种苗生产系统。该系统可以在有限的时间内生产出大量的高质量种苗，而且可以高效地利用能源和水。该密闭系统已被商业化应用，2010 年起已在日本约 100 个地点用于育苗、扦插和接穗 / 砧木嫁接。我们将在本书的第五章讲述人工光种苗生产系统。

随着植物无糖培养研究的深入及大量试验取得成功，其可行性和优越性得到了充分肯定，植物无糖培养理论与技术也逐渐被人们接受。到 20 世纪 90 年代后期，无糖培养微繁殖技术成为了植物组织培养研究的新兴领域，受到广泛关注，在各国也开始得到传播和应用。中国国家外国专家局于 1996 年邀请古在丰树教授到昆明等地进行学术讲座，将无糖培养微繁殖技术传播到了中国。经过多年的实践和生产应用，这一技术已在生产上呈现出极大的优势。不少的植物组培工作者认为，该技术将成为植物组织培养技术中的一个新的发展方向。

1.2　技术的原理和概念

1.2.1　植物的繁殖方式

植物可以通过有性和无性两种方式来繁殖——有性繁殖和无性繁殖都有其各自的优势和特点。有性繁殖主要是通过种子繁殖，其优势是种子产量大、生产成本低，有的种子可以长期贮存而不失活，种子便于运输且几乎不带病毒。但植物生产的目标几乎都是要求栽培性状整齐一致的群体，而植物种子生产出的植株其遗传性状却是不同的，要想得到从种子产出的均匀一致的后代实际上是很难的或者是根本不可能的。要想生产出后代均匀一致的植株，目前只能采用无性繁殖的方法。另外还有些植物不能产生有活性的种子，有些植物种子休眠期很长，这些植物也需要采用无性繁殖的方法。无性繁殖又被称为营养繁殖（vegetative propagation），很多重要的作物都是无性繁殖，例如：马铃薯、红薯、甘蔗、草莓、苹果等。用哪一种方法繁殖一种植物不仅取决于所繁殖的植物种类，该种植物的遗传潜力，也要考虑技术的成熟度，生产成本和培养的农艺目标。

1.2.2　植物组织培养

植物组织培养（plant tissue culture）是指在无菌的条件下，将离体植物的器官（根、茎、叶、花、果实等）、组织（形成层、花药组织、胚乳、皮层等）、细胞（体细胞和生殖细胞）以及原生质体等培养在人工配制的培养基上，在人工控制的环境里使其再生，形成完整植株的方法。也就是将植物体的一部分（外植体）放在无菌的容器中，供给它们充足的营养物质、置于适宜的环境中，使它们得以生存和形成完整植株的一种方法（图 1-2）。植物组织培养的优势在于可以脱除病毒、快速繁殖和保存种质资源。

在植物组织培养中，通过试管内培养离体的组织和细胞获得的小植株叫**试管苗**。采用植物组织培养方法可以使试管苗具有很高的繁殖速度，因此，人们又将这一繁殖方法称为**快速繁殖**（rapid propagation）或**微繁殖**（micropropagation）。它是相对于外界自然条件下的**常规繁殖**（propagation）方法而言的。微繁殖可以在一定时间内从一个外植体繁殖出比常规繁殖多几百倍、甚至千万倍与母体遗传性状相同而健康的小植株，其标准可达到大田生产种苗的要求。用于植物组织培养的离体组织、器官或细胞等被称为外植体（一般包括茎尖、根、茎、叶、花器官以及它们形成的体细胞胚等材料）。因此，植物微繁殖技术是当前生物工程中应用最广泛、最有效的技术和方法，在园艺、农林、药用植物种植生产等领域都得到了广泛应用。

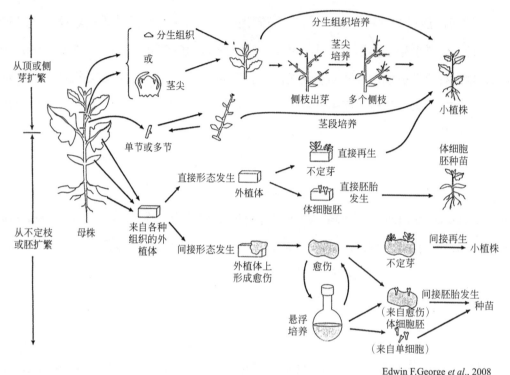

Edwin F.George *et al.*, 2008

图 1-2　植物组培快繁的主要方法

　　长期以来，在植物的组织培养中，一直是以糖作为植物体的碳源，我们把它称为有糖培养微繁殖（sugar-containing micropropagation），它与无糖培养微繁技术的根本区别在于碳源的供给方式不同，从而引起了植株生理、形态、生长、发育等方面的许多不同，在以后的章节中将对此进行详细地论述。植物无糖培养微繁殖是在植物组织培养研究的基础上发展起来并用于工厂化生产的技术。无糖培养微繁殖的目标是在短时间内获得大量遗传相同、生理一致、生长发育正常、无病无毒的群体植株。这就要求植株有高的光合能力或光自养能力（能利用空气中的 CO_2 作为主要的碳源）；在简陋的温室中能成活，生长成本低，能进行自动化环境控制和很少的人工操作。

1.2.3　培养容器中小植株营养获取方式（图 1-3）

自养　当叶绿素植物仅仅使用 CO_2 作为碳源时，称之为自养。CO_2 固定的过程被称为光合作用。在光自养的情况下，植株仅依靠无机营养生长，或者说没有碳水化合物（例如糖）的供给。绿色植物只有生长在没有任何碳水化合物供给，完全依赖于光合作用的情况时，其营养方式才能称为自养。

异养　当植物或组织生长在有碳水化合物作为碳源供给，而且不依靠光合作用的情况下，称为异养。异养是培养物依赖外源碳水化合物（例如培养基中的糖）作为唯一能源的营养方式。

兼养　当植物或组织生长在同时有 CO_2 和碳水化合物供给的条件下，其不仅使用内源的碳水化合物，也使用外源的碳水化合物作为能源的营养方式，称为兼养。不管培养基中的糖含量多或少，只要叶绿素的培养物是生长在含糖的培养基中，都可以归属于兼养。

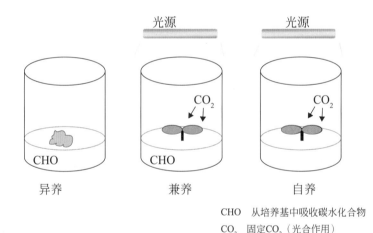

CHO　从培养基中吸收碳水化合物
CO_2　固定 CO_2（光合作用）

图 1-3　植物微繁殖中小植株的 3 种碳营养获取方式

1.2.4　光自养微繁殖（photoautotrophic micropropagation）

光自养微繁殖技术或者说无糖培养微繁殖（sugar-free micropropagation）技术是指容器中的小植株在人工光源下吸收 CO_2 进行光合作用，在完全自养的方式下进行生长繁殖的技术。其特点在于：采用人工环境控制的手段，用 CO_2 代替糖作为植物体的碳源，提供最适宜植株生长的光、温、水、气、营养等条件，促进植株的光合作用，从而促进植物的生长发育和快速繁殖。它适用于所有植物的微繁殖，是一种全新的植物组织培养概念，是环境控制技术和组织培养技术的有机结合。

光自养微繁殖有狭义和广义两种定义。

狭义的光自养微繁殖 一种没有任何有机物作为有机体生长的营养成分的培养方式。在这个狭义的定义下，光自养微繁殖的培养基应除去所有的有机成分。正如水耕法一样，光自养培养基由无机营养构成。维生素、生长激素和凝胶状的物质，不能加入到光自养微繁殖的培养基中。在光自养微繁殖中，多孔的物质（例如蛭石）被用作培养基质。

广义的光自养微繁殖 除了糖之外，可以使用其他的有机物质作为有机体生长的营养成分的培养方式。换言之，培养基中不加入糖，用 CO_2 代替糖作为植物体的碳源，而其他的有机物，例如琼脂、植物生长激素等都可以加入到培养基中。这种技术又称为**无糖培养微繁殖**。

光自养微繁殖的研究发现，含叶绿素的培养物，如叶片外植体、子叶期体细胞胚、离体带叶的茎段和很小的植株等都有较强的光合能力，在无糖培养的条件下，都能进行生长。

1.3 技术的特点

1. CO_2 代替了糖作为植物体的碳源。

碳素营养是植物生命的基础，在一般的有糖培养微繁殖过程中，小植物是以糖（例如蔗糖、果糖、葡萄糖和山梨糖等）作为主要碳源进行异养或兼养生长的，糖被看作植物组织培养中必不可少的物质。无糖培养微繁殖是以 CO_2 作为小植株的唯一碳源，利用光能通过光合作用进行自养生长（图 1-4）。

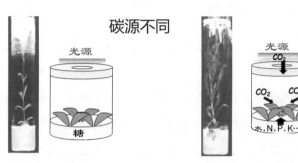

图 1-4 植物有糖培养和无糖培养碳源的区别

2. 环境控制促进植株的光合速率

在传统的组织培养中，研究人员很少对植株生长的微环境进行研究，研究的重点放在了培养基的配方以及激素的用量和有机物质的添加上。而成功的光自养微繁殖是建立在对培养容器内环境控制的基础上，在这种情况下，提高小植株的光合速率是提高植株生长率的主要途径。为了促进容器内小植株的光合速率，研究人员必须了解容器内的环境条件，例如容器中的光照强度和 CO_2 浓度，以及如何将其保持在最佳范围内，最大限度地提高植物的光合作用速率。

3. 使用大型培养容器

在传统的组织培养中，由于培养基中糖的存在，为了防止污染，一般只能使用较小的培养容器；而无糖培养则可以使用各种类型的培养容器，例如，试管、培养瓶、培养盒、培养箱、培养室等，这是因为无糖培养可以将其污染率降至最低。

图 1-5　植物有糖培养和无糖培养培养容器的区别

A：为防止污染，只能使用小容器（有糖培养）；B：可以使用大型的培养容器（无糖培养）

4. 多孔的无机材料作为培养基质

在传统的组织培养中，常常使用凝胶状的物质，例如，琼脂、结冷胶、卡那胶等作为培养基质；而无糖培养还可采用多孔的无机物质，例如，蛭石、珍珠岩、砂等作为培养基质。多孔的无机材料不但可以降低成本，还可以促进植物根系的发育和生长。

5. 操作简单

在传统的有糖培养中，各个环节的灭菌工作是非常繁琐的，灭菌锅和超净工作台是必须的。而无糖培养的营养液煮开 10 min 左右就可直接使用，接种可以在洁净的房间进行，操作变得简单。并且无糖培养苗因为根系不含糖和琼脂，移栽时不需要洗苗，可以直接移栽，不但简化了操作还极大地提高了移栽苗的成活率。

6. 可以和有益的微生物共生

在传统的有糖培养中，培养物必须在完全无菌的条件下才能生长，否则就会产生污染。而无糖培养主要是防止病原菌，也就是会引起植物病害的微生物，但可以和有益的微生物共生。植物和微生物之间往往都存在共生或互作关系，例如，大多数药用植物，只有和微生物互作才能合成有益的活性物质。

1.4 传统植物微繁殖技术（有糖培养）存在的问题

植物微繁殖技术是组织培养在生产上应用最为广泛和有效的一项生物技术，也是快速繁殖植物新品种最重要的方法。从理论上计算，植物组培快繁的繁殖率很高，扩繁速度可比常规方法快数万倍到数百万倍。通常种苗繁殖数量可用公式计算：

$$Y = m \times X^n$$

上式中：Y 是年繁殖数；m 是无菌母株数；X 是每个培养周期增殖的倍数；n 是全年可增殖的周期次数

从该公式可以看出，种苗是以几何级数增殖的。然而，由于培养基中糖的存在，操作过程中较易出现污染损失、材料变异、生长不良、培养瓶内植株的生根率低、驯化期间较高的死亡率等，每一步的损失叠加起来，数字是惊人的。因此植物组培快繁实际的产出率远远低于理论值，这是造成较高生产成本的主要原因，也是植物组培快繁技术在商业化的应用中仍然受到一定限制的重要原因。

1. 污染

在传统有糖微繁殖中，小植株主要依靠培养基中的糖作为碳源。培养基中糖的存在导致了一系列问题的发生。首先是污染存在于整个组培快繁生产中的每一个环节。污染是指在组培过程中，由于真菌、细菌等微生物的浸染，在培养容器内滋生大量的菌斑，使培养材料不能正常生长和发育的现象。培养基中的糖是造成污染的主要原因。当培养基中含有高浓度糖，微生物（如细菌和真菌）一旦接触培养基，其生长速度会比培养的组织快得多，最终导致培养物死亡。污染微生物还可能排泄对植物组织有毒的代谢物，对植物造成毒害。在一般的微繁殖中，预防污染是一项艰巨而重要的工作，需消耗大量的人力和物力，能否有效控制微生物污染是关系到种苗工厂成败的关键。

2. 只能使用小的培养容器

在一般的组培快繁中，由于培养基中糖的存在，污染在培养过程中随时可见，防不胜防。为了减少微生物的污染，人们不得不使用封闭的、小的培养容器以减少微生物感染的概率，例如，试管、三角瓶、罐头瓶等，培养容器的容积一般在 5~350 mL 之间（目前生产中大部分使用的是 200 mL 左右大小的培养容器）。人们在生产中发现，在同样的培养条件下，大容器中生长的植株比小容器中生长得好，但大容器的污染率同样高于小的培养容器，并且随着培养容器的增大，污染率也逐渐增加。在大多数情况下，培养容器需要用盖子或塑料薄膜密封，而不透气、高温、高湿的环境条件极易导致小植株生长发育不良甚至死亡。而且由于小培养容器的使用，需要消耗大量的劳力用于瓶子的清洗、培养基的分装、灭菌、接种等。而且在生产中还需要一定的空间放置空瓶子，由于瓶子随时会发生破损，每年都需补充一定数量。在小的培养容器中，环境控制及其系统的开发是困难的，从而给生产带来很多不便。

3. 组培苗瘦弱或徒长

由于密封的小培养容器的使用，使容器内的环境与植株自然生长的环境差异极大，这会导致小植株叶片表层结构发育差、气孔开闭功能弱、叶片小、叶绿素含量低，最终抑制和降低了小植株的光合作用能力，并且还会导致植株生理、形态紊乱，出现难以适应的种类生长发育延缓或死亡。有的种类还会出现植株生长细弱、叶片舒展度差、生根不良、后期驯化阶段植株死亡率较高等问题。例如，在过高的温度条件下，植株节间伸长速度快，叶片变薄、变长、组培苗特别细弱；光照不足，组培苗则会在短时间内变黄、变弱、变细。湿度过高，通气不良，除了引发玻璃化外，还会引起植株徒长瘦弱。

4. 玻璃化

玻璃化是试管苗的一种生理失调症状，是植物在不适宜的离体环境中对非伤害性胁迫所反应的结果。当用植物材料进行离体繁殖时，有些培养物的嫩茎、叶片往往会出现半透明状和水渍状，这种现象即被称为玻璃化。玻璃化的主要特征是叶子厚、半透明、易碎、茎粗且容易折断。玻璃化会使试管苗生长缓慢、繁殖系数下降。呈现玻璃化的试管苗，其茎、叶表面无蜡质，体内的极性化合物水平较高，细胞持水力差，无法进行正常移栽。这种情况主要是由于培养容器中空气湿度过高，透气性差，过量使用激素等原因造成的，也就是说，植株生长的环境条件不良是造成玻璃化苗的主要原因。

温度　主要影响试管苗的生长速度，温度升高时，苗的生长速度会明显加快，但温度达到一定限度后，对植株正常的生长和代谢也会产生不良影响，并促进玻璃化的产生。变温培养时温度变化幅度大，忽高忽低的温度变化很容易在瓶内壁形成小水滴，增加瓶内湿度，进一步提高玻璃化苗的发生概率。

湿度　包括瓶内的空气湿度和培养基的含水量。瓶内湿度与通气条件密切相关，使用有透气孔的膜或通气较好的滤纸、牛皮纸封口时，通过气体交换可使瓶内湿度降低，玻璃化苗发生率减少。相反，如果用塑料或铁皮瓶盖、不透气的封口膜、锡箔纸封口，不利于气体交换，使瓶内处于不透气的高湿条件下，虽然会使苗的生长加快，但玻璃化苗的发生概率也相对提高。一般来说在单位容积内，培养的材料越多，苗的长势越快，玻璃化出现的概率就越高。

光照　增加光照强度可以促进光合作用，提高组培苗碳水化合物的含量，使玻璃化的发生概率降低。光照不足再加上高温，极易引起组培苗的过度生长，加速玻璃化发生。多数植物在光照时间 10~12 h，光合有效光量子通量密度 30~60 μmol·m^{-2}·s^{-1} 时能是够正常地生长和分化。光照强度较弱时，可通过延长光照时间的方式进行补偿。

此外，激素浓度过高也会导致玻璃苗现象的发生。尤其受生长素和细胞分裂素的影响，其影响一方面指细胞分裂素的浓度，另一方面则是以上两种激素的比例。高浓度的细胞分裂素有利于促进芽的分化，但也会使玻璃化的发生概率提高。

5. 黄化

黄化是指在组培过程中由于培养基成分、环境、激素、碳水化合物等各种因素引起的幼苗整株失绿、全部或部分叶片黄化、斑驳的现象。这一现象在植物组织培养中比较常见，特别是在部分木本花卉中较为多见。引起黄化的主要原因是培养容器通气不良、C_2H_4 含量较高、有毒物质积累过多、培养基中铁的含量不足、各矿物质营养不均衡、激素配比不当、培养苗长时间不转移、pH 值变化过大、培养温度不适、光照不足等。

6. 畸形和变异

畸形和变异是指在组培过程中，由于激素、环境等因素的作用和影响，组培苗的外部形态和内部生理发生变化，出现畸形、矮化、丛生、叶片增厚、茎秆变扁呈扫把状，甚至种性也发生变化的现象。植株生长的环境条件恶化和不适时，会发生一些比较明显的形态变异和畸形。例如，长时间的过低温会使组培苗僵化、节间矮缩；而温度过高时，苗会徒长，细弱。在密闭的培养容器内植株生长在高温、高湿的条件下，以及培养容器内有毒物质的积累，都极易导致植株的畸形和变异；另外，植物激素浓度过高，试管苗继代时间过长，也是造成变异的原因。

7. 不生根或生根率低

在进行组培生产时，经常会遇到试管苗长时间不生根或生根率很低的情况。其原因在于，培养基中的糖和激素浓度过高，抑制了根系的发育；温度和光照不适时，也会使植株生根周期延长或不生根；在组织培养中常使用凝胶类的物质（如琼脂、卡那胶、结冷胶等）往往透气性极差，也不利于植株的生根。

8. 过渡苗死亡率高

试管苗过渡是组培生产的最后一关，也是最关键和难度较大的一个环节，是试管苗从容器内的环境向自然环境转变的过渡时期。在传统的微繁殖中，由于试管苗是生长在含糖的培养基上，小植株不能靠光合作用生产自己所需的有机物，以异养生长为主，其种苗质量相对较差。而且，培养容器的湿度很高，所以幼嫩植物一旦进入外界大气环境中很容易失水。在过渡这个过程中，必须进行精细管理，稍不小心，任何一个环节出现问题或管理上的一时疏忽，都会造成过渡苗大批量的死亡甚至全军覆灭（图 1-6）。

控制污染和提高试管苗过渡的成活率是微繁殖生产中两个最关键的环节，它直接关系到种苗工厂的生存和发展。

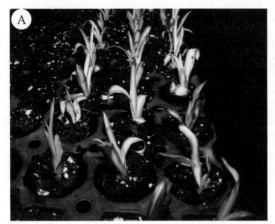

图 1-6　金芯丝兰组培苗移栽

A：刚移栽时；B：移栽一星期后

9. 生产成本偏高

植物组培快繁从理论上计算繁殖率很高，扩繁速度可比常规方法快数万倍乃至数百万倍。但由于操作过程中的污染损失、材料变异、生长不良、培养瓶内植株的生根率低、驯化期间较高的死亡率等，其间各项损失加起来，得到的损耗数字是惊人的。造成高生产成本的原因如下。

① 由于培养基中糖的存在，污染存在于整个微繁殖过程中。据统计，污染率每增加 5 个百分点，室内直接生产成本将递增 10% 以上，而且污染率越高，在此基础上的递增率也就越大，当污染率达 20% 时，成本增加 54%；污染率达 30% 时，成本将增加至 106%。所以控制污染是组培苗生产中至关重要的环节。

② 不良的生长环境条件和外源激素的使用，导致小植株生长发育不良，变异、畸形或死亡。

③ 试管苗过渡阶段小植株的低存活率是造成高成本的另一主要原因。在大多数情况下，试管苗的移栽成本占总生产成本 50% 左右，据甘肃农业大学计算，葡萄试管苗移栽成本占总成本的 56%~78%。

④ 培养材料如琼脂、糖、瓶子、封口膜等的损耗较大。

⑤ 劳动力的成本较高。由于大量小培养容器的使用，劳动力增加并且灭菌的能量消耗较高；劳动力成本占了整个生产成本的 50%~60%。

⑥ 培养周期长，导致用电的成本增加，单位面积上和单位时间内生产苗的数量减少。

综上所述，在传统的微繁殖中，糖作为一种碳源成了培养基中必须的添加物质从而增加了微生物的污染风险，而为了对冲这一风险，不得不使用封闭的小的容器。这导致微繁殖系统的计算机自动控制应用比较困难，并且使容器中的空气湿度处于饱和状态，CO_2 和 C_2H_4 浓度异常。在这种情况下，高的光照对促进植株生长无效，只能白白浪费电能。为了植株细胞组织的再生，常需额外加入生长激素，这些不良的环境条件导致植株生理紊乱和形态异常，阻碍和延缓了植株的生长，由此造成不稳定的生长周期、不舒展的叶片、生长细弱的植株、驯化阶段植株相当高的死亡率，进而造成高昂的生产成本，制约了微繁殖商业化生产的进一步发展。因此，在实际生产中，植物组培快繁的实际产出率远远低于理论值。较高的生产成本是植物组培在商业化的应用中，总的经济效益不高、发展不平衡、仍然受到一定限制的重要原因。植物组织微繁殖技术迫切需要在理论研究和生产实践中尽快地提高和完善。减少培养过程中的污染和提高过渡苗的成活率，提高产品的质量和数量，降低生产成本，获得良好的经济效益，一直是种苗微繁殖商业化生产中亟待解决的问题。光自养微繁殖技术为解决这一系列问题提供了新的途径。

1.5　技术的优越和限制因素

1.5.1　光自养微繁殖（无糖培养微繁殖）的优势

1. 极大地促进了植株的生长和发育

在适宜的环境控制条件下，光自养小植株的光合速率和生长率能被促进。培养基中加入糖与不加入糖对植物光合作用的影响极大。在无糖培养条件下，小植株的光合速率高于一般的有糖培养。许多研究表明，当小植株在无糖的培养基上培养时，在得到适宜的光照和补充 CO_2 的条件下，其光合速率显著高于在有糖培养基上的。例如，康乃馨（Kozai and

图 1-7　正在培养中的马铃薯无糖组培苗（上海离草科技有限公司）

Iwanami, 1988a), 马铃薯（Heo and Kozai, 1999）, 咖啡（Nguyen et al., 1999c），西红柿（Kubota et al., 2001）等。通过人工控制，动态调整优化植物生长环境，为种苗的繁殖生长提供最佳的 CO_2 浓度、光照、湿度、温度等环境条件，促进了植株的光合速率和生长发育，缩短了培养周期。

2. 污染率大幅度减少

培养基中的糖被除去以后，对其造成污染的微生物也就失去了繁殖的最佳营养条件，组培过程中污染的概率随之减少。由此将极大地减少植物的损失，减轻工人操作的劳动负荷，提高接种的操作速度，从而提高劳动生产率，降低生产成本。同时，在无糖培养中也可以允许一些有益的微生物存在，只要它们不是病原菌。

3. 消除了小植株生理和形态方面的紊乱

在上一节中已经谈到，在一般的微繁殖中，存在着植株玻璃化、黄化、畸形和变异等问题。这些问题产生的主要原因是小植株的生长环境条件不良。在无糖培养中，通过人为的环境控制来为小植株的生长提供各种适宜的光照、温度、湿度、CO_2、营养等生长条件，促进容器内空气的流通速度等措施，就可以不使用激素或只使用很少的激素。因此，在无糖培养微繁殖中，小植株生理和形态发育正常。

4. 试管苗移植到外界的条件时，有非常高的成活率

光自养的小植株有非常高的光合能力和适应外界环境的能力，移植到外界的环境条件中能保持正常的组织结构和气孔功能，这对提高过渡苗的成活率极为有利。从植株的生理条件来看，小植株从试管移到外界环境时，光自养的小植株不存在生理转化的过程，而有糖培养的植株是从异养或兼养状态进入完全自养的过程，很多小植株在这一生理转化过程中，会因无法适应而死亡。笔者曾详细调查过情人草（*Limonium latifolium*）和马铃薯小植株在容器内培养和移植到温室驯化后的成苗率，调查情况如表 1-1 所示。

从表 1-1 中可以看出：马铃薯的最终成苗率，在无糖培养的条件下是 96.4%，在有糖培养的条件下是 72.4%；情人草在无糖培养的条件下是 91.3%，在有糖培养的条件下是 62.4%。由于无糖培养的试管苗生长健壮，过渡苗的成活率大幅度提高，其驯化过程变得简单，甚至可以省略。

表 1-1　马铃薯和情人草试管苗在容器内培养 20 d 后移植到温室驯化 20 d 后的成苗率

植物种类	处理	调查的苗数	试管的成苗数 / 株	成苗率 / %	驯化成活数 / 株	成活率 / %	商品苗 / %
马铃薯	有糖培养	1500	1315	87.7	1086	82.6	72.4
	无糖培养	2300	2226	96.8	2217	99.6	96.4
情人草	有糖培养	1000	852	85.2	624	73.2	62.4
	无糖培养	1500	1441	96.1	1370	95.1	91.3

5. 工程方面的优越性

1）大型培养容器能够应用并得到扩展

在光自养微繁殖中，培养容器的尺寸和材料的选择范围被拓展了，由于微生物的污染率降低，在无病菌植物繁殖的概念上不再需要小植株生长在完全无菌的条件下，只要去除病原菌即可，并且容器的灭菌也可以变得简单。

2）自动化

在光自养微繁殖系统中，由于容器的尺寸不再受限制，在外植体接种到容器的过程中完全可以实施自动化生产。因此，只需用一个非常简单的微繁殖基础上的穴盘苗生产系统，便可进行植物组织快繁穴盘苗商业化生产。但是，在微繁殖的各个阶段要使自动化得以应用成功，还需要植株生长非常整齐。在环境控制的光自养微繁殖条件下，均匀的 CO_2 输入和分布使植株的光合速率提高，生长均匀一致，机器人也能进行操作。无糖培养生产工艺的简单化，使生产流程缩短，技术和设备的集成度提高，降低了操作技术难度和劳动作业强度，使该技术易于在规模化生产中推广应用。

1.5.2　与一般的微繁殖相比，光自养微繁殖的限制因素

1. 需要相对复杂的微环境（容器内环境）控制的知识和技巧

光自养微繁殖的研究和试验已经非常成功，但其实际应用还是受到一定的限制，其中的一个原因就是需要应用微环境控制方面的专门技术。没有充分地理解容器中小植株的生理特性，容器内与容器外的环境，培养容器的物理或构造特性之间的关系，将不可能成功

地应用光自养微繁殖系统，也就是使用最少的能源和原料生产高品质的植株。光自养微繁殖控制系统的复杂性，要求只有在充分认识和理解光自养微繁殖的原理后，采用适当的环境控制设备及技术才能取得成功。

2. 增加了照明、CO_2 输入和降温的费用

光自养繁殖常常需要增加光合光子通量（photosynthetic photon flux，PPF），并提高培养容器中的 CO_2 浓度。一般的做法是增加单位培养面积上的光照强度和采用反光材料来提高光能的利用率。由于照明的增强，降温的能耗也增大。但增加的光照和输入的 CO_2 可以促进植物的光合作用，缩短培养周期，最终的生产成本并未增加。在下面的章节中还将进一步讨论这些问题。

3. 培养的植物材料受到限制

与一般的微繁殖相比，光自养微繁殖需要较高质量的芽和茎，并需要具有一定的叶面积。光自养微繁殖适用于所有植物的生根培养，但对增殖而言，以茎断方式增殖的植物其增殖率很高。但对以芽繁芽方式增殖的植物，有些还有待于进一步研究以达到理想的增殖率。

综上所述，无糖培养为植物组织培养的机械化和自动化奠定了很好的基础。随着智能化技术的推广应用，植物组织培养可望实现无菌操作和生产管理的全自动化，把植物组织培养这个劳动力密集型产业转化为高效、智能化的生物高科技产业，更好地服务于农业、林业、医药、生态、健康等产业。近年来的生产实践也充分证明无糖培养具有操作简单、植株生根快、生根率高、植株生理形态正常、发育良好和种苗质量高等特点，而且植株培养周期可以缩短 40%~50%，过渡苗的成活率大幅度提高，且过渡阶段变得简单甚至可以省略，成本降低 30% 以上。

1.6　技术的适用范围

1.6.1　植物组培快繁的四个阶段

1. 预备阶段或无菌系建立阶段

这是整个培养过程的基础，其目的是建立无菌培养体系，主要包括外植体的选择、表面灭菌、脱病毒、培养等。这一阶段的效果依植物种类及培养基的成分而异，可能形成一个或多个芽，也可能形成带根植株或先形成愈伤组织然后再分化芽。脱病毒植物的培养过程，也是类似的程序，只是需进行茎尖剥离，取其生长点（0.1~0.5 mm）进行培养。选择合适的外植体是本阶段的首要问题。

外植体，即能产生无性增殖系的植物器官或组织切段，如芽、茎、叶或分生组织的细胞。外植体的选择是非常重要的，选择的母株必须具有一个品种或种的典型性状而且没任何病征的健康植株，一般以幼嫩的组织或器官为宜，且需除去病菌及杂菌。采外植体要注意采集的时间（温带地区是春天到早夏期间较适宜）、材料的基因型、污染和褐化程度。选择外观健康、生长充满活力的外植体，并尽可能地除净外植体表面的各种微生物是成功进行植物组织培养的前提。有些不容易培养的多年生木本植物可在冬天取枝条催芽，因为休眠芽能耐受严格的消毒处理，分生组织不会被杀伤，容易获得无菌的培养材料。

对外植体灭菌的一般程序如下。

外植体→自来水多次漂洗→消毒处理→无菌水反复冲洗→无菌滤纸吸干。

这个阶段的目标是得到无病毒、无污染、可繁殖的材料，一旦有适当数量的外植体存活下来，无任何污染还能不断生长，就成功地为扩大繁殖打好了基础。

2. 继代增殖阶段

这一段阶段的培养目的是繁殖大量有效的芽和苗。相比通过愈伤组织再分化的途径，用芽增殖的方法有利于保持遗传性状的稳定，其繁殖系数可达每年增殖 10 万株乃至 100 万株。只有有效芽的增殖速度足够快，在种苗生产中才有应用价值。决定繁殖速度的因子主要是植株本身的生理生化状态、培养环境条件及植物与环境之间的相互作用。

3. 生根培养阶段

这一阶段的培养目的是使增殖培养的无根苗长出不定根，并使苗继续生长。一般将分化培养基中的芽或茎段转入生根培养基中，进行根的诱导。这是组培快繁中技术难度较大也是决定生产能否成功的关键环节之一，尤其是大多数生根比较困难的木本植物。

4. 移栽过渡阶段

生长在培养室中的小植物要移栽到大田，必须要经过一个过渡阶级，以使其能适应大自然的环境。试管苗一般十分幼嫩，移植时应保证适度的光照、温度、湿度等条件，并进行精细的管理。在人工气候室中锻炼一段时间方能大大提高幼苗的成活率。离体繁殖的试管苗能否大量应用于生产，是否有效益，取决于移栽过渡这一关，即试管苗能否有高的移栽成活率。试管苗移栽过程复杂，技术掌握不好则势必造成大批的死亡，导致前功尽弃。因此，掌握移栽的有关理论和技术十分重要。某些商业性微繁殖单位或个人前期繁殖很顺利，得到了大量试管苗，但往往因移栽技术不过关，移栽成活率极低而无效益，甚至亏本。

1.6.2 无糖培养微繁殖技术的适用范围

无糖培养微繁技术适用于所有的植物，包括木本植物、草本植物、藤本植物、C_3植物、C_4植物和CAM植物（如菠萝）等，其理论基础是以CO_2为植物体的碳源，通过调节人工环境来改善植物生长的环境条件，使植株能通过自身光合作用满足生长时对能量的需求。因此，只有在植物已经具备光合能力，即有一定的叶面积（含有一定的叶绿素）时，才能进行无糖培养。换句话说，无糖培养只能用于继代增殖阶段和生根成苗阶段，预备阶段不能采用无糖培养的方法。因为此时培养材料还没有形成一定的叶面积，尚不具备光合作用的能力。在无糖培养微繁殖中，由于小植株不需要进行异养到自养这一生理方面的转化，加之小植株生长健壮，不需洗苗就可直接移栽，移栽过渡阶段变得简单，甚至有些植物可以不经这一阶段而直接移栽到大田。在下面的章节中，我们还将详述这一问题。

从图1-8可以看出对于以茎切段增殖的植物来说，光自养微繁殖只需经过两个阶段。第Ⅰ阶段为预备阶段，将外植体脱病毒并诱导分化出小芽；第Ⅱ阶段为增殖、生根、过渡同步进行。因为无糖培养的植株较为健壮，可直接移植到大田或温室种植，可不经过移栽过渡阶段，从而可以缩短培养周期和培养时间。对于以芽繁芽增殖的植物来说，也可把壮苗、生根、过渡结合在一起同步进行。

　　理论上，只有准备 / 起始阶段的培养（阶段Ⅰ）必须在异养 / 光混合营养条件下进行。在异养 / 光混合营养条件下，通过培养分生组织建立无病毒（或病原体）的培养物。一旦能够进行光合作用的叶绿素器官发育成熟，培养物就可以进入光自养微繁殖。当植株在最佳光自养条件下生长时，驯化阶段往往可以省去。因此，光自养微繁殖系统可完全由两个阶段组成，起始（阶段Ⅰ）和增殖 / 生根（阶段Ⅱ），而传统的光混合营养微繁殖需要四个阶段，即起始（阶段Ⅰ）、增殖（阶段Ⅱ）、生根（阶段Ⅲ）以及驯化（阶段Ⅳ）。

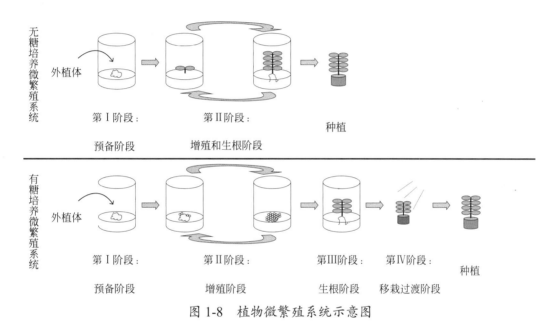

图 1-8　植物微繁殖系统示意图

第 2 章　微繁殖中植物的碳营养和光合作用

肖玉兰

　　碳素营养是植物的生命基础。首先，植物的干物质中有 90% 是有机化合物，而有机化合物都含有碳素（约占有机化合物重量的 45%），碳元素就成为植物体含量较多的一种元素。其次，碳原子是组成所有有机化合物的主要骨架，就好像建筑物的栋梁支柱一样。碳原子与其他元素有各种不同的结合形式，决定了这些化合物的多样性。按照碳素的营养方式来分，自然界中的植物可被分为三种：第一种只能利用现成的有机物作为营养，这类植物被称为异养植物（heterophyte），如寄生植物；第二种是可以利用无机碳化合物作为营养，并且把它合成有机物的植物，这一类植物被称为自养植物（autophyte），如绝大多数高等植物；第三种为兼养植物，即自养和异养兼有的植物。

2.1　微繁殖中的碳营养

　　Haberlandt (1902) 曾试图培养绿色的叶肉细胞，这可能是出自"绿色细胞对营养的要求比较简单"的想法，但这种想法在实验中并未得到证实。现在人们已经知道，如果没有碳源的加入，绿色的组织在培养中会逐渐失去它们的叶绿素，即使是那些在培养期间由于某些突然变化或被置于特殊条件之下而获得了色素的组织，也不是碳素自养的。如果在培养基中加入一种合适的碳源，则植株往往会生长得更好。由此看来，在培养基中加入一种可被利用的碳源是十分必要的。因此，在传统的组培快繁中，无论是简单还是复杂的培养基中都要加入糖。糖作为传统培养基中必不可少的物质，可以为细胞提供合成新化合物的碳骨架，为细胞的新陈代谢提供底物与能源。

最常用的碳源是蔗糖，其浓度一般为 2% ~5%。葡萄糖和果糖也能作为碳源使某些植物组织生长得很好。一般来说，蔗糖作碳源时，离体双子叶植物的生长较好；以右旋糖（葡萄糖）作碳源时，单子叶植物生长得较好；矮生苹果（*Malus Pumila* 'McIntosh'）的组织培养物在以山梨醇做碳源和以蔗糖或葡萄糖作碳源时都长得很好。已知植物能够利用的其他形式碳源还有麦芽糖、半乳糖、甘露糖和乳糖等。

然而，现代研究已经证明，培养容器中的叶绿素植株（外植体）一般有相对高的光合成能力，在光自养培养的条件下比在异养或兼养的条件下生长得更快。环境控制可以促进光合作用、蒸腾作用，从而促进植株的生长和发育。前一章中已经谈到，在微繁殖中，根据植株的碳营养方式可将其划分为三种类型，一是培养物靠培养基中的糖进行异养生长（异养）；二是培养基中没有糖，植物体完全靠吸收空气中的 CO_2 和光能进行光合作用并自然生长（自养）；三是植物体既靠培养基中的糖又吸收空气中的 CO_2 作为碳源，同时进行异养和自养生长（兼养）。

培养物的碳营养方式类型如图 1-3 所示。其中异养是培养物完全依赖培养基中的外源糖和有机物作为唯一的能量和营养来源的一种营养获取方式，任何没有叶绿素发育的培养物都只能以异养方式生长，例如愈伤组织的培养。

自养是所有叶绿素植物都具有的最基本的特性，能够吸收 CO_2 和光能，通过自身进行光合作用合成有机物和能量进行生长发育。

任何叶绿素细胞、组织、器官或植株（叶绿素培养物）都能在常规条件下使用含糖培养基进行光混合营养生长。光混合营养是植物组织培养中常见的一种营养类型，生物体不仅使用内源性碳水化合物，还使用外源性碳水化合物作为能量来源。因此，无论培养物对糖的依赖程度如何，生长在含糖培养基上的叶绿素培养物都应被视为光混合营养。

2.2　兼养和自养营养方式小植株的生理和形态特征

试管苗的生理解剖特性是相互联系的，主要受培养容器中的小气候影响，小气候主要包括光照、相对湿度、CO_2、培养容器内的空气流动以及培养基的组成等。所有这些因素相互作用，共同影响植株的生长和发育。

在离体繁殖的情况下，当叶绿素植物的生长依赖于培养基中的糖（外源）和培养微气候（内源）空气中的 CO_2 时，称为光混合营养微繁殖，也就是传统的有糖培养。传统技术大多是在低光照下，在含营养物质、琼脂等凝胶剂和蔗糖为碳源的小型培养容器中进行的，容器通常密封良好，以确保无菌条件并防止植物和培养基的蒸发干燥。但这种容器的密封不可避免地影响了容器与培养室环境之间气体的自由交换。因此，容器和培养室之间的气体交换量很低，从而导致高的相对湿度和 C_2H_4 等气体积聚，生长在这种封闭环境中的培养物将不可避免地窒息，生长发育不良。除非在培养容器和培养室环境之间设计了气体交换的途径。虽然传统的技术已经用于商业化的微繁殖，但关于是否应该继续使用已建立的培养方法有很多争论。正如许多报道指出的那样，传统微繁殖植株存在生理品质和生长不良、大量的植株在移植后不能存活或不能快速健壮生长的状况，这些状况限制了这种技术的应用。

光自养生长依赖于培养小气候（内源）空气中的 CO_2 作为光合作用的唯一碳源。利用含叶绿素（叶状）外植体在无病原条件下，在无糖培养基中进行试管苗繁殖的方法称为光自养微繁殖。该技术可有效调控植物生长的环境，为植物的光合作用和生长创造良好的条件，促进植物的生长和品质提升。

一般而言，在自养的条件下，植株的生理形态发育正常。而在异养和兼养的条件下，小植株在从试管内移植到试管外时，需要由异养或兼养变为自养，由无菌变为有菌，由恒温、高湿、弱光向自然变温、低湿、强光过渡时，在生理上要经历一系列的变化过程。由于培养容器内外环境条件的差异，小植株往往难以适应这一转变过程，从而导致了在试管苗过渡阶段大量夭亡。

2.2.1 根

根系对植物的生长非常重要，根系发达的植株可以更好地吸收水分和营养物质，也能够更好地保证其生长发育。而且植物的根系还可合成多种激素，以此来满足植株在生长时的需求。但在传统的有糖培养微繁殖中，根的生长常常存在以下问题：

无根 一些植物，特别是木本植物，在试管繁殖中能不断生长、增殖，但不生根而无法移栽。王际轩等（1989）、薛光荣等（1989）报道，苹果部分品种存在茎尖再生的植株和花药诱导的单倍体植株不生根或生根率极低、无法移栽而只能采用嫁接法解决移栽的问题，牡丹试管繁殖也因生根问题未解决而不能用于生产。

根与输导系统不相通　Mccown（1978）报道，桦木从愈伤组织诱导的根与分化芽的输导系统不相通；Donnelly 等（1985）发现花椰菜植株的根与新枝连接处发育不完善，导致根枝之间水分运输效率低；林静芳（1985）在杨树上、陈正华（1986）在橡胶树上、Red (1982) 在杜鹃上也曾发现此类现象。

根无根毛或很少　Red（1982）报道，杜鹃在培养基上产生的根细小，无根毛；Hasegawa（1979）报告玫瑰试管苗根系发育不良，根毛极少；曹孜义等（1987）报道，葡萄试管苗生长在培养基内的根上无根毛，而菊花试管苗在培养基内上部根上生有大量根毛，下部则无，故有根毛的菊花试管苗移栽远比葡萄容易；赵惠祥等（1990）系统研究了海棠试管苗的生根过程，发现无根苗转入生根培养基中一周后形成层产生根的分生组织，10 d 后产生突出皮层的根原基，13 d 后产生可见的根锥，两个月后形成完整的根，但也无根毛。

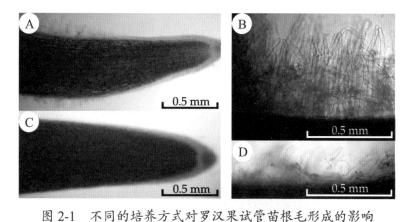

图 2-1　不同的培养方式对罗汉果试管苗根毛形成的影响

A、B：无糖培养；C、D：有糖培养（PPFD 为 25 μmol·m^{-2}·s^{-1}）（张美君 2009，未发表）

从图 2-1 可以看出，不同的培养方式（无糖培养和有糖培养）将直接影响罗汉果试管苗根系的形成和根部的形态。由于有糖培养中添加了萘乙酸激素（NAA）和糖，试管苗基部出现了大量的愈伤组织。虽然 NAA 的使用能够诱导产生较多数目的不定根，但是这些不定根上根毛短、数量少，根本身也比较短，而且分枝少，容易随愈伤组织一起脱落。而不加 NAA 的无糖培养试管苗根部根毛多，根分枝多，与植物体结合紧密，不易脱落，这说明在无糖培养的过程中，植物自身的激素合成就能够满足其生长需求。

吸收功能极低　传统有糖培养的试管苗由于根系发育差，吸收功能极低。Skolmen等（1984）移栽金合欢生根试管苗时发现，在间歇喷雾下将其栽入蛭石和泥炭基质中后，会很快干枯死亡。如果移栽前先在 Hoagland 溶液中培养一个月，之后再栽入上述基质，则可以做到83%成活，故 Skolmen 等认为液体培养可恢复根的吸收功能。徐明涛和曹孜义（1986）测定了葡萄试管苗移栽炼苗过程中根系吸收能力的变化，结果见表2-1。

表 2-1　葡萄试管苗、砂培苗和温室苗根系吸收能力的对比

（徐明涛和曹孜义，1986）

来源	α－萘胺 /(mg·h^{-1}·g^{-1} 根鲜重)	增加倍数
试管苗	2.1	1
砂培苗	36.4	18
温室苗	81.0	39

从表2-1可见葡萄试管苗根系吸收功能极低，仅为砂培苗的1/18，温室的1/39，当转到低湿度下时叶片大量失水，而根系又不能有效地吸水补充，故极易萎蔫干枯。

良好的根系对植物离体生长至关重要，因为根系不仅在吸收水分和养分时起着重要作用，而且还可以及时补充植株地上部分损失的水分，特别是在炼苗阶段。光自养微繁殖可采用多孔的材料作为培养基质，对植物根系形成和生长有显著的促进作用。Xiao 和 Kozai (2004) 的研究结果表明，除了控制培养的小气候外，选择支持材料对于实现植物更好地生长也非常重要（图2-2）。以多孔的材料作为培养基质可以有效促进根系生长，使主不定根引发很多细根的密集生长，这可能使植株具备较高的养分吸收能力，因此，发达的根系间接地促进了生长，提高了净光合速率和干物质积累，尤其是提高了炼苗的成活率。与此相反，在琼脂培养基中生长的植株根系稀疏，吸收能力弱，从而导致较低的成活率。

图 2-2　生长 15 天的彩色马蹄莲组培苗

A：光混营养方式（培养基含糖和琼脂）；
B：光自养方式（培养基质为蛭石，无糖）（Xiao and Kozai，2004）

2.2.2 叶

近年来，人们对常规微繁殖系统中离体植株的解剖特征，特别是叶片解剖进行了深入研究。传统的微繁殖一般采用较小的、相对密封的培养容器，提供 20~30 g/L 蔗糖作为植株的碳源，30~80 μmol·m^{-2}·s^{-1} 的低光照。大量研究表明，在这样的条件下，植物的解剖特征至少在某种程度上与正常植物不同（存在异常），尤其叶片中的碳水化合物含量较高。因此，其叶片内部结构发育不良，生理异常，只能作为一个贮藏器官。由此可以看出，传统培养容器通风不良或空气交换受限可导致植株解剖特征和生理功能异常，从而降低植物的体外适应能力。

Chen 等（2020）报道，培养基中的蔗糖会影响马铃薯试管苗叶片结构的形成（图 2-3），无糖处理（S0）马铃薯试管苗叶片会形成界限分明的上、下表皮，而有糖处理（S）则上、下表皮皆发育不良。对比两者可发现，无糖处理（S0）的叶片上表皮和下表皮的厚度分别是有糖处理（S）的 2.09 倍和 1.65 倍；无糖处理（S0）的叶片栅栏组织较长，细胞排列整齐，有糖处理（S）的叶片栅栏组织短，细胞分布不规则；无糖处理（S0）的叶片海绵组织由 3~4 层发育良好的细胞组成，有糖处理（S）的叶片只有一层疏松的海绵组织，细胞呈无序排列。此外，无糖处理（S0）的叶片栅栏组织和海绵组织厚度分别是有糖处理（S）的 1.30 倍和 1.44 倍，整体叶片厚度是有糖处理（S）的 1.51 倍。很显然，培养基中蔗糖的缺乏促进了马铃薯试管苗叶片解剖结构的形成（图 2-3）。

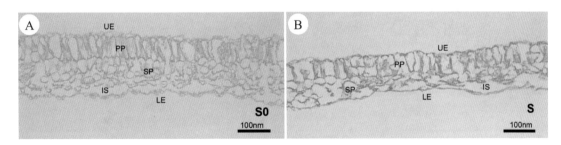

图 2-3　培养基中的蔗糖对马铃薯试管苗叶片结构形成的影响
A：无糖处理（S0）；B：有糖处理（S）
UE：上表皮组织；PP：栅栏薄壁组织；SP：海绵薄壁组织；LE：下表皮组织；IS：细胞间隙（Chen et al., 2020）

良好的叶片解剖结构和发育良好的叶绿体超微结构有助于离体培养的马铃薯试管苗在无糖处理下发挥正常的光合性能。此外，较厚的栅栏薄壁组织和 3~4 层海绵薄壁组织细胞，表明马铃薯试管苗叶片中含有较多的叶绿体，可促进光能的吸收和转化。因此，无糖培养的马铃薯试管苗具有更强的光合能力。

1.叶肉和栅栏层

叶肉层由位于叶的两个表皮层之间的薄壁组织组成。它通常经过分化以形成光合组织，因此含有叶绿体。叶肉层有发达的细胞间隙，这有利于气体的交换。因此，对于有效的光合作用，不仅叶绿体的数量而且细胞间隙的大小也起着重要的作用。Zobayed 等（2001b）研究表明，与在通气良好的容器中生长的植物相比，在密封容器中光混合生长的花椰菜和烟草植物的叶片往往缺乏明确的栅栏和海绵状叶肉层。与此相反，在强制换气的条件下，同样是光混合生长，这两种植物的叶片结构更加完整，具有一定的栅栏和海绵状叶肉层，并且这些叶片叶肉层的叶绿体含量比密封容器的叶绿体含量更高。同样，当桉树植株在强制通风条件下进行光自养生长时，其叶片（图 2-4）较厚（723 μm），具有组织良好的栅栏和海绵状叶肉层，表皮细胞发育良好，平均深度为 42 μm。相反，光混合生长时，桉树叶片厚度和表皮细胞厚度分别为 421 μm 和 28 μm。并且与光自养相比，其表皮细胞小且不规则，栅栏和海绵状叶肉层发育不好，细胞间隙大，油腔形状也不规则。

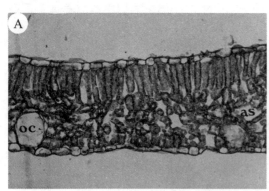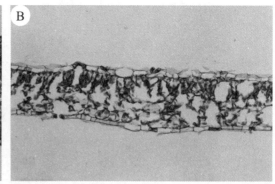

图 2-4　28 d 苗龄桉树植株顶端第 4 片叶的横切面

A：强制换气无糖培养；B：自然换气光混（有糖）培养（Zobayed et al., 2001a）

Brainerd 等（1981）比较了李试管苗在驯化前后和田间苗叶的解剖结构。从表 2-2 中可看出，试管苗、温室苗和田间苗的叶栅栏细胞厚度、叶组织间隙都存在明显差异，前者依次增加，而后者依次降低。

表 2-2　李试管苗、温室苗和田间苗的栅栏细胞与细胞间隙比

（ Brainerd and Fuchigami,1981 ）

植株来源	栅栏细胞厚度 / μm	细胞间隙 / %
试管苗	20.2 a	20.6 a
温室苗	31.8 b	13.3 b
田间苗	76.9 c	9.5 b

注：不同小写字母表示在 1% 水平上差异显著。

马宝焜等 (1991) 还对苹果试管苗经强光炼苗和未经强光炼苗的茎进行了形态解剖对比，发现未经强光闭瓶炼苗的试管苗茎的维管束被髓线分割成不连续状，导管少，茎表皮排列松散、无角质，厚角组织也少。而且这类试管苗叶组织间隙大，栅栏组织薄，易失水，加之茎的输导系统发育不完善、供水不足，易造成萎蔫，干枯死亡。经强光自养炼苗的茎则维管束发育良好，角质和厚角组织增多，栅栏组织厚，自身保护作用增强。

2. 蜡沉积

蜡是一种脂类化合物，主要由长链脂肪酸酯类和长链一元醇组成。蜡通常在叶子的表皮上形成保护层。表皮蜡的结构和数量会影响表皮的渗透性和叶面的湿润程度。众所周知，表皮蜡的发育对植株是有利的，特别是在炼苗阶段，因为它能够有效防止植物脱水。除此之外，由于光合作用是一个放热反应，叶片在进行光合作用时会产生热负荷，严重时会损伤叶片，而表皮蜡可以通过反射光来降低叶片的热负荷，对叶片起到保护作用。蜡的形成程度取决于植物所处的环境条件。植物在密封、通气不良的容器中生长时，叶片中形成的表皮蜡比较少。相反，来自通气良好的容器和温室的植物往往显示出很好的表皮蜡发育，在显微镜下能够呈白色粉末状涂层。

在高湿、弱光和兼养条件下分化和生长的叶，其角质层、蜡质层不够发达甚至缺失。Ellen 等 (1974) 用扫描电镜观察了香石竹茎尖再生植株和温室苗的叶表皮蜡细微结构，前者 96%~98% 的植株叶表光滑，无结构状的表皮蜡或有极少数棒状蜡粒，经过 10 天遮荫和迷雾炼苗才诱导产生了一定量的表皮蜡；而温室苗成熟叶片上下表面均覆盖一层 0.2 μm × 0.2 μm 的棒状蜡粒，幼叶上也有，只是少而小。沈孝喜 (1989) 用扫描电镜观察

梨试管苗叶片的表皮蜡的发生过程发现，继代增殖的试管苗小叶上无蜡质，转入生根培养基后，少数扩大叶片上偶尔可见，驯化一周后尚未发生，经 2 周炼苗后才见到大量表皮蜡。而温室苗叶片角质层加厚速度快于试管苗。

试管苗叶表皮缺乏蜡质层，其原因有人认为是高温、高湿和低光造成的，也有人认为是激素影响的结果。Zobayed 等（2001a）报道，在光自养条件下，通过强制通风可以使培养容器内的相对湿度降低到 84%，与传统培养密闭容器下的光混合营养条件相比，桉树叶的表皮蜡含量增加了 3.4 倍。

3. 叶表皮毛（叶毛）

叶毛可在日照和光反射中起作用（Heide，1980）。叶毛的形成很可能与植物小气候相对湿度百分比密切相关，在相对湿度最低的地方，叶毛最长。Zobayed 等（2001a）研究表明，在密封的容器中，叶片上的表皮毛最短，并且随着通风效率的提高而变长。在通风良好的容器中，烟叶中肋部的叶毛长度是密封容器中同类的 2.6 倍。Donnelly 等 (1986) 对比了黑色蜡栗试管苗和温室苗叶表皮毛的类型和数量，前者在叶柄和叶脉中存在有寿命极短的球形有柄毛和多细胞黏液毛，后者这种类型的毛极少，而单细胞毛较多。刺毛二者均有，但前者比后者少得多。试管苗叶表皮无毛或极少、或存在球形有柄毛和多细胞黏液毛，故其保湿、反光性均差，易失水。

4. 叶片水分保护功能

有糖培养试管苗叶片极易散失水分，试管叶片无保护组织，加之细胞间隙大，气孔开张大，移于低湿环境中失水极快。Brainerd 等 (1981) 测定，李试管苗叶片被切下30 分钟后即失水 50%，而温室苗要经 1.5 h 后才会失水 50%。

曹孜义等 (1991) 把处于不同炼苗阶段的葡萄试管苗的叶片切下放在 43% 湿度下观察其失水情

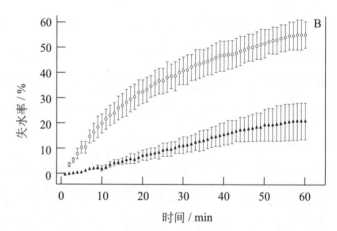

图 2-5　甘薯试管苗移栽到温室后叶片的失水率

试管苗在自然通风条件下进行光混合培养（O）强制通风条件下的光自养（▲），每个点代表 5 个重复的平均值 ±SE（Zobayed et al., 2000a）

况，发现试管苗叶片在 20 min 后，光培苗在 1.5 h 后，沙培苗在 8 h 后，温室苗在 15 h 后才萎蔫。由此可见，试管苗叶片极易失水，保水力极差。经过分步炼苗后，试管苗保水能力才逐渐增强。

2.2.3　气孔

气孔是一种微小的孔，每个气孔由两个新月形的保卫细胞包围。气孔通常出现在叶表面，偶尔也会出现在茎上。它们能够打开和关闭，是 CO_2 进入叶片进行光合作用的入口和蒸腾作用水汽的出口。气孔的主要功能是让足够的 CO_2 进入叶片，同时尽可能多地保存水分。保卫细胞通常通过其背壁与邻近细胞相连，由于这些细胞与植物体的其他部分相对隔离，这让气孔非常适合感知和响应环境因素。

异养或光混合营养的小植株与温室或大田生长的植株相比，气孔结构明显不同，前者气孔保卫细胞较圆，呈现突起。从目前观察的各类植物中人们发现，试管苗的气孔是开放的，这种开放的气孔在用低温、黑暗、高浓度 CO_2，ABA，甘露醇等诱导下均无法关闭，且气孔开张很大，以至于在电镜下可以从气孔口外部看到气室内叶肉细胞的叶绿体。曹孜义等 (1993) 报道葡萄试管苗叶片气孔开口很大且呈圆形，甚至有些气孔开口的横径大于纵径，故其提出试管苗叶片气孔不能关闭的原因是气孔过度开放，气孔口横径的宽度大大超过了两个保卫细胞膨压变化的范围，从而不能关闭。这种过度开放的气孔要经过逐步炼苗，降低了开张度后，才能诱导关闭。

试管苗叶片缺乏角质和蜡质，气孔不能关闭，开口过大，那么其中哪个因素是主要的呢？Fuchigami 等 (1981) 用李试管苗进行试验，用硅胶涂在叶片的上、下表面，或只涂在上表面或下表面，将这三类叶片与不涂硅胶的叶片进行对比，发现不管上表面涂抹硅胶与否，只要下表皮涂抹即可明显降低叶水分的散失，这表明试管苗失水萎蔫的主要原因是气孔不能关闭。通过扫描电镜观察苹果和玫瑰试管苗和温室苗，可以发现试管苗叶气孔突起，气孔保卫细胞变圆，而温室植株气孔下陷，保卫细胞呈椭圆。Donnelly 等 (1986) 测定了不同来源的醋栗叶片面积、气孔大小和指数，结果见表 2-3。

表 2-3　醋栗叶面积、气孔指数、气孔长度、宽度、叶下表皮气孔总数对比表

（Donnelly et al.，1986）

来源	叶面积 / mm²	气孔指数	气孔 / µm		气孔总数 / 叶
			长	宽	
丛生芽	35 a	261 a	28.82 a	23.52 a	9 150 a
试管小苗	80 b	229 a	32.55 b	28.53 a	18 170 b
温室苗	7735 c	227 a	31.83 b	18.41 b	1 752 155 c

注：不同小写字母表示在 1% 水平上差异显著。

从表 2-3 可见，丛生芽和试管苗的叶面积明显低于温室苗，气孔指数三者相近，气孔长度差异小，但宽度差异明显。随叶面积的增加，气孔总数出现大幅度增长。

Donnelly 等（1987）还报道了黑树莓试管苗尖和叶缘存在排水孔。曹孜义等（1993）在葡萄试管苗叶片上除排水孔外，还看到一些假性水孔，这都是长期在饱和湿度下形成的，一旦将这些植株移至低湿条件下极易失水干枯。

利用光自养微繁殖技术可以显著改善叶片的气孔特性和解剖结构。Zobayed 等（1999）在马铃薯的试验中发现，在自养微繁殖的条件下，气孔的特性和叶的解剖结构极大改善，其气孔的密度比兼养的植株增加了 2 倍多；相对厚的叶片和栅栏组织层，蜡质的含量是兼养微繁殖条件下同种植株的 7 倍。在自养的条件下，在暗期，气孔是关闭的，但兼养条件下的所有气孔都始终是张开的（图 2-6）。而且，兼养微繁殖的植株仅有很薄的栅栏层和海绵层，并且细胞之间的间隙较大。由此表明：光自养的植株气孔功能发育正常。

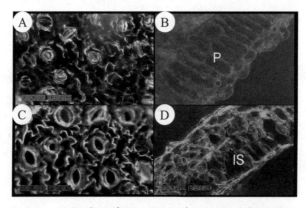

图 2-6　马铃薯试管苗的气孔特性和叶片解剖结构

A、B，无糖培养；C、D，有糖培养；P：栅栏组织，IS：细胞间隙（Zobayed et al., 1999a）

在光自养条件下，随着 CO_2 浓度的增加，气孔密度显著增加（Kirdmanee et al.，1995）。光自养植株的气孔会在光照期开放，黑暗期关闭，而兼养植株的气孔在光照期和黑暗期都是大大张开的，这表明其气孔功能异常。据报道，再生香石竹在高湿度下叶片气孔密度会降低（Olmos and Helin, 1998）。通过强制通风降低培养小气候中的相对湿度可以极大地促进这些气孔的正常功能。表 2-4 和图 2-7 总结了光自养和光混合营养植株叶片气孔的主要特征。

表 2-4　光自养和光混合营养条件下植物叶片气孔的主要特征

光自养植物叶片的气孔	光混合营养植物叶片的气孔
功能气孔	无功能气孔
高密度	低密度
尺寸较小	尺寸较大
气孔导度低	气孔导度高
离体移植后保水能力强	离体移植后保水能力弱

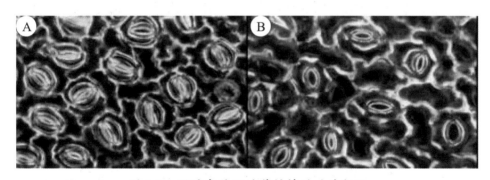

图 2-7　黑暗条件下甘薯植株的叶片气孔

A：光自养（注意气孔的高密度和封闭状态）；B：光混合营养（注意气孔的低密度和开口状态）

在通风不良的含糖（异养或光混合营养）培养基中观察到的最重要的解剖异常是无功能气孔，这些气孔开口过大，不能闭合。这类植株叶片的表皮角质层蜡质缺失或少，无表皮毛等特征与无功能气孔相结合，将导致不正常和固有的高蒸腾速率，这在驯化期间是无法控制的。在相对湿度低、光照强的外界环境下，这些小植株的存活是非常困难的。

从图 2-8 可以看出，有糖培养和自然通风条件下培养的甘薯小植株就是典型的例子，其叶片的气孔开口很大，功能散失，移栽到外界时，植株很容易失水萎蔫，造成死亡。而光自养强制换气的同种小植株叶片则气孔开合正常，功能健全，移栽到外界时，气孔可马

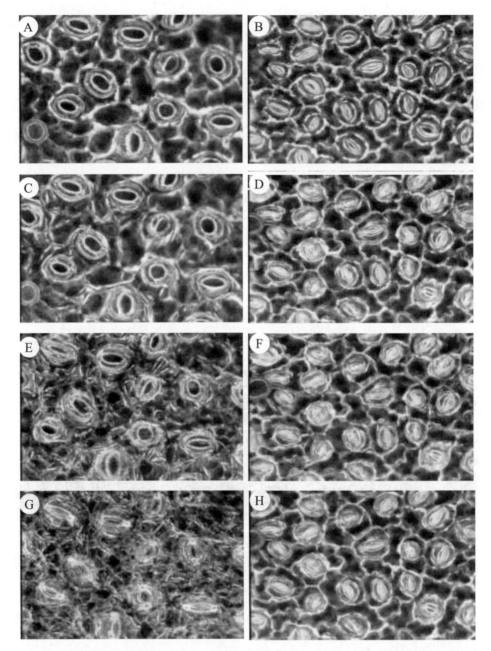

图 2-8 在有糖培养和自然通风（A、C、E、G）和无糖培养和强制通风（B、
D、F、H）条件下培养的 21 d 甘薯植株叶背面气孔离体移植后 1 min
（A、B），2 min（C、D），30 min（E、F）和 60 min（G、H）拍照（Zobayed
et al., 2000a）

上关闭以防止植株失水。

光自养条件下，特别是在强制通风条件下，由于培养容器中相对湿度较低，叶片周围气流速度较高以及气孔功能正常，所以植株具有较高的蒸腾速率。蒸腾速率的增加可以促进溶解营养物质的顶向运输和角质层的蒸发将蜡前体吸引到叶表面，以此来刺激植物生长（Roberts et al., 1994）。在离体驯化的早期阶段，蒸腾作用或水分损失的控制十分重要。强制通风和光自养能显著促进正常功能气孔的发育，形成大量的表皮蜡，有助于更好地控制植株的蒸腾作用，减少植株移植后的水分损失，因此，与传统的微繁殖相比，光自养微繁殖的植株具有较高的存活率。

2.2.4　光合能力

试管苗生长在培养基含糖的容器中，光和气体交换受到限制，因此光合能力很弱。Gront 等 (1978) 用 ^{14}C 测定植株对 CO_2 的吸收情况，发现椰菜试管苗在有光条件下同化 CO_2 的能力极低。Donnelly 等 (1984) 用红外线气体分析仪测定红莓试管苗叶吸收 CO_2 能力也相当低。Kozai 等 (1988) 测定了康乃馨试管苗的干重，发现在无糖培养基上比在有糖培养基上重。李朝周等 (1995) 用光合系统仪测定了葡萄试管苗、砂培苗和温室营养袋苗的叶气孔阻力、蒸腾速率、净光合强度、叶绿素含量等，发现试管苗叶气孔阻力小、蒸腾速率高、叶绿素含量低、弱光下净光合速率呈现负值；而经过炼苗的砂培苗和温室营养袋苗，其气孔阻力逐渐增强，蒸腾速率下降，叶绿素含量增加，净光合能力增强（表 2-5）。

表 2-5　葡萄试管苗、砂培苗、温室营养袋苗净光合速率的变化

（李朝周等，1995）

品种	光强 / $(\mu mol \cdot m^{-2} \cdot s^{-1})$	试管苗 / $(\mu mol\, CO_2 \cdot m^{-2} \cdot s^{-1})$	砂培苗 / $(\mu mol\, CO_2 \cdot m^{-2} \cdot s^{-1})$	温室营养袋苗 / $(\mu mol\, CO_2 \cdot m^{-2} \cdot s^{-1})$
玫瑰香	230	−2.9520	0.7367	1.137
	1600	2.1230	−0.2867	2.685
藤稔	230	−0.1435	0.6795	2.617
	1600	0.3492	1~1.7830	3.553

2.2.5 体细胞胚与光合效率

体细胞胚胎发生是优良无性系植物大规模生产的关键技术，已被引入商业化生产中，主要用于无性系林业苗木的繁殖。阻碍体细胞胚广泛应用的挑战之一是体细胞胚的低发芽率和低植株转化率。由于体细胞胚的子叶和 / 或新出现的真叶中含有叶绿素，因此光自养微繁殖技术在这一领域可能有良好的应用，可以预期培养过程中活跃的光合作用。Long（1997）还提出了利用光自养方法提高体细胞胚萌发效率的可能性。

促进体细胞胚萌发和转化的最佳光自养环境条件可能因外植体或植物不同而异，Figueria 和 Janick（1993）在可可体细胞胚的研究中发现，与在低 CO_2 浓度环境下相比，在 2000 μmol · mol^{-1} 高 CO_2 环境浓度下可以获得较高的植株转化率。这可能是因为体细胞胚气孔数量较少，而且对 CO_2 的扩散具有很强的抵抗力。因此，高浓度 CO_2 可能是提高体细胞胚净光合速率所必需的。

体细胞胚光合能力的发育是近年来相关领域的研究热点。例如，Rival 等（1997）比较了从体细胞胚到植株不同发育阶段的光合参数（光化学活性、CO_2 交换和羧化酶活性）；Afreen 等（2002）研究了咖啡体细胞胚不同发育阶段的光合能力，发现子叶胚和萌发胚都具有光合能力。这种方法的独特之处在于，在提高 PPF 的条件下对子叶和萌发体细胞胚进行 14 天的预处理，刺激了体细胞胚光合能力的发育，提高了体细胞胚的 CO_2 吸收速率。因此，当在光自养条件下生长时，这些胚胎呈现出生长增量（与初始生长相比），并且当在高 CO_2（约 1100 μmo · mol^{-1}）和高 PPF（100 μmol · m^{-2} · s^{-1}）下生长时，其干重几乎是初始干重的两倍。这些发现也支持这样的假设：控制促进光合作用的环境条件能够使体细胞胚的萌发效果得到显著改善。

2.2.6 光合酶

RuBisCO（核酮糖 -1,5- 二磷酸羧化酶 / 加氧酶）等光合酶是 C_3 植物在光合作用过程中将 CO_2 转化为生长发育所需糖类的主要羧化酶。甚至一些使用 PEP 羧化酶作为主要羧化酶的 C_4 和 CAM（景天酸代谢）植物，在随后的次生 CO_2 同化过程中也需要利用 RuBisCO。作为一种羧化酶，RuBisCO 参与 CO_2 与五碳糖核酮糖 -1,5- 二磷酸的固定过程，形成两个 3- 磷酸甘油酯分子，进而产生糖。在传统的有糖培养微繁殖中，RuBisCO 活性较低，而在光自养微繁殖中，植株普遍观察到的高净光合速率，可能是由于 RuBisCO 活性增强所致（Desjardins et al.，1995b）。正如 Roberts 等（1994）指出的那样，在低光照条件下光混合生长的花椰菜植株表现出较低的净光合速率是由于叶绿素和 RuBisCO 活性水平较低。

2.2.7　叶绿素荧光（光合能力）

光合作用是叶片中的叶绿素分子把光能转化为化学能的过程。对叶绿素荧光的动力学测量为光合机构的组织和功能提供了相当多的信息。在光合作用过程中，叶绿素分子吸收的每个光量子都将一个电子从基态提升到激发态。叶绿素分子在从激发态 I 到基态去激发时，一小部分 (体内 3%~5%) 的激发能以红色荧光的形式被耗散。

叶绿素荧光的指示作用源于荧光发射与其他去激途径（主要是光化学和散热）互补的事实。一般来说，光化学和散热最低时，荧光产率最高。因此，荧光产额的变化反映了光化学效率和散热的变化。

在植物的光自养生长过程中，生物量的积累完全与光合作用的贡献有关。叶绿素荧光参数如 F_v/F_M、F_v/F_O 等通常被用于研究光合机构的组织和功能（littley et al.，1989）。这些参数是可变叶绿素荧光（$F_v = F_M - F_O$）与最大（F_M）或基本（F_O）叶绿素荧光的比值。F_v/F_M 比值用于评估在暗适应状态下光系统 II（PS II）反应中心完全开放时的最大光化学效率（Serret et al.，2001），反映 PS II 反应中心最大光能转换效率，是重要的荧光参数之一。另一方面，F_v/F_O 比值是叶片潜在光合能力的可靠指标（Serret et al.，2001）。叶绿素荧光被广泛用于监测植物的光合性能，其值 qp、ΦPS II 和 ETR 通常与光合能力呈正比 (Baker, 2008)。Chen 等 (2020) 指出，蔗糖培养基可能会损害光合机构的发育，这体现在 F_v/F_M 显著降低，而无蔗糖培养基处理中与光合系统和叶绿体发育相关的基因均上调，这可能与 F_v/F_M 增加相应地加强了光系统装置的发育有关。因此，以上研究进一步表明无糖培养试管苗比有糖培养的试管苗具有更好地光合性能，无糖培养可提高试管苗的叶绿素含量、叶绿素荧光和光合性能。

综上所述，组培苗的内在品质是决定其在温室或田间条件下驯化成活率的关键因素之一。植物在任何时候的状况都是它在此之前所经历的所有环境条件影响的总和。因此，在植物生长的每个阶段，都应尽量调控好各种环境因素。然而，传统的植物组织培养系统不能直接控制植物小气候的环境，无法让植物获得最适宜生长的环境条件。小植株只能生长在高温、高湿的环境中，培养容器和培养室之间的气体交换率也较低，造成容器内低浓度的 CO_2、加之低 PPF 和培养基中的糖共同抑制了植物的光合作用。结果造成叶片气孔功能失调、栅栏和叶肉层薄而无组织、叶表蜡沉积少或无蜡沉积等植株生理异常。因此，为了解决这些问题，建议减少培养基中的糖分，增加光照，补充 CO_2，促进培养容器内外气体的交换，提高植株的潜在光合能力，以促进其生长发育。也就是说，采用光自养微繁殖技术可以有效地控制植物生长的环境条件，促进植株的生长和提高品质。

2.3 微繁殖中小植物的光合作用

光合作用是植物最重要的生理活动，光合速率决定光合产物产生和积累的速度，因而也决定了植物的生长速度，最终决定植物的产量。了解试管苗的光合特性对光自养微繁殖环境的调控具有重要意义。试管苗的净光合速率 = 总光合速率 − 呼吸速率（光呼吸和暗呼吸）。根据光合作用的途径可将其分为 C_3、C_4 和 CAM 三种类型。在有糖培养微繁殖中，由于糖的存在和容器内低 CO_2 浓度、植株光合作用能力差，表现出较低的总光合速率。由于低的总光合速率和高的暗呼吸速率，日净光合速率很低或表现为负值。

从理论上讲，光自养微繁殖应适用于所有在自然界中以光自养方式生长的植物物种。如果培养不好的话，应归因于不适当的环境条件，主要是培养容器内与植物自身光合特性相互作用的物理和化学环境。

在传统的微繁殖系统中，光周期内容器内的 CO_2 浓度接近 CO_2 补偿点，总光合速率与呼吸速率（暗呼吸和光呼吸速率）平衡。在这种条件下，光照不再是限制因子，PPF 的增加不会增加试管苗的净光合速率。在这种净光合速率为零的补偿条件下，光自养植株需要补充 CO_2 才能维持正的碳平衡。而光混合营养植株则是通过从培养基中吸收糖来实现的。因此，了解补偿条件，即导致净光合速率为零的环境变量，对光自养微繁殖至关重要。

植物无糖培养微繁殖技术的基本原理就是采用环境控制的手段，人为补充 CO_2 和提供最佳的、均匀的光照，提供植物营养和适宜的环境条件，促进植物的光合作用，从而促进植株的生长发育，快速繁殖大量高品质低成本的植物种苗。所以在无糖培养微繁殖技术中，促进小植物的光合作用十分重要，应始终围绕提高植株的光合速率这一主题来进行各种研究，调控环境因素来促进植株的生长发育，提高种苗质量，缩短培养周期，降低生产成本。

2.3.1 微繁殖光合作用的概念及光合速率的测量和计算

为了更好地了解试管苗的光合特性，人们进行了大量的研究。原位测定总光合速率或净光合速率是这类研究的目标之一，但在不干扰其他环境条件的情况下，测定试管苗的气体交换速率存在一定的困难和局限性。由于离体培养的条件特殊（如高相对湿度、最小气流等），原位测量对于了解试管苗在培养条件下的光合作用状况尤为重要。

原位净光合速率的估算也可以应用 Fujiwara 的方法（Fujiwara and Kozai，1995a）。这个方法的一个优点是简单，通过改变生长室中的 CO_2 浓度和 PPF，创造不同的平衡（或稳态）条件，以此来得到光合响应曲线。在这些测量中，以容器内 CO_2 浓度为自变量，可以很容易地得到净光合速率曲线。但由于该方法只能间接控制容器内的 CO_2 浓度，以 PPF 为自变量很难得到曲线。

1. 光合作用

光合作用是绿色植物利用光能将 CO_2 和 H_2O 合成有机物质并释放 O_2 的过程。光合产物主要是碳水化合物（$C_mH_mO_n$），光合过程的最终反应式可表示如下：

$$6CO_2 + 6H_2O \xrightarrow[\text{绿色细胞}]{\text{光能}} C_6H_{12}O_6 + 6O_2$$

2. 光合速率

亦称光合强度。所谓光合速率（photosynthetic rate）是指单位叶面积在单位时间内同化 CO_2 的量或者单位叶面积在单位时间内积累干物质的量。在测定光合速率时通常不会把呼吸作用考虑进去，因此测定的结果实际上是净光合速率（net photosynthetic rate）或表观光合速率，即总光合速率与呼吸速率的差值。总光合速率 = 净光合速率 + 呼吸速率。

3. 容器的换气次数

在介绍培养容器中小植株光合成速率的测定方法之前，需要了解一个重要的概念——**容器的换气次数**。描述容器中空气换气特性的最好方式是每小时空气的换气次数（N），（Kozai，1986）。详情请参看第 3 章 3.2.2 小节中"培养容器空气的换气次数"相

植物无糖培养微繁殖及种苗生产

关内容。

容器换气次数的定义是：容器每小时空气的交换率除以容器的体积（次·h^{-1}）。

$$N = \left(-\frac{1}{T}\ln\frac{K-K_{ou}}{K_0-K_{ou}}\right)\Big/v$$

上式中，T是时间间隔从 0 到 T（h）；

K 是在时间初期的气体浓度（μmol·mol^{-1}）；

K_0 是在时间 0 的气体浓度（μmol·mol^{-1}）；

K_{ou} 是容器外的气体浓度（μmol·mol^{-1}）；

V 是容器的体积（L）。

4. 小植株纯光合成速率的测定方法

Fujiwara 和 Kozai（1987）开发了一种测量培养容器内小植株纯光合成速率的方法，方程式如下：

$$P_n = K \times N \times V(C_{out} - C_{in}) / E$$

上式中 P_n 的单位是（μmol·h^{-1}·株$^{-1}$）；

K 是一个参数，即每升 CO_2 的摩尔数（例如，在 28℃ 时是 0.0405 mol·L^{-1}）；

N 是培养容器每小时的换气次数（次·h^{-1}）；

V 是培养容器的体积（L）；

C_{out} 和 C_{in} 是在光照期间在相对稳定的状态下，培养容器内和容器外的 CO_2 浓度（μmol·mol^{-1}）；

E 是每个容器中的植株数。

从上面方程式中可以看出，要测量容器中小植株的光合成速率，关键是测量培养容器内外的 CO_2 浓度，其测定的方法是：在培养室中空气稳定的情况下，用针筒从容器中或容器外抽取 250 mL 气体，使用气相色谱仪测量其 CO_2 浓度，测量的样本数越多，其结果越准确，最好每个样本重复测定 3 次，求出平均值，然后，代入上面的公式进行计算。

5. 光合生产率

又称净同化率，指生长植株的单位叶面积在一天内进行光合作用积累的干物质量减去呼吸和其他消耗之后所结余的净值。

$$光合生产率\ (g \cdot m^{-2} \cdot d^{-1}) = \frac{W_2 - W_1}{\frac{1}{2}(S_1 + S_2) \cdot d}$$

上式中：W_1、W_2——前后两次测量的植株样品干重（g）；

S_1、S_2——前后两次测量的植株总叶面积（m^2）；

d——前后两次测量的间隔天数（日）。

2.3.2　光合作用的单位——叶绿体

叶片是植物进行光合作用的主要器官，叶片中的叶肉是光合作用最活跃的组织，叶肉细胞中含有丰富的叶绿体，而叶绿体是光合作用的重要细胞器。所以研究光合作用需要对叶绿体有所了解。

1.叶绿体的形态

在光学显微镜下观察各种植物可以发现，植物种类不同，叶绿体的形态亦不同。例如，水绵的叶绿体呈带状，衣藻的为杯状，小球藻的呈钟状。高等植物的叶绿体大多呈扁平的椭圆形，直径为 3~6 μm（很少超过 10 μm），厚 2~3 μm。据统计，每个叶肉细胞内有 20~200 个叶绿体；蓖麻叶片的叶绿体数目很大，每平方厘米叶面积为 5×10^7 个。因此叶绿体的总表面积远远大于叶片面积，这有利于吸收光能和同化 CO_2。

高等植物，尤其是被子植物，叶绿体在细胞中随光照方向与强度发生移动。在强光下，叶绿体的窄面对着阳光，同时向与光源方向平行的细胞壁移动，以避免过度受热；在弱光下，叶绿体将扁平的一面对着阳光，并沿着和光源方向垂直的细胞壁分布，尽量吸收光能。这是植物对外界条件长期适应的结果。

2.叶绿体的成分

叶绿体含 75% 的水分。在干物质中，叶绿体以蛋白质、脂类、色素和无机盐为主要组成。蛋白质占叶绿体干重的 30%~45%，是叶绿体的结构基础，其作用一是构成光合膜的主要成分，二是构成生理活性物质如细胞色素系统、质蓝素（plastocyanin，PC）、酶类（光合磷酸化酶系、CO_2 同化酶系）等；脂类占叶绿体干重的 20%~40%，是膜的主要成分；碳水化合物等贮藏物质占 10%~20%；灰分为 10% 左右，主要有铁、铜、锰、锌、镁、钙、钾、氯、磷、硫等。此外，叶绿体尚含各种核苷酸（如 NAD、NADP、

ADP、ATP 等）和醌（如质体醌 plastoquinone，PQ），在电子传递与能量转化中起着重要作用。

叶绿体是进行光合作用的主要场所，许多反应都有酶的参与。现在已知叶绿素中含有光合磷酸化酶系、CO_2 固定酶和还原酶系等几十种酶，因此，叶绿素也是细胞里生物化学活动的中心之一。

3. 叶绿体结构及其功能

叶绿体由叶绿体外被（chloroplast envelope）、类囊体（thylakoid）和基质（stroma）3 部分组成，它是一种含有叶绿素，能进行光合作用的细胞器。叶绿体含有 3 种不同的膜：外膜、内膜和类囊体膜，以及 3 种彼此分开的腔：膜间隙、基质和类囊体腔。类囊体中含两类色素：叶绿素和类胡萝卜素。大部分色素分子起着捕获光能的作用，并将光能以诱导共振的方式传递到反应中心色素。因此这些色素被称为天线色素。叶绿体中全部叶绿素 b 和大部分叶绿素 a 都是天线色素。另外，类胡萝卜素和叶黄素分子也起着捕获光能的作用，被叫做辅助色素。

类囊体分为基质类囊体和基粒类囊体。小类囊体互相堆叠在一起形成基粒，这样的类囊体被称为基粒类囊体，组成基粒的片层被称为基粒片层。大的类囊体横贯在基质中，贯穿于两个或两个以上的基粒之间，这样的片层称为基质片层，这样的类囊体称为基质类囊体。

4. 叶绿体色素的光学特性

光合色素是光系统的基础构件，包括了叶绿素 a、叶绿素 b 和类胡萝卜素等，主要承担光合作用中的光能接收、能量传递、光电转换等光合过程。叶绿素是自然界最重要的色素，含有一个稳定的卟啉环，电子可以在其中自由迁移。因为电子可以自由移动，所以环很容易获得或失去电子，从而有可能向其他分子提供带电的电子，这就是叶绿素“捕获”光能量的基本过程。它能够将光的能量转化为化学能，也就是说，在光合作用过程中，叶绿素在绿色植物利用光能产生化学能这一过程中是必不可少的。

叶绿素类（chlorophyll），呈绿色。高等植物含两种叶绿素：叶绿素 a，蓝绿色；叶绿素 b，黄绿色。

类胡萝卜素类（carotenoid），主色调为黄色。有两种：胡萝卜素（carotene）和叶黄素（xanthophylls），存在于花冠、花粉、柱头、果实等有色体中，不溶于水而溶于有机溶剂。

　　根据在光合作用中所起的作用，光合色素又可分为两种。一种是聚光色素（light-harvesting pigment），包括绝大部分叶绿素 a 和全部的叶绿素 b、类胡萝卜素。它们无光化学活性，只有聚集光能的作用，然后将光能传至反应中心色素。所以，聚光色素又称天线色素（antenna pigment）。另一种是反应中心色素（reaction center pigment），为处于特殊状态的少数叶绿素 a，具有光化学活性，既是光能的"捕捉器"，又是光能的"转换器"。

　　在光合作用中由于两个光系统 Ps Ⅰ和 Ps Ⅱ的存在，所以出现了当红光和远红光一起照射时，光合速率远高于单色照射的"双光增益现象"。植物在进行光合作用时，叶绿体中的各种色素在吸收和利用光能方面都起着重要的作用。掌握叶绿素的光学性质对组织培养调节和控制光能极有帮助。

　　叶绿素吸收光的能力极强，如果把叶绿素溶液放在光源与分光镜之间，就可发现光谱中有些波长的光线被吸收了，光谱上出现黑线或暗带，这就是光合色素的吸收光谱。叶绿素吸收光谱的最强区有两个：一个在波长为 640~660 nm 的红光部分，另一个在波长为 430~450 nm 的蓝光部分（图 2-9）。此外，在光谱的橙光、黄光和绿光部分只有不明显的吸收带，其中尤以对绿光（波长大约为 550 nm）的吸收最少，其余被反射到人眼中，所以叶绿素的溶液呈绿色。虽然植物主要是吸收蓝光和红光，但绿光更容易进入到叶片的深层，当红光和蓝光光子耗尽时，绿光在为光合作用提供光能方面也非常有效。类胡萝卜素可吸收 400~700 nm 的光能，并将该能量传递给叶绿素 a 和叶绿素 b，除此之外，还具有把过剩的光能转变成热能以保护叶片光合回路的功能。

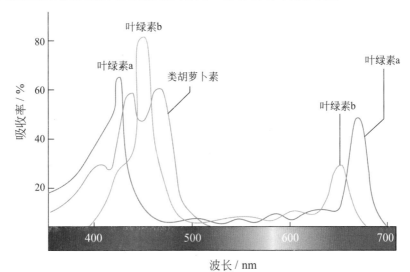

图 2-9　叶绿素的吸收光谱图

5. 影响叶绿素生物合成的因素

叶绿素的生物合成过程十分复杂，至今尚不完全清楚，但已知其合成受环境条件影响较大。目前发现的影响叶绿素合成的因素主要有以下几种。

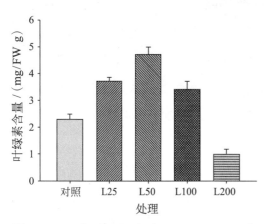

图 2-10　4 个光照强度 25、50、100 或 200 µmol · m^{-2} · s^{-1} 对罗汉果叶绿素含量的影响

L25、L50、L100 和 L200 分别表示在无糖培养基上进行的 4 个光自养处理，其中 L 表示光照强度，数字表示光合光子通量密度（PPFD）。对照组是在含蔗糖培养基上进行的兼养处理，其 PPFD 为 25 µmol · m^{-2} · s^{-1}（Zhang et al., 2009）

光照　这是叶绿体发育和叶绿素合成必不可少的条件。从原叶绿素酸酯合成叶绿素酸酯是个需光的光还原过程。因此，在黑暗条件下叶绿素是无法合成的，只能合成类胡萝卜素，这样的植物呈黄色，称为黄化植物（etiolated plant）。光线过弱也不利于叶绿素的生物合成，在组织培养中如果光照强度过低或单位面积上的接种密度过大，上部遮光过甚，植株下部叶片叶绿素分解速度大于合成速度，叶色也会变黄，出现黄化现象。但光照太强也会影响叶绿素的合成（Zhang et al., 2009），以罗汉果小植株生长为例，在光照为 25, 50, 100 和 200 µmol · m^{-2} · s^{-1} 培养时，Zhang 等发现在光照为 50 µmol · m^{-2} · s^{-1} 时叶绿素含量最高，当光照增加到 200 µmol · m^{-2} · s^{-1} 时，叶绿素的含量却降至最低（图 2-10）。

温度　叶绿素的生物合成过程中绝大部分都有酶的参与。温度会影响酶的活动，也就影响了叶绿素的合成。一般来说，叶绿素形成的最低温度为 2~4℃，最适温度是 30℃ 左右，最高温度为 40℃，温度过低或过高均会降低合成速率。因此，在微繁殖中，应根据不同种类植物生长的最适温度来进行调节。植株的叶片变黄或变白等现象均与低温或高温抑制了叶绿素的合成有关。

营养元素　植物缺 N、Mg、Fe、Cu、Mn、Zn 等营养元素时将无法合成叶绿素，进而会出现缺绿病（chlorosis）。N 与 Mg 是组成叶绿素的元素，决不能缺少；Fe 是形成原叶绿素酸酯的必需因子；Cu、Mn、Zn 可能是叶绿素合成中某些酶的活化剂间接地起作用。因此，进行无糖培养微繁殖时，在培养基的配方中应加大铁盐和 MgSO$_4$ 的用量，以保证叶绿素的合成，从而促进植株的光合作用。

糖　培养基中糖的浓度也会极大地影响叶绿体的发育和叶绿素的合成，很多的研究都已证实，无糖培养促进了叶绿体超微结构的形成，增加了叶绿素的合成（Zhang et al.，2009；Xiao et al.，2005）。

Chen 等（2020）发现在所有培养条件都相同，只是培养基中添加蔗糖与否对马铃薯试管苗叶片叶绿体超微结构有显著影响（图 2-11）。无糖（S0）和有糖（S）处理的叶绿体均呈扁平状、椭圆形、排列整齐，但无糖（S0）处理的叶绿体中叶绿素含量更高，有糖（S）处理的叶绿体中充满了大量的大淀粉粒（图 2-11 S01，S1）。另外，无糖（S0）处理的叶肉细胞中的叶绿体含有发育良好的类囊体，且许多类囊体堆叠紧密，形成排列整齐的类囊颗粒，与叶绿体的长轴方向垂直（图 2-11 S02）。并且，基质类囊体与颗粒类囊体边界清晰，叶绿体附近可见部分线粒体（图 2-11 S02，S03）。而有糖（S）处

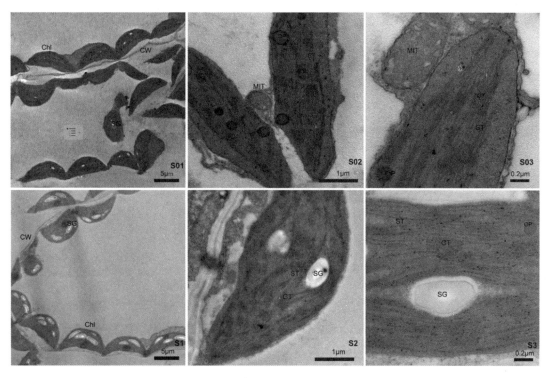

图 2-11　在无糖（S0）和有糖（S）的培养基上生长 4 周的马铃薯试管苗叶绿体的超微结构。图中 CW 为细胞壁；Chl 为叶绿体；SG 为淀粉颗粒；ST 为基质类囊体；GT 为颗粒类囊体；OP 为嗜铁性质体球；MIT 为线粒体

理下的类囊颗粒排列不规则，叶绿体中有间隙，基质类囊体与颗粒类囊体之间界限模糊（图 2-11 S2, S3）。此外，无糖（S0）处理的每个细胞叶绿体数是有糖（S）处理的 1.18 倍，每个叶绿体基粒数是有糖（S）处理的 1.42 倍。结果表明，无蔗糖培养基更有利于叶绿体超微结构和类囊体膜系统的形成。

培养基中蔗糖的存在会导致试管苗的叶绿体中出现了大量淀粉颗粒沉积，这些淀粉粒的堆积会引起光合作用的反馈抑制（Eckstein et al., 2011; Hdider and Dejardin, 1994），而无糖培养试管苗的叶绿体中仅有少量和小体积的淀粉粒，这可能是其较好的光合性能所致。

空气交换　在光自养微繁殖中，光合作用是碳水化合物积累的唯一来源，因此在光自养条件下生长的外植体或植株必须是含叶绿素的。在培养容器中生长的植株如果其他环境参数（尤其是 PPF）和容器的换气次数保持不变，则叶片叶绿素含量一般不会发生显著变化。Cui 等（2000）在研究含有不同浓度糖（10、15 或 30 g·L^{-1}）的培养基中生长的地黄植株时，发现叶绿素含量没有显著差异。在他们的研究中，PPF（70 μmol·m^{-2}·s^{-1}）、温度（25℃）、环境 CO_2 浓度（1000 μmol·mol^{-1}）和容器的换气次数（4.4 次·h^{-1}）在培养中保持不变。然而，在同一项研究中，当容器中的空气交换次数增加时，叶绿素含量却显著增加。

与自然通风或密闭系统相比，强制通风可增加叶绿素含量（Zobayed et al., 1999a），这可能是因为在空气交换次数较少的密闭系统或容器中，通常会发生乙烯积累，从而降低了叶绿素含量。Righetti（1996）发现，在封闭容器中培养李子时，枝条形状不规则，水分过多，叶片卷曲，叶绿素含量在培养到第 15~18 d 后降至最低，在此条件下，干物质产率最低，乙烯合成量最高。Park 等（2004）观察到，在完全密封的容器中，马铃薯植株的嫩枝含水量较高，叶绿素含量显著低于透气容器的正常嫩枝。在康乃馨植株的正常嫩枝中也有研究者观察到叶绿素含量比高水分嫩枝增加了 5 倍（Jo et al., 2002）。

叶绿素的形成受许多条件的影响，叶色是反映小植株营养状况和健康状况的一个很灵敏的指标，在培养中必须随时注意观察。植物的叶色主要是绿色的叶绿素与黄色的类胡萝卜素之间比例的综合表现。正常叶片的叶绿素与类胡萝卜素的分子比约为 3∶1，叶绿素 a 与叶绿素 b 之比也为 3∶1，叶黄素与胡萝卜素为 2∶1，由于叶绿素含量占优势，所以正常叶片呈现绿色；但是，叶片衰老或条件异常时叶绿素合成少、降解多，而类胡萝卜素通常比较稳定，故此时叶片呈黄色。

2.3.3　植物光形态建成

光对植物的影响主要有两个方面即光合作用与光形态建成。光形态建成是植物的光受体接受到光信号产生的诱导种子发芽、叶绿素形成、茎秆伸长、花芽分化等结构和功能的反应，也就是植物在光照条件下生长、发育和分化的过程。该过程发生在植物生长的任何时期，从萌发、营养生长、生殖生长到衰老死亡，每一个阶段植株都要接受光信号的调控。如果没有光，黑暗中生长的植物茎细长、子叶卷曲，会成为没有叶绿素的黄化苗，如豆芽。从暗形态建成到光形态建成的转化是一个迅速而复杂的过程，暗中生长的豆芽经一束较弱的闪光照射，数小时内即可产生极大的变化，如茎伸长速率下降，绿色植物特有的色素开始合成，茎直立等。因此，光作为信号可诱导幼苗的形态变化，即由适应地下生长到适应地面生长（有效捕获光能，把光能转化为碳水化合物、蛋白质和脂类）。

光在光形态建成过程中主要起信号作用，在较低的光照条件下即可进行，信号的性质与光的波长有关。植物通过一系列光受体来感受不同波段的光，进而调节自身生长发育。不同的光谱分布能够调节植物的形态建成，调节植物生长、改变植物形态，使其更加适应环境。

诱导光形态建成的光照强度要比光合作用所需的光照强度低得多。在有糖培养中，光照主要用于植物的光形态建成，只有很少一部分光被用于光合作用，因此，有糖培养不需要很强的光照；而无糖培养的植物是完全靠光合作用生长的，其光合能力很强，增加的光照可以有效地被植物用于光合作用，促进植物的生长发育。植物组织培养主要采用人工光作为植物照明，因此，可以通过光环境来调控和优化植物光合作用和光形态建成，获得最佳的产量和品质。

植物对外界光环境的一系列响应都是基于感光受体对光的吸收。植物主要的感光受体包括了光合色素、光敏色素、隐花色素和向光素。它们在植物体内各司其职，影响着植物的光合生理、代谢生理、形态建成等方方面面。光合色素我们在本章的前面部分已经讨论过。

光敏色素由生色基团和脱辅基蛋白共价结合而成，包括红光吸收型（P_R）和远红光吸收型（P_{FR}）两种类型，主要吸收 600~700 nm 的红光及 700~760 nm 的远红光，通过红光和远红光的可逆作用来调节植物的生理活动（图 2-12）。在植物体中，光敏色素主要参与调控种子萌发、幼苗形成、光合系统的建立、避荫作用、开花时间和昼夜节律响应等过程。此外，还对植株的抗逆生理起到调控作用。

作为一种光受体，光敏色素接收到红光、远红光、蓝光、近紫外光等特定波长的光信号后能诱导植物光形态建成。光敏色素与趋光性、气孔开闭、叶绿素的光定位等有关。光敏色素的生理作用非常广泛，它影响植物一生的形态建成，从种子萌发到开花、结果及衰老。红光吸收型光敏色素（P_R）最大吸收峰在 666 nm；远红光吸收型（P_{FR}），最大吸收峰在 730 nm。二者可以相互转换，P_R 在黑暗中合成和积累，所以黄化幼苗中有 P_R，无 P_{FR}。在红光或白光照射下，大多数 P_R 会被转变为 P_{FR}。P_{FR} 可发生降解，可在暗中缓慢地被逆转为 P_R 参与相关反应。因此，P_R 在光中的总量比暗中少得多。

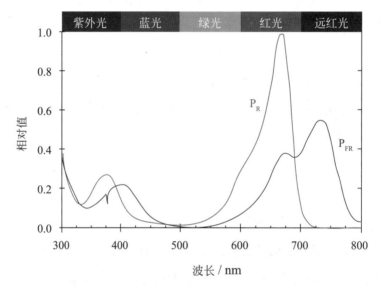

P_R and P_{FR} from Sager et al.,1988. Trans. ASAE 31:1882-1887.

图 2-12　光敏色素吸收光谱

隐花色素是蓝光受体，主要吸收 320~500 nm 的蓝光和近紫外光 UV-A，吸收峰大致位于 375 nm、420 nm、450 nm 和 480 nm。隐花色素主要参与植株体内的开花调控。此外，它还参与调控植株的向性生长、气孔开张、细胞周期、保卫细胞的发育、根的发育、非生物胁迫、顶端优势、果实和胚珠的发育、细胞程序性死亡、种子休眠、病原体反应和磁场感应等过程。

向光素是继光敏色素和隐花色素之后被发现的一种蓝光受体，可与黄素单核苷酸结合后进行磷酸化作用，能够调节植物的趋光性、叶绿体运动、气孔开放、叶伸展和抑制黄化苗的胚轴伸长。

2.3.4 光合作用的产物

光合作用的直接产物主要是碳水化合物,包括单糖(葡萄糖和果糖)、双糖(蔗糖)和多糖(淀粉),其中以蔗糖和淀粉最为普遍。不同植物的光合产物不同,大多数高等植物的光合产物是淀粉,有些植物(如洋葱、大蒜)的光合产物是葡萄糖和果糖,不形成淀粉。

光合作用直接产物的种类与光照强弱、CO_2 和 O_2 浓度的高低有关(图 2-13),也与叶片年龄和光质有关。例如,成龄叶片主要形成碳水化合物,幼嫩叶片除碳水化合物外还会产生较多的蛋白质。在红光照射下,叶片形成大量的碳水化合物,蛋白质较少;而在蓝光照射下,碳水化合物减少,蛋白质增多。强光和高浓度 CO_2 有利于蔗糖和淀粉的形成,而弱光则有利于谷氨酸、天氨酸和蛋白质的形成。

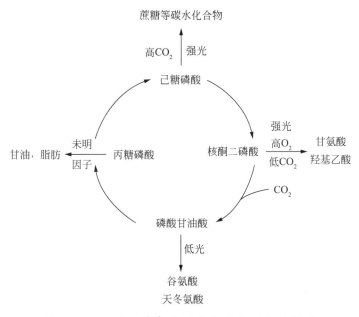

图 2-13 不同环境条件对光合产物形成的影响

2.4 影响小植株 CO_2 固定（光合作用）的因素

2.4.1 光照

光对光合作用的影响是多方面的。首先光是光合作用能量的来源，因此，光照强度直接影响光合速率；光是叶绿体发育和叶绿素形成的必要条件；光能调节光合碳同化中某些酶的活性；光影响气孔的开闭，因而影响进入叶片的 CO_2 的量；此外，光还能通过影响空气温度和湿度的变化而影响光合作用。光合作用是一个光生物化学反应，在一定的光照度范围内，光合速度随着光照强度的增强而加快。

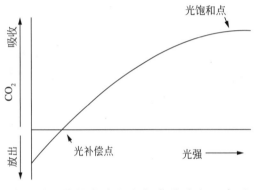

图 2-14 植物光饱和点与光补偿点示意图

① **光照强度** 对植物光合速率的影响十分明显，主要表现在光饱和点和光补偿点上（图 2-14）。

光饱和点（light saturation point）在一定范围内光合速率随着光强的增加而加快，几乎呈正相关；但超过一定范围之后，光合速率的增加转慢；当达到某一光强时，光合速率将不再增加，这种现象叫光饱和现象，开始达到光饱和现象时的光强叫光饱和点。

不同植物的光饱和点差异很大，阴生植物一般不到 10 000 lx，C_3 植物在 30 000~50 000 lx，而 C_4 植物可高达 100 000 lx 以上。光饱和点的高低反映了植物对强光的利用能力。在光饱和点时，植株的光合速率最高。超过光饱和点的光被植株吸收后将以热量的形式释放，不能用于光合作用。例如，夏季晴天中午每个叶绿素分子每秒钟可接受 10 个光量子，其余的来不及利用。产生光饱和现象的原因主要有两方面：一是光合色素和光化学反应来不及利用更多的光能，即植物光反应能力的限制；二是光合碳同化的速率跟不上强光下反应的速率，即暗反应速度的限制。对于后者，改善暗反应的条件就能提高光饱和点，如补充 CO_2，加速光合碳同化速率，使之与光反应相适应；植株营养条件好，光合碳同化酶系活力加强；气孔开度大，CO_2 进入细胞量增加。因此，提高植物的光饱和点是发挥光合潜力的一个重要方面。

光补偿点（light compensation point）在光饱和点以下，光合速率随光强的减弱而降低，当光强降至某一数值时，光合速率等于呼吸速率，也就是说净光合速率为零。所以，通常把同一片叶子在同一时间内光合吸收的 CO_2 与呼吸释放的 CO_2 相等时的光照强度叫做光补偿点。在光补偿点时有机物质的形成与消耗相等，植物不能积累干物质。如果考虑到夜间的呼吸消耗则其光合产物将入不抵出，只有在高于光补偿点的情况下植物才能积累有机物并正常生长。

光补偿点是植物对光照强度的最低要求，反映了植物对弱光的利用能力，不同植物以及处于不同的环境条件下时光补偿点不同，阴性植物的光补偿点通常较低，为全光照的 1% 以下；阳性植物的光补偿点通常较高，占全光的 3%~5%。植物叶绿素含量高、空气中的 CO_2 浓度高能降低光补偿点；而温度升高则会使补偿点升高。总之，光饱和点和光补偿点是植物光特性的两个生理指标，是植物进行光合作用所需光照强度的上限和下限。凡是能提高光饱和点和降低光补偿点的措施，均利于有机物的积累，促进植株的生长发育。在无糖培养中，往往可以根据不同植物的光饱和点和光补偿点来调节光照强度，确定适宜的外植体栽植密度。

在试管繁殖的情况下，植株利用人工光作为能源合成有机化合物。传统的光混合营养微繁殖是在 30~80 μmol·m^{-2}·s^{-1} 的较低 PPF 下进行的，低 PPF 加上培养基中糖的存在抑制了植株光合作用的需求。因此，与在高 PPF 和富含 CO_2 的条件下生长的光自养植物相比，光混合营养生长的植物表现出较低的 CO_2 吸收率和较低的净光合速率（Kozai，1991）。然而，许多的研究已经证明，离体培养的植物具有很高的光合能力，可以生长在无糖培养基中和高 PPF 及 CO_2 富集的条件下。Afreen 等（2001）在对咖啡体细胞胚光合能力的研究中发现，将胚置于 PPF（100~150 μmol·m^{-2}·s^{-1}）下 14 天有助于叶绿素的产生、气孔的发育，从而提高植株的光合能力。

② **光质**　不仅直接影响光合产物的种类，而且也会影响光合速率。不同光质或波长的光具有不同的生物学效应，包括对植物的形态结构与化学组成、光合作用和器官生长发育都有不同影响（详情参见第 3 章 3.2.4 小节）。

2.4.2　CO_2 浓度

CO_2 是植物光合作用的原料之一，植物主要通过叶片气孔从大气中吸收 CO_2，因此

环境中的 CO_2 浓度与光合速率有密切关系。植物吸收 CO_2 同样也表现有补偿点和饱和点。

CO_2 饱和点（CO_2 saturation point） 在其他环境条件一定时，植物的光合速率往往随 CO_2 浓度的增加而升高，当达到一定程度光合速率不再增加时的外界 CO_2 浓度即为 CO_2 饱和点。

CO_2 补偿点（CO_2 compensation point） 在 CO_2 饱和点以下，植物的光合速率随着 CO_2 浓度的降低而降低，当光合作用吸收 CO_2 的量等于呼吸作用释放的 CO_2 量时的环境中 CO_2 的浓度叫 CO_2 补偿点。或者说光合作用和呼吸作用这两个过程彼此平衡时的胞间 CO_2 浓度值称为 CO_2 补偿点。各种植物 CO_2 的补偿点不尽相同，高粱、玉米、甘蔗等 C_4 植物的 CO_2 补偿点仅为 0~10 ppm，称为低补偿点植物。C_3 植物的 CO_2 补偿点很高，约 50 ppm，称为高补偿点植物。低补偿点植物对 CO_2 的利用能力强，在 CO_2 浓度很低时就能吸收 CO_2 和积累有机物。

植物的光合过程需要吸收大量的 CO_2，但是大气中的 CO_2 浓度很低，只有 350 ppm 左右，如以容积表示则仅为大气的 0.03%。如果只依赖空气中的 CO_2 远远不能满足植物光合作用的需求。据计算，每合成 1 g 葡萄糖，叶片需要从 2250 L 空气中才能吸收到足够的 CO_2。因此，CO_2 浓度往往成为光合作用的主要限制因子。增加空气中的 CO_2 浓度可提高光合速率，在无糖组织培养中，增加培养植株周围的 CO_2 浓度是非常必要的，即在培养容器中人为加入 CO_2 以弥补自然界中 CO_2 的不足。因植物种类的不同，需补充 CO_2 的浓度也不同，但一般补加量为 C_3 植物 1000~1500 ppm，C_4 植物 2000~3000 ppm。这样，在光自养微繁殖中，通过人工环境控制，可以使植株的光合成速率远远高于在自然条件下生长的植株，从而缩短培养周期。

CO_2 浓度对光合速率的影响既有上限（饱和点）也有下限（补偿点），CO_2 浓度过高会导致植物气孔关闭和进入无氧呼吸，时间过长，必然导致植株被伤害或死亡。其原因有：产生酒精，使蛋白质变性；释放能量少，植物为维持正常的生命活动而消耗养分过多；中间产物少，严重影响植物体内的物质合成。

CO_2 与光照强度是影响植物光合作用最重要的因素，增加 CO_2 或光强度都可以提高光合速率。还应指出的是植物利用 CO_2 与光强度有密切关系，两者相互影响。在弱光情况下，只能利用较低的 CO_2 浓度，光合速率慢；随着光照的加强，植物能吸收利用较高的 CO_2 浓度，光合速率加快。因此，光饱和点低的原因往往是 CO_2 浓度不足，如果 CO_2 浓度增高，光饱和点也会增高，反之。如果光照强度增高，CO_2 饱和点也会增高（图 2-15）。

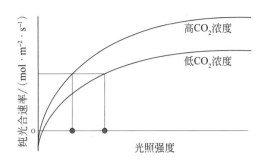

图 2-15　光照强度和 CO_2 浓度对光合效率的影响

气孔的导度（开放度）也对光合速率存在很大的影响。要进行光合作用，CO_2 就必须要通过空气扩散进入叶片，但 CO_2 几乎不能通过覆盖在叶片上的表皮，因此，CO_2 进入叶片的主要通道就是气孔。CO_2 通过气孔开口进入气孔下腔，然后穿过细胞间隙，最终进入细胞和叶绿体。在光量充足的情况下，高 CO_2 浓度带来高光合速率；相反，低 CO_2 浓度则会限制植物的光合速率。

2.4.3　温度

温度影响与光合作用有关的所有生物化学反应及叶绿素膜的完整性，因此，温度对光合作用的影响是相当复杂的。例如，温度会影响酶的活性，从而影响光合碳同化速率；温度也会影响呼吸速率，从而影响光合速率。净光合速率等于 0 时的最低温度与最高温度分别称为光合作用的上限温度与下限温度。不同植物的上限温度与下限温度差异很大，例如，耐低温的莴苣于 5℃ 时已有明显的净光合速率，而喜温的黄瓜在 20℃ 时才有显著的净光合速率。大多数植物在 10~35℃ 下均能进行光合作用，其中 25~35℃ 是最适温度，这可能与植物体内的酶有关。超过 35℃ 后多数植物的光合作用就开始下降，C_3 植物在 40~50℃ 时光合作用几乎停止，而 C_4 植物光合作用最适温度一般在 40℃ 左右。极限高温不仅会使植物呼吸速率急剧上升，而且会导致叶绿体结构破坏，使细胞质变性和酶的活性受到破坏，高温还常导致植物蒸腾加强，过多失水、气孔关闭，由此造成 CO_2 供应不足而降低光合速率。低温对光合作用的限制或功能性的破坏，主要是由于叶绿体超微结构受到损伤，造成代谢紊乱，此外低温也能引起气孔关闭失调或使酶活性钝化。

2.4.4　矿质元素

矿质元素直接或间接地影响植株的光合作用，其中 N 和 Mg 是叶绿素的组成成分；

Fe、Mn、Cu、Mg 是叶绿素生物合成中必要的因子；Mn 和 Cl 参与水的光解；Fe、S、Cu 是光合电子传递体的组分；Zn 和 Mg 是某些酶的组分和激活者；N 和 P 是光合磷酸化和碳素循环转化的直接参与者；P、K、B 等元素能促进有机物的转化和运输；K 可调节气孔的开闭。所以，要提高小植株的光合作用，就要不断改善小植株的营养条件，以满足小植株对矿物质营养的需求。

2.4.5　水分

水分对光合作用的影响多数情况并非因为水是光合作用的原料，而往往是间接的作用。比如，缺水会导致气孔关闭，限制 CO_2 进入叶内；缺水引起叶片淀粉水解加强，使叶片糖分过多，光合产物输出缓慢；缺水致使细胞分裂与伸长受阻，光合面积减小，并加速成熟叶片衰老等。

2.4.6　叶龄

叶片的光合速率与叶龄关系密切。从叶片发生到衰老凋萎，其光合速率呈单峰曲线变化。在叶片发育进程中，新形成的嫩叶光合速率极低，光合产物不能满足自身需要，必须从成熟叶片输入同化物。当叶片充分伸展后光合速率达到最高，以后随叶片衰老而逐渐降低。叶内 RuBP 羧化酶活性也有类似变化，这可能是光合速率变化的内在原因之一；另外，叶龄与光合色素（尤其是叶绿素）的含量也有关系，比如新生叶片中叶绿素含量低（呈黄绿色），随着叶龄增加，叶绿素含量亦提高，到叶片衰老时，叶绿素含量又逐渐降低。

2.4.7　叶面积

叶绿素具有接收和转化能量的作用，所以植株中凡是绿色的、具有叶绿素的部位都能进行光合作用。在一定范围内，小植株的叶面积越大，其光合成速率越高，生长发育也就越快。在无糖组培生产中应尽可能保持足够的叶片，制造更多光合产物，为生产高品质的种苗提供物质基础。叶面积较大的植株往往碳水化合物的积累多，组织充实，容易适应外界环境，过渡移栽成活率高。

在光自养微繁殖中通常使用叶状外植体。因此，外植体的光合能力是至关重要的，特别是对于植株的初始生长而言，叶面积是外植体的重要品质变量。Miyashita 等（1996）报道，马铃薯植株的光自养生长受外植体叶面积的影响，叶片较大的外植体使每个植株的初始净光合速率较高，因此提供了较高的生长速率。去除外植体叶片是常规微繁殖中的一种常见做法，但值得注意的是，保留叶片的西红柿外植体在无糖培养条件下生长 3 周后产生的干物质，几乎是在有糖培养条件下去除叶片的外植体的两倍（Kubota et al.，2001）（图 2-16）。光自养微繁殖选择外植体的标准比常规微繁殖更严格，常规微繁殖的外植体质量不一定符合光自养微繁殖的标准。

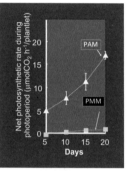

图 2-16　两种培养方式对西红柿试管苗 21 d 生长及光合速率的影响

PAM 为无糖培养外植体带有叶片；PMM 为有糖培养外植体的叶片被剪去了（Kubota et al., 2001）

2.5　光自养微繁殖和一般微繁殖（异养及兼养）光合作用的特性

Desgardins（1995）综述了微繁殖植株的光合效率，认为试管苗叶片类似于阴处生长的植物，栅栏细胞稀少而小，细胞间隙大，这会影响叶肉细胞对 CO_2 的吸收和固定。又因试管苗气孔存在反常功能，一直处于开放状态，易导致叶片脱水而对光合器官造成持久的伤害。在含糖培养基中，糖对植物的卡尔文碳素循环呈现反馈抑制，以及 CO_2 供给的不足使叶绿体类囊体膜上存在过剩电子流，造成光抑制和光氧化，致使植株光合作用能力极低。

试管苗光合能力低是由于培养基中加入了糖，小植株在吸收糖后，无机磷含量将大幅度下降，减少了无机磷的循环，从而使 RUBP 羧化酶不能活化，无力固定 CO_2 或只能固定极少量的 CO_2。同时，蔗糖的刺激会促使试管苗的呼吸速率增强，在很多情况下会使植株的呼吸作用大于光合作用。De Rjek（1995）在玫瑰试管苗生根阶段的培养中发现，玫瑰试管苗的光合作用与培养基中的蔗糖浓度有关，当蔗糖高至 40 $g \cdot L^{-1}$ 时光合能力为 250 $mgCO_2 \, m^{-2} \cdot h^{-1}$，蔗糖为 10 $g \cdot L^{-1}$ 时，光合能力被提高至 350 $mgCO_2 \, m^{-2} \cdot h^{-1}$；光合作用固定 CO_2 的量占碳素营养的 25%，其他 75% 来自培养基中的碳水化合物。显然，提高容器内的 CO_2 浓度可以提高植株的光合效率。

试管苗光合能力低也与叶绿体发育不良、基粒中叶绿素分子排列杂乱有关，除 RUBP 酶的活性低外（Tront，1988），光照和气体交换不充分也是一个光合能力的限制因素。如用白桦试管苗和温室实生苗对比试验，前者当光强由 200 $\mu mol \cdot m^{-2} \cdot s^{-1}$ 增加到 1 200 $\mu mol \cdot m^{-2} \cdot s^{-1}$ 时，净光合强度并未同步增加，但后者净光合强度却增加了两倍。Hdider 和 Desjardins（1994）报道，培养基中加入糖对光合速率有消极作用，会导致对核酮糖的抑制反馈，也就是说核酮糖的低活性解释了试管苗的低光合速率。

Kozai（1991）建议用增加容器中 CO_2 浓度和提高光照度的方法来减少或去除培养基中的糖。减少或去除培养基中的糖将有助于降低传统微繁殖的高生产成本。传统微繁殖的高生产成本源于培养基生物污染造成的试管苗损失、苗不正常的生长发育、植物生长调节剂的使用、试管苗环境适应的困难和劳力成本等。这个结论来自于兰花（Kozai et al.，1987）和康乃馨（Kozai and Iwanami，1988）的相关实验。康乃馨的实验表明在不考虑蔗糖浓度的情况下加入 CO_2，植株的干重比不加 CO_2 的植株干重增加更快，此外，植株吸收的蔗糖质量仅占原来蔗糖质量的 2%~8%。Nakayama 等（1991）也证明马铃薯培养开始 3 天以后，当容器中 CO_2 浓度介于 500~1000 $\mu mol \cdot mol^{-1}$ 时，无糖培养基中植株

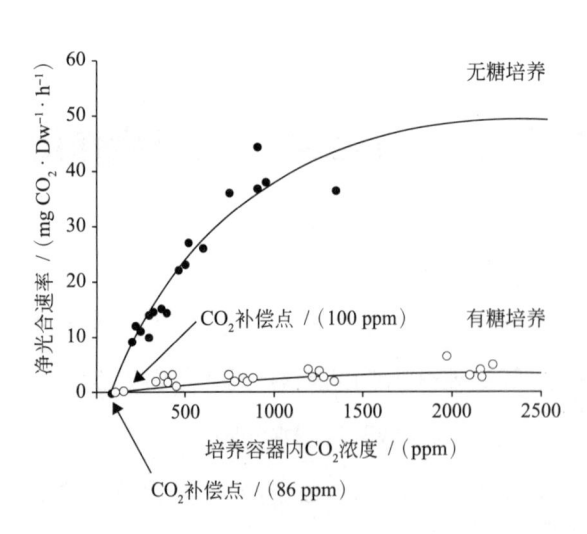

图 2-17　有糖和无糖培养基马铃薯小植株的光合速率（Kozai，1998）

の光合速率是有糖培养基（蔗糖 30 g·L^{-1}）中的 8~10 倍。Fujiwara 等（1995）也证明马铃薯试管苗在无糖培养的条件下，光合作用所增长的干重总量是有糖培养的 4 倍多。Kozai（1998）分别测定了马铃薯小植株在有糖和无糖培养基上的光合成速成率（图 2-17）。

Xiao 等（2003）发现在培养基中加入糖 30 g·L^{-1}，其甘蔗植株的光合速率为负值，其生长速度远远低于不加糖的处理，干重仅是无糖处理（高光照、高 CO_2 浓度）的 1/8；在不加糖的处理中，CO_2 浓度和光照强度对甘蔗植株的生长发育和光合速率影响极大。

Nyonyo 等（1999）发现，即便在所有培养条件都相同并都补充 CO_2 碳源

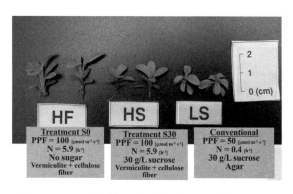

图 2-18　3 种培养方式对杜鹃小植株生长 40 d 的影响

　　其中 HF 为无糖培养，光照强度（PPF）100 μmol·m^{-2}·s^{-1}，换气次数 5.9 次·h^{-1}，培养基质为蛭石和纤维素；HS 为有糖培养，其光照强度（PPF）、换气次数和培养基质与 HF 相同，但培养基中加入糖 30 g·L^{-1}；LS 亦为有糖培养、光照强度（PPF）50 μmol·m^{-2}·s^{-1}，换气次数 0.4 次·h^{-1}，培养基质为琼脂，加入糖 30 g·L^{-1}。（Nyonyo et al., 1999）

的情况下，杜鹃小植株无糖培养下的生长还是会显著优于既有糖又有 CO_2 两种碳源以及有糖培养的生长（图 2-18）。

　　从图 2-18 中可以看出，植株中生长最好的是培养在全自养条件下的，HS 处理虽然培养基中加入了 30 g·L^{-1} 糖，同时又补充了 CO_2，其光照强度、CO_2 浓度、培养基质和全自养处理 HF 完全相同，但结果植株的生长仍不能与全自养的相比。其原因仍在于培养基中的糖抑制了植物的光合作用，从而影响了植株的生长发育。

2.6　无糖培养促进小植株生长发育的分子机理

　　碳源是否会影响植株的遗传水平？植物的分子和基因会发生什么变化？随着基因测序技术的快速发展，RNA-Seq 方法已经成为一种优越的基因表达检测方法。最近的研究

Chen et al., 2020）利用转录组测序技术（RNA-Seq）揭示了无糖培养基促进离体培养马铃薯生长的机理，试验材料选用无病毒的马铃薯（中薯 20 号）试管苗，试验处理为：MS 培养基 + 7 g·L⁻¹ 琼脂 + 30 g·L⁻¹ 蔗糖（S）或 不加蔗糖（S0）2 个处理；在500 mL 玻璃瓶中装入 150 mL 培养基，接种 20 个外植体，瓶口用聚乙烯盖覆盖，中间部分有一个直径为 5 cm 的过滤膜。培养条件为温度：（23±1）℃；光周期：16/8 h；RH：（70±5）%；CO_2：2000 μmol·mol⁻¹。共培养 28 天。试验除是否加糖外，其他条件全部相同。该研究从遗传水平解释了无糖培养促进马铃薯试管苗光合作用和生长发育的原因，研究观察了在有蔗糖和无蔗糖的培养基上离体培养的马铃薯幼苗叶片解剖结构和叶绿体超微结构。基于这些明显的表型特征差异，使用 RNA-Seq 方法在转录水平上进一步探讨其分子机制，揭示有蔗糖和无蔗糖的培养基上离体培养的马铃薯植株在 mRNA水平上观察到的表型变化和转录组变异之间的紧密联系。通过转录组测序发现，无糖（S0）和有糖（S）处理中差异表达的基因（DEGs）共 3814 个，其中 2037 个上调表达，1777 个下调表达。

大多数差异表达基因（DEGs）参与了叶片解剖结构、叶绿体超微结构以及光合作用（表 2-6）。另外，利用 KEGG 分析还发现差异表达基因数量最多的代谢途径是"植物激素信号转导""苯丙烷生物合成""氨基酸生物合成""淀粉和蔗糖代谢"和"碳代谢"。最重要的富集途径是"光合作用 - 天线蛋白"，其富集因子高达 5.6，并在该途径中鉴定出25 个差异表达的基因，它们在无糖培养（S0）处理中均出现了上调表达（图 2-19）。研究进一步详细分析了差异表达基因（DEGs）的表达模式，发现差异表达的基因与光合作用相关的代谢途径有关。在 S0 处理中，"光合作用"（10DEGs），"光合作用 - 天线蛋白"（25DEGs）和"光合生物中的碳固定"（18DEGs）途径中，所有 DEGs 均被上调；在"卟啉和叶绿素代谢"途径中，与叶绿素合成相关的基因被上调，与叶绿素降解相关的基因被下调（图 2-20）。结果表明，培养基中去除蔗糖，在很大程度上增强了离体培养马铃薯幼苗中与光合作用能力密切相关的代谢途径，从而提高了植株光合能力，促进了小植株的生长。

表 2-6 无糖培养与有糖培养相比差异表达基因在叶片和叶绿体发育相关生物学过程的 GO 分析

GO 类别	GO 编号	GO 单元	KS 值	上调的差异表达基因	下调的差异表达基因	差异表达基因总数
细胞组分	GO:0048366	叶片发育	1.41E-03	9	211	220
	GO:0010305	叶脉模式建成	2.00E-04	0	32	32
	GO:0048856	叶片解剖结构发育	1.30E-04	37	1034	1071
	GO:0048532	叶片解剖结构排列	3.32E-01	6	70	76
	GO:0009507	叶绿体	3.90E-06	41	878	919
	GO:0009535	叶绿体类囊体膜	8.70E-05	10	106	116
	GO:0009941	叶绿体被膜	2.17E-02	79	115	194
	GO:0009570	叶绿体基质	1.02E-01	105	122	227
	GO:0031969	叶绿体膜	6.52E-02	8	43	51
	GO:0044434	叶绿体的组成部分	4.76E-02	82	342	424
	GO:0009534	叶绿体类囊体	5.70E-02	6	152	158
	GO:0009533	叶绿体基质类囊体	9.21E-03	0	3	3
	GO:0009543	叶绿体类囊体腔	4.65E-01	0	13	13
	GO:0009706	叶绿体内膜	5.77E-01	0	19	19
	GO:0009522	光系统 I	3.80E-11	0	29	29
	GO:0009523	光系统 II	2.60E-06	0	32	32
生物过程	GO:0009765	光合作用，捕光	1.20E-06	0	30	30
	GO:0010207	光系统 II 装配	2.50E-04	13	56	69
	GO:0009773	光系统 I 中的光合电子传递	1.23E-02	0	17	17
	GO:0009767	光合电子传递链	4.44E-03	0	26	26
	GO:0015995	叶绿素生物合成过程	6.70E-04	6	72	78
	GO:0019252	淀粉生物合成过程	9.60E-06	9	72	81
	GO:0016051	碳水化合物生物合成过程	1.85E-03	70	246	316
	GO:0008652	细胞的氨基酸生物合成过程	2.41E-02	22	185	207

因此，无蔗糖培养基显著增强了马铃薯试管苗叶片的叶绿素合成基因表达，但抑制了叶绿素降解相关基因的表达。所有这些转录组水平的变化都可能引发相关生物学过程和代谢途径的改变，进而影响马铃薯试管苗的生理和生物学状态。综上所述，碳源不同不仅直接影响到植物的形态生理解剖结构，而且影响植物的遗传水平和基因表达。无糖培养显著

改善了试管苗的形态和生理生长，有利于叶片解剖结构和叶绿体超微结构的形成。培养基中外源蔗糖的去除增强了许多与叶片和叶绿体发育相关、与光合器官形成和光合能力相关基因的表达。通过转录组学分析，已经能够在 mRNA 水平上全面揭示基因表达模式，这有助于我们理解这些改变背后的潜在分子机制，为探索无糖和有糖培养对试管苗生长发育的影响提供了新的视角，并有助于在遗传水平上提高试管苗的微繁殖技术水平。

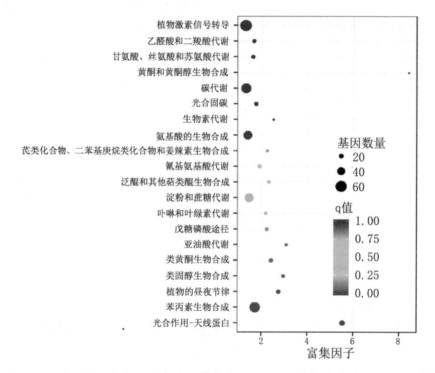

图 2-19　KEEG 分析无糖和有糖培养条件下马铃薯差异表达基因的主要富集途径

自养植物最基本的特征，就是自身进行光合作用。如何促进植株的光合作用？关键在于植株生长的光、温、水、气、营养等条件是否能满足其生长需要。为了能够为植株生长提供最佳的物理或化学环境条件，提高光合效率，特别是为了降低生产成本，植物无糖培养微繁殖中的环境控制是十分重要的。下一章将详细论述植物无糖培养中的环境控制问题。

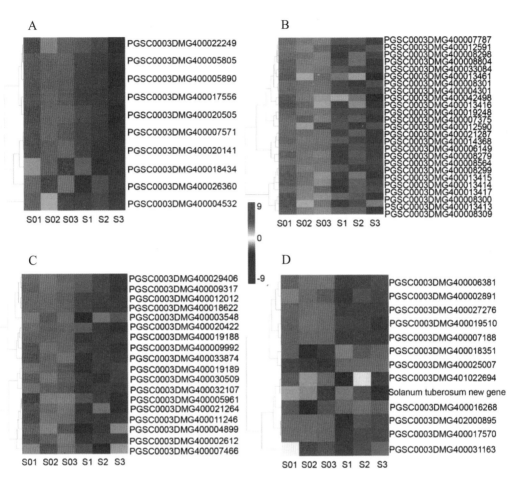

图 2-20　在含蔗糖（S）或不含蔗糖（S0）的培养基上生长 4 周的马铃薯试管苗叶片中差
　　　　异表达基因（DEGs）的表达概况

A："光合作用"，B："光合作用 - 触角蛋白"，C："光合生物中的碳固定"，D："卟啉和
叶绿素代谢"。基因的相对表达量以相应颜色的深浅来表示，颜色越深表达量越高。蓝色
表示下调；红色表示上调。

第 3 章　微繁殖中的环境控制

肖玉兰

3.1　环境控制与光自养微繁殖

　　微繁殖的目标是快速繁殖遗传优良、生理一致、发育正常、无病无毒的群体植株，植株能够在短时间和低成本的条件下驯化，能进行自动化的环境系统控制和更少的人工操作。然而，传统的植物组织培养技术，一直把培养基的配方作为研究的重点，包括培养基的类型、培养基组成成分的生化效应（糖、矿物质、植物生长素、维生素、氨基酸等）、植物激素的种类、各种植物激素在培养基中的含量、细胞生长素和细胞分裂素之间的比例等。事实上，除了培养基外，光照、温度、湿度、培养基质、CO_2 浓度、植株的密度、培养容器中空气的流通速度等环境因素也都会极大地影响小植株的生长发育。植株和培养容器的内外环境之间是相互联系的，控制培养室的环境比控制温室或田野的环境容易得多，因为许多的环境参数，例如温度、光照，可以保持不变；光合作用、水分、营养、CO_2 吸收和暗期的呼吸率都可以进行有效控制。但对培养容器内环境的研究远远落后于对温室环境的研究。最近的研究表明物理环境因素对微繁殖植株的生长发育有着极大的影响，在过去 20 年里，已有大量论文论述了环境对试管苗生长发育的影响。这些论文建议将微繁殖环境控制作为一项基本技术措施，以期望在较短的培养时间内得到成本低、质量好的植株。现代的研究已经发现容器中的小植株有很强的光合能力，在无糖培养基中它们的生长发育能被显著促进。无糖培养比一般有糖培养的优势在于：植株生长发育快、生长整齐；植株很少有生理和形态的毛病，生物学的污染很少；在过渡期间，小植株有很高的成活率；因为污染少，可以使用大型的培养容器；能够极大地提高植物的品质并降低生产成本。但是，以上这些优势必须建立在环境控制的条件下才能得以实现。

对于光自养植物来说，促进光合作用是提高植株生长速度的主要途径。为了促进离体光合作用，必须要了解容器中的环境条件，如 PPF 和 CO_2 浓度水平的状况，并将其保持在最佳范围内以最大限度地提高植株的净光合速率。因此，对于成功的光自养微繁殖而言，了解容器内外的环境是至关重要的，因为这是实施环境控制的基础。

在植物微繁殖的规模化生产中，对容器中环境因素的检测和控制及环境控制对植物的光合作用和光形态建成的影响显得特别重要。为了增强植株的光合作用和叶面的蒸发，以促进矿物质的吸收；为了给植株提供最佳的物理或化学的环境条件，特别是为了降低生产成本，微繁殖中的环境控制是十分重要的。环境控制的意义在于：①促进植株的生长和发育，即增加植株的鲜重和干重、茎节数和叶面积。②提高生根率。③减少植株形态学和生理学的紊乱，如防止玻璃苗的产生。④减少来自微生物的污染，如细菌、真菌、藻类等引起的植物的损失。⑤提高植物生长和发育的一致性，减少外来生长调节物质的过度使用，更快地促进过渡阶段植株健壮地生长和发育。

在植物无糖组织培养中，容器内外气体交换、CO_2 的浓度、光照强度、培养基质的种类、培养基中植物生长调节剂的含量、容器内的湿度和温度等都在不同种类植物生长发育过程中扮演着重要的角色。它们是小植株生长的微环境，极大地影响着植株的光合速率以及植株的品质和培养周期，从而影响生产成本。例如，光包括光照强度、光质、光周期，不仅仅是提供光合作用的能源，而且还会影响植株形态的建成。为了实现自动化和高质量的植物生产，必须了解容器内环境的特性并对其进行有效控制。

3.2　培养容器

3.2.1　培养容器概述

培养容器是小植株生长的场所，是植物组织培养中最重要的影响因素之一。培养容器可以被看作一个缩小了的温室和培养室，培养在容器中的外植体可以被看作一个缩小了的植株茎段或植株的某一部分。但植物组织培养容器中的生态环境和一般自然环境中的温室是不同的，在温室中常常存在病菌、病毒感染等问题，而在植物组织培养微繁殖中，病菌、病毒感染等问题很容易克服。

Aitken-Christie 等（1995）描述了容器中的一般环境特性，包括高的相对湿度、不变的温度、低的光照强度（PPFD）、每天波动很大的 CO_2 浓度，以及培养基中较高的糖浓度、盐以及植物生长调节剂，还有有毒物质的累积和微生物的缺乏。这些条件常常会降低植物的蒸发率、光合能力、对水和营养的吸收能力等，然而，容器中培养的植株暗呼吸却很高，结果便会导致这些植株生长瘦弱、缓慢。由于一般的培养容器小而且不透气，小植株只有很小的生长空间和很少的空气交换率，环境的控制和测量均十分困难，相应地，对培养容器中环境的控制及其影响的研究也受到诸多限制。在密封的容器中，在光期，植株的光合作用会引起 CO_2 的缺乏和 O_2 大量积累，使 CO_2 降至补偿点；在暗期，植株的呼吸作用将导致 CO_2 累积和 O_2 减少。

Kozai（1995a）描述了培养容器中根区环境因素的重要性（表 3-1）。在微繁殖中，密闭培养容器的使用将培养环境分为容器内和容器外两种环境。容器内的环境通过气体交换直接和外环境相联系。外环境对内环境的影响程度极大地依赖于两者之间的气体交换，因此，需要通过控制外环境的方式间接地或直接地控制内环境。然而，外环境的变化不可能直接作用到内环境，控制效果依赖于两环境之间相互影响的程度。在整个培养期间，环境因素极大地影响着植物的生长发育。因此，这些因素的水平在培养的开始阶段和整个培养期间都需要得到有效控制，以达到最佳培养效果。

表 3-1　培养容器中的环境因素

空间环境	(1)温度：低，高，中，光期和暗期的温差，超时的变动		
	(2)光：光的波长，光期和暗期的时长，光照强度和光的方向		
	(3)热辐射和红外线		
	(4)气体的组成：CO_2，O_2，C_2H_4，水气和其他气体		
	(5)空气环境：气体流动的方式，气体流动的速度		
根区环境	(1)生理环境：温度，水（扩展和渗透）压，气体和液体的扩散，培养基质和根区的体积		
	(2)化学环境	①矿质营养：浓度总量的有效性和可利用率，离子和可溶解离子之间的相对比例	
		②有机物质的组成和供应：糖、植物激素、渗透压、胶状物、维生素和其他添加剂	
		③pH 值	
		④溶解 O_2 和其他气体	
		⑤离子的扩散和消耗区域	
		⑥渗出物：酚、H^+ 和其他离子	
	(3)生物环境：竞争者、污染、共栖的微生物和来自培养的分泌物（细胞组成和酵素）		

　　培养容器的材质、形状、体积、功能极大地影响着小植株的生长，故其设计必须充分考虑透光性、空气湿度、气体的流动、容器的散热等因素，因为容器封闭的方式将直接影响气体的成分以及光照，密封的容器及弱光照容易使植株产生玻璃苗现象。容器的形状、材质影响气体的构成和光的环境；容器的体积影响到培养物的生长和形态发生，这可能是因为影响了容器内的 O_2、CO_2、乙烯以及其他挥发性气体的浓度。容器大小也会影响外植体、培养基、空气的相对比值，并会影响气体的扩散，从而影响培养物的生长速率。图 3-1 显示了不同大小和不同封闭类型的培养容器，它们对植物培养的效果也不相同。诸多研究和生产实践已经证明，容器太小不适宜植物生长，容器的大小直接影响植株的鲜重、形态发生和增殖率。非洲紫罗兰生长在 120 mL 瓶中的植株比生长在 60 mL 瓶中要大得多（Start and Cumming，1976）；几种木本植物的茎枝增殖在 200 mL 或 350 mL 的容器中比 60 mL 试管的好（McClelland and Smith，1990）。一般来说，大一些的容器可以节省操作所需的劳力，培养方法也可简化，而且较大的植物也能培养，生长发育也更好。

　　然而，在传统的微繁殖中，由于培养基中糖的存在，为了防止病菌感染，一般是采用小的密封培养容器，常用的有玻璃试管、三角瓶以及各种广口玻璃瓶、牛奶瓶、罐头瓶等。现在，玻璃培养容器已逐渐被塑料器皿所取代，有些塑料容器可以进行高压灭菌。另外有些塑料容器在出厂时即是无菌的，这种一次性消耗品在国内外已得到普遍应用，在国内也有生产。无糖培养微繁殖的一个主要的优势就在于培养基中除去了糖，降低了污染率，使大型的培养容器能够得到应用。

图 3-1　几种常用的培养容器

光自养微繁殖培养基中不需要加入糖，而是需要向培养容器中补充 CO_2 气体作为碳源，同时还需要增加小植株的光照水平，以促进植株的光合作用，使试管苗由依赖外源碳水化合物的异养或兼养型转变为依赖自身光合作用的自养型。由此，植物无糖培养实现了培养容器的转变和突破，由试管、玻璃瓶、塑料瓶等小容器改为了几十升的大容器，大幅度增加了培养面积，提升了培养效率，显著提高了移栽成活率，解决了传统微繁殖中易污染、组培苗生理活性低、移栽成活率低等问题。

3.2.2　培养容器的换气次数

培养容器通常是相当密封的，以保持无菌条件。在研究容器中气体成分浓度的变化时，针对空气渗透或通风量的大小可以方便地用容器每小时的空气交换次数作为衡量标准。这个数字被定义为每小时的通风量除以容器的空气量（容器的体积减去培养基的体积）。一般来说，随着容器空气交换次数的增加，容器内外各气体成分的浓度差将逐渐减小。对于覆盖铝箔的试管而言，其空气交换的次数通常为 0.1 次·h^{-1} 左右；对于一般的品红容器（Magenta）而言，其空气交换的次数通常为 0.5 次·h^{-1} 左右；对于带有透气膜的品红容器而言，其空气交换的次数为 2~5 次·h^{-1}。

容器内外气体的交换、容器中的相对空气湿度和 CO_2 浓度在小植株的生长发育过程中扮演着重要的角色。同时，容器中空气湿度和 CO_2 浓度的高低依赖于每小时空气的换气次数、小植株叶面积的总量和培养室中的空气湿度。容器封闭的方式将影响其内部气体成分以及光照，密封的容器及弱光照容易产生玻璃苗，适宜的容器换气次数则可以保障植株较为健康地成长。

每小时空气的换气次数是容器的一种自然特性，是容器的物理特征，基本保持不变。如果在封闭容器的某一部分（如盖上或壁上）使用透气膜，则其换气次数能提高 3~6 倍。平底的玻璃试管（4~5 mL）用铝簿纸、塑料盖、泡沫、橡皮塞封口，其换气次数分别是 1.0、0.8、1.5、0.6 次·h^{-1}。

培养容器的空气换气次数极大地影响着容器内外的气体交换效率，影响着容器内的气体和液体、植株之间水的交换，严重影响植株的生长发育和品质，在植株的生长发育中起着重要作用。如果培养容器换气次数过低，则容器内的湿度将会很高，会导致叶片发育异常，产生玻璃苗和抑制蒸发。容器内的湿度极大地依赖于培养容器的换气次数和培养室的湿度。在不同的湿度条件下，可以观察到随着湿度的增加植株的茎长增加；随着湿度的减少植株的叶面积略有减少。

　　培养容器空气的换气次数还会影响容器中的 C_2H_4 浓度。容器中的乙烯气体是小植株自身产生的一种植物激素，在密封的容器中，随着乙烯浓度的积累，对植物生长发育的影响逐渐增大。图 3-2 显示了不同的空气换气次数下容器中的 C_2H_4 浓度变化情况，在小植株培养到第 30 天时，揭开容器的盖，输入无菌的空气后再盖上盖子，测量从 0~30 h 内乙烯浓度变化的情况。容器空气的换气次数分别为：0.2、1.1、1.8、6.0 次·h^{-1} 在第 30 h，乙烯的浓度分别是 1.20、0.10、0.02、0 μmol·mol^{-1}。

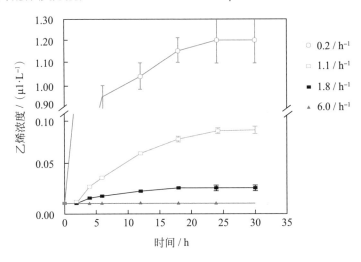

图 3-2　不同的换气次数对容器中乙烯浓度的影响（Zobayed，2000c）

容器分别使用 4 种不同的盖子，①橡皮塞，②棉塞，③塑料膜，④强制性换气装置，换气次数分别是 0.2，1.1，1.8，6.0 次·h^{-1}（Zobayed, 2000c）

　　提高培养容器的空气换气次数能增加容器中空气的流通速度。容器周围的气流速度、容器的大小和形状、容器内的植株及培养基表面的温度都会影响容器内气流的运动。容器中空气湿度的高低依赖于每小时空气的换气次数、培养室中的湿度和植株叶面积的总量；容器中的气体浓度会随植物、培养基以及容器外气体的浓度而变化。

　　在大多数情况下，外环境对内环境影响的程度极大地依赖于两环境之间气体的交换。换句话说，容器的换气次数决定着容器内外气体的交换频率，影响容器的内环境，从而影响小植株的生长发育，但不同的植物种类所适宜的换气次数不同。Xiao 等（2000）使用品红培养容器进行容器的空气换气次数对甘蔗植株生长发育影响的试验，设置了 0.2、1.8、3.6、10.2 次·h^{-1} 4 种不同的换气次数处理，结果以 10.2 次·h^{-1} 处理植株生长最好；在满天星的试验中，设置了 0.2、1.8、2.7、3.6、5.3、6.0 次·h^{-1} 6 种换气次数的处理方式，结果以 3.6 次·h^{-1} 和 5.3 次·h^{-1} 2 个处理植株生长最好。

3.2.3 自然换气和强制换气

1. 培养容器的换气方式

1）自然换气

自然换气是常规容器和外界环境进行的气体自然交换方式。几乎所有培养容器都存在自然换气，除非容器是专门设计成完全密封禁止空气交换。气体交换是在容器、盖子和密封带的接触面间隙通过自然通风来实现的。自然通风的驱动力是容器内外空气的压力差，由容器内外空气温度（密度）的差异和 / 或容器周围空气的速度和气流模式引起。因此，容器的形状、盖子和通风口的方向以及容器周围的气流环境，都会影响自然通风条件下容器的换气次数，所以提高容器周围的气流速度可以提高空气交换率。在改善容器内的空气微环境时，需要增强容器的通风。增强容器换气的另一个简单方法就是使用具有通风性能的容器。

通过容器和盖子之间的空气间隙进行自然通风可能是改善培养容器内外环境空气交换的最简单方法。人们发现，松散的盖子可以改善微繁殖植株的生长质量。然而，这种自然通风会增加微生物污染的风险，特别是当使用蔗糖作为培养基中唯一的碳源时。一般来说，容器内培养基、植物材料和空气本身的温度会比周围环境略高。因此，与光期相比，容器中的温度在暗期通常要低 1~3℃，这会产生部分真空，将周围空气吸入容器，这是造成容器内外源性污染的原因之一。因此，需要使用可靠的透气膜对培养容器进行排气。

在微繁殖中，常用的自然换气方法就是在容器的盖子或四周壁上贴上透气膜，通过空气的自然扩散作用使培养容器内外环境气体产生交换（图 3-3）。

目前，在市场上可以买到许多类型的透气膜，例如，日本米利浦株式会社出品的 0.45 μm 孔径的带胶微孔过滤盘的密封膜、美国密封公司出品的 0.45 μm 微孔板密封膜、英国 Courtaulds 公司出品的 0.25 μm 透明聚丙烯盘、以色列 Osmotek 公司出品的微孔过滤器、上海离草科技有限公司出品的 0.3~0.4 μm 孔径的带胶微孔过滤盘的密封膜、滤膜孔径 0.3~0.4 μm 的过滤器等。CO_2 通过这些透气膜的扩散速率与容器内外 CO_2 和水蒸气的浓度差、透气膜的孔径呈正比。微孔滤盘有不同的尺寸和孔径，其通气率会根据培养容器的大小和形状发生变化。通过增加容器上过滤盘的数量，可以提升其空气交换的频率。另外，也可根据植物种类和数量提升或降低空气交换的频率。

图 3-3　满天星的无糖培养，小培养容器（270 mL）和自然换气

2）强制换气

强制换气是采用机械力把空气直接输入到容器中的换气方式，其气体的流量可以通过流量计或流量开关进行控制。

强制换气是最有效的通风方法之一，这种方法的基本原理是使用机械系统在容器内制造正压。该系统由针阀、流量控制器、带变频器的气泵和气管组成，可以相对精确地控制进入容器的气体成分（CO_2 浓度、水蒸气或任何其他必要气体）和气流速度。

诸多试验研究已经证明：在强制换气条件下，植株的生长状况要比自然换气条件下好得多。而且，在强制换气条件下气体的浓度和流量更容易被控制。从图 3-4 可以看出，光自养强制换气条件下，泡桐单茎节叶片的扦插生长显著优于光混养自然通风条件下的。Kozai（1989）发现，在采用强制性换气时，草莓的光合速率比自然换气条件下高得多 . 在自然换气条件下，容器中的空气仅由自然换气进行交换，扩散进入气孔的 CO_2 是有限的，在一些情况下，不能满足植株生长的需求。从图 3-5 可以看出，同样是光自养微繁殖培养，但竹子（*Thyrsostachys siamensis* Gamble）试管苗在强制换气条件下比自然换气条件下生长得更好。

图 3-4 不同通风方式对泡桐试管苗生长的
影响（Nguyen and Kozai，2001b）

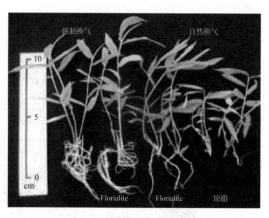

图 3-5 竹子试管苗在强制换气和自然换
气系统中进行光自养培养第 25 d
（Nguyen and Kozai，2005）

2. 强制换气系统

为了使试管苗的光自养生长条件最优化，优化容器空气环境需要根据容器内植株的净
光合速率大小来调节换气速率。因此，强制换气比自然换气更适合用来控制空气流量、调
节通风率，被广泛用作试管苗培育的优化控制系统。

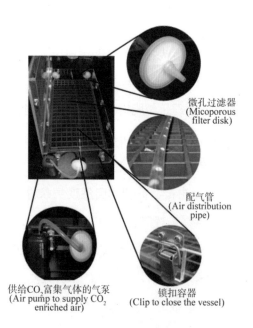

图 3-6 用于光自养微繁殖的大型培养
容器和强制换气系统的构件
（Zobayed et al., 2004）

如今，通过强制换气方式促进植物光合作
用的想法已经实现，人们研究并开发了在光自
养微繁殖条件下各种补充培养容器中 CO_2 浓度
的强制换气系统。Fujiwara 等（1988）使用
一种 19 L 培养容器和强制换气系统，将其用
于提高草莓小植株在生根和过渡阶段的生长。
Kubota 和 Kozai（1992）用强制换气和大型
培养容器（体积 2.6 L）培养马铃薯。Heo 和
Kozai（1999）开发了 12.8 L 培养容器用于培
养甘薯小植株。Zobayed 等（1999）开发了
一种 3.5 L 的培养容器和强制换气系统，同样
将之用于甘薯小植株的培养。Xiao 等（2000；
2004）开发了一种 120 L 的培养容器和强制换
气系统，用于非洲菊、马铃薯、满天星、彩星、

勿忘我、彩色马蹄莲等植物的培养（关于大型培养容器和强制换气系统的研究和生产应用详见第 9 章）。这些研究和实践都是在光自养条件下进行的，并取得了很好的培养效果。从以上实践可以得到一个结论：大型的培养容器和强制换气系统与小容器自然换气系统相比有着诸多优势，在这个系统中，植株的光合速率和生长发育能够被极大地促进，并且其环境控制较为容易，操作所需的劳动力更少，生产成本更低。

3.2.4　容器中气体的特性

在密封的容器中，植物组织生长和释放的物质进入培养容器的空气中，会引起有毒物质的积累，C_2H_4 的积累在容器中有时可高达 2~3 μmol·mol^{-1}，这些气体会影响植株的生长发育，例如，造成植株叶片畸形，茎缩短，产生玻璃化苗等。玻璃化苗的产生是试管苗繁殖过程中常常碰到的问题，在第 2 章中已经作了论述，其特征是叶或茎的结构被改变，非常高的水分存在于叶和茎的组织中，茎或叶片呈水渍状，气孔分子运动的生理结构被扰乱，无栅栏组织或栅栏组织发育不全，有根或无根，植株不能成活。

容器中 CO_2、O_2 和 C_2H_4 的浓度都能被测量出来，有几种调节容器内气体的方法：①在培养基中使用化学或物理制剂吸收气体，以增加或减少某种或某几种气体构成的比例，例如活性炭；②控制培养室的气体环境，并使用透气膜封闭容器；③使用强制性换气或空气循环系统来进行控制。

1. C_2H_4 的浓度

众所周知，C_2H_4 气体对植物有许多害处。据报道，在相对密闭的培养容器中，从培养开始的 21 天至 60 天，C_2H_4 的浓度将逐渐升高到 2 μmol·mol^{-1}。C_2H_4 与大丽花属植物培养的条件和不良生长有关（Gavinlertvanata et al., 1979）。C_2H_4 浓度及其所含有毒化合物（苯酚氧化产品）在一些密闭容器中浓度趋高（De Proft et al., 1985）。与 O_2 和 CO_2 相比，C_2H_4 气体仅由培养植物释放而不会被吸收，这样一旦 C_2H_4 积累起来便需要把它排出培养容器。解决这个问题的一个简单方法是增加培养容器的换气量，使用的方法是在培养容器顶端孔洞处加设透气过滤装置或使用强制换气系统（Fujiwara and Kozai, 1995）。

培养基经过高温灭菌后，瓶内可能会产生 C_2H_4，另外，苗木在瓶内的生长过程中也会产生 C_2H_4，并随继代时间的延长而逐渐积累和增加，最终这些乙烯对苗木的生长将造成毒害作用。这就是为什么有的瓶苗在较长时间未转接时，会莫明其妙死亡的原因之一。

这种积累的毒害作用在使用不透气膜封口时尤为明显。如在大丽花叶子诱导愈伤组织时，每升注入 0.5 μL 乙烯时，没有明显的影响；注入量为 1 μL·L^{-1} 时，稍有促进作用；注入量为 5~6 μL·L^{-1} 时即会抑制植株生长。除了对耐阴观叶等观赏植物进行组培时可使用不透气膜外，绝大多数植物必须使用具有一定通透性的封口膜，才能使组培苗生长良好。

2. O_2 的浓度

任何植物在生长发育的过程中都要进行呼吸作用和光合作用。大气中 O_2 的浓度大约是 210 000 μmol·mol^{-1} 或者说约为大气体积的 21%，大约是 CO_2 浓度的 60 倍。因为植物呼吸和光合作用的缘故，试管中 O_2 浓度的增加或减少伴随着 CO_2 的减少或增加。改变容器中的 CO_2 浓度 0.01%~1%，结果 O_2 浓度从 21% 变为 20%。这减少的 1% 的 O_2 浓度一般不会影响植物的呼吸和光合活动。在一些特殊的情况下，容器中的 CO_2 浓度达到 2%~4% 时，O_2 浓度是 16%~19%。即使是这样，减少 2%~4% 的 O_2 浓度对植物的呼吸和光合活动也没有显著影响。

Tanaka 等（1991）研究了低浓度 O_2 对菊花（Chrysanthemum）光合速率的影响。研究表明，在 10% O_2 浓度条件下，植株 30 天干重的增长明显高于 15% 和 21% O_2 浓度条件下。这表明试管中植物的光合速率随 O_2 浓度的下降而增加。这也许是因为低浓度的 O_2 减少了植物的光呼吸率。如果能找到一个简单的方法，在整个培养周期中使密闭容器中的 O_2 浓度保持在低水平（10%）将是很有意义的。通过强制换气的方法可以调节空气中的 CO_2 和 O_2 浓度，从而控制培养容器中的 O_2 浓度以促进植株的生长发育。

值得注意的是，在使用琼脂等固体培养基时，高温、高压灭菌后培养基中的 O_2 已经丧失，但因只是外植体的基部插入培养基中，供氧及通气情况尚可。而进行液体培养时，培养物完全沉浸于培养基中，与氧气隔绝，这样会使其因缺氧而停止生长，最终窒息死亡。因此，在液体培养时需要用摇床进行振荡培养，以促进氧气的交换，发挥液体培养高效增殖的作用。

3.2.5　培养容器中的气流

培养植物的所有活组织，不仅仅是光合器官，都需要在具备空气交换的条件下才能正常运转。隔绝空气交换超过几个小时通常对生长中的细胞来说都是致命的。传统培养容器风量小，每小时换气次数少，因此，其全天的气温相对恒定，通常为（25±3）℃，C_2H_4

浓度很高。在培养容器中，C_2H_4 浓度高于 0.1 μmol·mol^{-1} 就会抑制植物生长，并导致许多植物的形态紊乱（如产生玻璃化苗现象）。在光自养条件下，由于增加了通风，培养容器与外部环境的空气交换次数很高，因此培养物与周围空气之间的空气交换显著增强，从而克服了传统光混合营养系统的缺乏空气交换的问题。

在培养容器内，气体扩散是一个相当重要的过程，这一过程有助于：①容器内上层空间培养物与空气的气体交换（包括水蒸气）；②培养物与培养基间的溶质交换（包括溶解气体）；③容器内上层空间的气体空间分布与培养基中溶质的均匀化（Fujiwara and Kozai，1995）。

由于培养容器中空气的流速慢，因此空气的扩散系数在培养容器中被认为是很小的。对 CO_2 和水蒸气而言，非常小的扩散系数限制了植物的光合作用和蒸腾作用。在容器中空气的流通速度在 0~25 mm·s^{-1}，通过增加短波辐射从 0~30 W·m^{-2} 可以增加空气的流通速度。在琼脂培养基中加入活性炭也能增加空气的流通速度。活性炭能够增加琼脂培养基表面的短波辐射吸收，导致培养基表面具有较高的温度。容器周围的气流速度、容器的大小和形状及容器内的植株密度也能影响气流。

在强制换气条件下，旋转扩散成为培养容器上层空间物质传输的主要形式。Kubota 和 Kozai（1992）建议采用强制换气在光期提高 CO_2 的输入量，从而增加气体的旋转系数和气体流速，促进植株的光合速率。

3.3　二氧化碳浓度

3.3.1　培养容器中的 CO_2 浓度

国际通用的 CO_2 浓度单位是：μmol·mol^{-1}，国内通常使用的单位是 ppm，两者之间的关系为：

$$1 \text{ ppm} = 1 \text{ μmol·mol}^{-1}$$

封闭培养容器的设计主要是为了防止污染物进入，但也因此限制了容器内外的气体交换（Desjardins，1995）。由于容器对气体交换的限制，培养有植株的容器中 CO_2 浓度在光周期开始后的 2 h 内快速下降，很快就会低于 100 μmol·mol^{-1}。并且光期

开始时的 CO_2 浓度也仅为 270~330 µmol·mol⁻¹，低于大气中的 CO_2 浓度（380~400 µmol·mol⁻¹）。在光照刚开始时，CO_2 浓度减少，这显示出培养的植物有光合能力；但光照开始后不久，CO_2 浓度降至补偿点，因此可以说，在密封的容器中，小植株的净光合速率是零，容器中低浓度的 CO_2 成为了抑制植株光合作用的主要因素。在光期，培养容器中 CO_2 浓度减少这一现象的最先报道的人是 Ando（1978），在兰花的生根阶段，他发现在光期开始后 2~3 h，密封容器中的 CO_2 浓度就已减少到了 70~80 µmol·mol⁻¹。

Fujiwara 等（1987）研究了白榕树（*Ficus lyrata*）小植株生长的培养容器中 CO_2 的日变化（图3-7）。Fujiwara 指出：①叶绿素植物有光合能力，因为在封闭的容器中光周期开始后，CO_2 浓度急剧减少；②在光照期间，通过封口膜供给的外部不充分的 CO_2 限制了光合作用；③在低的 CO_2 浓度下，植株被迫进行异养和混养，提高光照强度也不会增加植株的纯光合成速率；④在光自养的条件下，在高水平的 CO_2 浓度和强光照下，植株生长最快；⑤最初的外植体叶面积大将有助于植株的光自养。

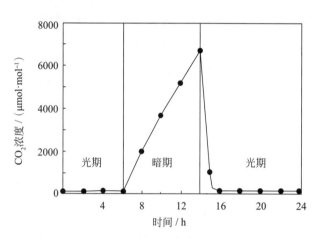

图 3-7　白榕树小植株培养容器中 CO_2 浓度的日变化情况

暗期是 6~14 h，光期是 0~6 h 和 14~20 h，光照强度是 65 µmol·m⁻²·s⁻¹，温度是 25℃（Fujiwara et al., 1987）

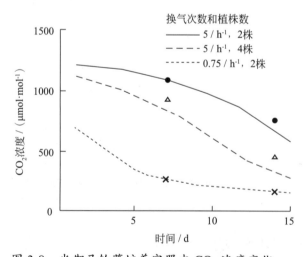

图 3-8　光期马铃薯培养容器内 CO_2 浓度变化

光照强度：150 µmol·m⁻²·s⁻¹，光期：16 h，CO_2 浓度：1300 µmol·mol⁻¹（Niu and Kozai, 1997）

在光期，增加培养容器中的 CO_2 浓度非常有利于小植株的光合作用，提高容器空气的换气次数也是增加 CO_2 浓度的方法之一。图 3-8 显示了

CO_2 浓度随培养时间变化的情况，以此可以说明容器的换气次数和培养的植株数对马铃薯小植株生长发育的影响。培养室的 CO_2 浓度是 1300 µmol·mol^{-1}，小植株在无糖的培养基中或者说在光自养的条件下培养了 15 天。从图中可以看出，在所有的处理中，随培养时间延长，植株叶面积、叶绿素含量增加，容器内的 CO_2 浓度逐渐下降。其中容器的换气次数极大地影响了容器中的 CO_2 浓度——容器的换气次数低，容器内的 CO_2 浓度也低，同样植物的光合速率也低。因此，容器的换气次数是反映 CO_2 浓度水平的一个重要指标。

3.3.2　强制性换气容器中的 CO_2 浓度

光自养微繁殖使大型培养容器的使用变成了现实，其体积可大可小，可达 10~120 L，但这种情况下使用透气膜将难以达到 3~5 次·h^{-1} 的空气换气次数。容器的空气换气次数（N）＝容器每小时空气的交换率（R）÷ 容器的体积（V）。

在自然换气的情况下，上式中的 R 取决于容器的体积和透气膜气孔面积的比例，容器的体积增加，透气孔面积也需相应地增加，这样才能达到大体相等的空气换气次数。可是单独使用透气膜难以保证大型培养容器达到理想的换气次数。因此，需要使用一种强制性换气系统，例如，空气泵就很容易使空气的换气次数提高。所以，对于大型的培养容器来说，使用强制性换气系统是必须的。

在相同的培养条件下，小植株生长在强制性换气条件下比自然换气条件下好得多。Heo 等 (1999) 用马铃薯进行试验，其光自养微繁殖的条件为：CO_2 浓度 1500 µmol·mol^{-1}；强制换气；光照强度 150 µmol·m^{-2}·s^{-1}；蛭石作培养基质；培养容器体积 12.8 L（320 mm×200 mm×200 mm）。一般微繁殖的培养条件是：糖 30 g·L^{-1}，自然换气；光照 50 µmol·m^{-2}·s^{-1}；CO_2 浓度 500 µmol·mol^{-1}；培养容器的体积 370 mL；培养室温度都是 28℃±5℃；相对湿度 80%±5%；培养量时间 22 d。结果在光自养强制换气条件下，马铃薯小植株平均每株的叶面积、鲜重、地上部分的干重、根的干重等分别为：84.5 cm^2、3224 mg、227 mg、89.1 mg。在兼养自然换气条件下，马铃薯小植株平均每株的叶面积、鲜重、地上部分的干重、根的干重分别为：12.4 cm^2、636 mg、30 mg、23.4 mg。在光自养强制换气条件下，马铃薯小植株每株的叶面积、鲜重、地上部分的干重、根的干重分别是兼养自然换气条件下的 6.8 倍、5.1 倍、7.6 倍、3.8 倍。

在强制性换气条件下，小植株的生长也会因 CO_2 浓度的高低而不同（图3-9），因此，换气方式和 CO_2 浓度都是影响植物生长发育的重要因素。

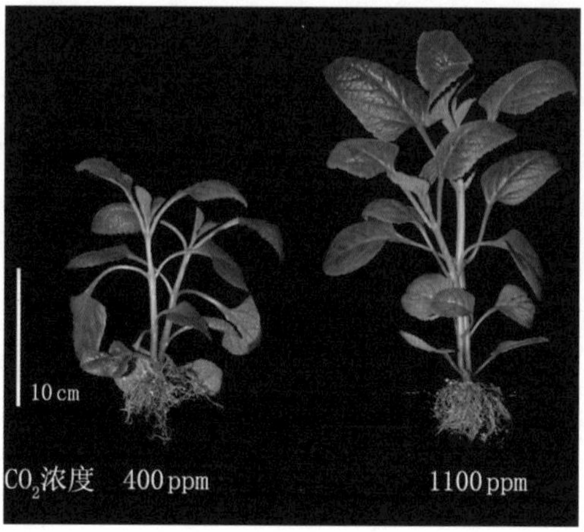

3.3.3 提高培养容器内 CO_2 浓度的方法

要提高植株的纯光合速率，促进植株的生长和发育，提高培养容器内 CO_2 浓度是十分必要的，其具体方法如下。

图 3-9 在不同 CO_2 浓度下采用强制通风系统中培养的香茶（*Plectranthus*）组培苗 45 d（Nguyen，2017）

1. 在密封容器的盖上或壁上使用透气膜

在无糖培养的条件下，可以在密封培养容器上使用透气膜，这虽是一个小措施，但能有效补充容器中的 CO_2，降低容器内的空气湿度，促进容器内外气体的交换，减少玻璃苗的发生，极大地促进植株的生长发育。

2. 提高培养室的 CO_2 浓度

在培养室中直接输入 CO_2，因为培养室的 CO_2 浓度易于检测并控制，具体操作就是把培养有植物的容器放进培养室，然后通过自然换气或强制换气的方式把培养室中富含 CO_2 的空气送入培养容器内。在较高的光照条件下，输入的 CO_2 将极大地影响植株的光合作用。Kozai 等在兰花（1987）、康乃馨（1988）、马铃薯（1988）等植物的培养中，在培养室内输入 CO_2（1000~2000 μmol·m^{-2}·s^{-1}）均取得了很好的培养效果。

3. 使用大型的培养容器和强制性换气系统

使用大型的培养容器和强制性换气系统是提高培养容器内 CO_2 浓度的一个好方法。CO_2 的输入会引起培养容器内各种气体浓度、湿度和气体扩散状态等一系列的变化，极大地影响植株的生长和发育。因此，把高浓度的 CO_2 输入到培养容器内供植株吸收是非常重要的技术关键，也是值得我们不断去研究的课题。

在光期，为了使培养容器中的 CO_2 浓度保持在恒定水平，培养室中的 CO_2 浓度或容器的空气交换次数或两者都必须随着天数的增加而增加。这是因为，在一般情况下，容器中植株群体的净光合速率会随着每个植株的生长、叶面积的增加而加快，尤其是在较高 PPF 下增加得更快。

3.4　光环境

在植物组培中，光强、光质、光周期和光谱能量分布对植物光合作用和光形态建成起着重要的作用。因此，调控光环境不仅能直接影响植物的生长发育和形态建成、缩短培养周期、提高组培苗的质量，而且能减少能耗、降低成本。植物组织培养主要采用人工光作为植物照明，因此，人工光是植物光合作用能量的主要来源，也是光形态建成和光周期调控的信号源，更是热辐射的来源。因此，光环境调控是植物组培的核心技术之一。植物光合作用所需的有效光的波段（photosynthetically active range, PAR）是 400~700 nm。与植物生理活动相关的波段（biologically active range, BAR）是 300~800 nm。与 PAR 相比，BAR 多出了 300~400 nm 的紫外光（UA-A 和 UV-B）及 700~800 nm 的远红光（Far-red）波段，这两个波段主要影响植物的光形态建成，对光合作用也有交互影响（仝宇欣和方炜，2020）。

3.4.1　光照强度

植物的光合作用与其所接收到的光量子数直接相关，400~700 nm 的光辐射能量被认为是植物光合作用所需要的光谱能量。为了使植物能够充分地进行光合作用，需要为其提供光谱适宜（范围在 400~700 nm）且光照强度足够的光源。在满足光谱范围的情况下，足够的光照强度就显得极为重要。常用的光照强度（PPF）度量方法有以下几种。

光合有效辐射照度是指单位时间、单位面积上到达或通过的光合有效辐射（400~700 nm）的能量。单位：$W \cdot m^{-2}$。

光合有效光量子通量密度是指单位时间、单位面积上到达或通过的光量子微摩尔数，单位是：$\mu mol \cdot m^{-2} \cdot s^{-1}$，主要指光合作用有效辐射波长在 400~700 nm 的光照强度。

光照度是指受照平面上接受的光通量密度（单位面积光通量），单位为勒克斯（lx）。这是室内照明常用的单位，表述的是人眼能感受到的光亮度，并不适用于植物照明。

针对植物吸收光能的特性，植物培养最适用的光照强度单位是光通量密度 μmol·m⁻²·s⁻¹，但也有使用另外两种光照强度单位的。这 3 种光照强度单位只有在同一光源或相同光谱特性的光源之间才能相互换算。

具体的单位之间换算（仅限于荧光灯 400~700 nm）公式如下：

$$1000 \, lx = 12.5 \, \mu mol \cdot m^{-2} \cdot s^{-1}$$

$$1 \, W \cdot m^{-2} = 4.6 \, \mu mol \cdot m^{-2} \cdot s^{-1}$$

在植物组织培养的实际应用中，2010 年前主要使用白色的荧光灯作为光源，原因是其光谱与光合作用可利用的光波最为接近。合理配置荧光灯可以使培养架面上光照强度的分配相对一致。随着 LED 光源技术的发展，其效能与光能逐步提升，具有节能、寿命长、光谱易调等特点的 LED 灯，如今已广泛应用于植物组织培养中。植物组织培养的光照强度一般在 50 μmol·m⁻²·s⁻¹ 左右，但无糖培养需增加到 100 μmol·m⁻²·s⁻¹ 左右。另外必须注意的是培养容器内外的光照强度是不同的。进入培养容器内的光照强度受光源类型和光源能量输出、培养容器的材质和形状、容器的密封类型、培养容器在培养架上的位置、光源处有无反射挡板、培养室的光学特性（反射性等）等诸多因素的影响。密封培养容器内的 PPF，尽管有着高光传输率，仍然明显比培养室的 PPF 低，问题就在于怎样建立一个合适的光系统，使之在节约电力成本的情况下能够提供高而有效的 PPF。

在一般的微繁殖中，糖是植物生长的主要能源，光照主要是满足植物形态建成的需要，对于绝大多数植物来说，30~50 μmol·m⁻²·s⁻¹ 可以满足需求。但在生根阶段，为了使生根苗生长健壮并尽快地适应大田环境，要将光照强度适当增加到 50~100 μmol·m⁻²·s⁻¹。Kozai 等（1995）研究已经证明，植株在弱光下易徒长，变得瘦弱细长，强光有利于壮苗和根系生长（图 3-10）。

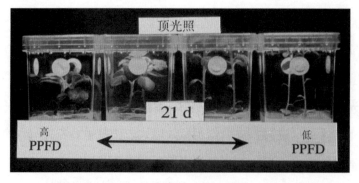

图 3-10　光照强度对马铃苗试管苗生长的影响（Kozai et al., 1995）

在无糖培养微繁殖中，应提高光照强度并补充 CO_2 浓度，以此来促进小植株自身的光合作用，使其由异养型转变为自养型，从而使组培苗生长健壮。当培养容器中的 CO_2 浓度高于被培养植物种类的 CO_2 补偿点时，高 PPF 将有助于促进光合作用和植物的生长（图 3-11）。Cournac 等（1992）发现，高 PPF 伴随着充足的 CO_2 有利于马铃薯植株的光自养生长。Kozai 等（1988a）也观察到在培养容器内高的 CO_2 浓度和较高 PPF 的

图 3-11 不同 CO_2 浓度（400，1000 μmol·mol^{-1}）和光照强度（100，200 μmol·m^{-2}·s^{-1}）对离体泡桐植株光自养生长 28 d 的影响（Nguyen et al., 2001b）

条件下，能得到康乃馨植株较高的干重，原因在于植株较高的光合速率或者说较高的 CO_2 吸收率。

Nguyen 和 Kozai（2001）研究了不同光照强度（PPF 为 70，150 和 230 μmol·m^{-2}·s^{-1}）对印楝试管苗光自养生长的影响，培养基质为 Florialite（一种蛭石与纤维的混合物）（图 3-12）。印楝小植株在 PPF 为 230 μmol·m^{-2}·s^{-1} 时的干重增加显著大于 PPF 为 70 μmol·m^{-2}·s^{-1} 时的干重增加（图 3-13）。在高 PPF（230 μmol·m^{-2}·s^{-1}）的环境下，印楝植株的茎伸长受到抑制，但根系生长显著地被促进。

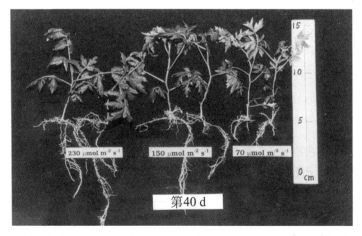

图 3-12 不同的光照强度（PPF：70，150 和 230 μmol·m^{-2}·s^{-1}）对光自养生长
40 d 的印楝试管苗的影响（Nguyen and Kozai, 2001）

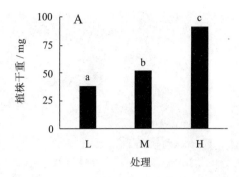 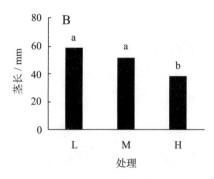

图 3-13　光自养离体培养第 40 d 的印楝植株干重（A）和茎长（B）增长趋势

L、M 和 H 分别表示 70，150 和 230 μmol·m^{-2}·s^{-1} 的光强度。LSD 测试中，每列的不同字母在 1% 的水平上显示出显著差异（Nguyen and Kozai, 2001）

　　另外，如果利用自然光照，受天气的影响较大，并且存在两方面的问题：一方面是各层间及层内各行列间受光不匀；另一方面在晴朗无云的天气下，过强的日照会灼伤培养苗，甚至引起苗株死亡，而在连续的阴雨天气下，则光照不足，致使苗株细弱和徒长。因此，对于植物组织培养来说，太阳光并不是一种理想的光源。

3.4.2　光质

　　随着 LED 技术的发展和相关产品的广泛应用，光生物学的研究得到了快速的发展，光质对植物生长发育的影响不断被揭示出来，成为调控植物生长发育和提高品质的重要方法之一。LED 作为单一光源其所发出的单色光谱比传统电光源窄，在植物培育中有巨大的应用潜力。例如，LED 的应用，使人们可以根据植物光合作用的吸收光谱，设计优化植物生长发育所必须的波长类型，从而降低照明的能耗；另外也可根据人们的培养目标设定不同的光配方来提高植物的产量和品质。基于 LED 的光电优势，工程师们通过筛选适宜的波长及其光谱组合，已经制造出多种可用于植物组织培养的专用 LED 灯。

1. 红光

　　红光波长为 600~699 nm。叶绿素对红光的吸收峰为 640 nm 和 660 nm，光敏色素的吸收最高峰也在 660 nm。红光是植物正常生长的必需光质，需求数量居各种单色光质之首，也是人工光源中最重要的光质。红光通过光敏色素在调控光形态建成上发挥作用，能促进糖类、酚类、叶绿素的积累，增加抗氧化能力且有利于植物的生长发育，但仅用单色红光照射并不利于植物的健康生长。

2. 蓝光

蓝光波长为 400~499 nm。叶绿素对蓝光的吸收峰为 430 nm 和 450 nm。蓝光也是植物正常生长的必需光质，其需求数量仅次于红光。蓝光影响植物的向光性、光形态发生、气孔开放以及光合作用（Whitelam and Halliday, 2007）。另外，蓝光还可促进蛋白质、类胡萝卜素、光合色素、叶绿素及维生素 C 等的累积，促进花青素的合成，抑制硝酸盐的合成和调节基因表达。蓝光有利于植物根系的发育，能提高幼苗根系活力。但蓝光的量太多也会影响植物生长。蓝光比例过度增加将使植物矮小，而这种对植物形态的影响可被红光逆转，因此，蓝光和远红光并用可用来调控植株形态（方炜等，2020）。

很多研究表明：只要有红蓝两种光质，植物就可进行正常生长，一般常用的光质比例是红多蓝少。植株幼苗往往在红蓝光 7:3 的照射处理下叶片数、茎粗、叶绿素含量、鲜重等表现最佳，被移栽后的生长情况也最好（Nhut, 2003）。如果提供的红蓝光光谱能量分布与叶绿素吸收光谱相似，则可增加净光合速率，加快植物的生长和发育。不同植物种类所需的红光和蓝光的数量或最优比值一直是相关研究的热点。在植物组织培养中，一般而言红光有利于幼嫩枝叶的生长，前期植株幼小时，红光的比例可以多一些，但在壮苗和生根阶段，蓝光的比例应提高。

3. 绿光

绿光波长为 500~599 nm，绿叶反射大量绿光很容易造成一种假象，即似乎绿光对植物的生长不是很重要。但许多研究表明，在白光下植物的生长还是会优于红、蓝组合光。Kim 等（2004）发现，红光 + 蓝光 +24% 绿光（RBG）处理可以促进了生菜的生长，与冷白荧光灯和红蓝 LED 复合光相比，RBG 复合光照下生长的生菜干鲜重、叶面积均较高。从叶绿素 a 和叶绿素 b 的吸收峰可以看出，植物对绿光的吸收率很低，但绿光穿透力较强。使用红蓝光栽培生菜时，栽培后期下位叶容易黄化，就是因为这些叶片吸收不到光线所致。如果光源含有绿光，则下位叶黄化的症状会有所减轻。这是因为绿光穿透力强，可以到达植物的下位叶，从而增强光合作用，提高生物量。植株下位叶接收的光线以绿光为主，红光与远红光为辅。钟兴颖等（2011）认为绿光低于 15% 时对植物的生长无帮助，而高于 50% 时则是浪费，光谱中含有 20% 的绿光有助于提升下位叶的光合作用效率，进而提升整体鲜重。因此，植物的生长离不开绿光，补充 20%~50% 的绿光有助于植物生长和品质的提高。此外，蓝光和绿光都具备气孔调节能力，蓝光促进气孔张开，绿光使气孔闭合。

4. 黄橙光

黄橙光波长为 579~625 nm，也是能用于光合作用的有效辐射，但植物对其需求数量较小，相关研究也较少。仅用黄橙光处理的黄瓜幼苗植株矮小，叶片黄化且叶面积小，叶绿素含量也很低，并随培养时间的延长不断下降（Su et al., 2014）。但黄橙光会促进植物黄酮的积累（Yang et al., 2019），在红蓝光的基础上添加黄光可显著提高菠菜苗的生长（刘晓英，2012）。

5. 远红光

远红光波长为 700~799 nm，虽然不是能用于光合作用的有效辐射，但在光形态建成方面具有非常重要的作用。红光与远红光通过光敏色素的红光吸收型（Pr）和远红光吸收型（Pfr）相互转化，共同调节植物的形态建成、生长发育，并可改变植株形态。远红光对长、短日照植物的开花均有抑制 / 促进作用，反之，红光对长、短日照植物的开花均有促进 / 抑制作用（图 3-14），红光 / 远红光（R/FR）的比值对植物形态建成、调节植株高度具有重要影响，故 R/FR 的比值已成为调控植株形态的一个重要光质参数（图 3-15）。同时，远红光还可逆转由蓝光或红光对植物形态造成的影响。

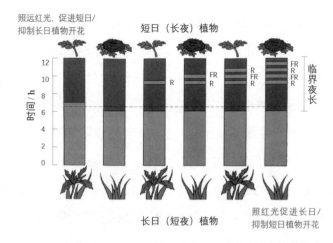

图 3-14　光敏色素通过红光和远红光来控制植株开花

在长日植物中，在暗期给予瞬间的红光照射可以促进其开花，并且这种效应可以被远红光逆转。该反应表明有光敏色素的参与。在短日植物中，短暂的红光照射可抑制植物开花，并且这种效应也可以被短暂的远红光逆转（Taiz and Zeiger, 2015）

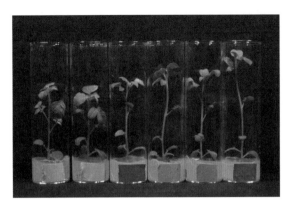

Larger ← R/FR ratio → Smaller

图 3-15　红光和远红光的比值对无糖培养马铃苗试管苗株高的影响（Kozai et al., 1997）

6. 紫外光

紫外光波长为 100~399 nm，分为近紫外光（UV-A，315~399 nm）、中紫外光（UV-B，280~315 nm）和远紫外光（UV-C，100~280 nm）。在植物培养中用得最多的是 UV-A，可刺激植物加强次生代谢作用，促进花青素、总黄酮、多酚与抗坏血酸的合成，并可促进植物的生长和提高植株品质。低剂量的 UV-A 可避免伤害植物，又可促进植物体内多种物质的积累，显著提升植物的品质。UV-B 会造成植物细胞壁破裂，加速果实软化成熟。UV-C 能量最强，主要用于对培养空间和水消毒，在植物组织培养中常用于接种室、培养室以及衣服的杀菌消毒。紫外光都能提高植物花青素和黄酮的含量，但使用的剂量、时间和方法要注意，低剂量的 UV-A 可连续照射，低剂量的 UV-B 采用间歇照射方式为佳，而UV-C 则很少用于植物培养。

综上所述，光质对植物生长发育、生理机能、形态解剖、营养吸收和病害发生等均有显著的影响，对组培苗的培养也有直接的影响。不同波长的光在组培中所起的作用不同，如对康乃馨试管苗的研究表明，蓝光有利于诱导侧芽产生，红光可以促进芽生长，且生长整齐。一般而言，红光可以刺激细胞分裂素合成，促进植物地上部分（特别是叶）的生长。蓝光可以促进次生代谢产物的合成，增加蛋白质和抗氧化物质的含量，促进植株根系生长，使植株生长健壮，提高品质。白光有利于组培苗叶绿素的合成和生长发育，生物产量最高，但由于常用的荧光灯和白光 LED 灯中，绿光占比往往高于 50%，一方面造成了光能的浪费，另一方面红、蓝光成分不足。因此，有必要根据组培苗不同的培养阶段和培养目的，在白光的基础上补充红光和蓝光，例如，在增殖阶段补充红光，促进试管苗的分化和生长；

生根和壮苗则补充蓝光。但有些植物对光质的反映也有不同，范慈惠等研究发现，唐菖蒲的子球切块在蓝光下出苗比白光和红光早，且幼苗生长旺盛，根系粗壮；在白光下幼苗纤细；在红光下出苗量少。但红光对百合和四季豆愈伤组织的诱导和生长比在白光下好。如果能把这些光质的作用有意识地运用到种苗的快繁生产中，可达到节省能源、提高繁殖率和植株品质的目的。

3.4.3 光谱分布

光质的组成和质量分数直接影响小植物的光合速率，在红蓝复合光基础上添加一些特定的光质可促进光合色素的吸收、传递和光能转换，为植物光合作用提供能量基础，促进植物生长。图 3-16 是笔者认为在微繁殖中适合大多数草本植物增殖培养的光谱之一。

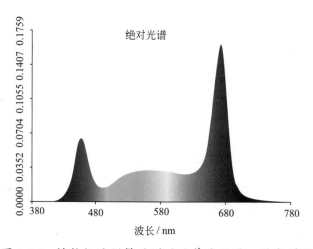

图 3-16　植物组培微繁殖增殖培养阶段的一种光谱图

光配方是为植物生长提供最佳的各种光质的数量和比例，既能满足植物的生长，又能使电能得到最充分的利用。在此介绍一种寻找某种植物光配方的方法：首先测量这种植物的吸收光谱作为基础配方，然后，根据培养目标和各种光质对植物生长的影响进行适当调整，确定这种植物某个培养阶段和培养目标的光配方。

植物吸收光谱的测量方法： ①取生长旺盛期的植株叶片，多取几个点把叶片剪碎混合均匀；②取 0.2 g 混合均匀的植物叶片，加入 10 mL 浓度为 80% 的丙酮溶液进行研磨；③加入浓度为 80% 的丙酮至 25 mL 制样；④离心 2 min，转速为 6000 RPM/min；⑤测吸光值：取上清液 2 mL，加入比色皿中，每 5 nm 测量一个吸光值（400~700 nm），绘制曲线。

容器中光谱的分布主要由光源光谱特性和培养容器的材质来决定，不同的光源有着明显不同的光谱分布。荧光灯产生的远红外射线比高压钠灯少，因此，过去的几十年间，荧光灯常在微繁殖中被用作基本光源，其光谱基本能适应培养要求。应注意的是，培养容器材质不同其透光率也有差异，因此，光源光谱分布和培养容器材质的透光性，在选择光源和培养容器时都应予以考虑。在植物培养中应充分抑制光辐射的红外加热作用，荧光灯和 LED 灯都不含红外辐射，因此对叶片没有加热作用，但当荧光灯的管壁温度高达 40℃时就会产生长波辐射（主波长约：8 000~12 000 nm），这时叶片对该类辐射的吸收率约为95%，荧光灯管就成为了植物叶片的加热源，这种情况是组培当中需要特别注意防范的。

3.4.4　光周期

植物组织培养室光周期的调控相对简单，通过定时器即可设定任意光周期或改变光周期。光周期对植株生长的影响也十分显著，不同的光期 / 暗期对植株茎的生长影响很大。对于大多数的植物来讲，每天 14~16 h 的光照，8~10 h 的黑暗即可满足其生长发育的需要，但不同的植物及不同的培养目的有时也有一定的差异。12 h 的光周期对于菊花茎段形成苗是适合的；天竺葵愈伤组织形成诱导芽时，15~16 h 的光照时产生的芽最多，如果 24 h 照明，则愈伤组织不能转绿，芽也不能产生；牵牛花茎尖分生组织在 16~24 h 的光照下，均能很好地生长和形成小植株，并不受全天光照的抑制。另外，有的植物在愈伤组织诱导阶段需要暗培养，而在分化芽阶段则需要光照，如唐菖蒲便是如此；香石竹茎尖培养的最初几天需要暗培养，然后转入正常培养，合理的光周期有利于愈伤组织的发生。Morini 等（1990）试验不同的光期和暗期的效果时发现，在提供相同光照强度的条件下，桃芽的生长用 4 h 光期、2 h 暗期的处理比 16 h 光期、8 h 暗期的处理生长状况要好得多。

光周期对花芽的形成和诱导也有明显的影响，有些对光敏感的品种，在一定的光照条件和时间下可以诱导花芽分化。根据植物开花机制对光周期的要求，可将植物大致分为长日照、短日照和日中型 3 类。长日照植物开花条件需要日照长度超过临界日长（14 ~ 17 h）。例如：菠菜、冬小麦、大麦、油菜、萝卜、甜菜、洋葱等；短日照植物开花条件需要日照长度短于其临界日长（少于 12 h，但不少于 8 h），例如：菊花、草莓、烟草、大豆、玉米、水稻、棉花、甘薯等；日中型植物在植株成熟时即可开花，不受光照时数影响，例如：蒲公英、番茄、豌豆、胡瓜、南瓜、向日葵等。

　　植物开花主要受到光敏色素的调控，光敏色素对光线的吸收光谱涉及 BAR 范围。活化型光敏色素（Pfr）对远红光与蓝光均有较高的吸收率，钝化型光敏色素（Pr）对红光与蓝光有较高的吸收率。由于两种光敏色素对蓝光的吸收率差异不大，彼此抵消，所以在讨论时经常提到 Pr 受到红光照射会转化为 Pfr，Pfr 受到远红光的照射会转换回 Pr，当 Pfr 处于暗期也会转换回 Pr。所以，在诱导试管苗开花时，可以通过调控光周期来控制植物开花，当然，还可通过调控红光和远红光来控制不同种类植物开花（图 3-17）。

图 3-17　光敏色素对植物生长发育的影响

　　试管植物开花具有观赏价值高、花期长、不用施肥浇水等特点，深受人们的喜爱（图 3-18）。很多植物试管苗都可被诱导开花，光周期是植物开花的重要因素之一。试管苗生长到一定的阶段后，在光周期的作用下，可以从营养生长转换成生殖生长，进入开花阶段。试管苗的叶片能够感受到光周期的刺激信号，该信号起到了一定的诱导促进或决定作用。在对试管植物开花的诱导中，除了光周期和光质外，光强也在一定程度上影响着开花诱导率。光照是促进花芽形成最有效的外因。刘燕（2008）以西洋杜鹃试管苗为材料进行花芽诱导，将光照强度分为 4 个处理：1 500 lx、2 000 lx、2 500 lx、3 000 lx，光周期（光照/黑暗）分为 3 个处理：10/14 h、12/12 h、16/8 h。结果表明：只有在光照3 000 lx，光周期 16 h/8 h 的条件下，组培苗的顶端易形成花器官；2 500 lx 时仅有极少花芽形成。另外 2 个光周期处理均不能诱导出花芽。这与杜鹃是长日照植物，在长日照下才能开花的结果一致。

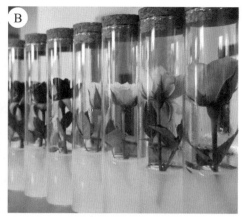

图 3-18　试管植物开花

A：无糖培养的海棠组培苗开花；B：有糖培养的玫瑰扦插开花

3.4.5　光照方向

常规组织培养的光源通常置于培养容器上方 30~40 cm 处，顶部光照射向下方容器里的植株。当植株生长时，大量的光被高的植株中途挡截，仅有少量的光能照到下部。这种顶部光照系统常导致有些植株生长不好，也不利于减少电耗成本和降低培养室温度。Kozai（1991）比较了在容器中生长 28 d 的马铃薯在顶光和侧光条件下的生长情况（图 3-19），发现在侧光条件下，茎缩短 3.5 cm，干重和叶面积是向下光条件下植株的 1.8 倍。他认为，侧光能促进植株型态的生长和发育，在将来的微繁殖中，可以应用光纤维和极小的光源，使植株接收到来自不同方向的、均匀的光能，以此降低电能的消耗，促进植株生长。

侧光照系统有利于促进试管苗的生长并可在节约成本的情况下控制植株高度。当使用数目相同的荧光灯管时，侧光照系统的光照强度是顶光照系统的 5 倍（Kozai et al., 1992b; Hayashi et al., 1994）。使用侧光照明，容器可以成行排列，在每两行的中间紧临容器处放置光源，使光透过容器侧壁从侧面照射容器内植株（图 3-20 A）。侧光照方式能使试管苗叶片接受的光能比顶光照方式更加均匀，使植株底部的叶片面积相对较大，而顶部的叶片则面积相对较小（Hayashi et al.,1993）。侧光照系统中的植株比常规光照系统有相对较短的节间和稍多的叶片数量，此外，由于培养容器可以垂直堆放，因此可大大节省空间（Kitaya et al., 1995）。Kozai（1995）研制了一种使用光纤维和带反射装置的点光源系统（图 3-20 B、C）。这个系统有助于减少培养室用于降温的电耗，并且能够在不增加空气和叶片温度的情况下增加光谱分布，条件是在点光源和交错分布的光纤维带之间安装一个除热过滤器以消除热辐射。这个系统可以消除点光源发出的热辐射，只允许 400~700 nm 的光能透过透明的光纤维进入培养室（光源、反射装置和除热过滤器均置于培养室外），可节省 75%的制冷成本。

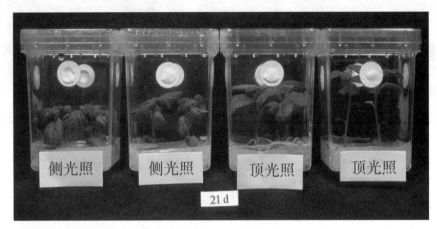

图 3-19　侧光照和顶光照对无糖培养马铃薯试管苗生长的影响（Kozai 1991）

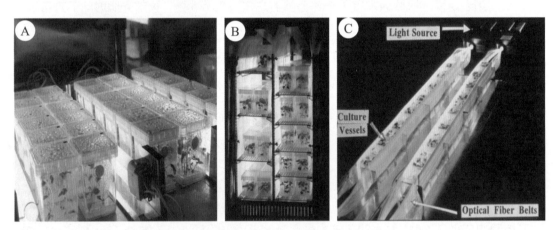

图 3-20　植物组织培养中的侧光照和光纤维光源
A：侧光照；B：光纤维作为光源；C：光纤维作为光源

3.4.6　提高光能利用率

培养室用于照明的电能消耗量占总用电量的 70%，而一般的常规微繁殖技术忽视了对光利用率的研究，导致光能的损失较大。这些培养室通常被灯光照得异常明亮，很远的地方都能看到从培养室透出的光，很多光不是照射到植株地上部分，而是照射到培养室的墙壁上和小植株的根部。这部分光源被白白浪费，增加了用电的成本。据调查，组织培养中经常使用的是长 120 cm，直径 25~32 mm 的日光灯（功率为 35~40 W），这些日光灯从灯管的每一部分向外放射均匀一致的光线，约 50% 的光向上放射，另外约 50% 的光向下放射。培养架层与层之间的距离是 30~40 cm，也就是说，培养的小植株距灯管的距离是 30~40 cm；培养架一般宽 50~60 cm。大约仅仅 25% 的光能被植株利用，因为向下的光一部分跑到了培养架的外面。并且向下光主要照射在培养容器的顶部和培养容器之间的培养架上，在培养容器中生长的植株能得到的光照比容器顶部少得多（图 3-21）。若在灯的上方不使用反光材料，向上的光主要被日光灯上部不透明的培养架吸收，这些光变成了热能，提高了日光灯管周围的温度及培养室的温度。如果日光灯上部的培养架上放的是玻璃，则光会透过玻璃照射到上部。植株的根部不需要光照是一般的常识，这些光只能被培养基吸收，反而增加了培养基的温度，影响了植株的生长，特别是对植株生根极为不利。因此，玻璃并不是一种很好地在培养架上使用的材料，应尽可能少用。

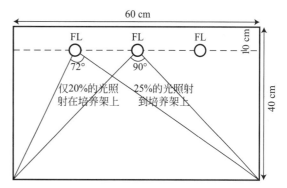

图 3-21　培养架上日光灯的光线照射示意图

来自日光灯的光线只有 25% 直接照射在培养架上，约 50% 的光线向上照射，照到了上一层培养架的底部，约 25% 的光线照射到了培养架的外面（Kozai, 2000）

为了提高光能的利用率，在灯管的上方使用反光材料（如反射率为 80%~90% 的白纸或铝箔片），把向上的光通过反射变为向下的光，则植株的光照将增加 40%~50%。如果再把照射到培养架外的光反射到培养层上，可以大幅度地提高光能的利用率。培养架上的 PPF 随着培养架层间距的减小和反射片反射率的增加而增加。在每个培养架边缘的上部使用一个略微倾斜的反光片也可以有效地将射出的光反射到培养层上，从而增加培养层上的 PPF。采用透光性强的材料制作培养容器和在培养架上使用反光设施等措施，可最大限度地把光能集中于小植株的地上部分，显著地提高光能的利用率。据昆明市环境科学研究所测定，2 支日光灯若不增设反光设施，培养层面上的光照强度为 2200 lx，增设铝箔纸作为反光设施后，培养层面上的光照强度增至 3400 lx；4 支日光灯，若不增设反光设施，培养层面上的光照强度为 4300 lx，增设铝箔纸作为反光设施后，光照强度增至 6500 lx。

试验测试证明，添加反光设施大约提高 50% 的光能利用率。

传统组培人工光源多为荧光灯，其存在一些不足。首先，荧光灯光谱范围广、主要光效低：荧光灯中的绿光、红外和远红外光的光谱比例较大，植物不能利用，造成电能的浪费和利用率的降低；其次，发热量大，有相当多的能量以热辐射的方式被传递到环境中，使环境温度升高，增加了培养室空调制冷的耗电量。最后，由于光源发光面的温度较高，近距离照射植物会对植物造成灼伤，只能与植株保持一定的距离，降低了植物组织培养的空间利用率，而且灯具散热会引起结露，对组培苗生长造成不良影响。

通常在密闭的小培养容器内，光需透过封口膜或容器壁才能照射到植株，此过程降低了植株接受到的光强，在一定程度上改变了光质，影响了植株的生长发育。荧光灯的上述缺点造成了组培苗繁育产业能耗较高的现状，常规植物组培的能耗成本要占其运行费用的40% ～ 50%，能耗已成为植物组培的突出问题。因此，减少能耗，采用 LED 光源，降低植物照明的运行成本已经成为植物组培领域研究的重要课题。目前，光生物学的研究进展很快，这些研究推动着植物组织培养科研和产业快速发展。

3.5 温度

3.5.1 温度对植物组培的影响

培养容器内的温度在暗期接近于培养室的温度，但是在光期，容器内的温度往往会比培养室高 1~2℃。容器内外温度的不同是因为容器顶上日光灯的照射在不断散发热量，实际上，容器的空气换气次数在一定范围内几乎不影响容器内的温度（Kozai et al., 1995）。

除光照强度外，培养容器与灯管的距离也会影响容器内的温度，在容器和灯管的距离是 20 cm，光照强度是 160 µmol·m^{-2}·s^{-1} 时，与培养室的温度相比，容器内的温度会提高 3℃左右。在大多数情况下，加强培养容器上方空气的流通速度可以降低培养容器内的温度。通过使用空调降低培养室的温度也可降低容器内的温度。虽然培养室中的温度是可以通过使用空调控制的，但在大多数情况下，温度的分布会随地区和季节以及一天中不同的时刻而变化，其分布是不均匀的。

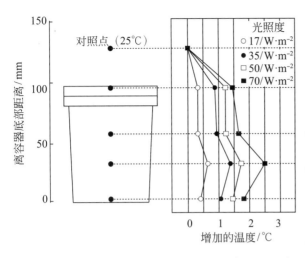

图例	照度 / (W·m^{-2})	PPF / (µmol·m^{-2}·s^{-1})	klx
○	17	60	5.1
●	35	120	11
□	50	175	16
■	70	260	24

图 3-22　不同光照强度下，培养容器内部温度的垂直变化（Kozai et al., 1995）

培养基质为琼脂加活性炭（5 g·L^{-1}）。除去活性炭，培养基表面的温度会降低。当 PPF 达 260 µmol·m^{-2}·s^{-1}，即使在光自养条件下，这一光照强度也显得过高，在培养中不常采用如此强的光照

在培养室中空气温度的设置全天通常都是恒定的，但培养室中温度的分配并不十分均匀。在整个暗周期中，培养容器内的空气温度被认为几乎与容器外或培养室的空气温度一样。然而在光周期里，当容器边界的光或纯辐射光照度大于 35 W·m^{-2} 时，空气温度差异往往接近或高于 1℃。所以，为了防止容器内的温度偏高，培养室的空气温度设置应降低 1℃ 左右（Fujiwara and Kozai, 1995）。

各种植物对组培环境温度条件的要求不尽相同，多数观赏花卉在 25℃ ±2℃ 都能正常地被诱导芽分化、增殖和生根，低于 10℃ 会停止生长，高于 33℃ 则会抑制正常的生长和发育。如文竹在 17~24℃ 时生长较好，在 13℃ 以下或 24℃ 以上生长缓慢或停止生长；倒挂金钟在 22~24℃ 时生长较好，温度升高则生长逐渐停止；花叶芋则喜高温，在 28~30℃ 时生长较快。也有一些特殊的植物种类和品种，在较高或较低的温度下会获得更好的生长效果。一般而言，植物组培生长的最适温度大致与该植物原来生长所需的最适温度相同。喜欢冷凉的植物，培养温度一般比较低，以 20℃ 左右较好；温带植物以 23~25℃ 较适宜；而多数热带作物则需要在 30℃ 左右的条件下才能获得较好的生长。

除了培养温度会对组培植株生长产生影响外，低温处理能促进植株器官分化、提高诱

导频率。具体的低温处理方法有以下 3 方面：

第一，有的植物材料在灭菌处理前，需将样品在 2~4℃的冰箱冷藏室内存放一天后再灭菌，这样获得无菌体的可能性更大，这可能与低温在一定程度上抑制了微生物的生长有关。

第二，在培养过程中需要较低温度，如香石竹在 18~25℃之间会随温度降低而减慢生长速度，但苗的质量会有显著提高，玻璃化现象减少，在高于 25℃时，生长的苗株往往徒长细弱，玻璃化或半玻璃化苗明显增加。

第三，许多鳞茎类或球根类的观赏植物，如唐菖蒲和百合的小鳞茎或小植株在移至土壤后不能正常生长，需在移入田间栽培前，预先进行 4~6 周 2℃的低温处理，之后才能正常生长。另外，试管苗移栽前进行适当的低温处理，有助于提高其移栽成活率。

3.5.2 光期与暗期的温差

植物在自然环境中经历的温度波动范围较大，尤其是昼夜温差。降低夜间的温度可以促进试管苗的生长，因为夜间低温能使暗呼吸降低，同时无需加热还能节约成本。光期和暗期的温差能够影响许多观赏植物的茎长（Heins et al.，1988）。Kozai 等（1992）测量了不同光期和暗期的温度（DIF）以及光照强度（74，147 µmol·m^{-2}·s^{-1}）对马铃薯植株的形态和生长发育的影响，在光自养输入 CO_2 的条件下（1300~1500 µmol·mol^{-1}），光期和暗期的温度分别是 25℃/15℃（+10 DIF），20℃/20℃（0 DIF）；15℃/25℃（−10 DIF）；结果茎的长度无论在低 PPF 和高 PPF 下（74 和 147 µmol·mol^{-1}）随 DIF 减少而缩短，虽然在 3 个 DIF 处理中（+10DIF，0 DIF，−10DIF）的每一个处理下高 PPF 比低 PPF 中植株的长度要短，然而在 3 个处理中，植株的干重和鲜重并没有显著差异。Jeong 等（1996）在薄荷（*Mentha ratundifolla*）上也观察到了同样的情况。因此，DIF 是一种用最少的加热和降温成本控制试管苗长度的方法。一般情况下，暗期可比光期温度低 4~8℃，可采用光期 25℃，暗期 20℃，或 28/24℃处理。

3.6　相对湿度

相对湿度（Relative humidity, RH）是测量气体环境中所含水蒸气量的一种方法，表示某气体环境中实际含水量与该环境中所含饱和水量的比值。培养容器内的 RH 取决于培养基的温度和容器内气体混合物的温度。如果这两个温度相等，并且容器的密封很严，理论上讲容器内的 RH 应为 98%~99%；若培养基温度超过其上面气体的温度，则 RH 几乎将是饱和的；若容器和外界有气体交换，则 RH 会明显下降。

相对湿度是培养容器内的重要环境因素，它可以影响光照强度、气体和液体中植株之间水的交换、试管苗的生长和植物蒸腾作用等。在培养植株的密闭容器中 RH 通常高于 95%（Fujiwara and Kozai，1995）。在一般的微繁殖系统中，容器是密封不透气的，水蒸气将导致容器的 RH 呈饱和状态。培养容器中的高湿度不利于植株的生长，会导致叶片发育不良，缺少蜡质层和气孔功能障碍，还容易出现玻璃化苗，在驯化期间植株极易失水，引起枯萎或死亡。并且，在高湿度的环境中，植株蒸发率极低、会影响其对营养元素的吸收。

在一般情况下，培养室光期的相对湿度会低于暗期的相对湿度，这是因为空调制冷带走了培养室空气中的水分。据 Kozai 等（1995）测定，如果培养室的相对湿度在光期是 40% 左右，在暗期则会达 80%~90%。在完全密封的容器中，相对湿度在暗期高于 98%；在光期是 90% 左右；两者的温度大约都会比培养室的温度高 2℃ 左右。因为光被容器的壁、顶，培养基和植株吸收，热量集中在容器中。在这种情况下，容器外壁的温度会低于容器内的温度，水蒸气凝集在容器内的壁上和顶部，但测量的结果，相对湿度并没有达到 100%。另一方面，如果容器空气的换气次数较高，培养基中的水分挥发较快，培养期超过 1 个月，则培养基很可能已经过于干燥。这个问题可以通过两种简单的方法解决，一种是增加容器中培养基体积的数量；另一种方法是在光期保持培养室的空气湿度达到 80%。当培养室空气的相对湿度是 40% 或者 80%，容器中的相对湿度是 90% 时，容器内外相对湿度的差分别是 50% 和 10%。容器内外相对湿度的差值越小，培养容器内的湿度越容易控制。使用加湿器可以使培养室的湿度一直保持在 80% 左右。

培养容器内的湿度极大地依赖于容器的换气次数和培养室的整体湿度（Aitken-Christie et al.，1995）。Kozai 等（1993）在容器中培养马铃薯试管苗 22 天，在不同的

植物无糖培养微繁殖及种苗生产

相对湿度条件下（75% RH、84% RH、93% RH、100% RH），他们观察到，随着湿度的增加，植株的茎长增加；随着湿度的减少，叶面积略有减少；植株的鲜重在93% RH和100% RH条件下高于84% RH和75% RH的处理，但不同处理之间植株的鲜重没有显著差异。

此外，植株发育缓慢、出现生理和形态学上的紊乱也归因于高RH，而这种生理和形态学上的紊乱会导致植株在过渡到试管外时大量死亡。RH的降低（如从95%降低至90%）能够促进植物生长，促使蜡质层形成和完善气孔功能。不同的RH会引起植物生理和形态学属性上的显著差异，通过降低培养容器中的RH，在植株干重没有显著减少的情况下，可以得到茎短而干物质含量较高的健壮马铃薯植株（Kozai et al., 1993）。Xiao等（2006）研究表明，换气次数会影响容器的相对湿度，从而影响小植株过渡苗的成活率（图3-23）。培养容器换气次数高，培养的植株持水能力强，过渡苗的成活率高，反之则低。

图3-23　培养容器的换气次数12.2次·h^{-1}（HV），8.7次·h^{-1}（MV）对无糖培养甘薯小植株生长（22 d）的影响

图为揭开培养盒盖后15 min的照片（Xiao et al., 2006）

Tanaka等（1992）的研究也表明，当试管苗茎段长成植株时，容器中RH和植株蒸发速率在所有时间都会增加，这归因于植株叶面积的快速增长。在试管苗培养后期，把相对湿度降至75%~85%将有助于提高植株从试管内移植到试管外条件下的成活率。

培养容器中的相对湿度是影响植物组织水分关系的重要环境因素（Jeong et al.,1995）。降低培养容器中的相对湿度可提高植物组织对水分损失的抵抗力（Wardle et al.,

1983）。在强制通风条件下，气体交换的改善会降低培养容器中的相对湿度，从而增强植株的蒸腾作用。促进植物对矿物质的吸收。在强制通风和大量空气交换的情况下，容器中培养基的水分损失很快，培养基容易干燥。除通过增加培养基的体积，保持培养室的相对湿度在 70%~80% 外，还可通过强制通风系统为培养容器内提供湿润空气等方式来解决此问题。

另外，在培养架上，培养容器通常是放在光源的上面，因此，容器底部温度比顶部高，容器内的相对湿度高，容器顶部会达到露点，水会凝聚在最冷的位点处，如器壁、盖子上。若培养基上面的温度高于培养基的温度，则培养容器内的 RH 会低于 100%，因为此时空气中的水会凝聚在培养基内或表面。降低培养容器内 RH 最有效的方法是将容器放在冷却板上。

3.7　根区环境对植株生长发育的影响

3.7.1　培养材料的支持物（培养基质）

在微繁殖中，植株的生长不仅受空间环境因素的影响，例如 CO_2 浓度、光照、温度、湿度，也受根区环境因素的影响。但根区的环境是不容易控制的，选择多孔的培养基质可以改善根区的环境，不加糖的培养基和多孔的培养基质或者液体培养基就像一个缩小的水耕栽培系统，在光自养微繁殖中，根区环境控制的改进得益于水耕栽培的原理和技术。

在植物组织培养中，常常使用凝胶类的物质作为基质，例如琼脂、结冷胶、卡那胶等，凝胶状的培养基没有毛细管的作用，并且灭菌以后，培养基中的 O_2 已经完全散失，不利于根系的发育。而进行液体培养时，培养物完全浸泡在培养液中，与氧气基本隔绝，这会因其缺氧而导致生长停止，最终窒息死亡。因此，在液体培养时需要用摇床进行振荡，以促进氧气的交换。另外，纤维物质例如塑料泡沫、石棉、陶棉、纤维素穴等，在一些情况下，与凝胶状的物质相比可促进植物生长。表 3-2 是一些常用的植物栽培基质的物理特性（在基质深度为 18 cm 时测定）。

表 3-2 改良剂、土壤和混合物的物理特性

材料 (Material)	容积密度 Bulk density		湿度 Moisture capacity/%	总孔隙度 Total porosity/%	通气孔隙度 Air poropsity/%
	干 / (g·cm⁻³)	湿 / (g·cm⁻³)			
沙壤土 Sandy loam	1.58	1.95	36	38	2
泥炭 Peat moss	0.19	0.79	59	72	12
珍珠岩 Perlite (1.0~2.0 mm)	0.09	0.52	43	76	33
珍珠岩 Perlite (6~8 mm)	0.1	0.29	20	74	54
沙子 Sand	1.68	1.95	27	36	9
蛭石 Vermiculite（< 5 mm）	0.11	0.65	53	81	28
珍珠岩 + 泥炭 Perlite（5~6 mm） +Peat moss（1∶1）	0.11	0.63	51	75	24

（Hanan, 1998; Johnson, 1968）

Kirdmanee 等（1995）用桉树（*Eucalyptus camaldulensis*）嫩枝（平均长 2.2 cm）作为外植体，在不补充 CO_2（培养室中浓度为 400 µmol·mol⁻¹）或富集 CO_2（培养室中浓度为 1200 µmol·mol⁻¹）条件下，在品红容器（体积为 370 mL）中进行光自养培养 6 周。培养基质分别为琼脂、凝胶、塑料网或蛭石。试验表明：CO_2 的富集显著促进了植物的生长（干重和初生根数）（图 3-24，表 3-3）。在 4 种类型的支持材料中，植物的生长在蛭石中最好，其次是塑料网、凝胶和琼脂。在 CO_2 浓度较高的条件下，蛭石中的植株离体生长最快，叶根损伤率最低，并产生了许多次生根（图 3-24 B）。因此，多孔的（测量体积中空气百分率）培养基质有较高的空气扩散系数，能使培养基有较高的氧浓度，可促进小植物的生长。一般而言，木本植物的生根较为困难，采用多孔的基质可以显著提高植株的生根率。

图 3-24　CO_2 浓度和培养基质对桉树小植株光自养生长 6 周的影响

CO_2 浓度（400 或 1200 μmol·mol^{-1}）；图 B 中的 H、A、G、L 和 V 分别表示高 CO_2 浓度、琼脂、结冷胶、塑料网和蛭石（Kirdmanee et al.，1995）

表 3-3　CO_2 富集和支持材料对桉树试管苗培养 6 周后干重、叶面积、初生根数和初生根长度的影响（Kirdmanee et al.，1995）

CO_2 条件	支撑物	干重 / mg	叶面积 / cm^2	初生根数	初生根长度 / mm
低 CO_2 浓度（400 μmol·mol^{-1}）	琼脂	45	8	1	27
	结冷胶	49	9	1	30
	塑料网	64	11	4	39
	蛭石	82	12	5	42
高 CO_2 浓度（1200 μmol·mol^{-1}）	琼脂	54	9	2	32
	结冷胶	62	10	2	37
	塑料网	76	12	5	45
	蛭石	103	13	6	49
LSD $p \leqslant 0.05$		8	3	1	11
变量分析					
CO_2 条件（C）		**	NS	*	*
支撑物（S）		**	*	**	**
C×S		NS	NS	NS	NS

注：*,** 分别表示显著性 $p \leqslant 0.05$ 和 0.01，NS 表示非显著性 $p \leqslant 0.05$。

用多孔的材料代替琼脂可以极大地改善根区的环境和植物根系的组织结构（图 3-25）。Afreen 等（1999）研究了以琼脂、卡那胶、蛭石、塑料泡沫纤维和 Florialite（一种蛭石

植物无糖培养微繁殖及种苗生产

和纤维的混合物）作为培养基质时，小植株根系生长的差异。从图 3-25 可以明显看到用 Florialite 作培养基质时，植株有非常多的次生根，这种良好根系的发育有助于植株对营养和水分的吸收，所以该植株的生长状况在所有的处理中是最佳的。在多孔的基质上生长的植株，在室外过渡时的成活率也高，因为小植株有一个发达的根系统。Kirdmanee 等（1995）因为改善了根区的环境，促进了植株根系的发育，从而在过渡阶段达到了很高的成活率。相似的结果还有洋槐（*Acacia mangium*; Ermayanti et al., 1999）、咖啡（*Coffea arabusta*, Nguyen et al., 1999）、山竹果（*Garcinia mangostana*, Eramayanti et al., 1999）、木兰（*Gmelina arborea* Roxb, Nguyen and Kozai，2001；图 3-26）。

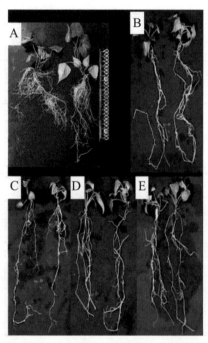

图 3-25　不同培养基质对无糖培养甘薯小植株根系生长的影响（25 d）

　　A：蛭石 + 纤维素（Florialite）；B：纤维（Sorbarod）；C：蛭石（Vermiculite）；D：卡纳胶（Gellan-gum）；E：琼脂（Agar）（Afreen et al., 1999）

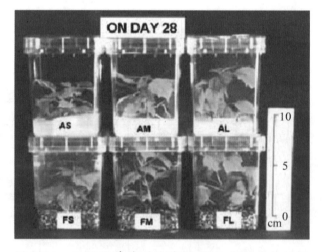

图 3-26　不同培养基质和容器换气次数对木兰试管苗光自养生长（28 d）的影响

　　在处理图例中，左侧的 A 和 F 分别表示琼脂和 Florialite。右侧的 S、M 和 L 分别表示换气次数 2，3.5 次·h^{-1} 和 4.2 次·h^{-1}（Nguyen and Kozai, 2001）

3.7.2　糖浓度

在一般的微繁殖中，糖被看作植物在培养中碳的来源。实际上大量的研究已经证明，培养基中的糖会抑制试管苗的光合作用。Hdider 和 Desjardins（1995）把植株从有糖培养基移植到无糖培养基后，发现草莓小植株的光合速率随着培养时间的延长而增加；当把草莓小植株从无糖培养基移植到有糖培养基时，发现光合速率随着培养时间的延长而减少。

肖玉兰等（1998）将非洲菊增殖苗转接到无糖的 MS 和 Hoagland 培养基上一周后，小植株的生根率达 57.1% 和 60.5%，而有糖培养的仅为 4.8%，其中又以低盐培养基 Hoagland 生根效果最好。由此可以看出，无糖和低盐的培养基可以促进植株尽早生根，提高生根率。试验中还观察到，无糖培养的植株不但生根快、根系发达，且根系呈白色；而有糖培养根系生长缓慢、根短而稀少，呈黄黑色。

减少或去除培养基中的糖、增加容器中 CO_2 浓度和光密度，有助于提高植株的光合速率、促进其生长发育（图 3-27），并有助于降低生产成本。因为糖会引起微生物污染造成试管苗损失、植株生长发育不良、适应环境的能力弱，进而导致过渡苗成活率低。

图 3-27　蔗糖浓度和支撑材料对印楝（*Azadirachta indica*）离体生长的影响
从左到右：1、2 无糖培养；3、4 有糖培养（Kozai and Nguyen, 2003）

Nguyen 和 Kozai（2005）报道，木兰（*Gmelina arborea* Roxb.）单节外植体培养于含糖（30 g · L⁻¹ 或 10 g · L⁻¹）或不含糖的琼脂培养基上，在换气次数分别为 0.15 次 · h⁻¹、1.5 次 · h⁻¹ 或 3.5 次 · h⁻¹ 的品红型容器中，环境 CO_2 浓度为 400 ppm、PPF 为 180 μmol · m⁻² · s⁻¹、光周期为 16 h · d⁻¹，在第 35 d，在无糖培养基上生长的植株比在含糖培养基上生长的植株具有显著的鲜重、新梢长度和繁殖率优势（表 3-4）。与光自养（无糖）条件下相比，在光混养（含糖）条件下培养的植株基部，愈伤组织的形成导致根系起始受阻和维管系统异常（图 3-28）。在无糖培养基上生长的植株，其茎基部则无愈伤组织形成，而且根系发达，这是木本植物光自养微繁殖的一个优势，这一现象的生理机制有待进一步研究。

表 3-4　糖浓度和容器的换气次数对木兰试管苗生长 35 d 的影响（Nguyen and Kozai, 2005）

处理		增加鲜重 / mg	株高 / mm	增值系数
蔗糖浓度 /(g·L⁻¹)	换气次数 /(次·h⁻¹)			
30	0.15	194.4[cy]	19.9[b]	2.1[b]
10	1.5	250.6[b]	21.0[b]	2.3[b]
0	3.5	493.4[a]	26.4[a]	3.4[a]
变量分析 [z]	**	**	**	**

注：[z] 表示 ANOVA 分析，** 表示显著性 $p \leqslant 0.01$

　　[y] 不同字母表示 1% LSD 检验的差异显著性

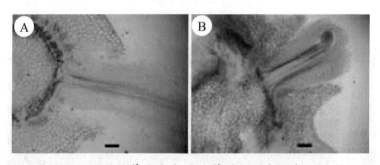

图 3-28　不同培养方式木兰试管苗根的起始解剖结构

A：无糖培养；B：有糖培养；培养时间：9 d；（20x，Bar = 2.5 mm）（Nguyen and Kozai, 2005）

3.7.3　离子成分和浓度

在植物组织培养中，不同的植物对矿物质离子浓度的要求不同。一些物种适宜在较低离子浓度下生长，如大多数木本植物；而同时有的物种又在高离子浓度的 MS 培养基中长势良好，如大多数草本植物。最佳矿物质配比应依据培养的植物种类和培养时期而有所不同。此外，已有实验证明，环境条件也会影响试管苗对离子的摄取，离子摄入路径包括从离子传送开始以后的一些步骤和过程，离子传送可能源于浓度梯度引起的扩散，受蒸腾作用或依赖于能量产生的活化摄入选择驱动的物质流有关（Williams，1995）。因此，降低容器中的相对湿度，可以促进离子传送，提高矿物质摄入。

为了让植物尽可能生长好，应严格筛选培养基的无机离子组成和控制浓度。Kozai等（1988）发现，康乃馨试管苗在中等离子浓度无糖培养基中的长势比在 1/2 MS 无糖培养基或 1/2 MS 有糖培养基以及液体培养中广泛使用的中等离子成分构成的有糖培养基中的长势更好。MS 培养基可能是异养、兼养生长和 / 或愈伤组织分化的最优化培养基，但它不是为光自养设计的最优化培养基。另外，Kozai 等（1991）还验证了草莓试管苗在光自养和兼养条件下的矿质营养重要性。在 1/2 MS 培养基被用作营养离子成分的基本培养基后，实验结果表明在高 CO_2 浓度的光自养条件下，PO_4^{3-} 被植株快速吸收（在第 21 d，PO_4^{3-} 残余物达到 3%）。测定第 14 d 和第 21 d 所有离子浓度，除第 14 d 的 SO_4^{2-} 外，在光自养中，所有离子的离子浓度都低于兼养条件下的。这表明如果在生长后期培养基中有充足的 PO_4^{3-}，那么将极大地促进光自养条件下植株的光合速率。

N 元素是所有植物生长的必要元素。不同的物种对 NH_4^+ 和 NO_3^- 的吸收不同，并会对试管苗的形态发生产生影响（Williams，1995）。K 在植物组织中很丰富，并且在许多实例中反映出 K 的供给大于植物需求。这样，尽管一些物种（如甘薯）对高浓度 K 敏感，但 K 在植物组织培养中不是什么问题（Williams，1995）。

Ca 在控制细胞壁形成和保持膜的完整性方面起着重要作用。充足的 Ca 供应对于细胞持续生长十分必要，但高浓度 Ca 可抑制细胞伸长。细胞质中的 Ca 也作用于诸如对环境因素（如光和温度）的激素反应调节中。培养物有时可在没有外来 Ca 补给的条件下继续生长直到内源补给耗尽之时。Ca 缺乏的一个典型症状是芽尖坏死，这主要是因为芽尖的 Ca 分布较少而不是因为整个植株 Ca 的完全缺乏（Williams，1995）。另一方面，在换气次数较小的培养容器中，叶片的边界层阻力较大，从而增加了水分子的扩散阻力，降低植物的蒸腾作用，而植物体内钙离子在木质部运输的主要动力就是蒸腾作用。一般植物内叶以及新生组织的蒸腾作用较小，对 Ca 的竞争弱于成熟叶片，因此内叶的叶缘、叶尖及生长点等新生组织较易因缺 Ca 发生叶烧病现象（Christoph et al.，2002）。所以，降低培养容器中的空气湿度、提高植物的蒸腾作用，可以促进植株对 Ca 的吸收。

Mg 是组成叶绿素的元素之一，也是许多酶反应的辅助因子。一些特殊情况下 Mg 可替代 Ca。因此当 Ca 的摄入受到限制时，Mg 的供给将很重要；另一方面，Na 和 Cl 对于一般的植物生长通常不必要，把它们加入培养基中主要是为了平衡其他元素的离子成分（Williams，1995）。

对于许多生化过程来说，培养基中微营养元素的存在很必要，它们起着催化剂的作用。虽然植物对这些营养素的浓度要求低，但如果缺乏，则不能保证植株的正常生长。微营养元素之间存在着相互作用，但要想弄清它们对小植株生长的实际影响是困难的。目前已发现的微营养元素不足的一般症状包括：芽尖坏死（缺 B）、叶片发黄（缺 Fe、Zn）、木质化退化（缺 Cu、Fe）。Fe 的供应通常比其他微量营养元素更加重要，这在于对 Fe 高标准的需要和溶解性问题。过量的 Mn 会导致 Fe 的缺乏，而过量的 Fe 或 EDTA 同样会减少 Zn 的摄入（Williams，1995）。

培养基中的无机离子浓度会随植株的吸收和培养时间的延长而逐渐降低。同时，无机离子浓度的下降不仅受离子初始浓度和摄入速率的影响，也受每株植株所占培养基体积的影响（Kozai et al.，1991）。使用的培养基数量越少，无机离子浓度下降得越快，这是由单位体积培养基被吸收的离子数量决定的。换句话说，离子吸收速率或单位时间内吸收的离子数量等于每体积离子降低速率。然而，离子吸收速率依赖于培养基浓度。相反，当培养基蒸发和植物蒸腾作用导致的培养基百分体积每日的减少大于因每日离子吸收导致的离子百分浓度下降时，离子浓度反而会随时间而增加。有时，培养物或植株也会释放一些有机和无机物质到培养基中。

这样，最佳营养成分将受到培养基初始体积和在培养期间培养基蒸发和蒸腾速率影响（Kozai et al.，1992）。在植物组织培养中，培养基体积通常相对较小（4~10 mL·株$^{-1}$），所以离子浓度交换趋于明显。因此，初始培养基体积和营养浓度对于培养基中初始营养成分而言都是重要的（Kozai et al.，1995）。

大多数从事植物组织培养的人关心的是培养基配方和浓度，而很少考虑容器内的培养基体积、外植体数量和植株大小。图 3-29 显示了马铃薯试管苗生长在无糖的 MS 液体培养基上，以纤维作支撑材料，在培养的 24 d 内，随着时间的推移，一些无机离子浓度受培养基浓度和体积的影响。从图 3-29 可以看出，培养基的体积显著影响培养基中离子浓度随时间的变化。随着培养时间的延长，即使初始浓度相同，后期也会因培养基体积的不同也呈现明显的差异。这意味着培养物的生长和发育，取决于每个容器或每个植株的离子总量及浓度。当培养基体积变小时，决定试管苗生长的是培养基中营养物质的量，而不是浓度。

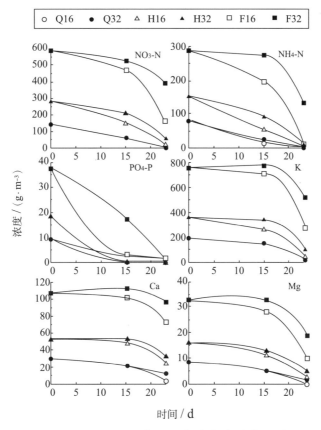

图 3-29　培养基中 NO_3、NH_4、P、K、Ca 和 Mg 离子浓度的变化（24 d 内）受初始培养基浓度和体积的影响。字母 Q、H 和 F 分别表示 1/4MS，1/2MS。MS。16 和 23 表示每个容器培养基的体积。每个容器含有 4 株马铃薯小植体，培养在无糖 MS 溶液中纤维作支撑材料（Kozai et al., 1995）

3.7.4　植物激素

在一般的微繁殖中，需要将不同种类和浓度的植物生长调节剂加入到培养基中，它们有 3 个作用：①促进芽的增殖；②促进茎的生长；③促进植株生根。然而，大量植物激素的使用易导致植株生理和形态紊乱，产生畸形和变异。环境调节可以促进茎叶的生长和植株生根，在光自养微繁殖中，以茎段方式增殖的植物没有必要使用植物生长调节剂，而且能达到比有糖培养高得多的繁殖率。在一般的微繁殖中，培养基的组成和植物激素的种类和浓度被认为是成功的关键，而在光自养微繁殖中，环境调控比培养基的配方重要得多。

3.8 种苗低温贮藏

在通过微繁殖生产试管苗的过程中，如果要有效地利用生产设施和劳动力，并制定灵活的生产计划，就必须对试管苗进行短期储存。这种类型的储藏不仅需要确保植物的生长，而且还需要保障植物的品质。对处于繁殖中期的试管苗贮藏而言，由该试管苗产生的外植体的光合和生长能力是一个重要的质量指标，而对于准备作为移栽品出售的贮藏试管苗而言，除了光合和生长能力外，视觉质量也是一个重要的质量指标。虽然暗贮技术已被应用于生产中，但存在着植株在贮藏过程中迅速退化等问题，这限制了暗贮品种的数量。研究发现在低温贮藏中，弱光对几种植物的幼苗有积极作用，而在光自养微繁殖植株中也观察到类似的效果。Kubota 和 Kozai（1994）通过对光自养试管苗贮藏环境优化的研究发现：低温与光补偿点附近的 PPF 组合是贮藏试管苗和移栽试管苗的最佳条件，尤以 5℃ 和 2 $\mu mol \cdot m^{-2} \cdot s^{-1}$ PPF 的组合效果最好。因此，植物贮藏的最佳条件应建立在环境和植株物质平衡基础上，这是植物生产系统中环境控制的一个新领域。下面将介绍影响试管苗贮藏再生能力和外观质量的因素。

3.8.1 温度、光强和光周期

传统上收获的新鲜园艺产品需要在低温下储存，因为降低温度可以减缓代谢过程（如呼吸），从而防止不必要的干物质损失和相关的质量恶化。采后的贮藏温度通常采用不引起冻害的最低温度。对于试管苗的贮藏，通常采用将容器置于低温和黑暗环境的方式来减缓植株生长，以推迟继代时间，特别是对于耐低温的植物品种来说，这是常采用的方法。

在传统的微繁殖技术中，培养基中添加了糖，因此在储存过程中糖可以提供能量。然而，含糖培养基在延长储存期中的主要缺点就是常常导致污染概率增加。

根据 Reed（1993）的研究，温带属植物离体遗传保护的贮藏条件通常是在黑暗中 4~5℃。然而，储存期间光照的积极影响也有报道。Dorion 等（1991）成功地将玫瑰试管苗在 2~4℃、9~18 $\mu mol \cdot m^{-2} \cdot s^{-1}$ PPF、8 h 光周期下保存了 6 个月。Baubault 等（1991）报道，体外培养的杜鹃花试管苗在 4℃、30 $\mu mol \cdot m^{-2} \cdot s^{-1}$、14 h 光周期下成功保存了 12 个月。里德（1999）也报道了光照对薄荷试管苗在贮藏期间的积极影响，建议将

4℃与 12 h 光周期相结合。

在光自养培养条件下，培养基在贮藏期间不能向植株提供能量来源，因此，通过维持最低的光合作用水平，来维持贮藏期间的碳平衡对维持植株的光合和再生能力非常重要。在贮藏过程的诸多环境因素中，温度和光照是最重要的环境调控因素。同样的原理也适用于移植苗的贮藏。

在许多园艺物种的贮藏中，光照可以延长移栽苗的贮藏时间（Heins et al.，1992，1994；Kubota and Kozai，1995）。Heins 等（1992）还发现，与暗贮藏相比，在贮存期间提供光照可以使移植体在较高的空气温度下存活。Kubota 和 Kozai（1995）发现，当持续提供光照（每天 24 h）时，贮藏的最佳光照强度是贮藏温度下光合作用的光补偿点，这表明植物最佳贮藏特性是 CO_2 交换率在贮藏期间保持在零。

Kubota 和 Kozai（1994）研究了无糖组培 3 周的花椰菜试管苗在不同温度和光照强度（PPF）组合下贮藏 6 周的干质量变化（图 3-30）。从图中可以看出，在连续光照条件下，符合光补偿点的光照可以将植物的碳平衡保持在零，这样每株植物的干物质量就不会改变。例如，在 5℃和 10℃温度下，光自养花椰菜试管苗在光补偿点（2 $\mu mol \cdot m^{-2} \cdot s^{-1}$ PPF）下保存 6 周后，干重几乎保持不变，并保持了植株的再生能力。Kozai 等（1996）

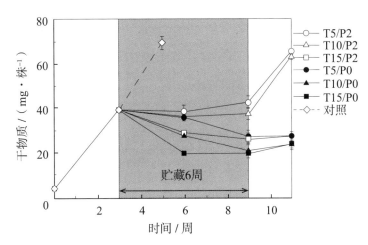

图 3-30　花椰菜试管苗在不同温度和光照强度（PPF）组合下生长 3 周和贮藏 6 周的干物质量。字母 T 和 P 后面的数值分别表示存储温度（℃）和 PPF（$\mu mol \cdot m^{-2} \cdot s^{-1}$）。未贮藏幼苗在相同的生长条件下（23 ℃，160 $\mu mol \cdot m^{-2} \cdot s^{-1}$ PPF 和 16 h 光周期）继续生长 2 周的干重增加作为比较。2 $\mu mol \cdot m^{-2} \cdot s^{-1}$ PPF 是供试幼苗在 5℃和 10℃的光补偿点（Kubota and Kozai，1994）

报道，茄子（*Solanum melongena* L.）幼苗的干物质量随着 PPF 从 0~16 μmol·m⁻²·s⁻¹ 的增加而线性增加，5 μmol·m⁻²·s⁻¹ 是茄子幼苗在贮藏温度 9 ℃下保持干重的光补偿点；Kubota 等（1995）将光自养培养的花椰菜植株储存在 5、10℃或 15℃，2 μmol·m⁻²·s⁻¹ 或 5 μmol·m⁻²·s⁻¹ PPF 下，结果表明降低空气温度和接近或高于光补偿点的 PPF 可以保持植株的再生能力。然而，高于光补偿点的 PPF 会导致不理想的茎伸长和植株干物质的增加。贮藏 6 周后，2 μmol·m⁻²·s⁻¹ 和 5 μmol·m⁻²·s⁻¹ PPF 的微小差异，导致了贮藏后植株干重和品质的显著差异，这表明对每种作物都应谨慎选择其贮藏期间的光照强度。

光周期也是影响植株在贮藏期间碳平衡的一个因素。在光期和暗期组成的光照循环下，光强度需要增加，因为光期的碳增益需要补偿暗期碳的损失。能够为植物提供零日碳平衡从而保持干物质不变的光照强度称为"日光补偿点"，即日综合总光合速率与日综合呼吸速率相平衡。Kubota 等（2002）在不同的光照强度和光周期组合下贮藏茄子穴盘苗，结果表明，只要日 PPF 等于日光补偿点（9 ℃时是 430 mmol·m⁻²·d⁻¹），PPF 与光周期组合对贮藏 4 周后的幼苗生长和品质没有影响。这一发现使贮藏光环境的设计更具有灵活性，并使贮藏的光装置在种苗生产中更加实用和易推广。植物光合作用的光补偿点受温度和 CO_2 浓度的影响，因为二者都会影响植物的光合速率和呼吸速率。

Kozai 等（未发表）利用无根菊花插条为样本研究了光照强度（PPF）、温度和 CO_2 浓度之间的关系，这些条件可以导致植物的零碳平衡（零净光合速率）。这种关系可以用三轴图描述为一个曲面，即"补偿曲面"，其 3 个环境变量（PPF、温度和 CO_2 浓度）中的两个给定值决定了第 3 个环境变量的值。

Fujiwara 等（2001）在番茄（*Lycopersicon esculentum* Mill.）嫁接苗的低温贮藏中也证明了这一概念，在 10℃的空气温度下，不同的 PPF 和 CO_2 浓度的组合能够为幼苗提供零碳平衡。基于这些发现，当空气温度较低和 / 或 CO_2 浓度较高时，理论上可以在较低的 PPF 下保存移栽植株。然而，Fujiwara 等（1999c，2001）指出，PPF 的最低阈值可能存在，在该光照强度下能够在储存期间维持正常的代谢活动。例如，将番茄嫁接苗贮藏在 CO_2 浓度和 PPF 的各种组合下（2.5、1.9、1.3、0.9、0.5 μmol·m⁻²·s⁻¹PPF；0.05%CO_2、0.25%CO_2、0.50%CO_2、0.75%CO_2、1.00% CO_2），测定光补偿点相应的 CO_2 浓度。在 0.25% 和 0.50% 的 CO_2 浓度下，28 d 后幼苗的最佳贮藏性分别为 1.9 μmol·m⁻²·s⁻¹ 和 1.3 μmol·m⁻²·s⁻¹，而在 0.9 μmol·m⁻²·s⁻¹ 和 0.5 μmol·m⁻²·s⁻¹ 下能够观察到显著的品质退化（Fujiwara et al.，2001）。也许最低限度的光是必需的，因为光照可以提供光合作用的能量、信号传导、维持叶绿素合成和其他重要的代谢功能。

3.8.2　培养基中的糖

试管苗在有糖的培养基上以兼养方式生长时，其光补偿点通常高于光合自养的试管苗，这主要是由于培养基和试管组织中较高的糖浓度造成了较高的暗呼吸速率。Kubota和 Kozai（1995）报道，在 3~25℃的气温范围内，兼养的花椰菜植株的暗呼吸速率比光合自养的高 20%~50%。在低温贮藏期间，培养基中的糖似乎能够在更广泛的环境条件下保持植株的干物重。例如，Kubota 和 Kozai（1995）在相同条件下（5℃、10℃、15℃），在黑暗或 2 μmol·m^{-2}·s^{-1} PPF 下贮藏光自养和兼养的花椰菜植株。光自养植株在 5℃或10℃的光照条件下能够保持干重不变，而兼养植株在除 15℃黑暗外的所有条件下都保持干重不变。显然，培养基中的糖补偿了碳的呼吸损失，并有助于植物在贮藏期间保持干物质。光照条件下，植物的叶绿素含量能够维持在较高水平，叶绿素荧光参数也表明叶片的光合活性较高。然而，在黑暗中贮藏的花椰菜植株不论是兼养还是光自养，当移植到阳光下时，要么失去了再生能力，要么表现出明显的叶片损伤，这可能是由于光抑制。以上研究结果说明植株在贮藏期间，为了保证移栽后的正常生长，都需要光照来维持植株的光合和再生能力。

3.8.3　光质

光质是影响植物生长发育的环境因子之一。然而，不同光质对植物在低温下的生理特性的影响研究很少。Kubota 等（1996）发现在 5℃下贮藏花椰菜试管苗 6 周后，在红光和蓝光下小植株表现出比白光下更为明显的茎伸长和叶绿素浓度下降。然而，Wilson等（1998a，1998b）研究表明，与白光或蓝光相比，红光下西兰花幼苗的质量最好。Fujiwara 等（1999b）也报道，在红光下收获的烹饪草药的质量比在白光下更好。需要注意的是 Wilson 等（1998a，1998b）和 Fujiwara 等（1999b）使用的红色光源是发光二极管，而 Kubota 等（1996，1997）使用的是覆盖有光谱滤光片的荧光灯。因此，关于在植物贮藏期间对红光反应的研究结果的冲突，可能受限于这些实验中采用的不同灯具及光谱差异的潜在影响。一般来说，LED 灯具尺寸小，低温下的辐照度低于荧光灯，更适用于植物的低温贮藏。

3.9 环境调控是植物无糖培养微繁殖技术的核心

在光自养条件下，植物含叶绿素外植体（嫩枝和叶节段插条）的生长比光混合营养条件下的生长更快更优，在光照期间，增加培养容器中的 CO_2 浓度，可以通过使用小容器带透气膜（自然换气）或大容器带气泵加过滤器（强制换气）来实现。在大多数情况下，光自养需要提高 PPF，但对于植物的光合作用来说，最佳的光照强度取决于多种环境因素的配合（图 3-31）。CO_2 浓度和 PPF 的增加促进了光合作用，从而促进了植物碳水化合物的积累（Kozai et al.，1995）。在高 CO_2 浓度和 PPF 条件下，用纤维状或多孔支撑材料代替琼脂有利于促进植株根系的萌生和功能实现。这些材料在促进侧根和正常维管系统的形成方面特别有效，从而有利于植物特别是木本植物的整体生长和质量。

此外，培养容器的空气交换次数的增加，增强了容器中植物周围的空气流动。然后，它又反过来促进 CO_2 和水蒸气在植物周围的扩散，从而促进植物的光合作用和蒸腾作用。空气交换次数的增加将培养容器中的相对湿度从近 100% 降低到 85%~90%，相对湿度的降低以及培养容器中空气运动的增强显著增加了离体植物的蒸腾速率，从而增加了离体植物对水分和养分的吸收效率（Aitken-Christie et al.，1995）。

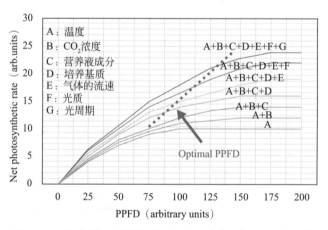

图 3-31 光合作用最佳的光照强度与其他环境因素间的关系（Kozai，2020）

　　总之，环境与植物的生长息息相关，影响或决定植物的光合作用和生长发育。在植物无糖培养微繁殖中，容器内外气体的交换、CO_2 浓度、光照强度、光质、光周期、营养成分、培养基质、植物生长调节剂浓度、容器内的湿度和温度等条件都在植物的生长发育过程中扮演着重要的角色，它们构成了小植株生长的微环境，极大地影响着植株的光形态建成、光合速率、植株的品质和培养周期，从而影响生产成本。因此，为了达到自动化和高品质的植物生产，必须在充分了解和掌握植物生理的基础上，对影响植物生长的环境因子进行综合有效地调控。

第4章 植物无糖培养微繁殖工厂化生产技术

肖玉兰

4.1 植物组培快繁工厂的设计

4.1.1 组培苗生产规模的确定

植物组培快繁工厂的设计，首先要确定种苗的生产规模。生产规模应根据市场需求、培养的植物种类和生产者自身的经济实力来确定。例如，木本植物比草本植物的培养周期长，设计时必须比草本植物多增加30%~50%的空间和设备。植物种苗微繁殖工厂化生产程序包括：①入选品种外植体的筛选及获取；②外植体灭菌诱导培养；③快速繁殖；④生根培养；⑤出瓶过渡炼苗；⑥包装进入市场等。根据繁殖品种的不同，一般一个熟练的接种工人，根据繁殖品种的不同，年生产量可达15万~20万苗，故规划一个年生产量达500万株苗的组培室，需设25~30个无菌操作位置。当无菌操作位置数量确定后，即可计算出接种室的需求面积。按日生产组培苗的数量及培养周期可以计算出培养架数量，以此为基础很容易就可计算出培养室的需求面积。一般来说，1个无菌工作台或者说一个无菌操作位置，需配备净培养面积（放置培养架的面积）7~10 m²，无菌操作室与培养室的面积比例为1:3左右。围绕组培工厂建设，其他必备的配套设施、设备及操作用具购置的数量，应以每个无菌工作台的需求量为基准计算，另外解剖刀、镊子、刀片等常用工具还要有充足的备用量。室外应有相应的温室配套、生产品种栽培展示区等，其面积的大小应根据不同的植物种类来确定。因此，组培工厂的建设需要认真规划、仔细计算、合理投资，使之既有系统性又有经济性，才能充分发挥最大的生产潜力，降低生产成本，提高产品质量和市场竞争力。

4.1.2　组培种苗工厂的设计

植物组培育苗工厂应选址在安静、清洁、可避开各种环境污染源的地方，以减少污染，确保工作的顺利进行。根据已确定的生产规模，设计组培生产车间时，要全面了解组培工作中所需的最基本条件，以便因地制宜地利用现有房屋改建或新建组培工厂，尽量做到合理布局。通常需按工作程序先后，安排成一条连续的生产线，避免环节错位，增加日后工作的负担或引起混乱。组织培养的生产线主要包括培养器皿清洗；培养基的配制、分装、包扎和高压灭菌；无菌操作（植物材料的表面灭菌和接种）；进入培养室培养；试管苗出瓶、移栽等。各个房间的面积要合理安排，做到大小适中、工作方便、减少污染、节省能源、使用安全。组培生产车间的设计主要由无菌区和洁净区两大板块组成，（图 4-1）所示的是一种组培生产车间设计的平面布置示意图。

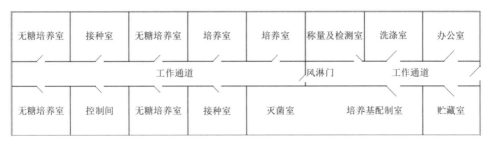

图 4-1　组培生产车间的设计示意图

4.1.3　组培生产车间各单元的功能

1. 洗涤室

洗涤室是洗涤玻璃器皿、用具及工作服的场所，植物组培快繁育苗生产所使用的各种器具的洗涤、干燥和保存都应在洗涤室进行。因此洗涤室要求有工作台面、多个水龙头、水池、塑料洗涤盆、培养容器摆放支架、电源、电热干燥箱及洗瓶机等。洗涤室墙壁要有耐湿、防潮功能。现国内已经开发有组培专用洗瓶机，采用先进的水力洗涤方式，体积小，效率高，1 人操作半天，即可完成原先 5 人 1 天手工操作的工作量。

植物组织培养对玻璃器皿的清洁度要求较高，新购进的玻璃器皿首先要用1%左右浓度的稀盐酸将可溶性无机物去除，再用中性洗涤剂洗涤，一般器皿的洗涤可用洗涤剂或洗衣粉，或使用加热洗涤法，之后用自来水冲洗干净。对较难洗涤的培养容器（如吸管等）可在重铬酸钾洗液中浸泡后再洗，要洗到玻璃表面上不沾水滴才算合乎要求。

2. 称量及检测室

称量及检测室要求干燥、密闭，无直射光照，有固定的水磨石平台或实验台，能够安放普通天平、万分之一分析天平（电子天平）、显微镜、解剖镜等仪器。室内应安静、清洁、明亮，保证光学仪器不振动、不受潮、不污染。要有电源插座，最好设计在阴面的房间，这样对药品的保存和称量有利，称量室紧邻培养基配制室较好，以方便配制母液和培养基。

3. 培养基配制及灭菌室

植物组织培养是将离体的植物材料培养在人工配制的培养基上，这就需要预先配制好培养基。培养基配制室要求备有各种试管、三角瓶、烧杯、量筒、吸管等玻璃器皿，有实验台以及放置器皿的各种橱架、水浴锅、蒸馏水器、过滤灭菌装置、冰箱和酸度计等。培养基配制及灭菌室主要进行培养基的配制、分装和灭菌以及制成品的暂时存放。

器皿和培养基的消毒灭菌，最好在一个专用的灭菌室内进行，并紧接培养基配制室。由于采用高温高压蒸汽灭菌方法，故灭菌室应安装有排出蒸汽的排风扇等。在建筑上，灭菌室要求其墙壁耐湿、耐高温。此外还应该有用于干热灭菌的烘箱、湿热灭菌的高压蒸汽灭菌锅、水源、水池和供、排水设施；室内配有用于灭菌的两相和三相电源或煤气加热装置，摆放和存放器皿、培养基的架子及橱柜。规模较小时，也可以将洗涤室和培养基配制室合用一个工作间。另外，最好再设一间培养基存放间，经高温、高压灭菌后的培养基需放置5~7 d，确保灭菌彻底、无污染后再使用。

4. 无菌操作室（接种室）

在植物组织培养中，无菌操作室是进行植物材料的分离、接种及培养材料转接的重要场所。植物材料的接种、培养物的转移、试管苗的继代、试管苗的生根等均需在无菌环境中进行操作，所以无菌条件的好坏对组织培养成功与否起着重要作用。

无菌室要求地面平坦无缝、干净，墙壁光滑平整，便于彻底清洗和消毒。除出入口和通风口外，均应尽量密封并安装滑门，以免造成空气流动引起污染。室内上方和门口应安装紫外线灯，以便照射灭菌。还要有照明装置及插座，以备临时增加设备之用。室内有超净工作台、接种用的小推车以及试管、三角瓶、搪瓷盘、酒精灯、接种工具等。室内应尽量少放设备和器械。平房易吸潮，容易引起污染，因此有条件的应选择楼房，最好在二层或二层以上。为避免工作人员进出时带进杂菌，无菌室外应该设置缓冲间。缓冲间和无菌室之间最好用玻璃墙隔离，便于观察和参观。在缓冲间中可放置工作服、鞋、帽等。接种前要开紫外线灯灭菌，电源开关最好安装在缓冲间外边，以免在开关灯时紫外线对眼睛和皮肤造成伤害。在开紫外线灯灭菌前，应把所有需要的物品放入，室内不应该存放与接种无关的东西，也不要造成死角，以免紫外线无法照射到。此外，无菌室还应该设有消防设施。

5. 培养室

一般微繁殖用的培养室是半开放型的（可称之为半开放型培养室），有门窗，而且设置了较多的窗户，甚至有的房顶都安装上玻璃，目的是使自然光能通过门窗（玻璃）进入培养室加以利用，从而节约能源。然而，阳光进入培养室的同时也带进了热量，也增加了灰尘和有害微生物进入的风险，增大了污染和空调的耗电量。而且从门窗进来的光很有限，且不均匀、不稳定，易受天气变化的制约。太阳光的波长变化在 300~3 000 nm，但植物光合作用能够吸收的波长范围是在 400~700 nm，小于太阳放射线能量的 50%，因此进入培养室的太阳光能被植物利用的极少，而且降温非常困难。

为了节约能源和使其环境控制的效果更好，无糖培养微繁殖采用的是密闭型培养室，窗口全封闭，门也尽可能密封。培养室要求保温隔热，培养室的四壁可选白色或浅米黄色防霉漆、涂料等，地面也应选浅色建材，最好是白水泥、白水磨石或同样的磨石砌块、瓷砖等，顶部为白色，总之，各处都应增强反光，以提高室内的光亮度和清扫便捷性，方便消毒灭菌。我国大多数地区属大陆性气候，夏热冬冷，而培养室要求常年保持 25℃±2℃，因此房屋构造上要做到保温、隔热、防寒性能良好。如果房屋结构及隔热性能良好，无论降温或升温都可有效地节省能源，并易于保持培养室温度的稳定。

培养室墙壁、顶部和地面应加保温隔热层，如加一层纤维板或胶合板，墙与板之间填塞保温物如蛭石、软木砖、岩棉等。如原有建筑质量较好，外界温度变化并非太剧烈，也可只钉一层纤维板，留下适当的空气层作隔热。培养室的天花板亦应有保温层，地面要铺设地板，以利于保温。现多用彩钢板（净化板夹层为岩棉）来装修培养室，净化板具有保

植物无糖培养微繁殖及种苗生产

温、光滑、洁净、方便、防火等诸多特点，是培养室装修的首选材料。至于这些结构应当完善到什么程度，主要根据当地的温度变化情况、投资的多少等来决定。

培养室应设计换气装置，定期更换空气，通风散热，必要时可利用通风来调节温度，这样可节省一些降温用电费用。方法是在室内地板稍高处设置进风口，在气窗的对侧，近天花板处设置排风窗，亦可安装气泵采用强制性换气措施；也可直接采用新风机，但进风口必须安装过滤装置以除尘和防止病菌入侵。

采用上述措施的目的是方便人工控制环境，使繁育工作不受任何外界的干扰，例如，天气变化随之而带来的温度、湿度、气体浓度的变化。除此之外，还能够有效地防止病菌、微生物的进入，为植物工厂化生产提供最佳的条件。国外的许多试验表明：密闭型系统能有效地降低空调的耗电量，例如，昆明市环境科学研究所建造的密闭型无糖培养室，耗电量周年基本稳定，一个 10 m^2 的培养室，净培养面积达到 15 m^2，在使用荧光灯的情况下，照明平均每天 32 度，空调每天耗电 7 度，气泵每天 2 度；每月消耗 15 kg 液态 CO_2。整个培养室的种苗产量和运行成本都能进行有效地控制和核算。

1）培养室的主要设备与用具

培养室是放置培养物的场所，是成千上万幼苗的培育间、生长室。为满足培养材料生长、繁殖所需的温度、光照、湿度和通风等条件，培养室必须有照明和温控设备。通常培养室的温度应保持在适宜植物生长的范围内，一般为 23~25℃。光照强度则应在 50~100 μmol·m^{-2}·s^{-1}。

培养架与灯光 培养室主要放置培养架、培养摇床等。培养材料摆放在培养架上进行培养，培养架通常设计 5~7 层，每层间隔 25~30 cm，架高通常 1.7~2.3 m，一般在每层上方安装 LED 或日光灯作为植物照明，所以培养架的长度都是根据日光灯的长度设计。40 W 日光灯的长度为 1.2 m，培养架设计长度为 1.3 m，宽度一般为 50~60 cm。培养室的高度应在 2.5~3.5 m，以保证培养室内的空气循环良好。为了充分利用空间，培养架的高度应根据培养室的高度确定，在 3 m 多高的空间里，培养架可制作为 7~8 层，约 2.2 m高。这样可以摆放大量的培养容器，管理高层放置的容器可借助梯子。由于培养期间并不需要太多照看，故这样充分利用空间是可取的。如果以研究为主，架子就不要太高，以不站凳子手能拿到瓶子为宜。

培养架可以直接用货架，也可用边宽 25~30 mm 的角钢来焊制。制成后要先除锈，再涂漆。用隔热板或网状材料做搁板，下面垫上有利于光线（反光）利用的材料（如锡箔纸等）。每层架子上安装固定或悬挂式的 LED 或日光灯 2~4 盏，灯管距上层搁板 3~5 cm，灯管距架子边缘 10~15 cm，两灯之间距离 10~30 cm，此时光强为 30~100 μmol·m^{-2}·s^{-1}。灯管固定方式安装灯管的优点是整齐美观，但灯座螺钉孔的位置要求严格，稍不合规格就不亮，且拆换困难，固定后不能再调节灯的位置与高度；悬挂式的则比较灵活，容易调节灯的位置与高度，但不够整齐。灯管安放在培养物的上方或侧面，镇流器最好安放在培养室外边，以防温度过高。在同一层培养架上，光的强弱分配有差异，接近光源的地方光照强，随着距光源距离的延伸，光照会逐渐减弱。对某些需强光的植物或需要强光处理的材料，可缩短灯和培养容器之间的距离，以提高光照强度，但容器距灯管太近时要留心温度过高以免培养物生长受阻或烧伤。培养阴生植物或耐弱光的植物时，为节约电力和减少灯管损耗，可以每层架交错地开亮 1~2 盏灯，如非洲紫罗兰、花叶芋、秋海棠类、月季苗等仍可适应。但距灯管最远处宜保持光强度在 20 μmol·m^{-2}·s^{-1} 左右，否则幼苗生长过于细弱，生长慢。若培养架所占面积按 50 cm×120 cm 计为 0.6 m^2，加上管理通道，则在 12~14 m^2 的室内可安放 7~9 个培养架。

配电板　在培养室内应安装 1~2 个配电板，其上设熔断器（俗称保险盒）和闸刀开关，用以管理室内的电源。

石英电子时控器　这是自动开关灯的设备，它里面安放有一只电池，可推动石英钟行走。石英钟的盘面上除刻有时间刻度外、还应有一些小卡子，可用螺钉调节固定在某一时刻上，时控器通过交流接触器控制送电或断电，当时控器盘面行走到小卡子固定的时间刻度时，内部的机械装置动作，造成电流的通或断。将石英电力时控器和交流接触器安装在电路里，就可以控制每天开灯关灯，也可以设置每天定时开关几次，例如，夏天高温时节，可在夜间开灯或采用间歇光照，以降低温度和减轻空调机的负荷。

空调机　窗式、挂式或立式空调机都能有效地调节室温。空调一般分两种类型，一种既能降温又能升温，另一种只用于降温。若采用密闭型培养室，选用单制冷的空调机即可。安装空调时，应根据培养室内的灯管数、发热量、外界温度和房间保温条件、室内空间大小等实际情况，来确定其安装功率。空调机应安置在室内较高的位置，以便于排热散凉，使室温均匀。若将空调机安在下部，室内的上层温度则始终难以降下来。

一般来说，采用密闭型培养室，在培养过程中基本不受季节影响，仅需在不同的季节根据具体的温度条件进行降温调节，采用间隔光照的方法，调节好光照和温度之间的关系。

也可在夏季夜间或凌晨低温时加强通风，以驱除室内郁积的热量。

培养室是将接种到培养容器的材料进行培养和生长的场所，培养室的大小应根据培养架的数量和生产规模而定。培养室面积的设定应根据培养植物种类来确定，一般培养室设计成多个小的培养间比设计成一个大房间培养效果好。因为小的培养间容易控制温度、光照等环境指标，特别是培养材料较少时节能效果更为明显；在培养多种植物时的优势更为突出。如温带植物和热带植物所需的培养温度、光周期不同，就必须分开培养。在一个大的培养间同时培养多种植物其环境条件的控制是困难的，因为所设定的培养温度和光周期不可能适合培养的每一种植物。可以用大的培养室大量繁殖生产用苗，小的培养室用于科研开发及少量珍稀品种试验；当不同培养材料需要不同的培养条件时，使用小的多个培养室更加便于分别处理。培养室初次使用时，要用臭氧或其他消毒剂进行消毒，并定期进行紫外线照射，杀灭空气中的杂菌。

2）培养室的类型

采用无糖培养微繁殖技术时，应建立 3 种不同类型的培养室

培养室 I 一般的常规有糖培养室，用于外植体茎尖分生组织的培养、愈伤组织的诱导、脱病毒等初代培养及某些植物品种的增殖培养。其特点在于培养基中都加入了糖。

培养室 II 无糖培养室，采用大型的培养容器和强制性换气系统，适用于茎切断繁殖植株的继代和各种植物的生根培养。其特点是培养基中不加糖，需要用机械力把 CO_2 输入到每一个培养容器中。

培养室 III 无糖培养室，采用密闭型培养室（要求房间的密闭性好），把 CO_2 直接输入到培养室，再通过自然换气使之进入到培养容器中，这种培养室较适于以芽增芽（分株繁殖）的方式增殖植物的继代培养。其特点是培养基中不加糖，通过自然换气把 CO_2 输入到每一个培养容器中。

6. 控制室

控制室用于放置组培室所有电路的控制柜，包括强电弱电、CO_2 的输入设施、设备和计算机，计算机主要用于光照、CO_2 浓度、温度、湿度、气流的监测和控制。

7. 物品存放室

暂时不用的器皿、用具等可贮存在物品存放室内。物品存放室应当设计在背阴、通风

的房间，室温较低并便于搬运。

各个组织培养车间的房间要合理安排，做到大小适中、工作方便、减少污染、节省能源和使用安全。设计植物组织培养室时应注意：为了减少污染，培养室和实验室最好设缓冲间或缓冲走道，人员从外边进入时，应先经过一个缓冲区进行更换工作服和拖鞋等准备工作，然后再进入培养室和实验室。如有条件，可加设风淋消毒设施。

8. 温室（大棚）

一般试管苗出瓶后，需经一段时间的练苗，使其完全适应外界的环境条件后才能移栽至大田。试管苗的过渡一般在温室或塑料大棚内进行，有条件的地方，可建造光、温、湿可调控的过渡培养温室，在温室内安装喷灌设施及可移动苗床。温室内每平方米苗床一般可栽种 500~800 株组培苗，一茬组培苗的过渡周期按 20~30 d 计算，考虑到组培苗难以完全按要求在固定的时间内进入市场，故需留上适当面积的培养温室以便周转。一般年产500 万苗的过渡培养温室，建造面积应在 3000~5000 m^2。

试管苗移栽时一般要求温室的温度在 20~27℃，相对空气湿度初期在 70% 以上。组培苗过渡成活率的高低，是直接影响组培工厂生产成本、工作效率及经济效益的最重要指标。无糖组培苗由于植株生长健壮，种苗质量好，并且在生根阶段其环境条件已接近于外界环境，提前进入了过渡阶段，因此过渡阶段的工作较为简单和管理容易。

4.2　植物无糖培养微繁殖的设备和要求

4.2.1　植物培养微繁殖常用的设备

1. 器皿

植物组织培养生产对器皿的需要是灵活多样的，多种器皿可供使用。玻璃器皿最好用硼硅酸盐（即派热克斯玻璃）材料制造。培养用的器皿要求透光度好，能耐高压蒸汽灭菌。根据培养目的和要求不同可采用不同种类和规格的玻璃器皿。

1）容器

试管　接种外植体、幼胚培养或实验研究时，可以选用试管进行培养。要求试管口径要大、平底、长度稍短，以便操作，以 3.5 cm×15 cm、3.0 cm×15 cm 规格为宜。

三角瓶 又叫三角烧瓶或锥形瓶。其瓶口小、瓶底大、培养面积大、受光好、易放置，在接种外植体时多用容积为 50 mL 的三角瓶，一般实验用 100 mL 的三角瓶，生产育苗多用体积在 250 mL 以上的三角瓶。

果酱瓶或罐头瓶 成本低，瓶口大，操作方便，透光好，生产应用较多的是 200~500 mL 的果酱瓶。

培养皿 在无菌材料分离、滤纸灭菌、种子发芽、病毒鉴定时较为常用，其规格有直径 6 cm、9 cm、12 cm 等。固体平板培养一般采用直径 6 cm 的小型培养皿。此外，还可以用培养皿催芽，以供培养时取材之用。在无菌室还可以在培养皿中解剖茎尖、分离花粉、切割继代培养物及其他外植体或培养材料。

太空玻璃培养容器 采用进口高分子 PC 为主要材料生产的组培专用培养容器，能够在高压蒸汽灭菌条件下反复使用不破裂、不变形、使用寿命长、透光率高于玻璃容器。最大的优点是不易破碎，符合机械化洗瓶要求，利于降低损耗和工厂化生产。

一次性培养容器 现在玻璃培养容器和制备培养基所需的其他玻璃器皿都已被塑料器皿所取代。有些塑料容器可以进行高压灭菌，另外有些塑料容器，特别是那些用于原生质体、细胞、组织和器官培养的容器，在出厂时即是无菌的，无需进行高压灭菌。这种一次性消耗品在国内外已得到普遍应用，在国内也有生产。

2）盛装器皿

盛装容器主要是存放各种试剂和药液。

磨口瓶 包括无色和棕色两类，细分为广口瓶、细口瓶，规格有 1000 mL、500 mL、250 mL、125 mL 等。广口瓶用于存放试剂，细口瓶用来分装配制好的各种母液。不易保存的母液存于冰箱中低温保存，见光易分解的药品可用棕色瓶保存。

滴瓶 盛装一定浓度的酸液或碱液，用于调节培养基的 pH 值。

搪瓷锅（盆）或不锈钢锅（盆） 用于配制培养基，做研究可选用较小的规格，如 1000 mL 的搪瓷缸或 4000 mL 的搪瓷锅；在生产上要选较大的规格，如 10 000~20 000 mL 或更大规格的不锈钢锅较好，可提高劳动效率。

烧杯 规格有 1000 mL、500 mL、250 mL、125 mL、50 mL 等，用于配制各种母液和培养基。

3）计量器皿

计量器皿要求有准确的刻度，以便于在配制各种母液及培养基时能精确定量，减少实验误差。

容量瓶　规格有 1000 mL、500 mL、250 mL、125 mL、50 mL 等，用于配制各种母液时定容定量。

刻度吸管　又叫移液管，规格有 10 mL、5 mL、1 mL、0.5 mL、0.2 mL、0.1 mL 等，用于吸取各种母液。

量筒　规格有 1000 mL、500 mL、250 mL、125 mL、50 mL、25 mL、10 mL、5 mL 等，用于配制不同浓度的酒精和配制培养基时量取大量母液等。

4）其他

除以上各种容器外，还应配备一些其他玻璃器皿，如漏斗、称量瓶、玻璃棒等，以便用于培养基的制备等工作。有条件时，还可以配备培养基分装器，其由大型滴管、漏斗、橡皮管及铁夹等构成。此外，还有量筒式分装器，上有刻度，下有橡皮管及铁夹控制。微量分装可用注射器。

2. 仪器与设备

1）天平

天平应放在干燥、避免震动、无腐蚀性药品的地方，应尽量避免移动，天平罩内应放硅胶或其他中性干燥剂以保持干燥。可以根据实际需要配备选择如下称量仪器。

药物天平　称量精度为 0.1 g，用来称取蔗糖和琼脂等。

扭力天平　移动方便又较为灵敏，可弥补药物天平和分析天平各自的不足，精度为 0.01 g，而且在称量 1 g 内的物品时不用加砝码，故使用较为方便。

分析天平　精度为 0.0001 g，用来称取微量元素、植物生长调节物质及微量附加物。分析天平应选择平稳、干燥、没有腐蚀性药品和水汽的地方放置。

电子天平　精度高、称量快，如今使用的大部分天平都是电子天平。

2）冰箱

分普通冰箱和低温冰箱。某些试剂、药品和母液需低温保存，有些材料需低温处理，一般选家庭用冰箱即可。

3）烘箱和恒温箱

洗净后的玻璃器皿如需迅速干燥，可放在烘箱内烘干，温度以 80~100℃为宜。若需要干热灭菌，温度升高至 150~180℃，持续烘干 1~3 h 即可。在进行培养物的干重分析时，可在 80℃条件下烘干。

恒温箱既可用于植物原生质体和酶制剂的保温，也可用于组织培养中的暗培养。恒温箱内装上灯还可进行温度及光照方面的小型实验。

4）显微镜

一般用双目体视显微镜较多，用于剥取茎尖以及隔瓶观察内部植物组织的生长情况，同时还需有生物显微镜，用以观察花粉发育时期及培养过程中细胞核的变化等。此外，倒置显微镜可以从培养器皿的底部观察培养物，在液体培养时，可以使用。

5）酸度计

培养基的 pH 值十分重要，因此，在配制培养基时需要用酸度计测定和调整其酸碱性。一般用小型酸度测定仪，既可在配制培养基时使用，也可测定培养过程中培养基的 pH 值变化。若不做研究仅用于生产，也可用精密 pH 值 4~7 的试纸来代替。测定培养基 pH 值时，应注意搅拌均匀后再测。

6）滤水器

水中常含有无机和有机杂质，如不除去，势必影响培养效果。植物组织培养中常使用蒸馏水或去离子水，蒸馏水可用金属蒸馏水器大批制备，要求更高的，可用硬质玻璃馏水器制备。去离子水可用离子交换器制备，其成本较低，但不能除去水中有机成分。一般生产性的组培育苗，对水要求不太高，除配制各种母液用蒸馏水或去离子水外，配制培养基可以用自来水，如果当地水质较硬，可以用煮沸并沉淀去杂质后的白开水，以降低生产成本。如今，可以使用全自动纯水器直接出水，充分满足植物组培对用水的需求。

7）空调

高温不利于小植株生长繁殖，常常造成组培苗生长不良，或引起玻璃化等不良反应，故需要购置空调降温，空调功率应根据培养室大小和日光灯的数量来确定。

8）超净工作台

超净工作台现已成为植物组织培养上最常用、最普及的无菌操作装置，具有操作方便、舒适、无菌效果好等特点，可代替无菌室和接种箱。超净工作台有单人、双人及 4 人式的，也有开放和密封式的。超净工作台一般较宽，购置和设计房屋时应注意，防止房门太窄而搬不进去。超净工作台主要是通过风机，将送入的空气经过超过滤装置再流过工作台面。因此，其应放置在空气干净、地面无尘的地方以延长使用期。超净工作台使用过久有可能引起过滤膜堵塞，需要定期清洗和更换过滤器。

9）培养架

进行试管苗培养时，需要有放置培养瓶的培养架。制作培养架时应考虑使用方便、节能、充分利用空间以及安全可靠。现常用的培养架是采用 25~30 mm 的成品组装货架或角钢焊接制作而成，灯座装于每层两侧的横架上，其上有槽，用于固定灯座。每层装 18 W 或 40 W 日光灯 2~4 支，镇流器最好装于室外以利于散热。

还有一种叫万能角铁的配件，可切割成不同长度的配件，用于组装培养架。一般可准备 3 m 长的原料配件 10 根，取 4 根切割 2 m 长用作培养架的立柱，余料切成 8 根 0.5 m 长的；另取 6 根原料切割成 12 根 1.3 m 的用作培养架的长横档，剩下的为 6 根 0.4 m 的。如果用 100 根原料，可以组装成宽度分别为 0.4 m 和 0.5 m 的培养架各 5 个。此种培养架可以任意组装，并且造价较低，1 根万能角铁原料售价一般在 20 元，1 个培养架用 10 根，加上螺丝等小型配件，单个造价在 300 元以内，较由其他原料制成的培养架成本更低。如木制、铝制和铁制的造价均在 500 元以上，并且显得笨重，特别是木制的有火灾风险。

10）灭菌装置

高压蒸汽灭菌锅是最基本的灭菌设备，用于培养基、器械等的灭菌。有大型卧式、中型立式和小型手提式等多种，可按生产规模来选用。一般来说，大型效率高，小型方便灵活。小型的手提式有内热式和外热式两种，内热式加热管在锅内，省时省电，但不能用火炉加热；外热式可用电炉、煤炉、煤气等加热。

如今，全自动化的培养基配制、灭菌、分装、封口设备已经被开发出来，并在生产上得到了应用，大幅度简化了生产程序，提高了劳动生产力。图 4-2 是上海组培生物有限公司生产的自动化培养基配制和灭菌（A 图）、自动分装（B 图）设备。

此外，组培工厂还应有紫外线灯、水浴锅、室内小推车、振荡培养机和旋转培养机及其他培养装置。植物组织培养中有时需要液体培养，为改善培养液中通气状况，需备有液体振荡机或旋转培养机。

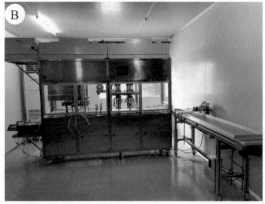

图4-2　全自动化的培养基配制、灭菌设备（A）和自动分装设备（B）（上海组培生物有限公司）

3. 用具和器械

组织培养所需要的用具和器械，可选用符合医疗器械和微生物实验标准的器具。常用的用具和设备如下。

1）镊子

小型尖头镊子，适用于摄取植物组织和分离茎尖、叶片表皮等。长 16~25 cm 的枪状形镊子，腰部弯曲、使用方便，可用于接种和转移植物材料。

2）剪刀

常用的有解剖剪和弯头手术剪，一般用于试管内剪取茎段，进行继代培养的转接。在野外采样时（特别是木质化程度较高的枝条）常用剪枝剪（修枝剪）。

3）解剖刀

常用的解剖刀有长柄和短柄两种，其刀片也有双面和单面之分，可以随时更换。对大型材料如块茎、块根等的操作需用大型解剖刀。

4）接种工具

包括接种针、接种钩及接钟铲，通常由白金丝或镍丝制成，用来接种花药或转移植物组织。

5）钻孔器

取肉质茎、块茎、肉质根内部的组织时使用。钻孔器一般做成 T 形，口径有各种规格。

6）细菌过滤器

有些生长调节物质以及有机附加物质（如吲哚乙酸等），在高温条件下易被分解破坏，可用细菌过滤器来除菌。金属制的蔡氏漏斗，可以用石棉微孔滤膜（孔径为 0.45 μm）除去细菌。在过滤较少量的液体时，宜用醋酸纤维素或胱酸纤维素物质制成的微孔滤膜，其孔径为 0.45 μm。这种滤膜能经受 125℃高温灭菌。在过滤灭菌时需要一套加压（注射器）或减压吸滤设备，漏斗下接吸滤瓶，吸嘴处接上一只内装脱脂棉的滤气玻璃管。

7）注射器

在普通的皮下注射器头上安装滤板夹，其上有 0.45 μm 孔径滤板，构成一个微孔滤板微量注射器，可用来过滤灭菌，也可以用来添加微量悬滴营养液。

8）其他

除以上工具外，还需要使用酒精灯、磁搅拌器、微波炉、试管架、搪瓷盘或小铁篮等。

另外，可以根据培养效果的好坏和成本的高低，选用适当的瓶塞和瓶盖。一般试管和烧瓶可用未经脱脂的棉花塞（有时包上纱布或粗布），亦可用泡沫塞子或铝箔塞。瓶子可用能经受高压灭菌的塑料盖。近年来，国外出现了一种透明的、可进行高压消毒的聚丙乙烯薄膜，既可以防止污染，又可使空气透过，并具有良好的保温作用。经过高温灭菌后的培养器皿也可用帕拉膜（parafilm）密封，该膜是一种蜡制的、不能进行高温灭菌，但可伸展的黏性薄片或胶带。近年来国内也趋向于不用棉塞，选用可以透气的塑料瓶盖或其他材料来包扎瓶口。

4.2.2　无糖培养微繁殖专用设备

1. 培养容器

在常规的植物组织培养中，由于培养基中糖的存在，一般是采用容积较小的培养容器以防止微生物污染。但带来的问题是，小植株生长在高湿度、低光照和低 CO_2 浓度条件下，培养基中高浓度的糖和盐以及植物生长调节剂会造成有毒物质的累积和微生物的缺乏等。这些条件常常降低植株的蒸发率、光合能力、对水和营养的吸收率；而小植株的暗呼吸却很高，结果引起小植株生长细弱瘦小。

无糖培养微繁殖技术的一个最重要的优势之一，就是培养基中除去了糖，污染率降低使大型的培养容器得以使用。因此，人们可以根据培养要求，设计各种不同类型的培养容器。培养容器的设计要考虑透光性、空气湿度、气体的流动、容器的散热等因素，以促进植株更快、更健壮地生长发育，减少生理和形态的紊乱。容器的形状、制作的材料、封闭的方式都将影响内部气体的构成及光的环境，完全密封的容器及弱光照容易产生玻璃化苗。

除上述介绍的组织培养常用器皿、工具、设备外，无糖培养还可采用一些专用的培养容器。在无糖培养微繁殖中，单靠容器内的 CO_2 浓度远远不能满足植株生长的需求，必须额外补充 CO_2。如果在光期提高容器中的 CO_2 浓度，将极大地增加纯光合速率，促进植株的生长发育。如何提高容器中的 CO_2 浓度，是非常重要的技术关键。在前一章中已经讨论了提高容器中 CO_2 浓度的两种方法，即自然换气和强制性换气。

在继代增殖培养阶段，如果采用自然换气供气方式，其培养容器的体积可放大到 500~2000 mL，培养容器的壁或盖上需有气体交换通道，既能进行培养容器内外的气体交换，又能防止病菌和细菌进入培养容器内。采用小的培养容器用自然换气的方法补充 CO_2 虽然具有污染率低、植株生长快、生根率高等特点，但由于其培养空间小，瓶内气体循环流通还不够好。即使容器外部的 CO_2 浓度很高，受限于空气滤膜较低的交换效率，CO_2 的供给量有时仍难以满足植物生长发育的需求。而且采用小的培养容器其操作工序繁多，植物生长环境难以控制，成本也很高。昆明市环境科学研究所 1999 年在古在丰树教授的指导下，结合中国的国情和生产实践，开发了一种大型的培养容器。培养容器的两个侧面开有进气孔，容器顶部的 4 个角及中部开有出气孔，出入气孔均粘贴了空气细菌滤膜，培养容器的高度可在 15~25 cm 范围内调整，长度为 50~120 cm，宽度为 40~80 cm，培养容器的侧面开有一道小门供放入或取出培养物。该培养容器采用透明材料制作，如玻璃。由于大型培养容器内部空间大，气体在容器内自动形成循环，其气流通畅，容器内气体分布均匀，利于植物的生长发育。

培养容器的发展经历了一个漫长的过程，从试管、三角瓶、玻璃瓶、太空玻璃容器、塑料（聚丙烯）袋、大型的培养容器，以至放大的整间培养室，其发展不仅体现在制作材料的多样化，还体现在容器的体积逐渐从小到大的扩展。例如，500~3000 mL 的中型培养容器、10~120 L 的大型培养容器，以及以整间培养室作为一个培养容器等。在大型培养容器中使用带穴的苗盘，植株移栽到温室时，还可以避免损伤根部。但应注意，虽然体积较大的培养容器有利于植物的生长和降低生产成本，尤其是降低操作成本，但大型容器只能用于无糖培养，因为有糖培养随培养容器体积的增大，污染率也会随之增加。图 4-3 是无糖培养生产中常用的几种培养容器。值得一提的是，上海离草公司生产的无糖培养容器图 4-3 D 是在生产实践的基础上，分析了原有容器优缺点而设计出来的，具有实用性强、操作方便、可重复使用、植物生长好等特点。在大型培养容器中使用带穴的苗盘，植株移栽到温室时，可以避免损伤根部。

图 4-3　植物无糖培养容器

　　A：Magenta（370 mL），B：Sobarod（1500 mL），C：大容器强制换气（120 L，昆明市环境科学研究所），D：大容器自然换气和强制换气（7 L，上海离草科技有限公司）

2. 空气滤膜

　　在一般的有糖培养中，为防止培养基干燥和杜绝污染。通常以纱布包被棉花塞，做成大小适中的圆球状插入容器瓶口中以封住瓶口，外边再包一层牛皮纸，用线绳或橡皮筋捆扎；也可用封口膜、铝箔、双层硫酸纸、耐高温的塑料纸封口，再用线绳或橡皮筋捆扎；或用耐高温的塑料盖封果酱瓶等。

　　在无糖培养微繁殖中，为了保证进入容器内的 CO_2 量能够满足植物生长发育需求，培养容器每小时空气的换气次数应在 3~10 次·h^{-1}，这是因为培养容器的空气换气次数极大地影响着容器内的气体和液体、植株之间水的交换，严重影响植株的生长发育和品质，在植物的生长发育中起着重要的作用。如果培养容器换气次数过低，CO_2 的供给量不能满足植物生长发育需求，而且容器内的湿度会过高，进而抑制蒸发，导致植株生长发育异常。

无糖培养可以采用空气滤膜贴在培养容器的盖上或壁上来提高培养容器的空气换气次数，或者说提高培养容器内的 CO_2 浓度。现在，市场上有很多的空气细菌滤膜在售，有进口产品和国内产品，进口产品如日本生产的滤膜质量好，可反复使用，但价格高，生产上难以接受，一般只用于试验研究；国内上海生产的滤膜外观与日本生产的很相似，价格为 0.5 元 / 张，培养效果与日本进口的空气滤膜相同，也能多次反复使用。近几年在国外流行一种新型的聚丙烯塑料试管帽，其外观透明，可进行高压灭菌，盖顶有一层薄膜，它可以阻止试管内水分的丢失，但不影响内外的空气交换。如果是大型培养容器，可以使用空气过滤器。有的空气过滤器可以通过更换滤膜，高温高压灭菌，实现多次长期使用。

4.3 培养基

培养基是植物组织培养的物质基础，也是植物组织培养能否获得成功的重要因素之一。植物组织培养成功与否，一方面取决于培养材料本身的性质和培养的环境条件，另一方面则取决于培养基的种类和成分。组织培养的发展与培养基的改进是分不开的，不同的植物材料对培养基的要求也不同，因而必须根据不同的植物材料以及不同的培养目的选择合适的培养基，才有可能使植株的再生获得成功，并有效地提高繁殖系数和生产高品质的种苗。培养基的主要指标为营养成分的种类和数量、植物生长激素的浓度，培养基的物理性质等，作为主要碳源的 CO_2、蔗糖、支撑物琼脂等的浓度及培养基的 pH 值也都会影响外植体和培养材料的生长和发育。

4.3.1 组织培养常用的培养基

无机元素对植物的生长非常重要，例如，Mg 是叶绿素分子的一部分，Ca 是细胞壁的组成成分之一，N 是各种氨基酸、维生素、蛋白质和核酸的重要组成部分。与此类似，Fe、Zn 和 Mo 是某些酶的组成部分。因此，除了 C、H 和 O 外，已知还有 12 种元素对于植物生长是必须的，它们是 N、P、S、Ca、K、Mg、Fe、Mn、Cu、Zn、B 和 Mo。其中前 6 种元素需要的数量较大，因此称为大量元素或主要元素；后 6 种元素需要的数量较小，因此称为微量元素或次要元素。按照国际植物生理协会的建议，植物所需浓度大于 0.5 mmol·L^{-1} 的元素为大量元素，所需浓度小于 0.5 mmol·L^{-1} 的元素为微量元素。实质上对于植物生长有重要作用的 15 种元素，对组织培养来说也是必需的。从表 4-1 和表 4-2 中可看出，各种常用培养基之间在组成上的差别，主要就是各种盐或离子数量上的不同。从质上来看，各种植物组织所需要的无机营养是一致的。

当无机盐在水中溶解的时候，它们会发生解离，形成离子。培养基中的活性因子即是这些离子，而不是它们的化合物。一种类型的离子可由一种以上的盐提供。例如，在 Murashige 和 Skoog(1962) 培养基（简称 MS 培养基）中，NO_3^- 离子既由 NH_4NO_3 提供，也由 KNO_3 提供，而 K^+ 离子既由 KNO_3 提供，也由 KH_2PO_4 提供。通过对培养基中各种类型离子总浓度的分析，可以看出各种培养基之间离子浓度的差别。表 4-2 指出了在表 4-1 中所列的 7 种培养基中各种离子浓度之间的比较。

White 培养基是最早的植物组织培养基之一，其中包含了所有植物生长必需的营养成分，被广泛用于根的培养。常规的微繁殖常在培养基中加入某些复杂的混合物，如酵母浸出物、水解酪蛋白、椰子汁和氨基酸等。后来的研究者通过增加各种无机盐的浓度，特别是 K 和 N 的浓度，成功地取代了那些复杂的混合物。与 White 培养基相比，现在广泛应用的培养基，多数都含有浓度较高的无机盐。Hellet（1953）在基培养基中加入了 Al 和 Ni，但这两种元素的必要性并未得到证明，因此其已被后来的研究者所省略。Na、氯化物和碘化物的必要性迄今也还没有得到证实。

表 4-1　一些植物组织培养基的成分

成分	培养基（单位：mg·L^{-1}）						
	White[①]	Heller[②]	MS[③]	ER[④]	B$_5$[⑤]	Nitsch[⑥]	N$_6$[⑦]
大量元素							
NH_4NO_3	—	—	1650	1200	—	720	—
KNO_3	80	—	1900	1900	2527.5	950	2830
$CaCl_2·2H_2O$	—	75	440	440	150	—	166
$CaCl_2$	—	—	—	—	—	166	—
$MgSO_4·7H_2O$	750	250	370	370	246.5	185	185
KH_2PO_4	—	—	170	340	—	68	400
$(NH_4)_2SO_4$	—	—	—	—	134	—	463
$Ca(NO_3)_2·4H_2O$	300	—	—	—	—	—	—
$NaNO_3$	—	600	—	—	—	—	—

成分	White[1]	Heller[2]	MS[3]	ER[4]	B$_5$[5]	Nitsch[6]	N$_6$[7]
培养基（单位：mg · L^{-1}）							
Na$_2$SO$_4$	200	—	—	—	—	—	—
NaH$_2$PO$_2$ · H$_2$O	19	125	—	—	150	—	—
KCl	65	750	—	—	—	—	—
微量元素							
KI	0.75	0.01	0.83	—	0.75	—	—
H$_3$BO$_3$	1.5	1	6.2	0.63	3	10	0.8
MnSO$_4$ · 4H$_2$O	5	0.1	22.3	2.23	10	25	4.4
ZnSO$_4$ · 7H$_2$O	3	1	8.6	—	2	—	1.5
ZnNa-EDTA	—	—	—	15	—	—	—
Na$_2$MoO$_4$ · 2H$_2$O	—	—	0.025	0.025	0.25	—	—
MoO$_3$	0.001	—	—	—	—	—	—
CuSO$_4$ · 5H$_2$O	0.01	0.03	0.025	0.0025	0.025	0.025	—
CoCl$_2$ · 6H$_2$O	—	—	0.025	0.0025	0.025	—	—
AlCO$_3$	—	0.03	—	—	—	—	—
NiCl$_2$ · 6H$_2$O	—	0.03	—	—	—	—	—
铁盐							
FeCl$_3$ · 6H$_2$O	—	1	—	—	—	—	—
Fe$_2$(SO$_4$)$_3$	2.5						
FeSO$_4$ · 7H$_2$O	—	—	27.8	27.8	—	27.8	27.8
Na$_2$EDTA · 2H$_2$O	—	—	37.3	37.3	—	37.3	37.3
NaFe-EDTA	—	—	—	—	28	—	—
有机物							
肌醇	—	—	100	—	100	100	—
烟酸	0.05	—	0.5	0.5	5	5	0.5
盐酸吡哆醇	0.01	—	0.5	0.5	0.5	0.5	0.5
盐酸硫胺素	0.01	—	0.1	0.5	0.5	0.5	1
甘氨酸	3	—	2	2	2	2	2
叶酸	—	—	—	—	0.5	0.5	—
生物素	—	—	—	—	0.05	0.05	—
蔗糖	2%	—	3%	4%	2%	2%	5%

注：① White（1963）；② Heller（1953）；③ Murashige and Skoog（1962）；④ Eriksson（1962）；⑤ Gamborg et al.（1968）；⑥ Nitsch（1969）；⑦朱至清等（1974）。

表 4-2　表 4-1 所列 7 种培养基中离子浓度的比较

离子	单位	White	Heller	Ms	ER	B$_5$	Nitsch	N$_5$
				培养基				
NO$_3$	mmol/L	3.33	7.05	39.41	33.79	25.00	18.40	27.99
NH$_4$		—	—	20.62	15.00	2.00	9.00	7.01
总 N		3.33	7.05	60.03	48.79	27.03	27.40	35.00
P		0.138	0.90	1.25	2.50	1.08	0.50	2.94
K		1.66	10.05	20.05	21.29	25.00	9.90	30.93
Ca		1.27	0.51	2.99	2.99	1.02	1.49	1.13
Mg		3.04	1.01	1.50	1.50	1.00	0.75	0.75
Cl		0.87	11.08	5.98	5.98	2.04	2.99	2.26
Fe	（μmol/L）	12.50	3.70	100.00	100.00	50.10	100.00	100.00
S		4502.00	1013.50	1730.00	1610.00	2079.90	996.80	4379.13
Na		2958.00	7966.00	202.00	237.20	1089.00	202.00	202.00
B		24.20	16.00	100.00	10.00	48.50	161.80	25.88
Mn		22.40	0.40	100.00	10.00	59.20	112.00	19.73
Zn		10.40	3.40	30.00	37.30	7.00	34.70	5.22
Cu		0.04	0.10	0.10	0.01	0.10	0.10	—
Mo		0.007	—	1.00	0.1	1.00	1.00	—
Co		—	—	0.10	0.01	0.10	—	—
I		4.50	0.06	5.00	—	4.50	—	4.82
Al			0.20	—	—	—	—	—
Ni			0.10	—	—	—	—	—

从表 4-2 可以看出，根据培养基无机盐离子的总浓度，可分成以下几类：

1. 高无机盐类培养基

这类培养基包括 MS、ER 等，它们应用较广泛，且钾盐、铵盐和硝酸盐含量较高，微量元素齐全。其中 MS 培养基应用最广泛，其营养成分和比例均比较合适，被广泛用于植物器官、细胞、组织和原生质体培养以及植物脱毒和快繁等。

2. 硝酸盐含量较高的培养基

B$_5$、N$_6$ 等培养基中的硝酸盐含量较高。B$_5$ 培养基除含有较高的钾盐外，还含有较低的铵态氮和较高的盐酸硫胺素，较适合南洋杉、葡萄、豆科及十字花科等植物的培养。N$_6$

培养基适用于单子叶植物的花药培养，柑橘花药培养的效果也不错，在杨树、针叶树等植物的组织培养中使用效果也很好。

3. 低无机盐类培养基

White，Heller，Nitsch 等培养基，大多数情况下用于生根培养。

4.3.2 培养基中的营养及成分

1. 无机营养成分

植物组织培养所需要的无机盐与植物自身营养所必需元素基本相同。必需元素是植物正常生长所必需的矿质元素，根据 Arnon 和 Stout（1939）提出的 3 个标准可进行验证：第一，缺乏该元素时，植物生育将发生障碍，不能完成其生活史；第二，缺乏该元素时会表现为专一的病症，而且这种缺素症可以用补充该元素的方式预防和恢复；第三，该元素在植物营养生理上能表现出直接的效果，而不是由于土壤的物理、化学、微生物条件的改进而产生的间接效果。

植物必需元素在体内的生理作用主要有 4 方面：一是组成各种化合物，参与机体的建造，成为结构物质；二是构成一些特殊的生理活性物质，参与活跃的新陈代谢，如构成植物激素、酶、辅酶以及作为酶的活化剂等；三是这些元素之间互相协调，以维持离子浓度平衡、胶体稳定、电荷平衡等电化学方面的作用；四是在发育方面，特定的元素影响植物的形态发生和组织、器官的建成，如钾促进胡萝卜细胞分化产生不定芽，在缺铁时烟草花粉胚的形成极少，并且不能发育到球形胚以后的阶段。

无机盐是植物生长发育所必需的化学物质。试管苗的各种营养物质包括 N、P、K、S、Ca、Mg 等大量元素和 Fe、Mn、Zn、Cu、B、Mo、Co 等微量元素主要是从培养基中的无机盐获得。

1）大量元素

大量元素占植物体干重的百分之几至万分之几，在矿物质营养中，N 是最重要的。在培养基中无机 N 的供应可以有两种形式：一种是硝酸盐，另一种是铵盐。当作为唯一的 N 源时，硝酸盐的作用要比铵盐好得多，但在单独使用硝酸盐时，培养一段时间后培养基的 pH 值会向碱性方向偏移。若在硝酸盐中加入少量铵盐，则可以阻止这种偏移。因此，培养基最好能既含有硝酸盐又含有铵盐。P 对植物的生命活动具有十分重要的作用，缺 P 时蛋白质合成效率将会降低。K、Ca、M g、S 等元素能影响植物组织中酶的活性，决定着新陈代谢的过程。

2）微量元素

微量元素主要包括 Fe、Mn、Zn、Cu、B、Mo、Co 等多种微量元素，微量元素在植物体内含量占干物重的 0.01% 以下，植物对这些元素的需要量甚微，稍多即会发生毒害。微量元素对植物组织的生命活动都有重要作用。如 B 影响蛋白质的合成和授粉受精；Cu 有促进离体根生长的作用；Mn 与呼吸作用和光合作用有关。

3）Fe

Fe 是植物需要量较多的一种微量元素，对植物组织叶绿素的合成和延长生长起重要作用。Fe 元素不易被植物直接利用和吸收，因此，需要单列出来作为一种母液，通常以 $FeSO_4 \cdot 7H_2O$ 和 Na_2-EDTA（螯合剂）配制成螯合物加入培养基中。在 White（1943）原来的培养基中，Fe 是以 $Fe_2(SO_4)_3$ 的形式加入的，但 Street 及其合作者在根培养中以 $FeCl_2$ 代替了 $Fe_2(SO_4)_3$，这是因为在 $Fe_2(SO_4)_3$ 中含有 Mn 和某些其他金属离子杂质。然而，$FeCl_2$ 看来也并不是一个完全令人满意的 Fe 盐。以这种形式存在的 Fe 只有在 pH5.2 左右时才能被植物组织所利用。已知在根的培养中，接种后一周之内，培养基的 pH 值会由原来的 4.9~5.0 上升到 5.8~6.0，于是根开始表现出缺铁症状。为了保证 Fe 元素的稳定供应，现在培养基中几乎都采用 Fe-EDTA 形态的 Fe 盐（EDTA 为 ethylene diasmine tetra-acetic acid 之缩写，意为乙二胺四乙酸），以这种形式提供的 Fe 直到 pH7.6~8.0 时仍然可以被植物组织利用。

2. 有机营养成分

有机物主要包括碳源（也是能源）、维生素类、氨基酸及其他有机附加物。

1）碳源

无糖培养是以 CO_2 作为植物体的碳源。当小植物具有一定的叶面积，自身能进行光合作用合成碳水化合物时，不必从外部供给糖。但在培养物不具备光合作用的情况下，或者说，由于培养物没有叶绿体或只有发育不好的叶绿体，不能制造其所需要的碳水化合物时，难以依靠自养作用维持其生存，必须在培养基中另外加入碳水化合物，这时培养物所需要的碳素是以各种糖的形式提供于培养基中。

一般来说，蔗糖是最常用的糖源，它具有热易变的性质，经高压灭菌后，大部分分解为 D- 葡萄糖、D- 果糖，只剩下部分的蔗糖，这更有利于培养物的吸收和利用。此外，也可以直接利用果糖、葡萄糖、麦芽糖、纤维二糖等。也有利用多糖类的可溶性淀粉和糊精以及果胶的报道。常用的糖浓度一般为 2%~5%。

2）维生素类

维生素直接参加生物催化剂，即酶的形成，以及蛋白质、脂肪的代谢等重要生命活动。完整植株是能够制造维生素的，但一般认为离体组织不能合成足够的维生素，因此，在培养基中常常需要补加一种或一种以上的维生素。常用的维生素浓度为 $0.1~1.0$ mg·L^{-1}。一般加盐酸硫胺素（维生素 B_1）和烟酸（维生素 B_6）。添加肌醇（环己六醇）能改善培养植株的生长状况，虽然有的培养基需加泛酸钙（维生素 B_5）、生物素（维生素 H）以及抗坏血酸（维生素 C），但它们并不是普遍的限制因子。在培养基中加入 1.0 mg·L^{-1} 的肌醇就足以影响维生素 B_1 的效应。此外，在组织培养中经常应用的还有钴胺素（维生素 B_{12}）和叶酸（维生素 Bc）等。

3）氨基酸

氨基酸是蛋白质的组成成分，同时也是一种有机氮源。常用的氨基酸有甘氨酸、酰胺类物质（如谷酰胺、天门冬酰胺）和多种氨基酸的混合物（如水解酪蛋白、水解乳蛋白）等。此外，在培养基中添加的氨基酸还有谷氨酸、半胱氨酸、丝氨酸、精氨酸以及酪氨酸等。

4）肌醇

肌醇（环己六醇）在糖类的相互转化中起作用，是细胞壁的构成材料。肌醇具有帮助活性物质发挥作用的效果，能使培养物快速生长，对胚状体和芽的形成有良好的促进作用。肌醇的一般用量为 $50~100$ mg·L^{-1}。

5）天然复合物

天然复合物的成分比较复杂，大多数含氨基酸、激素、酶等一些复杂化合物。它对细胞和组织的增殖与分化有明显的促进作用，但对器官的分化作用不明显。由于其对一些难培养的植株有特殊作用，所以在一些试验中还常常用到。常用的天然复合物有椰乳（CM）、玉米胚乳、香蕉汁、马铃薯汁、水解酪蛋白（CH）、水解乳蛋白（LH）、酵母提取液（YE）、麦芽提取物（ME）和苹果汁等。由于它们是天然有机物，其成分和含量往往并不一致，这些差异将会影响实验的重复性。如有可能，做实验还是应尽量使用可定量的合成有机物，避免使用这些天然物质。

3. 植物生长调节剂

植物生长调节剂对外植体的生长和分化起决定作用，其中影响最显著的植物生长调节物质主要是生长素类和细胞分裂素类物质。

1）生长素

生长素影响茎尖和节间的伸长、向性、顶端优势、叶片脱落和生根等现象。在组织培养中生长素被用于诱导细胞的分裂和根的分化。生长素类中的吲哚乙酸（IAA）由于比较容易被氧化而很少使用，常用的是萘乙酸（NAA）、吲哚丁酸（IBA）、2,4- 二氯苯氧乙酸（2,4-D）。其中，诱导愈伤组织用 2,4-D、NAA，诱导生根用 IBA 效果最好。生长素的使用浓度因种类而异，2,4-D 的作用比较剧烈，使用的浓度范围较窄，NAA 和 IBA 的使用浓度可以高些。

2）细胞分裂素

细胞分裂素影响分裂、顶端优势的变化和茎的分化等。在培养基中加入细胞分裂素的目的，主要是为促进细胞分裂、诱导胚状体和不定芽的形成、延缓组织的衰老并增强蛋白质的合成效率。细胞分裂素还能显著地改变其他植物生长调节物质的作用，因此，在培养基中加入细胞分裂素可促进植物细胞的分裂和不定芽的形成，打破顶端优势并形成丛生芽，有利于芽的增殖，常用于继代和增殖培养。比较常用的细胞分裂素有：BAP（苄氨基嘌呤），6-BA（苄基腺嘌呤），2-ip（异戊烯氨基嘌呤），激动素（呋喃氨基嘌呤）和 TDZ（thidiazuron，苯基噻二唑基脲）等。TDZ 是一种新型植物生长调节剂，它具有很强的细胞分裂活性，并且它的活性要比一般的细胞分裂素高出几十倍甚至是几百倍。它可以促进植物芽的再生和繁殖，打破芽的休眠，促进种子萌发，促进愈伤组织生长，延缓植物衰老等。

3）赤霉素

赤霉素有 20 多种，其中在组织培养中所用的是 GA_3。与生长素和细胞分裂素相比，赤霉素不常使用。但赤霉素能打破种子休眠，促进植株节间伸长。据报道，赤霉素还能刺激在培养中形成的不定胚正常发育成小植株。

4. 培养材料的支持物（培养基质）及培养基的 pH 值

1）培养基质的作用

为使培养材料在培养基上固定和生长，除上述各种试剂外，要外加一些支持物。若加入适量的凝固剂（如琼脂、明胶等），则可构成固体培养基，如果未加入凝固剂，即为液体培养基。琼脂是使用最为普遍的凝固剂，加入琼脂后可使液体培养基成为固体培养基。通常的用量为 0.5%~1.0%，加得太多，则培养基过硬，使培养材料不能很好地吸收培养基中的营养，造成材料干燥枯死；用量太少，则培养基太软，使材料在培养基中不稳定，甚至下沉；培养基酸度大或灭菌时间过长时，培养基也会发软。琼脂的质量和纯度不仅对培养基的硬度有影响，还会影响培养结果。琼脂本身并不提供任何营养，是一种从海藻中提取的高分子的碳水化合物，溶于 95℃左右的热水成为溶胶，当温度降低到 40℃以下时才凝固。其他的支持物还有玻璃纤维、滤纸桥等。组培往往要求所用的支持物排出的有害物质，对培养材料的影响尽量小。固体培养基和液体培养基各有一些优缺点，固体培养基所需设备简单，使用方便，只需一般化学实验室的玻璃器皿和可调控温度及光照的培养室。但固体培养基是将培养物固定在一个位置上，只有部分材料表面与部分基质接触，培养材料往往不能充分利用培养容器中的养分。液体培养基需要转床、摇床之类的设备，通过振荡培养给培养物提供良好的通气条件，有利于外植体的生长，可避免上述固体培养基的缺点。但无论是固体培养或液体培养，培养物生长过程中都会排出有害物质，长时间的积累会造成自我毒害，必须及时转接。

2）培养基质的种类

在植物组织培养中，培养基质的种类是十分重要的，它直接影响植株根区的环境及植株的生根率。凝胶状的物质如琼脂、卡那胶、结冷胶等是常用的培养基质，但植株的根系在凝胶状物质中的发育一般瘦小且脆弱，当移植到温室过渡培养时容易被损坏。此外，多孔的无机材料，如塑料泡沫、蛭石、珍珠岩、岩棉、陶粒、纤维素等也能用作培养基质。而且这些支持物的孔隙度大，能给植株提供良好的通气条件和营养供给条件，有利于植株根系的生长发育。

3）培养基的 pH 值

所谓培养基的 pH 值，就是指培养基的酸碱度。酸碱的程度是用溶液中氢离子的浓度来衡量的，用溶液中氢离子浓度的负对数来表示。培养基的 pH 值因培养材料不同而异。大多数植物都要求在 pH 值 5.6~5.8 的条件下进行培养。培养基的 pH 值变化会影响到一些离子的溶解度，会使一些溶解度小的盐类沉淀，影响到植物对各元素的吸收比例，甚至会出现缺素症。pH 值还会影响琼脂培养基的凝固，一般培养基偏酸时，培养基凝固较差，需要较多的琼脂才能凝固，反之，培养基偏碱时，凝固效果会好一些。

在培养基中往往因培养目的不同、培养的植物材料不同，而加入一些其他成分。目前较常见的有活性炭，另外还有抗生素物质、抗氧化剂、诱变剂、生长抑制剂等。

4.3.3　无糖培养微繁殖常用的培养基

在无糖培养微繁殖中，常用的基本培养基为 MS、Hoagland、B_5、White 等，但与有糖培养不同之处在于，除用 CO_2 代替糖作为植物体的碳源外，培养基中不使用有机营养物质，例如维生素、肌醇、各种氨基酸、天然复合物，椰乳、玉米胚乳、香蕉汁、马铃薯汁、苹果汁等，因为在光自养的条件下，植物体自身有合成这些物质的能力，没有必要人为地加入这些有机物质，而且加入有机物很容易引起污染，造成不必要的损失。另一方面，在无糖培养中，植株的光合速率会加快，所以有时需根据培养植物种类和植株的生长状况提高 Mg^{2+}、Fe^{3+}、PO_4^{3-} 等离子的浓度，满足植株光合作用的需求。

植物激素是植物体内自身产生的一种特殊的化学物质，它控制酶的产生，从而调节与控制植物的生长发育。一般植物体内存在的天然激素很少，在很低的浓度时，就能对植株的生长发育起到调节作用。但在常规的有糖培养中，由于小植株生长纤细瘦弱，植物激素就显得更为贫乏，必须人为加入植物生长调节剂，以促进植株的分化和生根。在无糖培养微繁殖中，很少使用或不使用植物激素，一般是采用多孔的无机物作为培养基质，在生根培养阶段，加入生长激素和不加生长激素的区别，仅在于加入植物生长激素的处理比不加生长激素的处理生根时间提早 2~3 d，但最后的结果并无显著的影响；对于一些难以生根的木本植物，加入适当的生长素有利于根系的发育。另外，在无糖培养的增殖阶段，为了提高繁殖率，还需加入细胞分裂素以促进植物细胞的分裂。

4.3.4 培养基母液的配制

1. 培养基（无机营养）母液的配制

在组织培养工作中，配制培养基是日常工作，具体操作时可按配方要求——加入，但每种培养基往往需要 10 多种化合物，配制起来很不方便，也很难达到准确和精确，特别是微量元素和植物生长调节物质，其本身用量极少，很难准确称量，为了简便起见，可以将配方中的药品用量扩大一定倍数称量，供一段时间持续使用，即配成一些浓缩液，用时稀释。这种浓缩液就是浓缩贮备液（简称母液）。

采用配制母液的方法，不仅可以解决上述问题，而且还可以减少工作量和便于母液低温贮藏。在配制母液时，一般按试剂分类和性质将其分别称量、分别溶解、分别配制、单独保存或几种混合保存。几种试剂混合配制时，要按一定顺序将各种溶液混合保存。配制培养基时再按比例提取即可。这样配制一次母液可多次使用，降低了工作强度并提高了工作效率，也提高了试验精度。

常用的配制母液的方法是将扩大一定倍数的大量元素分别称量后，分别溶解后配成大量元素母液，铁盐也需单独配制成母液，微量元素按统一的扩大倍数分别称量和溶解在一起配制成微量元素母液。各种生长调节物质的贮备液应当分别配制，如果它们是不溶于水的，则应先把它们溶解在很少量的适当溶剂中，然后用蒸馏水定容。激素母液的浓度取决于植株所要求的生长调节物质的水平，其贮备液的浓度可以是 0.1~1 mg·L^{-1}。药品应采用纯度等级较高的分析纯或化学纯，以免带入杂质和有害物质，对培养材料产生不利影响。

在配制母液时应注意防止产生沉淀。配制母液要用纯度较高的蒸馏水或去离子水，药品称量、定容都要准确。配好后，在容器上贴上标签，注明配制日期、母液倍数和名称，将母液置于冰箱中低温（2~4℃）保存，尤其是生长调节物质更应如此。各类母液一旦出现沉淀或有可见微生物的污染，应立即停止使用，重新配制。铁盐贮备液必须存于琥珀色玻璃瓶中。

下面将以 MS 培养基为例，介绍其无糖培养基母液的配制方法（表 4-3）。

表 4–3 MS 无糖培养基母液

母液编号	成分	配方用量/(mg·L⁻¹)	称取量/(g·L⁻¹)	吸取量/(mL·L⁻¹)
1	NH_4NO_3	1650	165	10
	KNO_3	1900	190	
2	$MgSO_4 \cdot 7H_2O$	370	37	10
3	KH_2PO_4	170	17	10
4	$CaCl_2 \cdot 2H_2O$	440	44	10
5	$FeSO_4 \cdot 7H_2O$	27.8	2.78	10
	$Na_2\text{-EDTA}$	37.3	3.73	
6	KI	0.83	0.083	10
	H_3BO_3	6.2	0.62	
	$MnSO_4 \cdot 4H_2O$	22.3	2.23	
	$ZnSO_4 \cdot 7H_2O$	8.6	0.86	
	$Na_2MoO_4 \cdot 2H_2O$	0.25	0.025	
	$CuSO_4 \cdot 5H_2O$	0.025	0.0025	
	$CoCl_2 \cdot 6H_2O$	0.025	0.0025	

以上各组母液均为 100 倍液，在配制母液时一定要分别称量、分别溶解，在定容时按顺序依次加入容量瓶中，以防出现沉淀。倒入贮液后，贴好标签和标好记录后，放入冰箱内保存。使用时，配制 1 L MS 无糖培养基需分别取各种母液 10 mL，依次类推，根据所需配制的培养基总量很容易计算出需取的母液量。这种配制方法便于增加培养基中 Mg^{2+}、Fe^{3+}、PO_4^{3-} 等离子的浓度，满足光自养微繁殖中，植株对这些元素的特殊需求，促进植株的光合速率。

2. 生长调节物质母液

各类植物生长调节物质的用量极微，通常使用的浓度单位是 mg·L⁻¹，一般也要配制成母液，母液配制成 0.1~1 mg·mL⁻¹ 的浓度，即称取 100~1000 mg 生长调节物质，溶解后用容量瓶定容至 1000 mL。绝大多数生长调节物质在常温下都不溶于水，需加热并不断搅拌促使其溶解，必要时需要用稀酸、稀碱或酒精溶解。常用的生长调节物质的溶解方法如下。

1）生长素类

先将其溶于 95% 的乙醇或 0.1 mol·L⁻¹ 的 NaOH 中，用去离子水或蒸馏水定容，贮于棕色贮液瓶中，贴好标签后放入冰箱内低温保存。NAA、IBA、IAA、2,4-D 一般多用少量 95% 乙醇溶解，然后用加热的蒸馏水定容。

2）细胞分裂素类

先将其溶于 0.5 或 1 mol·L^{-1} 的 HCl 或浓度小的 NaOH 中，然后用去离子水或蒸馏水定容，贮于棕色贮液瓶中，贴好标签后放入冰箱内低温保存。KT（激动素）、BA（6-苄基氨基腺嘌呤）可先用少量 1 mol·L^{-1} HCl 溶解，然后用加热的蒸馏水定容。ZT（玉米素）先用少量 95% 乙醇溶解，再用热的蒸馏水定容。

3）赤霉素类

赤霉素易溶于冷水，但溶于水后不稳定，易分解，最好用 95% 的乙醇配成母液存于冰箱，使用时用纯水或蒸馏水稀释到所需浓度。

4.4 基本操作技术

4.4.1 器皿、工具的洗涤

植物组织培养最基本的要求是各种操作都应从无毒害、无污染的培养环境来考虑。培养过程中最经常、最大量的工作之一就是洗涤培养容器和常用器皿。植物组织培养中对培养容器及玻璃器皿的清洁程度要求较高，要求将有机物、油脂等污染去掉。在清洗器皿处应有较大的水池，池底应铺橡胶垫，以防止器皿破损，下水道应畅通，以免堵塞妨碍工作。除水池外，还应备有若干塑料盆和塑料桶、各种大小不一的刷子、用于晾干培养容器的架子和存放培养容器的架橱。新购入的玻璃器皿只有在彻底清洗之后才能使用，一般可用 1% 左右浓度的稀盐酸将可溶性无机物除去，也可用洗涤剂洗涤。较常用的洗涤剂有洗洁精、洗衣粉及肥皂等。如果冷的洗洁精或洗衣粉溶液洗涤效力欠佳，可以增加浓度或适当加热。一般器皿的洗涤可先浸泡再洗涤，用自来水冲洗干净后，再用纯水或蒸馏水冲洗 1~2 遍备用，生产用的培养容器可以免去蒸馏水冲洗过程，吸管等难洗涤的用具可以置于洗液中（重铬酸钾和浓硫酸混合液）浸泡后再洗。

洗液的配制方法；称 40 g 工业用重铬酸钾加入 100 mL 水中，加热溶化，待冷却后再慢慢往上述水溶液中加入工业用浓硫酸 800 mL，边加边搅拌，配好后贮存在瓷缸或玻璃缸中加盖备用。应用洗液时，器皿一定要干燥，注意不要把大量的还原性物质带入，这样洗液可多次使用。如洗液颜色变绿，则表明已失效，需重新制备。

洗液的使用方法：将待洗的培养容器浸泡在洗液中约 4 h 或较长的时间（最好过夜）以后，再用自来水彻底冲洗干净。在洗涤过程中要十分小心，防止洗液溅在衣服和皮肤上，损坏衣服和灼伤皮肤。

培养容器及玻璃器皿在使用后须立即浸入清水中浸泡，以防赃物和蛋白质类物质干结后黏附在玻璃壁上。在清水中泡一段时间后，先初步涮去瓶内污物，再浸入洗洁精或洗衣粉水中，用瓶刷沿瓶壁上下刷动和呈圆周旋转两个方向刷洗。瓶外也要刷到，不要留下未刷到之处。刷完后将其放到水龙头下用流水冲刷 4~5 次，彻底冲去洗洁精或洗衣粉残留物。移液管之类的仪器，可用橡皮吸球（洗耳球）和热洗洁精或洗衣粉水吸洗，再用流水冲净，垂直放置晾干或烘干。洗好的容器应透明锃亮，内外玻璃表面上水膜均匀、不挂水珠，置搁架上沥水晾干，急用的器皿可以用烘箱快速烘干。但带刻度的计量仪器不宜烘，以免玻璃变形影响计量的准确度，如洗后急等使用，只需用拟吸取的同种液体或用 95% 酒精吸弃数次，即可使用。

如果用过的玻璃器皿在管壁上或瓶壁上粘着琼脂，则最好用热水洗涤，也可先在水中浸泡一段时间，然后再洗就会容易得多。若要重新利用曾装有污染组织或培养基的器皿，极其重要的一环是不打开瓶盖，先把它们放入高压蒸汽灭菌锅中灭菌，这样做可以把所有污染微生物杀死。即使带有污染物的培养容器是一次性消耗品，在把它们丢弃之前也应该先进行高压蒸汽灭菌，以尽量降低细菌和真菌在实验室中扩散的概率，减少污染源。将洗干净的器皿置于烘箱内在大约 75℃ 下干燥或在常温下晾干后，即可贮存于防尘橱中，在进行加热干燥或常温晾干时，各种玻璃容器如三角瓶和烧杯等都应口朝下放，以便使里面的水能很快流尽。如果要同时干燥各种器械或易碎和较小的物件，则应在烘箱的架子上放上滤纸，将它们置于纸上。

如今，全自动化的洗瓶机已经被开发出来并在生产上被投入使用，节省了大量的人力物力，提高了生产效率。

4.4.2　基本灭菌技术

1. 灭菌的意义

植物组织培养对无菌条件的要求是非常严格的，这是因为培养基含有丰富的营养物质，非常适合微生物（如细菌和真菌）的生长。稍不小心就会引起杂菌污染。微生物一旦接触培养基，其生长速度比一般培养的组织快很多，并且杂菌的繁殖速度极快，会大量消耗培养基的营养。同时，污染微生物还可能分泌和排泄一些对植物组织生长和代谢有毒的代谢物，使培养的植物组织难以正常生长，严重时引起植物组织坏死或失去培养价值，因此，在培养容器内保持一个完全无菌的环境是绝对必要的。为达到这个目的，必须注意两点：①不要与微生物或病理工作者共用组织培养工作区；②污染一经发现，应立即将污染的培养物拿出培养室进行灭菌处理。初学植物组织培养技术的人员，首先要建立有菌和无菌的概念，即必须准确识别哪些东西是有菌的，哪些东西是无菌的，并掌握灭菌方法和无菌操作技术。

有菌的概念　凡是暴露在（未经处理的）空气中的物体，曾经接触过自然光源的物体，至少它的表面，毫无例外都是有菌的。菌的特点是几乎无孔不入、无处不在，在自然条件下忍耐力强，生活条件要求简单，繁殖能力极强，不采用适当的方法很难消灭它们。此处所指的菌包括细菌、真菌、放线菌、藻类及其他微生物，这些生物个体极小，肉眼根本看不见，只有在条件适宜时，才能看到由它们快速繁殖和生长所形成的菌落、菌丝等。

无菌概念　严格按灭菌操作程序，经高温灼烧或蒸煮足够时间后的物体，或经其他物理或化学灭菌方法处理过的物体是无菌的；高层大气、岩石的内部，健康的动物和植物不与外部表面接触的组织，内部很可能是无菌的；强酸强碱、化学灭菌剂等表面和内部是无菌的。

2. 灭菌方法

消灭微生物的过程被称为灭菌。灭菌方法可以分为物理方法和化学方法两大类。物理方法是利用高温、射线等杀菌或过滤除菌等物理措施而实现无菌的目的，其中包括干热（烘烤和灼烧）、湿热（蒸煮或高压蒸煮）、射线处理、超声波、微波处理、流体过滤除菌（空气、溶液）、离心沉淀、大量无菌水反复冲洗等技术措施。化学方法是利用各种化学药剂对杂菌进行杀灭作用而实现无菌的目的，常使用的灭菌剂有氯化汞（升汞）、福尔马林、双氧水、来苏水、高锰酸钾、漂白粉、次氯酸钠、抗生素、酒精等。这些方法和药剂要根据工作中的不同材料、不同目的适当选用。

1）物理灭菌

高温湿热灭菌（高压蒸汽灭菌）　原理是利用高压蒸汽实现灭菌，其中高压是为了提高温度和缩短灭菌时间而采取的措施。在灭菌锅里密闭而使蒸汽压力上升可以使水的沸点升高。在 0.105 MPa 的压力下，灭菌锅里温度就能达到 123~126℃。此温度下的蒸汽可以很快杀死各种杂菌及它们的高度耐热芽孢，而这些芽孢在 100℃ 的沸水中能生存好几个小时。因此，利用高温灭菌效果好，可有效缩短灭菌时间。一般设定 123~126℃，灭菌时间 15~20 min。高温湿热灭菌具有被灭菌物品不易失水，灭菌时间短，灭菌效果好，应用最普遍等特点，常用于培养基、培养液、培养基质、无菌水等的灭菌。接种工具（如接种的剪子、镊子、培养皿）、滤纸、针管、针头、容器等均可采用高压蒸汽灭菌。

高温干热或灼烧灭菌　干热灭菌是利用烘箱加热到 160~180℃ 的温度来杀死微生物。其原理是利用高温的烘烤实现灭菌，灭菌温度与灭菌时间成反比，即温度较高时，灭菌时间较短。由于在干热条件下，细菌营养细胞的抗热性大为提高，接近芽孢的抗热水平，故一般需设定 170℃，灭菌时间 2~3 h。玻璃器皿（如三角瓶、培养皿等）、金属操作器械（剪子、镊子、解剖刀、接种针等）均可用高温干热灭菌的方法。干热灭菌的物品要预先洗净并干燥，还要妥善包扎，以免灭菌后取用时被重新污染。干热灭菌应逐步加温，同时烘箱内放置物品不宜过多，以免妨碍热对流和热穿透。达到设定温度后需记录时间，到规定时间后切断电源，必须等到充分冷凉后才能打开烘箱，以防玻璃器皿因骤冷而收缩不均匀造成破裂，同时也需防止强烈的冷热对流使冷空气被吸入包扎层内引起污染。干热灭菌的包扎用纸应小心选取，一般的报纸在经过 170~180℃ 的高温后容易变焦和变脆，极易破裂引起污染。因此，建议降低温度并延长灭菌时间，多用 160℃ 灭菌 3 h 为宜。高温干热灭菌具有温度高、时间长的特点，而且玻璃器皿最好为干燥的，如用带水的玻璃器皿，会出现因受热不均匀而破裂的现象。在操作时严禁高温打开或未等到充分冷凉后打开烘箱，以防包扎纸在高温条件下因打开门遇到空气中的氧气后燃烧着火引发危险。据报道，160℃ 干热灭菌 2 h 的效果大约等于 121℃ 的湿热灭菌 10~15 min。因此，除特殊情况外不建议采用干热灭菌的方法。

金属操作器械（剪子、镊子、解剖刀、接种针等）也可用高温灼烧灭菌，一般将与接种材料直接接触的部分，在酒精灯的火焰上灼烧充分，达到尖端部分烧红为止，可有效杀菌。用火焰灼烧剪子和镊子的尖端灭菌是组织培养中常用方法之一，但因酒精灯容易引起失火，现多采用电热高温消毒器在接种台上进行接种工具的消毒工作。

过滤灭菌　包括空气过滤灭菌和液体过滤灭菌两类。过滤灭菌的原理是空气或溶液通

植物无糖培养微繁殖及种苗生产

过滤膜时，杂菌的细胞和芽孢等因直径大于滤膜孔径而被阻，最终能通过滤膜的气体和液体则是无菌的。空气过滤灭菌主要用于形成无菌的操作空间，如超净接种室、超净工作台等场所均需要过滤灭菌，为植物材料的转接、生物实验的操作等营造一个无菌的场所。超净工作台的工作原理就是通过不同等级过滤膜的层层过滤而实现灭菌，即首先通过粗的过滤膜将空气中较大颗粒的灰尘过滤掉，再通过亚高效和高效过滤膜将较小的灰尘颗粒和各种微生物过滤掉，最后使无菌的空气气流通过。植物无糖培养系统 CO_2 的补充和容器内外气体的交换也需要采用过滤灭菌的方法。

液体过滤灭菌主要用于对在高温、高压下不稳定的物质灭菌，特别适用于为遇热易分解的物质进行灭菌。液体过滤灭菌时，滤膜的吸附作用力也不容忽视，在过滤灭菌液体较多时，应该勤换滤膜。过滤灭菌时，一般将需灭菌的物质先配成一定浓度的液体，通过过滤膜将液体中的各种杂菌过滤掉，以此得到无菌的液体，达到灭菌的目的。

射线灭菌　射线灭菌直接、容易，但多数射线对人体有不同的伤害，如紫外线虽然可以杀死空气中的微生物，同时对人的眼睛和皮肤也有伤害。因此，在使用时应注意保护。一般射线灭菌常用于培养室、接种室的空气灭菌。

2）化学灭菌

化学灭菌是利用具有杀菌作用的化学药剂配成一定浓度的液体，对空气、物体表面、外植体材料、各种用具等进行灭菌处理的方法，如用新洁尔灭、70%酒精液体喷洒培养室、接种室或其他实验室，可有效杀死空气中的各种杂菌，同时可以较大程度地降尘。

外植体的表面灭菌更离不开化学方法，目前所有从事植物组织培养工作的第一步，即外植体的表面灭菌均需用不同的化学试剂配成相应浓度的溶液进行处理，如过氧化氢（又称双氧水）、氯化汞、酒精、来苏水、高锰酸钾、漂白粉、次氯酸钠、高锰酸钾、抗生素等。这些药剂及浓度要根据灭菌对象、灭菌目的等适当选用。其中 70%酒精进行表面灭菌处理效果好，因 95%或 100%的酒精比 70%酒精穿透杂菌孢子的效果反而更弱，而不易杀死它们。桌面、乳胶手套、墙面等可以用 70%酒精反复涂擦进行表面灭菌。1%石炭酸等亦可代替酒精。

3. 培养基的灭菌

由于植物微繁殖必须在无菌环境中进行，因此对于此过程的重要载体——培养基来说，其灭菌操作显得尤为重要。目前，广泛使用的培养基灭菌法主要是高温湿热灭菌，在整个操作过程中应避免容器倾倒，否则容易造成培养基污染，操作方法如下：

1）加热

已经封装好的培养基需要放进专用的灭菌容器（如高压锅）中进行高温灭菌，在操作时首先要检查一下锅中是否放了足量的水，以免空烧或干锅。然后将培养容器保持直立状态，依次放入灭菌锅中，注意容器间要留有空隙，这样灭菌的效果更好。

2）排气

接通电源并通过调压器进行调压，使温度缓缓上升，随着锅内培养基体积的膨胀，大量空气会从高压灭菌锅的排气阀中排出。当高压灭菌锅内的水沸腾 2~3 min 后，可以将排气阀关闭，以使锅内的温度快速上升。

3）温度控制

密切注视高压灭菌锅上气压表的变化，应该将温度控制的在 121~123℃ 之间并保持 20 min 左右。在通常情况下，这个时间段能够保证培养基彻底灭菌，但是，如果灭菌的物体太多，容器内培养基体积过大，则还要适当延长灭菌时间。

4）出锅

在关闭电源后，要等高压灭菌锅自然冷却，待锅内的温度低于 100℃ 后再打开排气阀。开锅过早不仅会使容器内的培养基"沸腾"而导致操作失败，还容易造成烫伤等危险，因此在操作时应该特别小心。

如今，大多数组培室都已使用全自动高压灭菌器，其操作已变得非常简单。但基本的高压灭菌锅操作的方法和原理仍需操作者了解。

4. 无糖培养基及培养基质（培养支持物）的灭菌

在无糖培养微繁殖中，如果使用小型的培养容器，培养基的分装与灭菌的方法跟上述的完全一样，把所需加入的营养液和培养基质基装入每一个容器中，放入灭菌锅内进行灭菌。但在采用大型的培养容器时，则不可能采用上述方法，需将培养液和培养基质分别灭菌，培养液可以用 500~1000 mL 的瓶子分装，每瓶分别装入 400~800 mL 营养液，当灭菌锅温度达 121~123℃ 时保持 20~30 min；培养基质（例如：蛭石、珍株岩、砂等）用纱袋或布袋分装，每袋 5~10 L，采用高温高压湿热灭菌，当温度达 122~126℃ 时，保持加热 30~40 min。应注意的是，灭菌之前，分装培养基质时，应洒少量的水在基质中，以利于热气扩散均匀，达到良好的灭菌效果。接种之前，在超净工作台上，按一定的比例把营养液和培养基质混合后，再植入外植体。由于无糖培养污染率低，生产中在种苗生根培养阶段，营养液也可不进行高温高压灭菌，而是把配制好的营养液煮沸冷却后立即使用，这样可以降低灭菌的电耗。但培养基质最好进行严格灭菌，因为这些无机材料带菌的概率很大。除非是厂家产品制作完成后，直接装袋发货的，可以不用灭菌，直接使用。

5. 生长调节物质的灭菌

某些生长调节物质（GA$_3$、ZT、IAA、ABA）遇热时容易分解，不能进行高压蒸汽灭菌处理，通常只能采用液体过滤灭菌方法。

过滤灭菌　使用孔径为 0.45 μm 或更小的细菌过滤膜，将滤膜先在 70℃水中煮半小时后，安装在适当大小的支座上用铝箔包裹起来，进行高压湿热灭菌，在 121~123℃范围内保持 20 min。然后，把一个带刻度的注射器安装到已经灭过菌的过滤器组件的一端，缓慢地推动注射器活塞一端，使之产生压力，推动溶液穿过安在这个过滤器组件中的滤膜，过滤后的溶液由过滤器组件的另一端滴下来，直接加入培养基中，或收集到一个灭过菌的玻璃瓶内，然后再用一个灭过菌的刻度移液滴管将其加入到培养基中。当然，上述过程要在超净工作台上进行。在进行上述操作这前，首先应进行初步过滤灭菌处理，方法是用一个 0.65 μm 的过滤膜进行初滤，这样可以减少 0.45 μm 滤膜过滤器微孔的堵塞，从而使过滤灭菌进行得比较畅通。如果用量较大时可以用抽滤除菌法，也可用真空泵产生抽力（负压），使溶液通过滤膜而除去菌类。用这种方法，有关器皿应先经过高压蒸汽灭菌再使用。

把过滤灭菌后的生长调节物质加入培养基中，如果是配制固体培养基，则需把培养基灭菌后置于超净工作台上冷却。当其冷却至 45℃左右（即琼脂凝固的温度），应在琼脂将要凝固之前加入经过滤灭菌的不耐热成分的溶液，然后混匀放置，待冷凉凝固后备用。如果是制备液体培养基就不存在凝固这个问题，可在培养基冷却到室温后再加入。

6. 大型培养容器及苗盘的灭菌方法。

大型培养容器的灭菌可采用下列步骤进行：
①用自来水清洗容器；
②用 84 消毒浸泡 30 min，清洗后放入 70℃的烘箱中消毒或用 O$_3$ 消毒。

③若条件允许，则可在接种之前可用 70% 的酒精喷雾消毒。

苗盘的灭菌方法如下。

这里所指的苗盘是移植了外植体后，放入大型培养容器中培养的专用苗盘（带穴或不带穴）。生产上常用的苗盘一般是塑料制品，不能进行高温灭菌（但一些特殊的塑料可以进行高温灭菌，但价格高），所以，苗盘消毒通常采用的方法是在 60℃ 的温水中浸泡 2~3 h，或用消毒剂按要求进行处理后再使用。

7. 植物材料的表面灭菌

1）外植体的灭菌方法

植物生长在大自然中，而在大自然中无时无刻都存在着各种微生物，处处都有杂菌滋生，从外界或室内选取的任何植物材料，都不同程度地带有各种微生物，因此采集外植体时一定要选择干净、生长旺盛的植株。采来用于培养的植物材料必须经过仔细的表面灭菌处理，获得无菌材料后才能进行培养。把处理好的材料经无菌操作程序转接到培养基上即接种，最初接种的植物材料叫做外植体。实践表明，外植体材料来源于不同环境条件下，其带菌程度不同，灭菌难易程度和灭菌效果也有明显差别。采自田间的材料较温室的材料灭菌更难，新生嫩芽比老枝上的芽容易，夏天生长旺盛季节抽出的新芽灭菌效果好，污染率低。一般外植体灭菌步骤如下。

①刷洗、冲洗材料。采来的植物材料应先除去不用的部分，将需要的部分用适当的软毛刷、毛笔等在流水下刷洗干净，也可以用毛笔沾少量洗洁精刷洗。然后把材料切割成适当大小，置于烧杯中，加入洗洁精，用流水冲洗几分钟到数小时，细小或易漂浮的材料可用纱布、塑料纱网包裹或铜丝网笼扎住。

②用 70% 的酒精将其材料灭菌 30 s，最好再加几滴表面润湿剂如 Tween-40，会提高灭菌的效果，轻轻摇动，倾倒酒精后，用无菌水冲洗 2~3 次。

③材料的表面灭菌要在超净台或接种箱内操作。将一干净烧杯（大小视材料多少而定）置于超净台（已开机 10 min 以上），再把处理好的植物材料置入，同时准备好灭菌溶液、无菌水、待用培养基等。工作人员须换上洁净的工作服，戴上帽子。用肥皂洗手至肘部，再用自来水冲洗干净，接着用洁净毛巾擦干，然后用 70% 酒精棉球擦手。在超净工作台前或附近，应放座钟或表以便计时用。把沥干的植物材料转放到灭菌过的三角瓶或广

口瓶中，看好时间，倒入灭菌溶液，加表面润湿剂吐温数滴，在持续灭菌的时间内轻轻摇动三角瓶或广口瓶，以促进植物材料各部分与灭菌溶液充分接触，驱除气泡并提高灭菌效果。在快到预定时间之前约 1 min 时即开始把灭菌溶液倒入另一准备好的大烧杯中，要注意勿使材料倒出。倾净后立即倒入无菌水并轻轻摇动。表面灭菌的时间是从倒入灭菌溶液开始计时，到倒入无菌水为止，加以记录，为今后比较灭菌效果积累经验。无菌水冲洗每次 3 min 左右，冲洗次数与采用的灭菌溶液种类相关，一般冲洗 3~10 次。冲洗完毕后的材料即可接种。

另外，要选择适当的灭菌剂，试剂的选择与处理的时间长短要根据植物材料对灭菌剂的敏感性来决定。表 4-4 为常用表面灭菌剂使用浓度及效果比较。

表 4-4　常用表面灭菌剂使用浓度及效果比较

灭菌剂	使用浓度 / %	去除的难易程度	灭菌时间 / min	效果
次氯酸钙	9~10	易	5~30	很好
次氯酸钠	2	易	5~30	很好
漂白粉	饱和溶液	易	5~30	很好
溴水	1~2	易	2~0	很好
过氧化氢（双氧水）	3~12	最易	5~15	好
氯化汞（升汞）	0.1~0.2	较难	2~15	最好
酒精	70~75	易	0.2~2	好
抗生素	4~5（mg/L）	中	30~60	较好
硝酸银	1	较难	5~30	好

2）灭菌剂及其效果

灭菌剂要求既要有良好的灭菌作用，又要不会损伤外植体材料或较少损伤材料，还要易被无菌水冲洗掉或能自行分解，不会遗留在培养材料上而影响植株生长。常用的灭菌剂有漂白粉（1%~10%的滤液）、次氯酸钠溶液（0.5%~2%）、氯化汞（0.1%~0.2%）、酒精（70%）、过氧化氢（3%~10%）。其中次氯酸钠能分解产生具有杀菌作用的氯气并可挥发。过氧化氢溶液会分解产生具有杀菌作用的氧气而成无害的化合物水。氯化汞有剧毒，对材料的表面灭菌效果好，只是灭菌后较难除去残留的汞，为此灭菌后要多次冲洗。另外氯化汞的毒害作用不像漂白粉那样可以很快表现出来，一般要经过一段时间培养后才会被发现；漂白粉是一种有效地杀菌剂，但需要避光、干燥保存；70%酒精比其他浓度的酒精有更强的杀菌能力和穿透力，而且有温润作用，可排除材料表层组织的空气，利于其他灭菌剂的渗入，但由于 70% 酒精穿透力强，故应严格掌握好处理时间。为了使杀菌剂润湿整个组织表面，还需在药液中加入润湿剂。常用的润湿剂有吐温 20 和吐温 40 等，可加入数滴或用 0.1% 的浓度分数溶于杀菌剂中，对组织的湿润有良好的效果。

表面灭菌剂对植物组织也是有毒的。因此，应当正确选择灭菌剂的浓度和处理时间，以尽量减少组织的损伤和死亡。一般来说，如果外植体较硬较大，容易操作，则可直接进行灭菌处理。例如，植物成熟种子或成熟胚乳的培养，可以对整粒种子或胚孔进行表面灭菌。然而，如果要培养成熟胚、胚珠或胚乳，习惯上的办法是分别把子房或胚珠进行表面灭菌。然后在无菌条件下把外植体解剖出来，这样做就可以使柔软的接种组织不至于受到杀菌剂的毒害。同样，若要培养柔嫩的茎尖或花粉粒，须分别对茎芽或花蕾进行表面灭菌，然后在无菌的条件下剥离茎尖。如果外植体表面污染严重，则须先用流水将其冲洗 1 h 或更长的时间，或者先通过种子培养得到无菌苗，然后再用其各个部分（如根段、茎段和叶片等）建立无菌体系。

4.4.3　无菌操作技术

1. 接种前的准备工作

植物组织培养的接种是把经过表面灭菌后的植物材料，切割或分离出器官、组织、细胞，并将它们转接到无菌培养基上的全过程，整个过程均需无菌操作。

1）接种室灭菌

污染的主要来源是空气中的细菌和真菌孢子，因此，接种室的灭菌工作是非常重要的。对培养室和无菌操作室要定期用臭氧或紫外灯进行空气消毒。一般接种室的地面和墙壁，应该采用容易擦洗的材料，并始终保持洁净，必要时可用 70% 酒精喷雾消毒。工作台面要用 70% 酒精擦洗，并且用紫外灯照射 20 min。超净工作台应放置在窗户密封的洁净房间，超净工作台内都装有一个小电动机，它会带动风扇鼓动空气先穿过一个粗过滤器，在那里把大的尘埃滤掉，进而再穿过一个被称做高效过滤器的细过滤器，把大于 0.3 μm 的颗粒滤掉，然后这种不带真菌和细菌的超净空气吹过台面上的整个工作区域。由高效过滤器吹出来的空气的速度是（27±3）m·min^{-1}，这个气流速度足以阻止工作时坐在工作台前面的操作人员被污染，所有的污染物都会被这种超净气流吹跑。只要超净工作台不停地运转，就可在台面上保持一个完全无菌的环境。为了延长过滤器的使用寿命，绝不能将超净工作台安装在尘埃太多的地方，否则过滤器将很快被堵塞，失去过滤的作用——这常常是造成接种或继代的材料大批污染的一个重要原因。因此，定期检查超净工作台台面上的风速是很必要的。定期清洗粗过滤膜（超净工作台的第一层过滤膜、可拆卸）可以延长使用寿命，但亚高效和高效过滤膜不能自己拆卸，如有必要应请专业人员更换。另外，在初次使用一个新购进的超净工作台时，应在开动以后等待 20 min 后再开始操作，此后每次等待 10 min 即可。在每次操作之前都需要把实验材料和在操作中须使用的各种器械、药品等放入台内，但台面上放置的东西也不宜太多，特别注意不要把东西迎面堆得太高，以免挡住气流。最后，在使用超净工作台时应注意安全，当台面上的酒精灯已经点燃以后，千万不要再喷洒酒精消毒台面，否则很易引起火灾。

2）接种服、帽子、口罩的灭菌

接种时穿戴的布制品要经常清洁，保持干净，并利用高温湿热灭菌方法，每隔一段时间（1 周）将洗净晾干的衣帽等用纸包好后放入高压灭菌锅中进行高温湿热灭菌，也可用紫外线照射灭菌。

2. 无菌操作

在培养过程中，经常会发现培养材料出现细菌性污染，这是操作过程中引起的污染。主要由空气中的细菌及操作人员呼吸时排出的细菌引起，也和工作人员操作技术有关，如不慎使用了未灭菌的工具；有时也因转接时材料接触了器皿边缘或手等原因。因此，除对接种室和培养室的空气进行消毒灭菌外，应特别注意防止工作人员本身引起的污染。进入接种室前，操作人员必须用肥皂洗干净双手，及时剪除较长的指甲，操作前再用 70% 酒精擦洗双手，以达到良好的灭菌效果。在无菌操作时应特别注意防止"双重传递"造成的污染，如接种工具被手或其他物体污染后，又污染培养基或试管苗等。每次用完接种工具后，需彻底高温灭菌一次。工作中工作人员的呼吸也是污染的主要途径。通常在平静呼吸时细菌是很少的，但谈话或咳嗽时细菌便会增多，因此，操作过程中应严禁谈话，并戴上口罩，防止由呼吸、说话或咳嗽所引起的污染。工作人员的衣服和头发上有很多灰尘，在室内走动时，等于在制造"菌雾"。因此，工作人员进入接种室时必须穿上接种工作服，戴上工作帽和口罩。工作服和工作帽应经常清洗保持洁净并严格灭菌。有时在培养基上还会出现不同颜色的霉菌污染，这是由于接种室和培养室的空气中真菌的污染造成的，故操作和培养环境的消毒灭菌工作也是非常重要的。总之，无菌操作是植物组织培养最关键的技术之一，工人接种操作技术的好坏直接影响到种苗的生产，所以应要求每一个接种工人仔细理解并牢固建立"无菌"的概念，处处严格执行无菌操作的要领。

3. 无糖培养大型培养容器转接苗的操作

无糖培养的操作可比有糖培养粗放一些，但如果能按有糖培养无菌操作的要求来做，则污染率可以降至零。使用小于 20 L 的培养容器时，须先在超净工作台或洁净台上把需转接的苗切割好，再插到培养容器中进行培养。使用超大型培养容器时，可把需转接的苗切割好放入盒子中，然后插到苗盘中，再送入大型培养容器中培养。大型培养容器可以培养的苗数很多，一个大型的培养容器（120 L），可培养苗 1500~2000 株，每个装置（含5 个培养容器）每次可培养苗 7500~10000 株（因培养的品种和苗的大小不同，培养数量有所差异）。因此，转苗时，需要多个工人同时操作。这些操作都需在相对无菌的条件下进行。

4.5　植物无糖培养中的环境控制操作技术

4.5.1　小型培养容器的微环境控制

如果采用小型培养容器进行无糖培养，其补充 CO_2 的方法是在培养容器的盖上或壁上贴上透气膜，使容器的空气换气次数达到 3~10 次·h^{-1}；在密闭的培养室内输入 CO_2，其浓度为 1000~1500 ppm；转苗后，把培养容器放进培养室进行培养。要注意随培养时间的延长逐渐加大容器的换气次数，使培养容器内外环境气体的交换率逐渐增大，以增加培养容器中的 CO_2 浓度，降低容器内的空气湿度和及时排出有害气体。

4.5.2　大型培养容器的环境控制

1. CO₂浓度的控制

使用大型的培养容器和强制换气系统进行无糖培养，其植物的光合速率比使用小培养容器和自然换气快得多。换言之，在大型的培养容器和强制换气系统中，植株的生长速度要比在小容器中快得多。在实际培养中可以根据培养植株的种类和培养时间进行 CO_2 的输入和调控。一般而言，不同植物的 CO_2 补偿点和饱和点是不同的，C_3 植物的 CO_2 输入浓度可控制在 1000~1500 ppm，C_4 植物的 CO_2 输入浓度可控制在 2000~3000 ppm，但富含 CO_2 的空气供给量需根据培养时间的延长而逐渐增大。在小植株开始培养的 0~3 d，光合作用很弱，培养容器内的 CO_2 量足以满足植物的需求，因此不需要补充 CO_2，3 d 以后随培养时间的延长需要逐渐增加 CO_2 的供给量。

2. 容器中相对湿度的控制

为了保证小植株的成苗率和生根率，培养容器中的相对湿度（0~5 d）需保持在 90% 以上；6~10 d 需保持在 85%~90%；10 d 后需保持在 80% 左右；出苗前两天可以调节至和室外的湿度相似的程度，以便植株能很快适应外界的条件。在过渡阶段种苗管理容易，种苗过渡成活率高。湿度的调节是通过控制气体的流速和调节容器的空气换气次数来实现的。无糖培养的装置上安装有调节系统，采用超大型的培养容器和强制换气系统时，随着气体的流动，容器空气中的水分很容易被带走，因此在许多情况下反而需要增加容器中的空气湿度，可用加湿器增加培养室的空气湿度，从而保持容器内空气湿度的相对稳定。

3. 温度和光照强度的控制

控制培养室的温度需要使用空调，一般而言，培养容器内的温度比容器外要高 1~2℃。有糖培养的光照强度一般在 50 μmol·m⁻²·s⁻¹ 左右，通常需要安装 2 支 40 W 日光灯或 2 支 18 W LED 灯。无糖培养的光照强度由于植物光合作用的需要，要求比有糖培养强，通常需安装 4 支 18 W LED 灯，光照强度可达 120 μmol·m⁻²·s⁻¹ 左右，但并非开始培养就用如此强的光照，需根据植物的生长情况和光合作用的强弱进行调节。一般来说，开始培养的 0~7 d 用两支灯已能满足植物生长，8~10 d 时可使用 3 支灯，10 d 后使用 4 支灯管。但这并不是绝对的，需要根据培养植物的种类和生长情况加以调节。有些植物在第 7 天就需把光照增至 100 μmol·m^{-2}·s^{-1}，例如甘蔗、番薯、马铃薯等植物便是如此。适合于植物生长或者说适合于植物光合作用的光照强度和 CO_2 浓度能极大地促进植株的快速生长，缩短培养周期。

4. 无糖培养中的注意事项：

① CO_2 的供给必须和光照时间同步，因为在光照期间，植株是吸收 CO_2 进行光合作用，在暗期则是进行呼吸作用释放 CO_2。

② 培养初期（0~3 d）湿度要高（90% 以上），并逐步降低，出苗时应使湿度接近外界环境湿度，以提高小植株在过渡期间的成活率。

③ 在温度、湿度控制适宜的前提下，要有充足的光照（光照强度、光照时间）和 CO_2 浓度，以保证小植株的光合作用。

④ 培养基质要保水透气，不可过湿或过干。

4.6　影响无糖培养微繁殖效果的因素

4.6.1　CO_2 浓度与光照强度的相关性

碳素营养是植物的生命基础，植株靠吸收 CO_2 和光能进行光合作用。要提高植株的光合速率、促进植株的生长和发育，就必须提高 CO_2 浓度和加强光照。昆明市环境科学研究所对不同的植物、不同的光照强度和 CO_2 浓度进行了多次的试验，在兼顾促进植物生长发育和生产成本的前提下，将试验结果总结如下。

① 含有叶绿素的外植体自身具有光合能力，最初外植体的叶面积大，有助于植株的光合作用。在光自养的条件下，叶面积大的植株生长速度比叶面积小的植物快得多。

② 在光照期间，通过封口膜从外部供给植物的 CO_2 不充足（自然换气）会限制植物的光合作用。

③ 利用机械力（强制性换气）把 CO_2 输入到大型的培养容器中，可以充分保证植株对 CO_2 的需求，显著促进植物的生长发育。

④ 在常规的组培技术中，由于植株是被迫进行异养和混养生长的，所以在低的 CO_2

浓度下，提高光照强度并不能增加植株的光合速率。

⑤ 培养基中的糖会抑制植株的光合速率，因此在培养基中加入糖后又补充 CO_2，植物的光合速率并不比光自养的高。

⑥ 在光自养的条件下，高水平的 CO_2 浓度和强光照，可显著提高植株的纯光合速率，加快植株生长发育，缩短组培苗的培养周期。

⑦ CO_2 浓度和光照强度是植物进行光合作用的两个最重要的因素，两者之间的量必须配合好。在 100 µmol·m⁻²·s⁻¹ 左右的光照条件下，C_3 植物的 CO_2 浓度以 1000~1500 ppm 为宜；在 150 µmol·m⁻²·s⁻¹ 左右的光照条件下，C_4 植物的 CO_2 浓度以 2000~3000 ppm 为宜。

4.6.2 培养容器内空气湿度的调控

一般情况下，在培养室中，光期的相对湿度会低于暗期的相对湿度，这是因为空调制冷带走了培养室空气中的水分。如果培养室的相对湿度在光期是 30% 左右，在暗期则可达 60%~70%。加之培养容器内的温度大约比培养室高 1~2 ℃（因为光被容器的壁、顶，培养基和植株吸收，热集中在容器中）。在这种情况下，容器外壁的温度会低于容器内的温度，水蒸气将凝集在容器内的壁上和顶部，尤其是在大型的培养容器中，虽然容器的壁上和顶上布满了水蒸气，但相对湿度很难达到 90% 以上。另外，当使用大型的培养容器和强制性换气系统时，水分散发更快，培养容器中的空气湿度常常不能满足植物生长的需求，尤其开始培养的 0~5 d 更是如此，如果湿度控制不好，则易造成小植株失水萎蔫，因此在初期培养时一定要注意保持容器中的湿度达 90% 以上。这个问题可以通过 3 种方法解决：第一种方法是增加容器中培养液体积的数量；第二种方法是使用加湿器使培养室的湿度保持在 70%~80%；第三种方法是在大型的培养容器中直接用无菌水喷雾，可以显著增加培养容器内的空气湿度。

4.6.3 培养容器内空气的流通速度

空气的流通速度极大地影响容器内的空气湿度和 CO_2 浓度，在小植物培养初期，需要保持容器内较高的湿度，并且培养初期容器内的 CO_2 浓度，基本能满足植物光合作用的需求。在 0~3 d 时不需要输入 CO_2，容器应尽可能地保持密闭，4~7 d 容器的换气次数应达到 1~3 次·h^{-1}；7~10 d 3~5 次·h^{-1}；11~15 d 5~10 次·h^{-1}；出苗前 3 d，容器的换气次数可以大于 10 次·h^{-1}。总而言之，从第 4 d 始开始就应输入 CO_2，换气流量应随培养时间的延长逐渐加大。

4.6.4　温度与光照的调控

1. 温度

每一种植物都有其最适宜生长的温度范围，一定要根据植物的生理特性调整好培养容器内的温度。对大多数植物而言，生根阶段最适的温度是 23~25℃，如果培养容器内的温度过高，则植株生根缓慢，当植株的根系形成以后（培养 7 d 后），温度可以稍高 2~3℃，以加快植物的生长发育。

在生产中，为了有效地调节温度，要根据培养室的大小、灯管及整流器的散热程度等，配置相应功率的空调进行温度调节。尽管如此，培养室内的温度也并不会完全均匀一致，热空气上移，冷气下沉。在分隔为多个层次的同一个培养架上，各层间的温度并不会一样，自下而上，每层温度会相差 1~2℃。所以在同一培养室内进行多个种类种苗生产时，应根据各类植物对温度条件的要求，选择一定的层次进行摆放，既合理有效地利用空间，又保证作物的正常生长和发育。

2. 光照

为了减少电的消耗、充分利用电能，光照强度应随培养时间的延长而逐渐加强。对于大部分 C_3 植物而言，在培养初期（0~7 d）植株的光合能力相对较弱，因此，30~50 μmol·m^{-2}·s^{-1} 的光照强度已足够满足植物光合作用的需求；到 8~12 d 则需要50~100 μmol·m^{-2}·s^{-1} 光照强度，每天 14 h 光期和 10 h 暗期即可；12 d 以后，光照强度可以增至 100~150 μmol·m^{-2}·s^{-1}，每天 16 h 光期、8 h 暗期，这时小植株的光合能力最强。但应注意不同植物所需的光照也不同，在实践中要根据培养的植物种类、植株的生长情况加以调节，并注意观察记录植株生长情况和环境条件的变化，认真总结经验，因苗而异、因环境条件而异，做好微繁殖中的环境调控工作。

4.6.5　培养基质的选择

植株的生长不仅受空间环境因素影响（如 CO_2 浓度、光照、温度、湿度等），也受根区环境因素的影响，所以选择适宜的培养基质十分重要。培养基质直接影响植株根区的环境和生根率。凝胶状的物质如琼脂、卡那胶通常被用作培养基质，但植株根系在琼脂中通常是瘦小、脆弱的，当植株移植到土壤时容易被损坏。事实上，多孔的无机的材料（如塑料泡沫、石棉、陶棉、纤维素等）也能被用作培养基质。大量的试验表明，多孔的无机材料比凝胶状的物质好，因为它具有良好的透气性，促进了植株根系的发育，使生根率更高，而且多孔的无机材料代替价格昂贵的琼脂，与凝胶状的物质相比生长增加但成本降低。多孔的无机材料有较高的空气扩散系数、可保持培养基中较高的氧浓度，从而促进小植物的生长。一般而言，木本植物的生根较为困难，采用多孔的基质可以显著提高植株的生根率。在可以作为培养基质的无机材料中，蛭石通常优于珍珠岩和砂，纤维物质（如塑料泡沫、石棉、陶棉、纤维素穴等）也能作为培养基质。

蛭石培养效果好，取材容易，所以在无糖培养微繁殖中常常使用蛭石作为培养基质，但应注意有些厂家生产的无机材料质量很差，混杂有许多杂质和有害物质，会导致无糖培养的失败。因此，一定要注意选择纯度较高，干净、颗粒稍粗、大小均匀、吸水性好的蛭石作为培养基质。为了节约成本，可以在每次出苗后用自来水把蛭石冲洗干净，晒干后还可反复使用。

4.7　生产成本分析

4.7.1　生产成本核算方法

植物微繁殖是工厂化生产，是一项商业行为。种苗在市场中是否具有竞争力与以下因素有关：第一，生产的种苗是否符合市场的需求；第二，组培苗是否保持了种源特性，生长健壮，质量好；第三，适宜的销售价格，只有质优价廉的产品才能在市场中占有一席之地。要生产出人们期望的、大量质优价廉的种苗，就必须进行生产成本的核算。一个组培工厂的成本指标，是反映其经营管理水平和工作质量的综合指标；也是了解生产中各种消耗，改进工艺流程，改善薄弱环节的依据；同时还是提高效益，节省投资的必要基础。组培繁殖成本核算比较复杂，受多种因素的影响，既有工业生产的特点，可全年在室内生产；又有农业生产的特点，要在温室过渡，受气候和季节的影响。并且不同的植物种类、不同品种之间的繁殖系数、生长速度均有较大差异，很难逐项精确核算。因此一般的作法是认真记录一年内生产中的各项开支，包括以下项目。

①　人工费用：管理人员、技术人员、操作人员的工资及奖金等。

②　水电费：容器洗涤、灭菌、药品配制、仪器操作、培养室加光、温室控制等均需消耗大量水电。

③　设备折旧费：仪器设备的维护和折旧，生产办公用房每年按造价 5%~10% 计算，温室及大棚每年按造价 10%~20% 计算。

④　培养基的制备费：配置培养基的各种化学药品及去离子水和蒸馏水的消耗费用。

⑤　各种生产物资的消耗：低值易耗品、玻璃器皿、塑料制品、刀片、纸张、肥料、农膜、农药等生产物资的购置费用。

⑥　其他费用：办公用品费、培训费、差旅费、引种费、产品宣传费等。

4.7.2　提高组培苗经济效益的可行措施

进行组培快繁工厂化生产能否取得良好的经济效益，主要受市场和组培工厂经营管理等两大因素限制。降低生产成本是增强产品市场竞争力、提高组培苗经济效益的可行措施。成本高低虽然受许多因素的影响，但主要取决于技术水平、设备条件、经营者的管理水平及操作工人的熟练程度。在实际生产中，应根据自身条件最大限度地降低成本。降低生产成本的途径如下。

减少污染率，提高繁殖率、生根率、移栽成活率是降低成本最重要的手段；提高操作的熟练程度及劳动生产率，节约开支；正确使用仪器设备，延长使用寿命，减少维修费支出；降低器皿的消耗，使用廉价的代用品；节省水电开支，充分利用培养室空间；利用白开水代替蒸馏水及其他减少能源消耗的措施等。

市场是实现产品商业化的关键因素。要根据市场需求，以销定产，及时生产出品种新、质量好、市场畅销的组培种苗投放市场，可减少成本投入，有效提高经济效益。

生产规模对经济效益也有重大影响。在一定的生产条件下，生产规模越大，纯利润越高。但组培规模的大小要视当地条件、市场情况而定，不顾客观条件一味追求扩大规模，往往容易造成严重的经济损失。

劳动力的成本占生产总成本的 40%~60%。传统微繁殖系统所需的劳动力包括：①培养基制备、分配和丢弃；②容器清洗、搬运和运输；③高压灭菌；④植物和外植体切除和移植；⑤加盖和开盖；⑥死亡和受污染植物的移除和销毁；⑦驯化；⑧设备房间消毒；⑨记录工作和在培养容器上贴标签等；⑩管理。另一方面，在微繁殖是一个重要产业的大多数国家，每小时的劳动力成本一直在增加，因此，降低劳动力成本是降低总生产成本的关键。

4.7.3　植物无糖培养微繁殖工厂化生产成本分析

植物无糖培养微繁殖技术改革了传统的用糖作为碳素营养和瓶子作为生存空间的技术方法，增加了植物生长、生化反应所需物质流的交换和循环，促进了植株的生长和发育，实现了优质生产。这一技术是否能在生产中得到尽快推广，关键取决于生产成本。很多人认为无糖培养微繁殖方法很好，但需要增加光照强度和补充 CO_2，且初期投资成本高，那么和有糖培养微繁殖技术相比，其生产成本如何？下面将以非洲菊生根苗生产为例来分析无糖与有糖培养二者的生产成本，如表 4-5 所示。

表 4-5　有糖和无糖培养非洲菊生根种苗直接生产成本分析表（2 万株）

项目	有糖培养 / 元	无糖培养 / 元
培养基	240	100
灭菌	120	40
透气膜	120	0
劳动力	900	600
照明	323	192
空调	43	45
气泵	0	13
CO_2	0	25
合计	1746	1015
成苗数（株）	13680	16200
每株成本	0.13	0.06

注：表中数据由昆明市环境科学研究所提供（2003 年），电的成本是以 0.5 元每度计算。无糖培养是采用大型的培养容器（体积 120 L）和强制换气系统，培养时间是 15 d，有糖培养是采用小培养容器（体积 250 mL），培养时间是 25 d（图 4-4）。

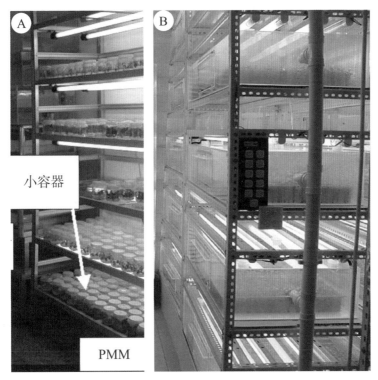

图 4-4　传统微繁殖系统（A），无糖培养微繁殖系统（B）

从表 4-5 中可以看出，无糖培养与有糖培养相比，在非洲菊生根阶段，其生产成本可降低 50% 以上，常规技术生产成本高的原因在于：

① 组培苗的损失较重。原因是培养基中由糖引起的污染；外源激素使用导致部分植株的变异甚至死亡；不良生长环境造成的小植株生长细弱，引起驯化阶段小植株存活率低等。

② 培养材料如琼脂、糖、瓶子、封口膜等的损耗较大。由于使用小的培养容器，灭菌的能量消耗较高、操作繁琐，劳动力成本占了整个生产成本的 51.5%。而新技术仅占原有劳动力成本的 34.4%。

③ 培养周期长，从而导致用电成本的增加。且单位面积上和单位时间内生产苗的数量较少。

新技术生产成本降低的原因在于：

① 原材料成本降低。培养基中除去了糖、有机物质和植物激素，多孔的无机材料代替了昂贵的琼脂，且不再使用封口膜，从而节约了原材料成本。

② 劳动力成本降低。大型的培养箱代替了瓶子作为培养容器。使无菌操作程序变得简单。培养基制作省去了分装、瓶口封膜、逐瓶灭菌、洗瓶等工作，从而节约了劳动力

成本。

③ 电的消耗降低。反光设施提高了约 50% 光能利用率，植物生长发育加快，培养周期缩短 40%，减少了照明的时间，这是节约电能消耗的主要原因。

④ 大型培养容器的应用，使其在相同培养架面积上、相同的植株种植密度下，新技术比常规技术可培养更多的植株。每个箱体一次即可生产 2000~3000 株组培苗，成苗率亦得到显著提高，生产量相当于 200~300 个瓶苗的生产量。而常规技术采用的小组培瓶，在同样的面积上仅能生产 800~1500 株苗。因而应用无糖箱式组培方法其能耗、物耗、人工费用远远低于常规的组培方法，同时生产效率却大有提高。

⑤ 植株损失的减少，在无糖培养繁殖中，植株很少有污染和生长不良的情况发生。因此在相同的时间内，可生产出更多的高品质组培苗，由于无糖培养繁殖的种苗质量显著优于原有技术，从而提高了成苗率和商品苗率。

虽然无糖培养比有糖培养增加了 CO_2 费用和气泵的电费，但这两项费用在其整个生产成本中所占比例仅是 3.7%，几乎微不足道，只有前期设备的投资高于有糖培养。

下一部分内容还会根据实际应用案例进一步讨论生产成本的问题。

4.8 植物无糖培养快繁生产应用案例

近年来，植物无糖培养微繁殖技术在中国得到了进一步的推广应用。经过多年的努力，上海离草科技有限公司于 2017 年开发出了适合于规模化生产应用的无糖培养系统设备以及与之相配套的技术，并成功地应用于生产实践，在许多大学、研究所和生产企业都得到应用，并取得了很好的应用效果。例如：陕西青美生物科技有限公司的苹果砧木和猕猴桃种苗生产、陕西海棠生态农林股份有限公司的苹果砧木和蓝莓种苗生产、河南华薯农业科技有限公司的脱病毒甘薯种苗生产、北京国康本草研究院的地黄等药用植物种苗生产、杭州创高农业开发有限公司的软枣猕猴桃生产、桂林莱茵生物科技股份有限公司的罗汉果种苗生产等，都显现出了无糖培养的极大优势。本节介绍两个无糖培养微繁殖技术在生产中的应用案例，为植物组培工厂建设和高效生产提供参考。

4.8.1　陕西青美生物科技有限公司

陕西青美生物科技有限公司位于陕西省千阳县张家塬镇，始建于 2015 年，是一家以生产脱病毒苹果组培苗为主的高新技术型企业。公司建有组培车间 2300 m²，其中无糖快繁培养间 1200 m²，常规培养室 1000 m²，病毒检测室 30 m²，实验区 50 m²，无菌嫁接区 100 m²，半自动温室 2500 m²，矮化自根砧苗木繁育基地 200 亩，配套有控湿控温系统、给排水系统和供电系统、设备，年生产脱毒种苗 600 万株以上（图 4-5）。

图 4-5　陕西青美生物科技有限公司

A：组培楼；B：培养室；C：无糖培养；D：温室

公司于 2017 年引进植物无糖培养快繁设备及技术，通过完善组培体系结构、优化生产自动化管理流程等方式，严格管理好每一株种苗。目前 M26、M9-T337、B9、蜜脆、烟富八号等苹果脱毒种苗，樱桃、猕猴桃、铁皮石斛、半夏、白芨、草莓等均已实现工厂化生产，种苗质量得到陕西省科技厅、市果业局，县农业局及广大用户的一致认可。

青美公司成立之初仅有 800 m² 的组培室，主要是以传统组培方法进行苹果脱毒种苗的生产，生根率为 60% 左右，根系廋弱、根数少、细而长、颜色发黄发暗、次生根几乎没有，并带有明显的愈伤组织，移栽后存活率不高，仅 10% 左右（图 4-6）。笔者 2017 年初到青美时，听公司的管理人员介绍，据公司组培室提供的统计数字，2016 年全年从组培室出到温室的苹果试管瓶苗已达 100 多万株，但在温室炼苗成活的不足 6 万株。由此可见，虽然微繁殖是一种先进的技术，在有限的时间和空间内，可以产生大量的遗传优良和无病原菌的苗木。然而，木本微繁殖技术的广泛应用仍然受到限制，主要原因是生长速度慢、微生物污染造成的植株损失、生根不良、离体驯化阶段成活率低和人工成本高。与草本植物相比，木本植物生根更难，生长慢，培养周期长，移栽成活率低。

图 4-6　青美公司用传统方法培养的苹果试管苗（A）、生根（B）及温室炼苗（C）情况
　　　　（2017 年初摄）

公司从 2017 年初引进上海离草科技有限公司的无糖培养生产设备和技术（图 4-7），经过 3 个月培训和实际生产，彻底解决了苹果组培苗生根难及移栽成活率低的问题

图 4-7　陕西青美生物科技有限公司的无糖培养快繁车间（2017 年 8 月摄）

（图 4-8），生根率达到 95% 以上，根的长势一致，次生根发达，易于养分吸收，移栽成活率达到了 90% 以上（图 4-9），而且种苗田间长势喜人（图 4-10）。

　　表 4-6 以生产 1 万株苹果种苗为例，分析了两种培养方式对培养面积、培养时间、电能和人力资源的消耗情况。从表中可以看出：同样生产 10 000 株种苗，无糖培养只需有糖培养的 54% 面积，培养时间还缩短了一半。更有趣的是，无糖培养虽然增强了光照（有糖培养的 2 倍），但由于培养面积和时间的减少，用电量与有糖培养相比还节省了 60%。人工与有糖培养相比也节约了 60%，主要源于大容器的使用和操作的简单化。

图 4-8　要移栽到温室的无糖培养苹果粘木苗　　　　图 4-9　苹果粘木无糖培养苗温室移栽情况

图 4-10　苹果粘木无糖培养苗田间生长情况（4 个月）

表 4-6 资源利用表

资源种类	无糖培养 (A)	传统培养 (B)	A/B (%)
培养面积 / m^2	10	18.5	54
时间 / d	40	80	50
电耗 /（kW·h）	136	336	40
人工 / d	10	25	40

注：无糖培养成活率90%，传统培养成活率60%；无糖培养 120 株 / 盒，传统培养 10 株 / 瓶（数据由陕西青美生物科技有限公司提供）

表 4-7 是以 80 天为单位计算每平方米培养面积生产苹果种苗的生产效率核算表，从表中可以看出，在相同单位面积、单位时间内，无糖培养生产苹果苗的数量是有糖培养的 5.3 倍。由此可以看出，无糖培养微繁殖技术极大地提高了生产效率。

表 4-7 生产效率核算表

项目 ＼ 培养方法	无糖培养	传统培养
培养植株数量 / 株	1600	900
成活率 / %	90	60
生产次数	2	1
植株生产总数 / 株	2880	540

注：相同单位面积、单位时间内，无糖培养生产苹果苗的数量是有糖培养的 5.3 倍（数据由陕西青美生物科技有限公司提供）

除了苹果脱毒种苗的生产外，青美公司还把无糖培养微繁殖技术成功应用于樱桃、猕猴桃、半夏等植物种苗繁育的工厂化生产中，同样也取得很好的培养效果。相比于传统的有糖培养，无糖培养生产的种苗数量成倍增加、培养室单位面积的利用率大幅度提高，种苗的繁育周期缩短、种苗质量提高、移栽成活率高。图 4-11 是猕猴桃苗的无糖培养快繁生产情况。

图 4-11　猕猴桃苗的无糖培养快繁生产情况

A：正在容器中生长的无糖培养猕猴桃苗；B：猕猴桃苗无糖培养 23 天根系生长情况；
C：从培养室出到温室准备移栽的猕猴桃苗；D：温室炼苗（陕西青美生物科技有限公司）

4.8.2　河南华薯农业科技有限公司

河南华薯农业科技有限公司是一家从事甘薯产业的企业，坐落于河南省清丰县产业集聚区，是目前全国最大的甘薯种苗脱毒快繁生产基地之一。拥有甘薯植物组织培养育苗工厂 3000 m² 以上，育苗基地 1200 亩，年育苗能力超过 1 亿株；拥有甘薯储存窖群 8 个，年鲜薯储存能力达到 20 000 t；拥有现代化鲜薯分拣仓 1 个。已形成科技研发→种苗脱毒组培快繁→工厂化育苗→基地规模扩繁→带动种植→鲜薯储存→鲜薯销售的一整套产业化体系，产品畅销全国各地。公司先后获得了"濮阳市甘薯脱毒组培重点实验室""濮阳市甘薯脱毒组培工厂技术研究中心""市级企业技术中心""农业产业化重点龙头企业"等称号（图 4-12）。

图 4-12　河南华薯农业科技有限公司

A：办公和植物组培大楼；B：温室；C：培养室；D：无糖培养室；E：植物工厂；F：温室

河南华薯公司自 2017 年开始进行甘薯脱毒种苗组织培养工作，虽然公司有很多好的品种资源，品质优良，长势好，但是受限于传统组培小瓶子加糖的培养方法，植株增殖速度较慢，远远不能满足市场的需求。

公司 2018 年引入植物无糖培养微繁殖技术和设备，对甘薯种苗的生长方式进行了改变，去除糖、激素等物质，使甘薯小植株从兼养生长变为了自养生长，污染率大大降低，同时也消除了植株生理和形态方面的紊乱。在生产过程中采用环境控制方法，提高甘薯植株的光合效率，缩短培养周期、提高种苗质量，由于无糖培养操作简单、所用劳力减少，使甘薯脱毒种苗的产能得到快速提升，从初期的年产 10 万株左右到如今的亿株以上，极大地加快了甘薯种苗的生产速度（图 4-13）。

图 4-13　河南华薯农业科技有限公司甘薯无糖培养种苗生产情况
　　A：培养车间；B：正在培养中的甘薯无糖组培苗；C：笔者到现场指导；D：工人们正在转接甘薯苗；E：从培养室出到温室准备移栽的无糖培养甘薯苗；F：正在植物工厂中培养的甘薯种苗

　　表 4-8 是该公司在相同面积、相同时间内传统培养与无糖培养生产种苗数量对比。从表中可以看出，由于无糖培养使用大型的培养容器，不但单位面积培养的植株数量增加，而且培养周期缩短了 50%。因此，在相同面积、相同时间内，无糖培养生产的甘薯种苗数量是传统培养的 6.5 倍。

表 4-8　每平方米培养面积生产的甘薯种苗数量（40 d）

项目 ＼ 培养方法	无糖培养	传统培养
生产植株数量 / 株	1333	500
成活率 / %	98	80
生产次数	2	1
植株生产总数 / 株	2613	400

　　注：无糖培养 100 株 / 盒，传统培养 5 株 / 瓶（数据由河南华薯农业科技有限公司提供）

　　植物无糖培养技术在苹果、猕猴桃、甘薯、地黄等植物种苗产业化上的成功应用，也为其他作物的组培工厂化育苗提供了良好的借鉴和参考。相信在未来的种苗工厂化生产中，植物无糖培养微繁殖技术将会助力于植物种苗的快繁规模化生产。其技术和装备也会在实践中不断地更新换代，发展目标是用最少的资源、最少的污染物释放、较低的成本生产高质量的种苗。

4.9　植物无糖培养微繁殖生产中常见问题解答

1. 如何降低增加光照强度和降温的成本？

　　增加光照强度可以通过改进现有的荧光灯照明系统来实现，方法是使用 LED 灯，并在架子内部使用反光板和透明的培养容器（特别是透光性好的盖子），可以提高 50% 以上的光能利用率。使用带保温层的培养室，其空调制冷成本约为照明成本的 25%。

2. 如何降低 CO_2 供给成本？

　　在培养期间，植物从培养室中吸收的 CO_2 量很小，可以忽略不计（每株 1~10 mg），其每株种苗成本不到 1 分钱（在中国，容器中的液态纯 CO_2 的价格约为 3 元 /kg），输入到培养室的大部分 CO_2 会通过泄漏从培养室释放出去。因此，随着培养室的通风率和培养室内外的 CO_2 浓度差的增加，CO_2 富集的成本将会增加。所以，保持培养室的密闭性很重要。

3. 如何测量和控制 CO_2 浓度?

培养室中的 CO_2 浓度可通过红外线 CO_2 分析控制器(IRGA)进行测量和控制,该分析仪/控制器带有电磁阀、液态 CO_2 容器和连接管。IRGA 广泛应用于温室 CO_2 的施肥,可以引入组织培养室。红外 CO_2 控制器的价格约为 3000 元。IRGA 可用于强制通风容器内控制 CO_2 浓度,也可通过连接到 IRGA 的数字记录器,记录 CO_2 浓度的日变化。

小型培养容器中的 CO_2 浓度的测量,可用注射器从容器中抽取一定量的气体,然后使用气相色谱仪进行测量。测量之前需要准备少量标准样气。

4. 透气过滤膜成本是多少?

透气过滤膜的成本因国家或材料类型而异。在北美、欧洲以及日本,可重复使用(高压灭菌)20 次的透气滤膜(直径 20 mm)价格为 10 美分。在中国,过滤膜和过滤器的种类都很多,价格从 1~20 美分不等,价格低的不能高压灭菌和重复使用。越南、泰国和印度也常在生产中使用滤膜,即在容器盖或侧壁上开 1~3 个孔(直径 10 mm),然后,用能经受高压灭菌的胶水涂在滤膜上密封每个孔。

5. 人类允许的最大 CO_2 浓度是多少? CO_2 有毒吗?

室外空气的平均 CO_2 浓度为 380~400 $\mu mol \cdot mol^{-1}$(或 ppm)。在补充 CO_2 的培养室中,其浓度通常保持在 800~1000 $\mu mol \cdot mol^{-1}$。一般而言,CO_2 浓度在 2000 $\mu mol \cdot mol^{-1}$ 以下都是安全的。在公共场所(如剧院和百货公司)人群拥挤,CO_2 浓度会超过 5 000 $\mu mol \cdot mol^{-1}$ 或更高。因此,在此类场所如果不提供通风,CO_2 浓度很容易超过 10 000 $\mu mol \cdot mol^{-1}$,对人造成危害。然而,CO(一氧化碳)浓度为 1 $\mu mol \cdot mol^{-1}$ 时,就具有很强的毒性。

6. PPF 增加对容器内空气温度有何影响?

光自养微繁殖中,在提高 PPF 的条件下,容器内的空气温度通常会提高 1~2℃。通过提高培养容器的换气次数,可以减少容器内外环境的温差,或者也可将培养室的空气温度设定值降低 1℃。

植物无糖培养微繁殖及种苗生产

7. 光自养微繁殖的最早可能阶段是什么时间？

一旦培养物发育出光合器官——具有发达气体交换装置（气孔）的叶绿素叶片后就可以进行光自养微繁殖了。例如咖啡体细胞子叶胚就有叶绿素的产生和气孔的发育，可以进行光自养。

8. 培养室使用自然光是否经济或有益？

使用自然光加人工光或不加人工光都会增加耗电量，从而增加光照期间降温的电力成本。因此，通过使用自然光降低照明的电力成本，并不一定能降低照明和冷却的总电力成本。如果使用自然光，培养室就要保留玻璃窗，当培养室外的空气温度低于培养室内空气温度的设定值（20~25℃）时，玻璃窗的内表面会发生冷凝现象，从而在培养室内传播病原体。此外，在自然光的作用下，培养室内的光照强度和空气温度会随着时间的推移而变化，导致植物在离体培养过程中的环境、生长和发育发生不可预测的变化。因此，不建议在光自养微繁殖中使用自然光。

9. 光自养条件下的繁殖率能比异养和光混养条件下的繁殖率高吗？

在光自养条件下，以节段繁殖的植物比在异养和光混合营养条件下产生更多的叶片和茎段，并且培养时间缩短。因此，光自养条件下的繁殖率比异养和光混养条件下的繁殖率高得多。

以芽增芽繁殖的植物，不论采用何种营养方式，使用植物生长调节剂都可以增加单株的芽数。但在光自养条件下可以比异养和光混养条件下能产生更多健壮的芽作为外植体。

10. 什么类型的外植体是合适的？

对于光自养微繁殖而言，使用叶绿素或多叶外植体是必不可少的。在子叶发育后期，具有绿色子叶的体细胞胚具有光合自养生长能力。在许多情况下，25 mm^2（5 mm×5 mm）左右的叶面积是比较理想的，在光自养微繁殖的环境调控下，可以有较高的光合速率，加快植株的生长发育。

11. 微繁殖需要的是无病原体还是无菌植物？

一般来说，在微繁殖中需要的是无病植物而不是无菌植物。然而，在传统的微繁殖中无菌是必要的，其目的是避免含糖培养基受微生物污染。在光自养微繁殖中，由于微生物在仅含无机营养物质的培养基中生长不快，因此不一定需要无菌操作来避免微生物污染。事实上，在培养基上接种有益微生物进行共生，促进培养物的生长发育将成为未来光自养微繁殖的一项重要技术。

12. 光自养微繁殖是否可以不用高压灭菌或其他灭菌过程？

容器和培养基必须消毒以排除病原体，但可以根据具体情况而采用不同的灭菌方法（高压灭菌、高温灭菌或化学灭菌等）。在光自养微繁殖中，只要不是致病微生物，一定程度的微生物生长是可以接受的。

13. 光自养微繁殖的优点是什么？

①促进生长和光合作用；②植物可顺利过渡到容器外环境，成活率高；③消除植株形态和生理障碍；④微生物污染造成的植株损失小；⑤容器设计灵活（可使用较大容器）；⑥更易于智能化环境控制和自动化操作。

14. 如何降低能耗？

培养室使用隔热的墙壁。在使用隔热墙壁封闭的培养室中，通过墙壁的热量和辐射能量的交换是最小的。在光照期间，灯具产生大量热量，因此即使在冬季，在世界上任何地方，冷却也是必要的。在热带、亚热带和温带地区的夏季，在黑暗时期，当室外空气温度高于 25℃ 时可能需要进行冷却，以使培养室的空气温度保持在 25℃ 左右。如果培养室的隔热性不好，在这种情况下需要更大幅度的冷却。另一方面，在室外最低气温经常低于零度的寒冷气候地区，如果墙体的热传导系数高于 $0.1\ W\cdot m^{-2}\cdot K^{-1}$，则可能需要供暖设施或空调系统。在炎热气候地区，在冬季的黑暗时期，如果墙壁隔热良好，也可以不需要供暖系统。

在封闭式微繁殖系统中，光周期空调冷负荷占全年总冷负荷的 95%~99%。其余的冷负荷（1%~5%）是由于通过墙壁的热传递、热空气渗透和安装在培养室的风扇等设备产生的热量而产生的。因此，与光照期间相比，空调在黑暗期间的冷负荷可忽略不计。在墙体的隔热性能较好的封闭培养室中，空调的耗电量约占总耗电量的 20%~25%，灯具的耗电量约占 75%~80%。当墙体的隔热性较低、空气渗透过多和 / 或空调的能源性能（性能系数 C.O.P.）较低时，空调的耗电率将高于 25%。同样，使用自然光来减少照明用电，会增加冷却用电、冬季玻璃墙内表面的冷凝水以及冬季黑暗期的热负荷。此外，自然光照强度和空气温度随时间波动较大，对小植株的生长不利。因此，在大多数情况下，利用自然光降低电力成本是不现实的。

另一方面，利用太阳能加热水用于洗涤、灭菌等对于降低微繁殖的能源成本是切实可行的。在大多数地方，井水或自来水的温度在 15~30℃，使用带有黑色双层面板的太阳能集热器可以将温度提高到 50~70℃。如果需要 100℃ 的水，则可以不使用燃料直接加热 25℃ 的水，而是使用太阳能集热器将其预热到 70℃ 的水，然后再使用燃料将其加热到 100℃，则燃油消耗量减少 60%。

在许多情况下，电能用于获得热水和蒸汽（121~123℃）进行高压灭菌。那么，高压灭菌消耗的电能约占总电费的 20%。然而，热水/蒸汽可以通过使用电力以外的燃料获得，燃料成本约为电力成本的 30%。用燃料代替电力驱动的高压灭菌器在市场上是可以买到的，尽管它目前还没有得到广泛的应用。它的外观、功能和价格与电力驱动的几乎相同。如果将燃料和太阳能都用于高压灭菌器而不是使用电力，高压灭菌器的能源成本将降低 70% 以上。

还应注意的是，高压灭菌并不是唯一的灭菌方法。在大多数情况下，70~80℃ 的水 1~2 h 的灭菌效果与 115℃ 的加压蒸汽 15 min 的灭菌效果相同。这种水可以单独使用太阳能热水器获得。

第5章 密闭型种苗生产系统

肖玉兰

5.1 密闭型种苗生产系统的来源

生物环境调控技术已成为当今比较热门的研究课题，为了降低劳动力成本，为了人工环境控制得以实现，自动化控制和机器人操作等许多新技术正在不断被开发出来。密闭型种苗生产系统（the closed production system）来源于日本，该技术的发明人和无糖培养微繁殖技术的发明人是同一个人——日本千叶大学的古在丰树教授。古在丰树教授种苗生产的技术理论主要由两大部分组成，第一部分是无糖培养微繁殖技术；第二部分是密闭型种苗生产技术。无糖培养微繁殖技术是密闭型种苗生产技术的基础，密闭型种苗生产技术是无糖培养微繁殖技术的深入；无糖培养微繁殖技术主要用于试管苗快速繁殖，密闭型种苗生产技术则主要用于实生苗和扦插苗的生产；无糖培养生产的种苗也可以在密闭系统中进行过渡、扦插，两者相互联系，相互补充，构成了种苗生产的一个完整体系。

密闭型种苗生产是一种可控环境农业工厂化生产技术，它是将种苗置于一个封闭的系统中，控制其营养液、光照、温度、湿度、CO_2 及各种气体浓度，为植物的生长创造最佳的条件。该技术所生产的种苗健壮、整齐、品质好，生产周期短，能直接移植到大田，不需要再经过驯化阶段。可以节约驯化阶段所需的温室和大棚的投资；还可以全方位实施人工环境控制，进行周年工厂化生产。它适用于所有植物的实生苗和扦插苗生产，其生产成本低于温室的生产成本，并能有效地防止农药、化肥污染，节约土地资源、能源，保护生态环境。

工厂化农业是农业发展摆脱资源短缺（耕地、水、环境、气候等）限制的唯一出路，是世界现代农业发展水平的重要标志，是现代先进工业技术成果和农业高新技术成果产业化的生产点，是实现农业快速、可持续发展的重要途径。密闭型种苗工厂是集生物工程、农业工程、环境工程为一体，跨部门、多学科综合的系统工程，是在外界不适季节、通过设施及环境调节、为作物营造较为适宜的生育环境，达到早熟、高产、优质、高效的集约化生产方式（图5-1）。

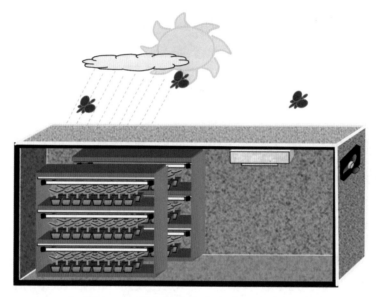

图 5-1　密闭型种苗生产系统示意图

目前，世界各国均在以设施农业为切入点，通过建造现代化农业设施，投入自动化、机械化、微电子智能化的高新技术，使生产作业高度自动化和机械化，实现科学配置和利用资源，使设施内温度、湿度、光照、营养等实现自动控制，以达到植物所需的最佳状态。由于自动化和智能化高科技的应用，植物的栽培环境终于可以不受自然条件的影响，使农业产品生产工厂化成为现实。由于工厂化农业是向人们提供大量无污染绿色农产品的最理想种植方式，能大幅度地提高产量，从根本上提高产品质量，从而有利于促进可持续农业的发展。

密闭型种苗生产系统（图5-2）是在可控环境条件下，采用工业化的生产方式，实现集成、高效与可持续发展，可大幅度提高农业劳动生产率、摆脱自然环境控制、实现农业产品的转化增值。其应用和推广还可调整农业结构，改善农村生态环境，加速传统农业向现代化农业方向的根本转变，实现农业的高效、可持续发展。

图 5-2　集装箱型种苗密闭生产系统（A）和番茄种苗生产（B）

密闭型工厂的优越在于：①温度、相对湿度、CO_2 浓度、PPF，光期、光照强度、空气的流通速度等环境因素都能实现有效控制，可以通过控制植物的生长环境生产高附加值的植物；②非常容易阻止昆虫和病菌进入培养室；③能生产生理和形态正常的高品质植株；④全年为植物的生长和发育提供最佳的环境条件；⑤所有的水都能够被再利用，包括蒸发的水分和空调排出的水分都能够循环利用；⑥植株在暗吸产生的 CO_2 也能够被植株在光期用于光合作用。

该项技术已经被公认是集现代生物技术、现代工业技术、环境控制技术、自动化控制技术、摆脱自然环境限制、利于环境保护和可持续发展为一体的高新技术产业。

随着人民生活水平的不断提高，市场对优质农产品的需求越来越高，低质产品卖不出去，优质产品供不应求的趋势将日益明显。密闭型种苗生产技术将实现产品的高产优质高效生产，随着我国经济和农业现代化的发展，市场对优良品种的花卉、果苗、蔬菜、药材、农作物和经济作物的需求量越来越大，生态环境的建设、野生资源的开发、濒危植物的保护都需要繁殖大量的种苗才能满足市场的需求。所以开发研究新技术，实现人工环境控制的工厂化种苗生产十分必要。

5.2 密闭型种苗生产系统

5.2.1 开发密闭型种苗生产系统的背景

目前世界人口已经接近 80 亿，并且已经有人预言在 21 世纪的中叶将达到 100 亿。在亚洲、非洲和南美洲近来每年的人口增长率是 3%，环境污染和粮食、自然资源、燃料的短缺等问题越来越严重。为了解决全球所面临的问题，人们需要在一种新的观点上，开发适用于商业化的一种植物生产系统（Kozai, 1999a），以最低限度地使用能源、材料和人类的自然资源。因此，开发一种高品质种苗生产系统对解决全球面临的问题将是一个极大地贡献（Kurata et al.,1992；Aitken-Christe et al., 1995）。高品质的种苗是指植株有优良的遗传生理特性和无病原菌，可移植到开放的田野或温室中，甚至在恶劣的环境条件下，都能生长健壮、产量高且品质好。随着经济的发展，人们需要越来越多的种苗种植在广大的开放的田野，在不同的环境地区增加生物产量，保护我们的地球环境，获得更多的粮食，还需要使用更多的生物产品作为原材料，最低限度地使用石油和其他化石燃料。此外，还需要巨大数量的不同种类的木本植物例如：桉树、洋槐、藤、柚木、竹子和松树等，用于纸浆、纸、木材、农艺、园艺、家具工业、植树造林和生态恢复。为了保护环境，人们需要尽量减少塑料和化石燃料的消耗，通过植物的光合作用减少大气中 CO_2 的浓度，稳定地方和全球的气候（Kozai et al., 1999b）。

如今，人们倾向于自然和开放的概念而不喜欢人造和封闭的概念。然而，自然和开放并不总是比人造和封闭的好。人造的意味着人类的艺术或辛苦制造成的东西优于自然。当然，从某些角度看，自然的常常优于人造的。虽然如此，从长远的观点人们应该尽最大的努力用自己的智慧使世界更好。同样地，对于种苗生产而言，密闭系统比开放系统好，人工光下的密闭型系统将成为一种经受得住考验的实生苗和扦插苗种苗生产系统（Kozai et al., 1997；1999)。

大多数种苗的生产通常是在开放的生产系统中进行的，例如采用自然光的温室等。植物组织培养大多数是在人工光和密闭的环境中进行，在一般的组培工厂中，人工光主要用于增殖阶段和生根阶段，自然光则用于过渡阶段，如果密闭型种苗生产系统被用于植物的繁殖和扦插苗的生产，也可以称之为光自养微繁殖系统。在这种理念下，无菌的密闭型种苗生产系统可以被认为是一种规模化的光自养微繁殖系统。根据植物生长需求设计的密闭型人工光下种苗生产系统往往优于自然光下的开放型种苗生产系统。下面将讨论人工光下的密闭系统和自然光下的开放系统初期的投资成本、操作成本、种苗质量以及开放系统因为使用农药化肥以及水的大量消耗而引起的环境污染等问题。

5.2.2　采用密闭型系统和人工光的原因

自然光常常被认为是一种植物生长的免费且理想的光源，似乎自然光比人工光经济得多。然而，这种想法对于种苗生产并不完全正确。对于稳定的、快速繁殖的、高品质的种苗生产来说，自然光是不能满足其需求的。为了增加产品的稳定性，环境控制方面的投资是必须的（例如，遮蔽、增温、降温、补充光的设施等），加之劳动力、能源（例如燃料和电）用于加热制冷和通风，结果种苗生产成本较高。相反，令人惊奇的是，在人工光下种苗的生产成本比自然光下低，如果从产品的经济价值和所有关联的成本考虑，在大多数情况下，人工光下的密闭系统被认为比自然光下的开放系统更适宜种苗生产。

人们希望种苗移植到温室或开放的田野中，在自然光下甚至恶劣的环境条件下，植株都能健壮生长。然而，胚芽、扦插苗、外植体一般都很脆弱，易受伤害。在种苗生产期间不利的环境条件下，种苗的生理和形态常常受到影响。因此种苗生产期间的环境控制是非常必要的，环境控制是为了更好地促进植株生长，生产高品质的种苗，使之在移栽后能获得高的产量和好品质，甚至在不利的环境条件下也能生长得很好。因此，在种苗生产中，为了在大田种植中获得高产量和高品质的产品，环境控制的投资是值得的。

在密闭系统中，空气温度、CO_2 浓度、相对湿度和空气流通速度的控制很容易，可以不考虑外界的天气情况。这样种苗生长和环境之间的关系就简单得多，种苗的生长能预测，且容易控制，可以不使用植物生长调节剂和其他的有机物。这样，与开放系统相比，在密闭系统中，因为系统的操作几乎不受当地气候的影响，高品质的种苗可以很容易和快速地生产出来，全球种苗生产的标准化能够得以实现（图 5-3）。相反，在开放的系统中，空气温度、CO_2 浓度、相对湿度和空气流通速度受外界天气影响很大，特别是阳光照射的时间。这样几乎不可能保持环境条件在植株所需的最佳范围内，在整个种苗生产期间很难根据需求控制种苗的生长发育。在这样的条件下，要使经验和知识之间、环境因素和植株生长之间的关系建立一个完整的体系是十分困难的。并且密闭系统为工作人员提供了舒适的工作环境，他们的工作效率比开放系统高得多，从而减少了劳动力成本。

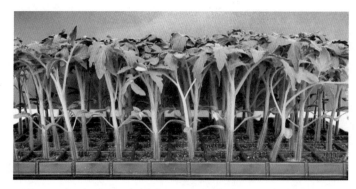

图 5-3　密闭型种苗工厂生产的西红柿实生苗（20 d，品种：House Momotaro）（吴德摄 2003 年 7 月）

　　在密闭系统中，光照强度、光周期、光的质量和光的方向都很容易控制，不用考虑外界的天气。这样，植株的再生和形态的发育也容易控制。另一方面，在开放系统中，日照的长短、光谱的组成、光照强度、光的方向、地理位置等都不是人们的能力所能控制的，这些因素的变化依赖于每日、每月、每年的天气变化，种苗生长的最佳光照强度（250~350 µmol·m⁻²·s⁻¹）显著低于作物生长的光照强度（500~1000 µmol·m⁻²·s⁻¹），因为在幼苗期植物的光饱和点低于其他生长期间（开花期、成熟期等）的光饱和点，所以通过使用人工光源就能为种苗生产提供充足的光照，而且现在 LED 灯的使用寿命可达 5 万多小时，且电耗仅是日光灯的 50%。

　　在开放系统（例如温室）在晴天中午的光照强度接近 1000 µmol·m⁻²·s⁻¹，在雨天和多云的天气，甚至在夏天的中午，则常常低于 200 µmol·m⁻²·s⁻¹。这样，实际上，植株在整个生长期间的光照是非常有限的，例如，在晴天，在 9 月，在北纬 36° 的地区大约是 15 mol m⁻²d⁻¹。如果使用日光灯，光照度为 260 µmol·m⁻²·s⁻¹ 每天照 16 h 便可得到类似的光照强度。

　　在种苗生产中，日光灯或 LED 灯可以给予培养的种苗以相对均匀的光照，例如，每个架子层与层之间的距离可以设计为 60 cm，穴盘 5 cm，种苗生长 10~25 cm，空气流动 20~25 cm，灯 2.5 cm，灯管至上层培养架的距离 7.5 cm。

　　太阳辐射的光波是 300~2500 nm，但光合作用能够利用的仅是波长在 400~700 nm 之间的光，总量少于太阳能放射能量的 50%。并且 800~2500 nm 之间的光是属于远红外线，它们很容易抬升空气温度和作物的温度，因此，在夏季的晴天，中午的温度常常高于种苗生长的最佳温度。

植株形态的发育常常受日照长短和光强度的影响，但同时也受光质的影响，特别是300~400 nm（紫外光），400~500 nm（蓝光），600~700 nm（红光），700~800 nm（远红光）。当自然光被用作光源时，植株形态的发育不能控制，因为它受 400~700 nm 之间光照强度和光质的影响。在密闭系统中，来自于灯的光波的组成可以根据需要随时加以控制，因此根据植物的光合特性可以控制植株的形态。

5.2.3　密闭系统中的保护和再循环

密闭系统很容易阻止昆虫、病原菌、微生物的进入，这样生产无病原菌的种苗不需要使用任何农药，而且可以避免外界天气的干扰和人们活动的妨碍。此外，密闭系统仅有极少的污染物排放到外环境，例如不能再利用的肥料。

通过土壤水分蒸发和加湿器增加空气中的水蒸气，经空调制冷后浓缩形成水可以用来再灌溉，从而形成了一个水反复利用的循环圈。这样在密闭系统中，大量的水用于种苗的生长，只有少量的水随空气被带走（图 5-4）。在暗期植物呼吸释放的 CO_2 同样可以在光期用于植株的光合作用。在密闭系统中，CO_2 浓度高于大气 CO_2 浓度时，其利用率高于90%；而在开放系统中，CO_2 利用率往往低于 20%（Yoshinaga et al., 2000）。这样在密闭系统中 CO_2 的输入将非常有效，可以不考虑外界的天气情况。

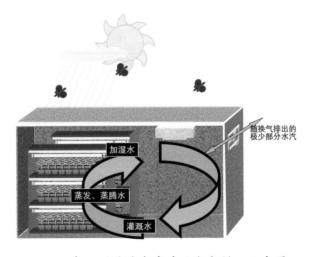

图 5-4　密闭型种苗生产系统水分循环示意图

密闭型种苗生产系统中的加湿水、灌溉水、蒸发蒸腾水处于封闭循环状态，只有极少部分随换气排出系统

5.2.4　在种苗生产中资源和光能的需求

生产种苗是为了将其移植到田间和温室种植，因此在种苗生产系统中，应尽可能使用最少的资源和能源，产生极少的污染物，生产高品质的种苗，使之在被移植到大田和温室后能获得高产且优质的产品。这种种苗生产系统才能被用于商业化生产，所以种苗生产系统的设计和操作必须根据种苗生产和大田生产的需求进行。

在密闭系统中，空间的需求与开放系统相比要小得多，可以进行多层立体培养，所占的空间约是大田面积的 2%~3%。换句话说，100 m² 的大田只需 2~3 m² 的种苗生产面积。而且，种苗的种植密度比大田密，生产期比大田种植期短，投入的人工光能都可以被用于种苗的生长，浪费极少，生产 1 g 干物质所需的光能比大田生产 1 g 干物质要少。因此，电能的消耗平摊到每株种苗其成本并不高（表 5-1）。

表 5-1　密闭式系统生产每株种苗所需的电费（日本太洋兴业股份有限公司）

种类	穴盘类型 / 孔	育苗天数 /d	电费 /（日元 / 株）
番茄嫁接苗	200	11	1.06
番茄嫁接苗	288	11	0.74
黄瓜接穗	200	5	0.48
黄瓜砧木（南瓜）	128	5	0.75
水培菠菜	288	9	0.61
土培生菜	288	13	0.87
三色堇	406	20	0.95

注：每株三色堇种苗的光照和空调所消耗的电能 =300 kJ= 约 0.08 kW·h。

5.2.5　密闭系统与开放系统的特点

如果密闭系统的设计和操作非常仔细，在深刻掌握和理解了密闭系统理论的基础上，最初的投资和操作成本可以做到低于开放系统。密闭系统的主要构成是人工光和不透明的化学隔离材料（与系统外部环境隔离），主要由人工光系统、降温系统、CO_2 输入系统、灌溉和施肥系统，以及放置苗盘的多层培养架组成。在密闭系统中，加热系统是不需要的，因为培养室的墙壁安装有保温层，在冬天，日光灯或 LED 发出的热量足以满足植株生长的需求。

相反，开放系统的主要组成是自然光，温室覆盖了玻璃或塑料块、遮阳网、补光系统、加热系统、换气和降温系统、苗床系统、灌溉系统、施肥系统和 CO_2 输入系统。遮阳系统主要在夏季的白天使用，补光系统主要在冬季使用，CO_2 输入系统只在顶部和侧面的换气装置关闭后使用几小时。

在密闭系统中，人工光系统是必须的，而在开放系统中并不是必须的，生产同样数量的种苗，密闭系统的占地面积仅是开放系统的 15%~30%，因为密闭系统能使用多层的培养架。密闭系统的外部结构类似于一个加了保温层的仓库，这样，密闭系统的外部结构成本低于或相近于开放系统。

密闭系统中另外一个主要的成本是电的消耗，但在开放系统中可以忽略；另一方面，在许多情况下，开放系统加热和通风的成本很高，而在密闭系统中可以忽略；CO_2 的输入成本在密闭系统中可以忽略（与电的成本相比），而在开放系统中则不能忽略，因补充的大部分 CO_2 都被释放到了系统外部。

在密闭系统中，人们可以根据需要调整光照时间，把光照时间调到夜晚或早晨，从而降低空调的电耗。在一些国家（例如日本），夜间的电费仅是白天的一半。在密闭系统中，照明的电耗占总用电量的 71%，空调占 10%，机械操作和灌水占 11%，换气占 7%，加湿占 1%（图 5-5）。空调电耗总量的 90% 主要用于降低照明产生的热量，所以选择省电及发热量小的 LED 灯十分重要，可以显著降低空调的耗电量。目前国内也有许多种类的高效节能且发热量小的 LED 灯在销售。另外，计算机和自动化控制在密闭系统中也比开放系统中更容易实现。

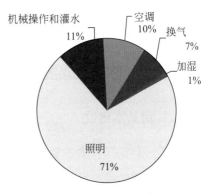

图 5-5 密闭型种苗生产系统电力消耗构成

人们倾向于一种自然光和人工光联合使用的系统是出于直观的经济角度的考虑，然而，这在种苗生产中并没有确切的根据，因为最初的投资和实际操作成本高于密闭系统，并且所生产的种苗质量仍然不如密闭系统好。

5.3 密闭型种苗工厂的基本组成要素和生产成本构成

密闭型种苗工厂也称为人工光种苗工厂，不受或很少受外界气候变化的影响，其种苗产量和质量主要取决于环境调控与管理技术的整体水平（图5-6）。因此，种苗工厂必须具有"工厂"的基本属性，植物生长发育的环境因子、水肥供给等，均可全程自动化调控，并具有一定的植物生产流程的空间自动管理功能，以实现植物种苗工厂化、规模化高效生产。下面讨论人工光种苗工厂的基本组成要素和生产成本的构成。

图 5-6 密闭型人工光种苗工厂

这个占地约 50 m^2 的密闭型人工光种苗工厂可放置 24 个栽培架，如果使用 288 穴的苗盘，每月可生产 22 万株种苗，每年可生产 260 万株种苗（日本福岛种苗公司）

5.3.1 基本组成要素

1. 厂房基本建设

人工光种苗工厂要求保温、密闭、洁净，一般由栽培车间、作业室、贮藏室、控制室、更衣室等房间构成。为了使室内气温波动最小化以及防止出现结露，常需要采用不透光的绝热材料为围护结构。对位于寒冷地区的工厂来说，还应隔断地面的传热。人工光种苗工厂围护结构的传热系数为 0.1~0.2 $W \cdot m^{-2} \cdot K^{-1}$；栽培室的换气次数为 0.01~0.02 次 $\cdot h^{-1}$。种苗工厂实行高度保温和密闭不只是为了防止室外的昆虫、微生物以及小动物进入室内，也是为了减少室内水蒸气和热量散失，同时还可防止室内 CO_2 流失到室外（室外大气的 CO_2 浓度仅有 400 $\mu mol \cdot mol^{-1}$）。种苗工厂的外围护结构设计、功能分区、密闭性都很重要，直接关系到植物工厂的初装成本、运行成本及能耗，也关系着生产效率。种苗工厂厂房基本建设包括采用保温防火材料（例如彩钢板）、搭建各生产车间、进行墙壁及地面的保温及防菌处理等。为了保证产品安全和操作人员的健康，应选择环保不产生挥发性气体的建筑材料。

2. 立体多层栽培系统

立体多层栽培系统包括栽培架、栽培床或苗床、栽培板、穴盘等。利用立体多层栽培系统可以实现土地的高效利用，栽培层数越多则土地的利用率越高。如果为栽培架配置高反射材料制作的反射板，则栽培床上的光强可以显著提高。例如，白色栽培板的光反射率约为 80%，可以有效提高光能的利用率。另外需注意的是，栽培架最顶层与屋顶应保持一定距离（至少 30 cm），以利于屋顶空气流动，如果栽培车间内的空气流动性能差，会使得栽培车间在垂直方向上出现温差而影响植物生长。

3. 灌水或营养液供给系统

种苗工厂大多采用基质或水培栽培方法，如今，以潮汐式灌溉、NFT 或 DFT 方式为基础的多种立体无土栽培供液系统和相关装备已经开发出来，适合种苗、叶菜、根茎类等植物的生产。营养液储存供给系统主要包括水或营养液的贮液装置、循环泵、供液回液管路、过滤装置、杀菌装置（紫外线、臭氧、过滤膜）等。

4. CO_2 供给系统

CO_2 是植物进行光合作用的最重要的因素之一，为了提高植物的光合效率，促进植株的生长发育，在光期及时补充种苗工厂内的 CO_2 是非常必要的。一般情况下，当栽培车间内 CO_2 浓度维持在 800~1000 μmol·mol^{-1} 时，就能有效促进植物的光合作用，促进植物的生长。CO_2 供给系统包括二氧化碳钢瓶、压力阀、流量计、电磁阀、供气管道等。

5. 空调通风系统

人工光种苗工厂的空调主要用于降温、循环空气、调节湿度等。家用空调的种类和功能都非常完善，可以直接用于植物工厂。种苗工厂室内的气温一般控制在 20~25℃。但在光期，栽培架内空气温度会高于室内温度，因此，促进栽培架内的空气流动是必须的，不仅能降低植物栽培层内的温度并调节湿度，而且能有效促进 CO_2 的供给，从而提高植物的光合速率和生长速度。空调的能耗是人工光种苗工厂能耗的一个重要部分，为减少降温耗电量，也可采用风机空调协同降温的方法，又称光温耦合节能调温技术，即当室外温度低于室内温度时，引进室外低温空气进行植物工厂降温，充分利用室外冷源以降低空调能耗并补充 CO_2。空调通风系统包括空调、风机、通风管道、空气过滤装置、风扇以及空气净化器等。

6. 照明系统

照明系统是人工光植物工厂的核心装备。光是植物环境信号和光合作用能量的唯一来源，许多因素都可能导致种苗工厂内的光环境（光照强度、光照时间、光谱组成、照射方向）不能满足植物生长发育的需求，所以光环境的调控非常必要，尤其光谱组成直接影响着种苗的生产效率和品质。荧光灯是传统光源，LED 是新型光源。LED 具有荧光灯无法比拟的优势，包括：①节省能源，与传统的荧光灯相比，可降低 50% 以上的能耗；②可按植物光合作用和生长发育需求调制光谱，按需用光，生物光效更高；③冷光源，可贴近植物照射，提高空间利用率；④环保、寿命长，可用 3 万 ~5 万 h、体积小、质量轻更适宜植物的工厂化生产。一般而言，栽培床面的光照强度或光合有效光量子密度为 100~200 $\mu mol \cdot m^{-2} \cdot s^{-1}$，具体可根据培养植物的种类对光强的需求来配置。照明系统主要包括光源灯具、悬挂装置、电源、电线、配件等。

7. 湿度控制系统

种苗工厂栽培室内空气的相对湿度一般应维持在 70%~80%。如今工业和民用的加湿设备种类繁多且功能齐全，只需根据培养植物种类的需求来配置。实际上，温度、湿度、气体的流通速度都影响植物的蒸腾速率和光合作用，例如，当室内气温为 20℃，栽培室内空气的相对湿度应维持在 80%（饱和蒸汽压差为 0.5 kPa）时对植物光合速率比较有利。同时，为了使室内空气分布均匀，即使不需要降温时，也应将空调设定在送风模式下运行。湿控系统包括加湿器、加湿管道、控制系统等。

8. 自动控制系统

自动控制系统由检测、执行、控制机构组成，其控制因子包括温度、湿度、光照、CO_2 浓度、气流、营养液供给等多种生产要素。控制智能化水平的高低在很大程度上决定着种苗工厂的运行效率。智能环境控制应以植物生长环境控制为基础，特别需要以环境因子耦合控制下的植物生理响应效应作为依据，这需要大量的试验数据，不同植物种类、不同的生长阶段，环境控制的参数也不同，需根据实际情况进行调节。在环境控制要素中，最重要的是养分和光照。养分和光照是两个既具有数量属性，又具有质量属性的环境要素，其智能控制难度较大，控制策略具有时间和空间要求，也需要和其他环境要素耦合统筹控制（刘文科，2016）。综合环境调控还包括提高投入资源的利用效率，将植物活体检测信息应用于环境调控以及植物生长速率的检测和控制等。自动控制系统包括软件、硬件两部分，硬件包括：温度、湿度、光照强度、气流速度、EC、pH、CO_2浓度等各种环境因子传感器、可编程控制器、计算机、变送器、摄像机以及物联网设备等组成。

9. 植物生产空间管控系统

立体多层规模化量产的种苗工厂，还需配备植物生产空间管控系统，包括播种移栽装置、植物空间水平垂直移动传输设备、光源灯具水平垂直移动传输设备，以及机械化自动升降机、自动装箱运输等生产管理装备。植物生产空间管控系统是种苗工厂规模化生产流水线作业的主体装备，有利于提高生产效率和管控水平，解决种苗工厂内病原体污染、高空作业安全隐患等问题，降低劳动强度和劳动力成本。

5.3.2 运行成本

1. 电力消耗

人工光种苗工厂的能耗主要包括人工光源（80%）、空调（16%）、灌水或营养液循环系统（4%）等。为减少系统的运行费用，需要在人工光源节能技术基础上减少植物工厂空调的能耗，主要包括采用 LED 灯、使用热泵调温技术、使用光温耦合节能调温技术等。随着 LED 价格的不断下降，越来越多的人工光植物工厂开始选用 LED 作为人工光源。

2. 人工费用

人工费在种苗工厂的成本中占 30%~40%，而且每年都有上涨趋势。规模越小的种苗工厂，人工成本所占的比例就越高，因为难以安装机械化和自动化的处理系统。如今，日本等国不断研发机械化和自动化设备以及机器人来代替人工，以降低劳动力成本。在生产能力较强的、超大型植物工厂，自动化处理操作成为降低生产成本的关键，其可以自动收集和分析各种数据，包括环境、植物生长、移植、资源消耗和成本，进行运输和销售等。许多先进的自动化技术正应用于人工光植物工厂中，包括智能机器人、遥感、图像处理、云计算、大数据分析和三维建模等。

3. 基本材料费

材料包括种子、肥料和培养基质等，种子是最基本的生产资料，其种类和质量直接影响种苗的品质和成本。品种不同，种子价格和发芽率也不同。种子的发芽率可通过发芽试验测得，一般种子包装袋上也都有明确标示。种子发芽率越高，则生产成本越低。

肥料主要采用杂质少纯度高的厂家生产的肥料。

培养基质主要有蛭石、泥炭土、沙、海绵、岩棉等。对于种苗生产来说，还需配备种苗专用穴盘，根据不同的栽培密度采用不同规格的穴盘，如 50、72、128、288 穴等。采用不同孔数的穴盘，将直接影响穴盘使用量和基质数量。

5.3.3 人工光植物工厂经济效益分析

人工光植物工厂如果是用于种苗生产，其经济效益应该是不错的，因为种苗的高度、种植密度都非常适合立体多层的植物工厂种植。而且种苗的生长周期短、需光量小、附加值高，所以有很可观的利润空间。

人工光植物工厂除种苗外，还可生产各种蔬菜和药用植物等。人工光植物工厂的立体形式使栽培面积提高了几倍甚至几十倍，由于环境可控，实现了周年不间断栽培，栽培周期缩短，品质提高，植物产量也相应成倍提高，如生菜 30 d 就可收获，比大田栽培至少缩短了 50% 生长周期。尤其是植物工厂还具有观光效益，这使植物工厂取得了比传统农业同等面积高出几十倍甚至上百倍的经济效益。然而，植物工厂的发展亦面临诸多问题，需要认真对待，其较高的建设成本和运行成本是植物工厂发展的瓶颈。

首先，植物工厂建设成本高，与日光温室、连栋温室相比，其投资成本相对较高，按栽培面积计算，一般在每平方米 1000 元以上。一个 200 m² 的人工光植物工厂，建设成本在 100 万元以上。在日本则更高，每平方米都在 2000 元人民币以上。第二，植物工厂运行成本较高，特别是能耗和人工成本高。由于植物工厂采用的是人工光源，能耗问题一直以来都是影响植物工厂发展的瓶颈，其中主要的能耗来自于照明（约占 80%）。另外，环境控制系统运行（空调、气流、营养液供给等）都需要消耗电能；另一方面，如果自动化程度低，则移栽定植、育苗、收获等操作都需要耗费人工。在植物工厂的发展处于世界领先水平的日本，生菜生产成本约 100 日元 /100 g，零售价 180~200 日元 /100 g，价格是传统方式种植基地生菜的两倍。在我国台湾省，用人工光植物工厂生产一株生菜（约 70 g）的成本是：47~56 新台币，零售价 81~420 新台币，1 新台币约合 0.2133 元人民币（Fang，2016）。

据上海离草科技有限公司 2016 年提供的数据，一个 200 m² 的小型植物工厂，栽培架为 4 层，生产 1000 株水培生菜，每株重 70~80 g，周期 30 天，成本如下：①折旧：1650 元；②营养液、种子（国产种子）、CO_2 等：180 元；③用电 1750 度（每度电以 1 元计算）；④人工费 1800 元；⑤其他：600 元，以上共计：5980 元，平均每株生菜的直接生产成本约为 6 元人民币。所以，一株生菜需卖到 10 元以上才有盈利。可以看出，200 m² 以下的小型化人工光植物工厂，由于自动化程度低，人工费较高、电费和折旧也很昂贵。

显然，目前这种植物工厂种植出来的蔬菜在价格上是不具有市场竞争力的，虽然无农药、无病原微生物、无重金属污染，是洁净、安全的高品质的蔬菜，但生产成本相对较高。其销售群体主要是一些对蔬菜品质要求较高的少数群体，暂时也不可能取代传统种植基地的蔬菜在市场上的主流供给地位。

5.3.4　提高植物工厂经济效益的对策和途径

植物工厂作为一种新型的农业生产方式，正处于发展和成长阶段，还需要投入更多的关注和研究。古在丰树教授认为（Kozai et al.，2016）可以通过提高植物工厂的性能来降低生产成本，如电力成本可以通过使用 LED 下降 50%；劳动力成本可以通过应用自动化设备下降 50%；初始投资可以通过良好的设计减少 30%；产品的商业价值可以通过栽培提高 30%；电力照明和空调的成本可以减少约 30%。其中，通过使用 LED 可以不断降低生产成本，因为 LED 灯的成本有望进一步下降。

1. 最初的固定资产的投资可以通过良好的设计来减少

植物工厂的设计方面具有很大的优化潜力，例如，设计高效节能的照明系统，增加立体栽培的层数，合理高效运转的生产流程和培养空间等，可以节省总成本 10%~15%。其二，充分利用城市建筑、废弃厂房、仓库、地下等闲置空间进行无尘车间的改造工程，可节省巨额的新建厂房投入。另外，在设备成本方面，一个植物工厂所需的植物光源较多，而使用自主研发的 LED 模组以及独特的光配方，无需引进或购买，设备成本可降低 30%以上。

植物无糖培养微繁殖及种苗生产

2. 降低电耗的成本

采用 LED 可以提高光能的利用率。LED 光源作为第四代新型半导体固态冷光源，其具有光质纯、光效高、波长类型丰富、光强与光质可调控及节能、环保、寿命长等优点，在人工光植物工厂的光环境调控方面具有很好的应用前景。据日本未来公司的介绍，在人工光植物工厂中，与使用荧光灯相比，使用 LED 灯耗电量降低了 40%，生菜的收获量提高了 50%。近年来，随着我国 LED 产业的快速发展，LED 灯价格不断降低，产品质量在不断提高，因此，电耗的成本有望不断降低。另外，利用波谷错峰补光、种植阴生的植物等都可大大降低用电成本约 50%。但在植物工厂能耗结构中，照明占据了 80% 的比例，而能耗在整个植物工厂的成本结构中仍占 25%~30%，因此降低能耗任重道远。而且 LED 光环境调控是个复杂的过程，涉及光质、光强和光周期等的综合调控，其调控直接影响着植物的生产效率及其品质（杨其长，2019），是人工光植物工厂需实现和满足的技术手段，必须进行深入的系统研究。

3. 降低人工成本

植物工厂要量产和规模化生产，不断提高机械化和自动化水平。我国植物工厂的人工成本比日本高，主要原因在于：其一，植物工厂的规模小，大部分植物工厂的面积都在 200~500 m^2；其二，机械化和自动化程度低，智能化高精度环境控制是增加植物工厂作物产量、提高品质、降低人工成本和运行能耗的重要因素；另外，开发植物生产空间自动化管控技术装备，优化组合集成系统也是降低人工成本和运行能耗的重要措施。全球首个完全自动化的人工光植物工厂由日本 SPREAD 公司建设，日产生菜达 30000 株，其产品 β - 胡萝卜素含量每 100 g 高达 2710 μg，是普通生菜的 11 倍。

4. 提高产品的商业价值

生产种苗、功能蔬菜，药用植物、珍稀特蔬菜等附加值高的保健植物；推进高机能、高附加值产品的开发；拓展植物工厂生产的植物种类，探明功能性活性物质合成代谢累积的环境调控机制；增加可使用部位生物量和有益化合物的含量。日本利用植物工厂生产种苗就是一个成功的范例，日本的种苗生产企业专业化程度很高，效益也很好，特别是小型人工光种苗工厂在日本应用较多，至 2011 年，应用数量已达 260 座，不少农户家都有这种小型的人工光种苗工厂。日本还有很多用植物工厂生产高附加值植物的典型范例，如日本村上农园株式会社利用人工光型植物工厂进行芽苗菜生产，主要产品包括卷心菜、芥

菜、花椰菜、白萝卜芽苗等。其产品富含萝卜硫素、β - 胡萝卜素、维生素 C、维生素 E
等功能性成分。其中花椰菜芽苗因富含萝卜硫素被称为"超级保健品"（张轶婷，刘厚诚
2016）。日本富士通半导体株式会社利用植物工厂生产用于透析肾脏病患者食用的低钾生
菜与菠菜也已经投放市场，其市场价格是普通生菜的 3 倍以上（贺冬仙，2016）。日本著
名化妆品品牌"资生堂"旗下也有植物工厂培植蔬菜，用作化妆品和药品的原料；我国国
内的三安集团公司与中科院植物所专家合作在植物工厂开展了红豆杉、牛耳草、蛇足石杉、
金线莲等多种药材的研发和生产工作，用于治疗多种疾病等。

5. 良好的商业营销模式

首先，植物工厂是针对都市的，是都市农业的重要组成部分，而不是用于替代传统温
室或开放田地的生产。植物工厂的发展为都市创造了新的市场和商业机会。植物工厂不仅
可以生产植物产品，还可以绿化空间，增加室内含氧量，有效吸收室内有害气体，调节空
气湿度，都市居民还可以体会耕种的乐趣。因此，为了出售植物工厂的所有产品、市场策
略比"产品"更重要。北京农众物联科技有限公司位于北京平谷马坊工业园区，该公司采
取了与其他产品销售公司完全不一样的营销策略，充分发挥其植物工厂的特征优势，针对
都市现代农业服务，在特意化、高附加值、差异化的特需农业产品上做文章。公司采用三
层立体化的空间利用方式，最下一层为无光暗室，主要培养食用菌；第二层为人工光培养
车间，主要培养铁皮石斛、金线莲等药用植物；第三层采用人工光和自然光混合光源，种
植特种蔬菜、瓜果、花卉，以及家庭设施园艺产品的展示等。公司的盈利是多方面的，包
括植物工厂的产品、阳台菜园、中小学生科普教育、植物工厂的设备和技术输出、观光等。
图 5-7 是该公司 2015 年的销售情况（数据由北京农众物联科技有限公司提供），从中可以
看出公司的经营模式是非常多元化的。

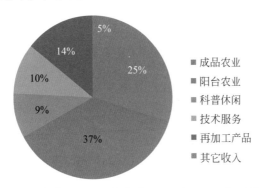

图 5-7　北京农众物联科技有限公司 2015 年销售构成

5.4 在密闭系统中可以生产高附加值的植物

密闭系统可以为植株的生长提供各种适宜的环境因素，例如，温度、光照强度、CO_2浓度、相对湿度、培养基质的含水量（培养基质的含水量极大地影响植株的生长发育）等都可以人为控制。因为种苗要移植到温室或田野种植，故其质量不仅仅取决于当时的形态，也取决于将来在田间的表现。然而，要预测种苗在田间生长的表现是困难的，因为在栽培期间环境条件极大地影响植株的生长发育，但毫无疑问种苗的品质是决定产品质量和产量的重要因素之一。密闭系统具有极大地潜力生产无病菌，具有良好遗传、生理和形态的优质种苗，移栽到田间后能获得高产优质的产品。

光周期直接影响到温度，光期的温度一般比暗期高，其差值可用 DIF 表示，DIF 的调节是花卉栽培的一项特殊技术。然而在田间和温室，DIF 是不容易控制的，它受季节和地理位置的限制，但在密闭系统中它的控制就要容易得多。

在一些情况下，人们需要茎短而粗壮的植株，例如青笋、番茄、茄子、辣椒、黄瓜、菠菜等种苗。在密闭系统中，不仅能生产短茎的植株，也能根据需求在一定范围内生产长茎的植株。换言之，在密闭系统中，人们可以根据需求任意控制植株茎的长短，控制其抽苔、开花等，从而使植株的商品价值增加。

由于密闭系统环境的可控性好，因此许多在田间或温室难以实施的栽培技术在密闭系统中都很容易实现，人们可以从密闭系统中得到很多高附加值的产品（图 5-8）。植物的次生代谢产物的合成与生长环境息息相关，光环境（包括光照强度、光质、光周期）、温度、湿度、CO_2浓度等都极大地影响植物次生代谢产物的合成。换句话说，次生代谢产物是植物与其生长环境相互作用的产物。因此，利用环境调控可以有效促进植物的生长发育，提高种苗和药用植物的产量和品质，使植物的生长达到人们所需的培养目标。

紫苏可用作食物、健胃和镇咳原料药以及抗过敏补充剂。其主要生物活性成分是紫苏醛（PA）、迷迭香酸（RA）、木犀草素（LU）和花青素（ANT）。Ogawa 等（2018）研究了收获前 6 d 低温（10℃、12℃和 15℃）和对照（20℃）营养液温度（NST）处理对紫苏植物生长和茎叶主要生物活性化合物浓度的影响（图 5-9），发现各处理之间，作为收获的主要茎叶部分干重没有显著差异。然而，叶片含水量（%）随着营养液温度的降低而降低，在 10℃条件下生长的植物叶片的含水量最低。与此相反，迷迭香酸（RA）、木犀草素（LU）和 紫苏醛（PA）的含量则随着营养液温度的降低而增加，在 10℃ 处理下最高。因此，在

图 5-8　正在人工光植物工厂中生长的铁皮石斛 A、金线莲 B、紫苏 C、食用花卉 D
（图 A、B、C 上海离草科技有限公司在密闭型植物工厂生产的植物；D 引自方炜，2018）

收获 6 d 前降低营养液的温度（例如，降低至 10℃），似乎是一种有效提高品质的方法，可以提高整个紫苏植株中的迷迭香酸（RA）和木犀草素（LU）和紫苏醛（PA）的含量。

　　在植物工厂中，生菜是研究最多的植物，因为其植株高度很适合用于立体多层培养，生长快，营养丰富，是人们喜欢并常食用的蔬菜。例如，红叶生菜中含有丰富的花青素，具有很好的抗氧化活性；叶黄素和胡萝卜素是生菜中两种主要的类胡萝卜素，除了抗氧化活性外，叶黄素还可以延缓与年龄相关的眼病；生菜中还含有抗坏血酸，即维生素 C，这是一种水溶性分子，对人体健康很重要，是人类饮食中抗氧化剂的主要来源。在各种环境因素中，光是影响植物中植物化学物质浓度的最重要变量之一。人们普遍认为，光照强度可以积极影响植物化学物质的积累，而光质的影响更为复杂，通常报告的结果好坏参半。一般而言，UV-A 可诱导花青素积累，类胡萝卜素和抗坏血酸水平增加，但因植物种类的不同而有所差异。总之，大量的研究表明，在提高植物化学物质浓度时优化光质是可行的。

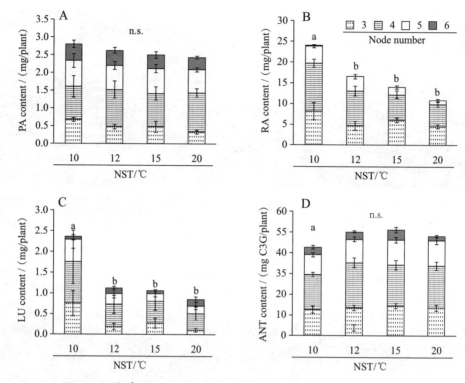

图 5-9　营养液温度（NST）对生物活性化合物含量的影响

A：紫苏醛（PA），B：迷迭香酸（RA），C：木犀草素（LU），D：花青素（ANT）。在处理 6 天后收获植株。垂直条表示 SE（n=6）。通过 Tuky-Kramer 检验，不同字母表示不同处理之间的显著差异（$p<0.05$）（Ogawa et al., 2018）

图 5-10 是针对功能性植物 - 高花青素生菜的一个试验，从图可以看出，在收获前 3 d 给 0.5 W/m² 的 UV-LED 照射可以有效提高红叶生菜中花青素的含量，其中 310 nm 光照处理的花青素的含量最高。

Li 和 Kubota（2009）研究不同补充光质对植物化学物质积累和生长的影响，试验以红叶生菜（*Lactuca sativa* L.）作为试验材料，白色荧光灯作为主要光源，分别补充 LED 紫外光（UV-A, 373 nm）、蓝光（B, 476 nm）、绿光（G, 526 nm）、红光（R, 658 nm）和远红光（FR, 734 nm）；补充 UV-A、B、G、R 和 FR 的光通量分别为 18 μmol·m⁻²·s⁻¹、130 μmol·m⁻²·s⁻¹、130 μmol·m⁻²·s⁻¹、130 μmol·m⁻²·s⁻¹ 和 160 μmol·m⁻²·s⁻¹；每个处理总的光通量是相同的，都是 300 μmol·m⁻²·s⁻¹（图 5-11）。

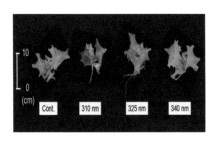

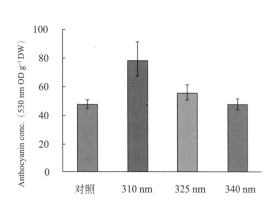

培养条件：

生长 14 d 的生菜 (*Lactuca sativa* L)

光照强度：150 μmol · m⁻² · s⁻¹ 红光 LED 灯

UV 处理：强度 0.5 W · m⁻²（采收前 3 d）

光周期：16 h · d⁻¹

图 5-10　补充 UV-LEDs 对红叶生菜花青素含量的影响。功能性植物 - 高花青素生菜生产
（Eijigoto, 2017）

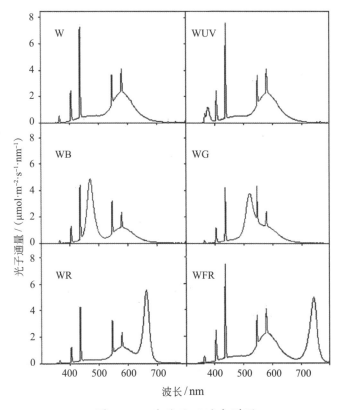

图 5-11　试验处理的光谱图

白光对照（W），白光补充 UV-A（WUV），白光补蓝光（WB），白光补绿光（WG），
补红光（WR），补远红光（WFR）（Li and Kubota, 2009）

経過12天的光质处理（发芽后22天），他们发现光处理对红叶生菜植株的植物化学物质浓度和生长有显著影响。与白光对照组进行比较，补充紫外光（UVA）和蓝光（B）的花青素浓度分别增加了11%和31%，补充蓝光的类胡萝卜素浓度增加了12%，补充红光（R）的酚类物质浓度增加了6%，而补充远红光（FR）的花青素、类胡萝卜素和叶绿素浓度分别降低了40%、11%和14%。但与白光相比，补充远红光的植株鲜重、干重、茎长、叶长和叶宽分别显著增加28%、15%、14%、44%和15%，这可能是由于补充远红光增大叶面积的光截获作用所致。因此，补充远红光，每株植物胡萝卜素和叶绿素总含量并没减少。结果表明，选择不同波长的补充光可以提高白光下生长的红叶生菜的营养价值和生长效率。简言之，补充蓝光（B）或紫外光（UVA）可以促进花青素的积累，补充蓝光也可增加类胡萝卜素的浓度，补充红光可以增加酚类物质的浓度，而补充远红光可以增加生物质的量，但会导致较低的细胞化学浓度。作为补充光的红光或远红光可以提高白光下生长植物的化学成分含量和生物量，但需要进一步研究选择不同比率的影响。

Chen 等（2019）在密闭型植物工厂中进行了两个实验，以检验紫外光（UVA）是否有利于室内植物栽培。采用生菜作为植物材料，在混合蓝光、红光和远红光下生长，光子通量密度为 237 µmol·m⁻²·s⁻¹；光周期为 16 h。在第一个实验中，紫外光（UVA）峰值波长为 365 nm，光照强度分别为：10（UVA-10）、20（UVA-20）和 30（UVA-30）µmol·m⁻²·s⁻¹，培养时间 13 d（图 5-12 和表 5-2）。

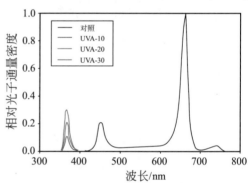

图 5-12 试验四种处理的光子通量密度（Chen et al., 2019）

表 5-2 试验四种处理在不同波段的光子通量密度 (PPFD)

处理	UVA / (µmol·m⁻²·s⁻¹)	PAR / (µmol·m⁻²·s⁻¹)	FR / (µmol·m⁻²·s⁻¹)	总光照强度 / (µmol·m⁻²·s⁻¹)	DLI / (mol·m⁻²)	UVA/PAR / %
对照	0	230	7	237	13.65	0
UVA-10	10	230	7	247	14.23	4.35
UVA-20	20	230	7	257	14.8	8.7
UVA-30	30	230	7	267	15.38	13.05

注：UVA：紫外辐射，315~400 nm；PAR：光合成有效辐射，400~700 nm；FR：远红光辐射，700~750 nm；DLI：日光积分，315~750 nm。北京自然光中测得的 UVA/PAR 为 7%~8%。

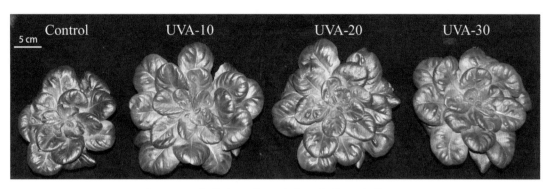

图 5-13　生菜在 4 种不同光照条件下生长 13 d

UVA-10, UVA-20 和 UVA-30 代表 10 μmol · m^{-2} · s^{-1}, 20 μmol · m^{-2} · s^{-1} 和 30 μmol · m^{-2} · s^{-1} UVA 辐射（Chen et al., 2019）

培养结果如图 5-13 所示，添加紫外光（UVA）辐射显著促进了生菜生长，与对照组（白光，不补充 UVA）相比，叶面积分别增大了 31%（UVA-10）、32%（UVA-20）和 14%（UVA-30）；地上部分干重分别增加了 27%（UVA-10）、29%（UVA-20）和 15%（UVA-30）；次生代谢产物的增加如图 5-14 所示。从图 5-14 可以看出，与对照相比，所有指标包括总黄酮、总酚、花青素、维生素 C、可溶性糖、可溶性蛋白等成分经紫外光处理的都比对照组要高；其中，处理（UVA-30）总黄酮高 48%，总酚高 18%、花青素高 49%；处理（UVA-20）维生素 C 高 80%；处理（UVA-10）可溶性糖高 26%、可溶性蛋白高 24%、总黄酮高 22%、花青素高 49%、维生素 C 高 66%。由此可看出，很微量的 UVA 辐射处理都可以刺激或提高生菜次生代谢产物的形成。

在第一个试验的基础上，第二个试验分别在生菜收获前 5 d、10 d 和 15 d 开始补充补充 10 μmol · m^{-2} · s^{-1} 的紫外光（UVA）辐射，也就是 UVA-5d、UVA-10d、UVA-15d 3 个处理，同样，不补充 UVA 的处理作为对照（Control），试验共进行了 15 d。试验结果显示：UVA-5d、UVA-10d 和 UVA-15d 处理的地上部分干重分别增加了 18%、32% 和 30%，叶面积增加了 15%~26%。次生代谢产物的增加如图 5-15 所示。同试验一相同，所有次生代谢产物的含量都比对照组高。在这两个实验中，紫外光（UVA）辐射显著增强了次生代谢物的积累，例如花青素和抗坏血酸含量分别增加了 17%~49% 和 47%~80%。因此，补充紫外光（UVA）不仅可以刺激受控环境中的生物量大幅增加，还可以增强次生代谢产物的积累。

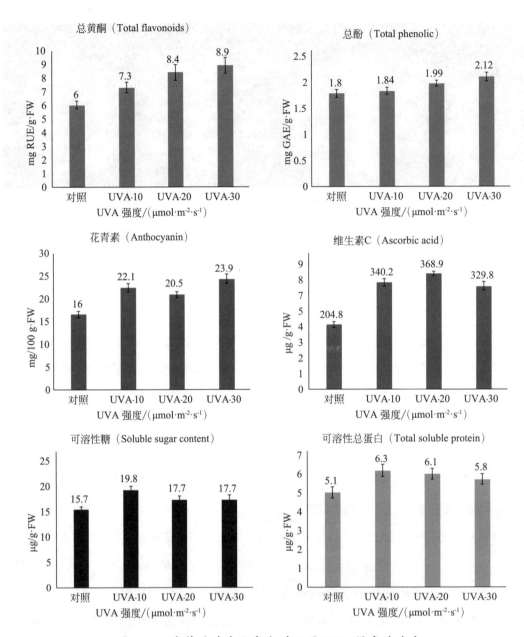

图 5-14　生菜叶片生化成分对不同 UVA 强度的响应

UVA-10，UVA-20 和 UVA-30 代 表 10 μmol · m^{-2} · s^{-1}，20 μmol · m^{-2} · s^{-1} 和 30 μmol · m^{-2} · s^{-1} UVA 辐射（Chen et al., 2019）

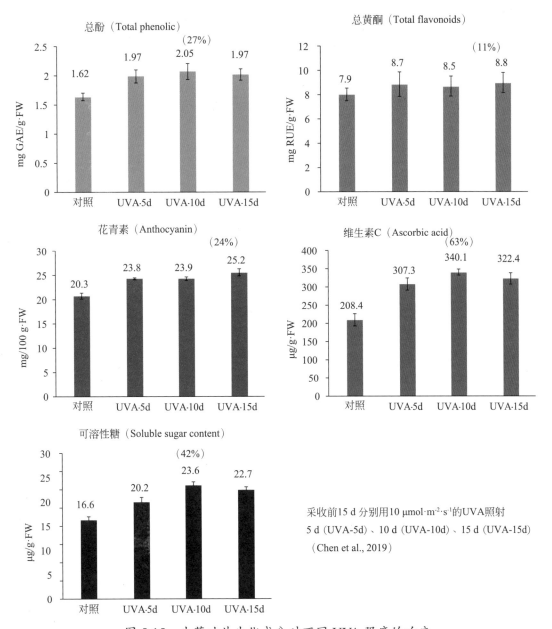

图 5-15 生菜叶片生化成分对不同 UVA 强度的响应

UVA-5d, UVA-10d 和 UVA-15d 代表 10 μmol·m⁻²·s⁻¹ UVA 分别在收获前照射 5 d, 10 d 和 15 d（Chen et al., 2019）

Bae 等（2017）研究了红光和远红光的比例对药用植物黄瓜假还阳参（*Crepidiastrum denticulatum*）的生长和植物化学成分的影响。生长 3 周的黄瓜假还阳参幼苗被移植到配备红光（R）、蓝光（B）和远红光（FR）的 LED 植物工厂的水培系统中。红光与蓝光的比为 8:2（R8B2），红光与远红光的比（R/FR）为 0.7、1.2、4.1 和 8.6。R8B2（无远红光）和商用 LED 分别用作对照 I 和 II（图 5-16），对照 I 的其中一部分植物在每天光照期（EOL）结束前接受四种不同 R/FR 比率的辐射 30 min，整个试验共 10 个处理。

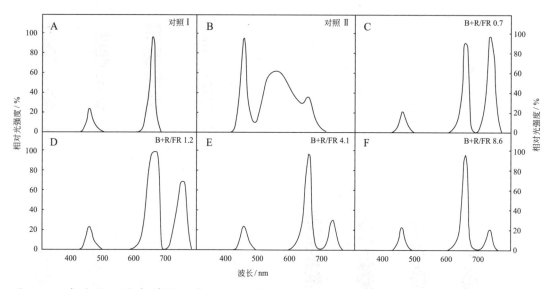

图 5-16　各个处理的光谱图。对照 I (A) 和 II (B) 处理以及在对照 1 基础上添加不同比例的远红光 (FR) 的 LED 光谱（Bae et al., 2017）

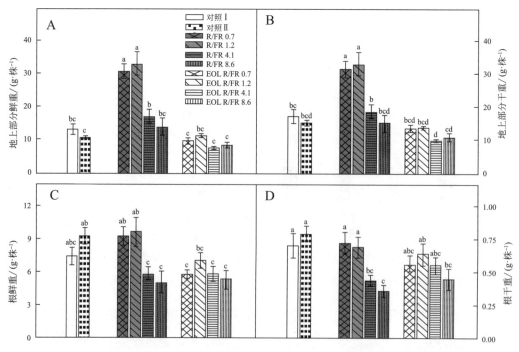

图 5-17　培养 6 周后，补充不同比例的红光（R）与远红光（FR）对黄瓜假还阳参（*Crepidiastrum denticulatum*）地上和地下部分的鲜重（A，C）和干重（B，D）的影响。柱形图中不同字母表明 $p < 0.01$ 时存在显著差异（n=8）（Bae et al., 2017）

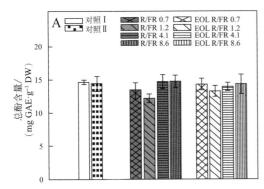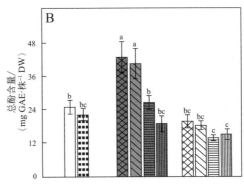

图 5-18　培养 6 周后，补充不同比例的红光（R）与远红光（FR）对黄瓜假还阳参
（*Crepidiastrum denticulatum*）每克干重（A）和每株植物总酚含量（B）的影响。
柱形图中不同字母表明 $p<0.01$ 时存在显著差异（$n=8$）（Bae et al., 2017）

从图 5-17、图 5-18 可以看出，培养 6 周后，R/FR 比为 0.7 和 1.2 时，地上部分的
鲜重、干重、叶面积、叶长和叶宽比对照组高 1.8~2.4 倍。与对照组相比，连续 R/FR 0.7
和 1.2 辐照降低了每克干重的总酚含量，尽管这种影响并不显著。与对照组 I 相比，R/FR 0.7
和 1.2 处理的单株总酚含量增加了 2 倍以上，地上部分的鲜重分别增加了 1.6 倍和 1.7 倍。
补充远红光，显著促进了植物的生长和单株总酚含量，因为单株（地上部）的酚含量与植
物生长直接相关，导致补充远红光酚含量积累的增加趋势。单个酚类化合物水平与总酚含
量的趋势相同。在 R/FR 为 0.7 和 1.2 的条件下，绿原酸、咖啡酸和菊苣酸的含量比对照 I
增加了 1.3~1.8 倍。然而补充远红光（FR）6 周的处理（EOL R/FR，30 min·d^{-1}）对植
株生长或生物活性化合物的含量没有显著影响。这些结果表明，使用远红光进行补充照射，
可以促进黄瓜假还阳参的生长和提高植物化学成分的积累。

5.5　日本千叶大学的密闭型种苗生产工厂

一个密闭型种苗生产系统于 2002 年 2 月在日本千叶大学园艺学部建成（图 5-19），
这个系统主要用于种苗生产中生物和工程技术的研究，并且测试在密闭系统中种苗生产的
可行性。该系统占地面 500 m^2，由无菌区和一般操作区组成。虽然这个系统能生产多种
植物，但初期主要用于生产脱病毒的甘薯苗。

甘薯（*Ipomoea batatas* (L.) Lam.）在热带和亚热带国家是一种非常重要而特殊的经

图 5-19　日本千叶大学的密闭型种苗试验工厂（2000 年）

图 5-20　穴盘运输系统及苗床装置

济作物，它已经被用于制造淀粉和健康食物，富含维生素和抗氧化元素，如胡萝卜素、维生素 C 和纤维素。在 21 世纪，它将被大量地用于饲料、生产降解塑料和制备氢气的原材料（Kozai et al., 1998），氢气将被用作干净的能源反复为汽车充电。在热带和亚热带地区甘薯的潜在产量是水稻和玉米的 1.5 倍，是马铃薯的 2 倍。与水稻的生长相比，甘薯仅需要很少的水、氮肥和劳力，是保护环境和 21 世纪的高效作物。

这个密闭系统的无菌区用于快速繁殖甘薯母本苗，它的装置由 8 层的培养架、穴盘、光照设备（日光灯）、空调（家用空调）、控制系统组成。风扇和加湿器安装在每个装置的顶上，这种装置的设计是为了尽可能地使用最少的电能并减少热量的产生。每一个装置都可独立操作，植物的生长状况和环境条件（温度、湿度、CO_2 浓度）由计算机进行动态监测并加以控制。工人一般不进入培养室，苗盘的移动和运输全是自动化，每一个培养间都安装有穴盘运输系统。这个系统由一个穴盘运输机、运输手和一个双开门系统组成（图 5-20），主要用于在同一培养室将带植物的穴盘从一个地方移动到另一个地方，或从原种苗生产区移动到扦插苗生产区。

灌溉系统是在微精准灌溉的基础上发展的，适量的营养液从灌溉系统传送到每一株植物，并且不需要排水渠道和再循环的过程，可以使水的使用达到高效率。

生产管理系统由几个分系统组成，包括一个生产计划分系统，一个生产模拟系统，一个程序管理分系统和一个研究支持分系统。当收到订单后，生产计划系统做出最佳的生产和运出种苗计划，计划要列出所需使用的资源，例如，生产空间、劳动力、材料和有效的时间安排。生产模拟系统是一种带几个组件的虚像的模拟工厂，在环境控制的基础上模拟穴盘苗的生产。如果生产计划分系统发现生产模拟分系统的生产是可行的，程序管理分系统将发出各种指令给穴盘运输、灌溉、机械手和其他有关的系统；研究支持系统将援助研究者完成他们的试验。

植物操作系统是机械手和监视机械手操作的监视器系统，它由几个分系统组成，包括机械手操作分系统、植株生长监控分系统和警报分系统等。机械手操作分系统从生产管理分系统得到行动命令后进行操作，植物监视分系统监视每一个机械手的操作，如果植物分系统发现了问题，警报分系统将采取相应步骤保护机械手，并把信息传送到管理人员的手机，使管理人员能及时进行检查和排除故障。

千叶大学的密闭植物生产系统已经进行了多种植物种苗生产的研究，对能源、材料、时间和劳动力的需求都进行了详细的分析。为了达到最佳的培养效果，必须对工程系统进行研究。在这个密闭系统中，许多新的概念和技术得到实施；一些先进的技术应用到了这个系统；并且从这个系统中又开发了新的技术和概念；它给研究者创造了新的研究和工作领域。密闭型生产系统将极大地影响和冲击 21 世纪的农业生物生产系统和相关领域，最少的能源消耗和零污染排放是这个系统设计和操作的一个主要目标。

理解了植物、微生物和动物（尤其是昆虫）在当地和全球生态系统中的角色就能解决全球 21 世纪所面临的问题；为了生产大量的粮食、饲料、能源和保护环境，人类亟须开发出一种人工智能种苗（或生物）生产系统，而密闭系统无疑是这样一种理想的种苗生产系统。与自然光开放系统相比，人工光密闭型生产系统的能源消耗和环境污染物的排放显然更少。

人工光密闭系统（图 5-21）生产的种苗质量显著优于自然光开放系统，移栽后能得到更高的产量。然而，还有许多工程和生理生态方面的问题还没有完全解决，还有待于各学科和国际间的进一步合作。在将来的密闭型植物生产系统中，微生物、昆虫和其他小动物有可能将扮演重要的角色（Kozai，2001）。

图 5-21　日本千叶大学密闭型种苗工厂中西红柿种苗的生产

第6章 植物无糖培养——大田及经济植物篇

姜仕豪

作物是指有利用价值并由人工栽培的植物。人们的吃、穿、用以及文化生活用品的生产都与作物生产密切相关。我国人民衣食需求的95%和纺织工业原料的65%左右，都直接或者间接来自作物生产（张国平和周伟军，2001）。自然界中被人类栽培种植的作物大约有2300种，被大面积种植的约200种（曹卫星，2018）。大田和经济植物是最重要的作物种类，这些植物的生产是人类社会赖以生存和发展的基础，影响着人民生活的方方面面，对于国民经济的发展有着举足轻重的影响。近年来随着现代生物技术的发展，植物组织培养技术被大范围应用于农业，对于解决作物新品种培育、种苗快繁及脱除病毒病方面有着传统生产方式无法比拟的优势。植物无糖组培快繁技术是一种新型的植物组织培养技术，其更进一步解决了传统组培中易污染、生根差、周期长、种苗质量差及炼苗存活率低等问题，显著提高了大田和经济植物的种苗生产效率。

自20世纪80年代植物无糖组培快繁技术发明以来，日本、美国、越南、中国、巴西等地在作物的无糖培养方面取得了诸多成果，目前已对菠萝、油菜、西兰花、花椰菜、羽衣甘蓝、油茶、辣椒、欧李、柑橘、椰子、咖啡、芋、甜瓜、杉木、胡萝卜、山药、油棕、桉树、草莓、山竹、大豆、橡胶、空心菜、甘薯、核桃、生菜、番茄、苹果、香蕉、烟草、水稻、辐射松、桃、萝卜、树莓、甘蔗、马铃薯、葡萄、山葵、猕猴桃、四翅滨藜、构树、火龙果、木薯、罗勒、杨树、费菜、蓝莓、生姜等多种大田和经济植物进行了无糖培养的研究。本章主要介绍与生活关系密切、报道较多的大田和经济植物品种及其应用案例。

6.1 马铃薯

马铃薯（*Solanum tuberosum* L.），学名阳芋，俗称土豆，茄科茄属草本植物，高 0.3~0.8 m，无毛或有疏柔毛。地下茎呈块状，扁圆形或长圆形，单数羽状复叶，伞房花序顶生，后侧生，花白色或蓝紫色。原产于热带美洲山地，现广泛种植于全世界温带地区，块茎可供食用，在我国各地均有栽培，是全球第四大粮食作物。我国是全球最大的马铃薯生产国，马铃薯种苗生产在国家粮食安全战略中的地位日益显著。

马铃薯产量高、营养丰富、深加工产品多，对于增加农民收入、振兴农村经济具有积极意义。但是马铃薯在栽培过程中容易发生退化，出现叶片皱缩卷曲、叶色浓淡不均、产量逐年下降等现象。这个现象后来被发现是由于病毒传播引起的。传统马铃薯生产多采用块茎无性繁殖，病毒等通过伤口侵入，在植株体内不断繁殖并一代一代往下传，危害逐年加重。对于病毒病的防治，尚未发明特效药，公认有效解决马铃薯病毒病危害的方法就是进行茎尖脱毒，通过组培快繁方式生产无病毒种苗。

2016 年，我国原农业部公布《关于推进马铃薯产业开发的指导意见》，把马铃薯作为主粮产品进行产业化开发，提出到 2020 年将马铃薯种植面积扩大到 1 亿亩以上，使优质脱毒种薯普及率达到 45%。因此，开展马铃薯脱毒组培的研究和生产前景广阔。

在我国甘肃、内蒙古、河北等地区有大量种苗企业通过组培方式生产马铃薯脱毒种薯。通过茎尖脱毒加上组培快繁的方法能够在短时间内生产大量脱毒试管苗，最后通过原原种、原种、良种三级育种，获得脱毒的商品种薯。目前也有不少公司和研究人员对试管内的条件进行改变，生产试管薯作为原原种薯，大大节约了生产成本，提高了生产效率。然而，组培过程的污染问题和容器内的不良环境条件制约了脱毒种薯生产行业的发展。植物无糖组培快繁技术是一种新型的组培技术，采用环境控制手段缩短植株生长周期，降低污染率，提高种苗品质，有效降低了生产成本。与传统组培相比，无糖培养能够提高马铃薯株高，缩短节间距，获得较高干鲜重，而且培养过程不惧污染，在其种苗生产上具有独特优势。为了更好地生产优质马铃薯种苗，使其能应用于商业化育种，近 30 年国内外学者从接种材料、培养条件到培养基等进行了大量无糖培养方面的研究。

6.1.1　接种材料对无糖培养马铃薯生长的影响

传统组培利用马铃薯单节茎段作为繁殖材料，以培养基中的糖为碳源进行异养生长，茎段上叶片多少对增殖影响并不大。当采用无糖培养时，情况发生变化，接种带有较大叶面积的材料能够提高马铃薯的种苗生长速度，并且种苗生长更加整齐。随着接种材料叶面积的增加，培养 23 d 后，植株的干鲜重、叶面积、株高等参数也显著增加（表 6-1）。在光自养条件下，外植体必须利用光合作用产生的碳水化合物或消耗本身储存的碳水化合物形成新芽。如果外植体没有一个光合器官（如一片叶子），它就必须首先利用自身的碳水化合物产生一个光合器官。造成了培养早期外植体的干重继续下降，直到再生植株的净光合速率达到平衡（Miyashita et al., 1996）。冯洁等（2019）也得到了同样的结论，他们采用单节或双节带叶马铃薯茎段作为无糖培养材料时，发现双节茎段处理的株高、茎粗、节间数和鲜重均优于单节茎段。这意味着，在无糖培养条件下，不带叶片的外植体生长会延迟。如果外植体的叶面积较大或者较多，则会促进外植体的生长。

表 6-1　初始叶面积对无糖培养 23 天的马铃薯种苗影响

（Miyashita et al., 1996）

编号	初始叶面积 / cm^2	初始株高 / mm	鲜重 / mg	干重 / mg	叶面积 / cm^2	株高 / mm	干物质含量 / %	叶片数 / 片
A1	2.1	1	494±15	27±05	7.2±0.2	45±2	5.4±0.2	7.6±0.2
A2	1.7	1	446±15	25±0.6	6.9±0.3	41±1	5.5±0.3	7.5±0.2
A3	1.1	1	436±14	25±0.7	6.8±0.2	40±1	5.7±0.2	7.1±0.1
A4	0.4	1	352±11	21±0.7	5.9±0.2	35±1	6.0±0.2	7.1±0.2
			*	*	*	*	*	NS

注：NS 和 * 分别表示非显著差异和显著差异 ANOVA 检验 $p \leqslant 0.05$。

6.1.2　培养条件对无糖培养马铃薯生长的影响

1. 温度

温度、湿度、光照、CO_2 浓度及换气次数等培养条件都会显著影响无糖培养的马铃薯生长。不同的昼夜温差也可以影响马铃薯种苗的形态建成。在相同的光照强度下，随着昼夜温差值的降低，马铃薯种苗的株高会降低，特别是高光强和长日照的条件能够显著抑制株高。然而不同的昼夜温差对茎粗、叶面积、叶片数及干鲜重则没有显著的影响。当昼夜温差值为负数即日温低于夜温时，会降低比叶面积（Kozai et al., 1992b）。因此通过采用较低的昼夜温差可以在保持茎粗等条件不变的情况下，减少株高和比叶面积，利于提高移栽存活率。

2. 湿度

Kozai 等（1993）将马铃薯小苗接种在带透气孔的培养容器（换气次数 0.95 次·h⁻¹）中进行无糖培养，并将培养容器分别放在蒸馏水或不同的盐饱和溶液中，使环境中的相对湿度保持在 4 个不同的范围内（81%~88%、86%~92%、92%~95% 和 94%~95%）。整个试验过程通过环境控制将容器中的 CO_2 浓度始终保持在 350 μmol·mol⁻¹ 以上。结果表明，小苗的株高随着最初相对湿度的降低而减少。在最低的相对湿度处理中观察到最短的株高（35 mm），在使用蒸馏水保湿的对照组中观察到最长的株高（52 mm）。在不同的处理中，每个小植株的干重没有明显差异。因此，调控相对湿度可以改变微繁殖马铃薯植株的株高，通过轻微降低相对湿度可以在不减少干重的情况下获得矮小却有活力的种苗。

3. 光照

光照是影响马铃薯生长发育的一个重要环境因子。光照强度、光周期、光质甚至是光照方向都会影响无糖培养马铃薯的生长。Hayashi 等（1995）、Niu 等（1997b）在每天光期和暗期总时长不变的情况下做了 4 组光周期处理（光照/黑暗 16 h/8 h、4 h/2 h、1 h/0.5 h 和 0.25 h/0.125 h），研究自然换气方式下无糖培养马铃薯的生长状况。他们发现光周期越短，瓶内植株的每日 CO_2 交换量越高，干重增加越多（图 6-1、图 6-2）。因此，光周期影响试管内 CO_2 浓度和植株的日 CO_2 交换量，从而影响试管苗的生长。在每日光照总时长不变的情况下，缩短光周期可促进试管苗的生长。而当日累计光量不变，每天光照时间变化的情况下，Niu 等（1996b）得出不同结论，他们对 3 组光周期（光照/黑暗 24 h/0 h、20 h/4 h、16 h/8 h）和 3 组光照强度（100、120、150 μmol·m⁻²·s⁻¹）的植株进行了组合试验。结果表明，长的光周期和低的光照强度会提高植株的干重。他们认为日累计光量不变情况下，提高光强、缩短光照时间会降低光期容器内的稳态 CO_2 浓度，减少光合作用时间，不利于干重的增加。所以当条件不同时，需要采用不同的光周期策略。以上试验均以自然换气方式进行无糖培养，容器内种苗自身呼吸产生的 CO_2 浓度对生长会有显著影响。当采用强制换气，容器内的 CO_2 浓度能够在光期得到及时补充，高光强和长日照能显著增加茎粗、叶面积和叶片数，使干鲜重增加并且促进根系生长。

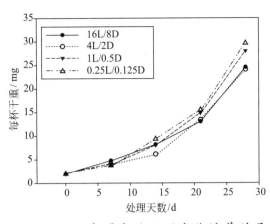

图 6-1　不同光周期处理下离体培养的马
铃薯植株干重曲线（Hayashi et al.,
1995）

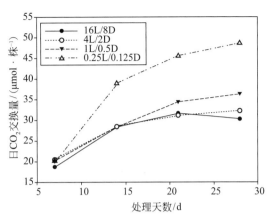

图 6-2　不同光周期处理下无糖培养的马
铃薯植株日 CO_2 交换量变化曲线
（Hayashi et al., 1995）

表 6-2　红光和远红光对无糖培养 19 d 的马铃薯影响

（Miyashita et al., 1995）

R 和 FR 组合 / ($\mu mol \cdot m^{-2} \cdot s^{-1}$)		叶片数	茎干重 / 株高 / ($g \cdot m^{-1}$)	冠根比	干物质含量 / %
R	FR				
10	2	8.4	0.14	3.1	5.8
	20	9.2	0.14	3.0	6.2
	30	8.2	0.13	3.5	5.7
	50	9.0	0.14	3.3	6.1
30	2	8.5	0.16	3.2	5.5
	40	8.6	0.13	3.0	6.3
	50	8.9	0.12	3.0	6.2
50	2	8.5	0.12	3.0	5.4
	20	8.3	0.14	3.0	5.5
	30	7.8	0.13	3.2	5.6
100	2	9.2	0.07	4.5	4.6

　　光质参与了无糖培养马铃薯种苗的形态建成和生长。在保持总光照强度不变的情况下，可利用红色 LED 灯设置 5 个红光光强处理（11、15、28、47 和 64 $\mu mol \cdot m^{-2} \cdot s^{-1}$）以研究马铃薯在无糖培养基中的生长情况。可以发现增加红光光强能够促进株高和叶绿素含量，然而对干重和叶面积的影响不大。因此，添加红光能够影响马铃薯无糖苗的形态建成而对

种苗生长速度没有影响（Miyashita et al., 1997）。进一步用红光和远红光照射无糖培养马铃薯进行研究，在保持总光照强度（PPFD）100 μmol·m⁻²·s⁻¹不变的情况下，对红光和远红光分别进行10~100 μmol·m⁻²·s⁻¹和2~50 μmol·m⁻²·s⁻¹的调整。当R/PPFD（红光占植物吸收光总量之比）比例在0.1~0.5时，增加远红光能显著促进马铃薯芽的伸长（表6-2）。当R/PPFD比例达到1时，植株的冠根比达到最大，干重和叶面积最小（Miyashita et al., 1995）。因此红光和远红光在植物可吸收光强中的比例影响着植株的生长和形态建成。

光照方向是组培过程中最容易被忽略的一个环境参数，但过去的研究中发现光照方向也对无糖培养马铃薯生长和形态建成产生了影响。使用同等数量的灯在侧光照下马铃薯试管苗干重、鲜重、叶面积和茎粗显著高于顶部光照处理的样本，但是其株高仅是顶部光源的一半（图6-3，表6-3）。这表明同等电能消耗的情况下，侧光照能够使植物获得更多的光量子（Hayashi et al., 1994）。这些发现也为人们提供了一个节约能源的新思路。Kitaya等（1995）在无糖培养马铃薯的光照方向上进行了深入研究，发现在给予同等光照强度下，侧面光照能够增加叶片数、比叶面积，缩短株高，但是对干鲜重、根冠比和总叶面积影响不大（图6-4）。他们还发现无论使用何种方向的照射，随着光照强度的增加干鲜重和叶面积都会随之逐渐增加，直到90 μmol·m⁻²·s⁻¹后趋于平稳。自然界中马铃薯的光饱和点远大于90 μmol·m⁻²·s⁻¹，之所以会产生这样的结果，可能是由于容器自然换气次数不足，容器内CO_2不够植物光合作用造成的。

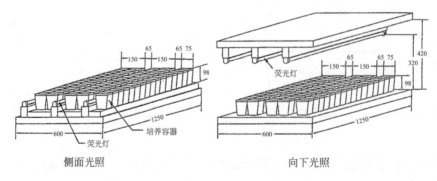

图6-3　光照示意图（单位：mm, Hayashi et al., 1994）

表 6-3 不同光照方向处理对有糖和无糖培养马铃薯苗的形态指标影响（28 d）

（Hayashi et al., 1994）

处理	株高/ mm	茎粗/ mm	叶面积/ (cm² · 株⁻¹)	叶片数/ 片	鲜重/ (mg · 株⁻¹)	干重/ (mg · 株⁻¹)	S/R	干物质 含量/%	Pn
S-S0	64 a	1.8 c	10.4 c	9.8 b	802 b	51.9 c	3.7	6.5	5.98
S-S20	60 a	1.7 bc	7.9 bc	9.4 ab	660 b	47.2 b	2.5	7.1	0.79
D-S0	101 b	1.5 ab	6.0 ab	9.2 ab	500 a	31.2 a	4.4	6.2	3.98
D-S20	96 b	1.5 a	4.4 a	8.9 a	484 a	32.7 a	3.6	6.8	0.79

注：不同小写字母表示在 $p \leqslant 0.01$ 水平上差异显著。

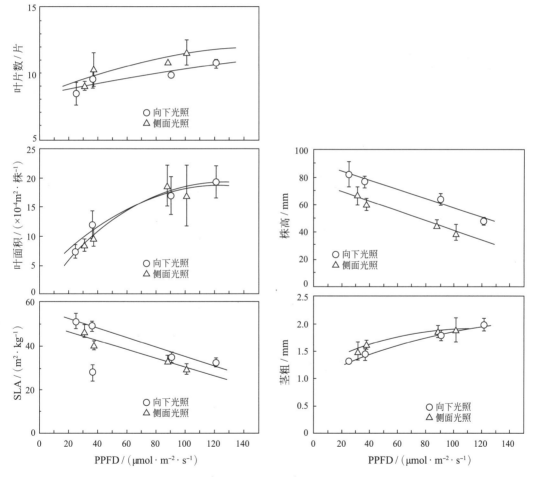

图 6-4 光照方向对无糖培养马铃薯形态学指标的影响（Kitaya et al., 1995）

4. CO₂ 浓度和换气方式

CO_2 浓度对于无糖培养的种苗影响很大，提高环境 CO_2 浓度可以显著提高马铃薯的叶面积、干鲜重和光合作用净产物。高 CO_2 浓度条件下培养的马铃薯种苗生长健壮，具有发达的根系，因此不需要经过生根和驯化过程就能进行移栽（Kozai et al.，1988c；Fujiwara et al.，1995b）。然而早期马铃薯无糖培养研究是在自然换气的情况下开展的，环境中 CO_2 无法快速地进入培养容器内部，容器内的 CO_2 浓度得不到及时补充，这严重制约了种苗的生长。因此，Kubota 和 Kozai（1992）对自然和强制换气下离体培养的马铃薯苗生长和光合速率进行了比较。其采用 3 种培养模式，分别是高光强下进行强制换气无糖培养（换气次数从开始培养到 30 d 逐渐增加，从 2.3 次·h^{-1} 增加到 22 次·h^{-1}）、高光强下通过透气膜自然换气的无糖培养（换气次数 4.9 次·h^{-1}）和低光强下的传统组培（换气次数 0.12 次·h^{-1}）。培养 30 d 后，强制换气和用透气膜的无糖培养小苗干重分别是传统组培的 3.3 倍和 2.1 倍，前两者的鲜重是传统组培的 2.4 倍，植株的光合速率也是强制换气处理最高、透气膜处理次之，传统组培处理的样本仅为 19 $\mu mol\ CO_2 \cdot g^{-1} \cdot h^{-1}$，然而在叶片数和根冠比上三者并没有显著差异（表 6-4、图 6-5、图 6-6）。因此，高光照强度下增加换气次数有利于无糖培养的马铃薯苗生长。

表 6-4 不同换气方式对离体培养马铃薯苗的影响（30 d）

（Kubota and Kozai, 1992）

处理	鲜重 / g	叶片数 / 片	S/R	Pn
强制换气无糖培养	1.18 a	13 a	3.3 a	340
自然换气无糖培养	1.16 a	13 a	2.8 a	180
传统组培	0.49 b	13 a	3.3 a	19

注：不同小写字母表示在 $p \leqslant 0.05$ 水平上差异显著。

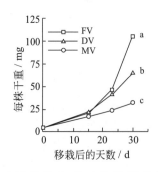

图 6-5 不同换气方式对马铃薯干物质积累的影响（Kubota and Kozai, 1992）

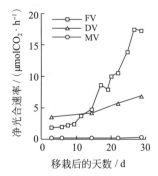

图 6-6 不同换气方式对马铃薯净光合速率的影响（Kubota and Kozai, 1992）

6.1.3　培养基对无糖培养马铃薯生长的影响

1. 培养基

培养基一直是植物微繁殖领域的研究热点。研究发现，随着培养基初始体积和初始强度的增加，无糖培养的马铃薯种苗在鲜重、干重、株高、叶片数、叶面积、净光合速率和每日的相对生长速率等方面都得到了提高，当给予全量 MS 培养基和每株 8mL 的初始体积条件下，马铃薯无糖培养植株生长得最好（Kozai et al., 1995a）。除了培养基强度，培养基的成分也影响了植株生长，Yang 等（1992）发现随着硝态氮和总离子浓度的提高，植株的干重和鲜重显著增加，当硝态氮比例达 75%，离子浓度达到 50 和 75 mEq·L^{-1} 时，马铃薯种苗的干鲜重达到最大值。离子浓度达到 75 mEq·L^{-1} 时，铵态氮比例不应高于 50%，继续提高铵态氮比例会造成毒害，反而降低了干重。

2. 支撑物

Oh 等（2012）制作了一个营养液可以循环的光自养微繁殖系统（强制换气次数为 10 次·h^{-1}），通过该系统来研究支撑物的理化性质对无糖培养马铃薯植株的影响。他们使用了不同粒径的珍珠岩和蛭石组合而成的混合物，所有混合物的 EC（可溶性盐浓度）和 pH 值范围分别为 1.2~2.5 Ms·cm^{-1} 和 6.3~7.2。通过阳离子交换量（CEC）和不同的含水量，他们确定了 9 种混合物中蛭石与珍珠岩的比例（表 6-5）。在 9 种不同孔隙率、容重、pH 和 EC 值的混合物中，小粒径比值高的混合物比大粒径比值高的混合物具有更高的含水量、总孔隙率和充水孔隙率，在混合物中增加蛭石含量可以提高支撑物的持水能力。试验结果表明，在含水量为 37%~47% 和 CEC 约为 17 cmol·kg^{-1} 的两个处理（PL:VL=30:70 和 PM:PS:VL:VM=20:10:40:30）中，马铃薯苗的株高、根长、节数、叶片数、叶面积及干鲜重均显著高于其他处理（表 6-6）。作为对照，他们使用了传统塑料容器（换气次数 3.9 次·h^{-1}），不论采用哪种支撑物培养马铃薯植株，相比自制培养系统的植株其生长都受到一定抑制（表 6-7，图 6-7）。因此，使用强制换气的容器，采用含水量为 37%~47% 和 CEC 约为 17 cmol·kg^{-1} 的蛭石和珍珠岩支撑物组合能够显著促进无糖培养马铃薯植株的生长。

表6-5 不同粒径的珍珠岩和蛭石组合混合成的无糖培养支撑物

（Oh et al., 2012）

处理	大粒径珍珠岩 PL	中粒径珍珠岩 PM	小粒径珍珠岩 PS	大粒径蛭石 VL	中粒径蛭石 VM	小粒径蛭石 VS	含水量 / %	CEC / (cmol·kg^{-1})
A	60	40					35	0
B		80	20				45	0
C		15	85				55	0
D	30	30		40			35	10
E		60			40		45	10
F		25	25			50	55	10
G	30			70			35	20
H		20	10	40	30		45	20
I			15	10	35	40	55	20

注：大中小粒径分别为 2.4 mm、1.2 mm、0.6 mm。

表6-6 九种不同支撑物对光自养微繁殖系统中培养的马铃薯苗影响（21 d）

（Oh et al., 2012）

处理	株高 / mm	根长 / mm	节数	展开的叶片数	叶面积 / (cm^2·株$^{-1}$)	鲜重 / mg 地上	鲜重 / mg 地下	干重 / mg 地上	干重 / mg 地下
A	66.3 b	21.2 c	6.7 a	6.7 b	5.4 c	197.7 d	36.3 cd	13.3 c	2.2 cd
B	74.7 b	33.6 bc	6.7 a	7.0 b	7.8 bc	312.0 bcd	71.0 bc	37.2 b	4.9 c
C	105.7 a	33 bc	6.7 a	7.0 b	11.9 b	373.7 bc	99.0 b	41.3 b	9.7 b
D	118 a	40.2 b	7.0 a	7.0 b	12.1 b	419.3 b	88.7 b	41.9 b	10.1 b
E	74.3 b	29.7 bc	6.7 a	6.7 b	6.9 c	257.3 cd	57.3 bc	32.4 b	5.2 c
F	8.3 c	0.0 d	2.3 b	2.7 c	0.5 d	33.3 e	0.0 d	6.5 c	0.0 d
G	113.7 a	108.5 a	7.7 a	9.3 a	24.7 a	809.3 a	199.3 a	84.8 a	21.5 a
H	110.7 a	102.6 a	7.0 a	8.7 a	21.2 a	733.0 a	182.3 a	74.1 a	18.3 a
I	21.7 c	2.0 d	3.7 b	3.3 c	0.9 d	58.7 e	2.7 d	4.9 c	0.3 d

注：不同小写字母表示在 $p \leqslant 0.05$ 水平上差异显著。

表 6-7　九种不同支撑物对塑料盒中培养的马铃薯苗影响（21 d）

（Oh et al., 2012）

处理	株高 / mm	根长 / mm	节数	展开的叶片数	叶面积 / (cm²·株⁻¹)	鲜重 / mg		干重 / mg	
						地上	地下	地上	地下
A	62.5 d	16.9 a	7.0 a	6.5 ab	5.3 b	139.0 c	33.5 a	14.6 a	3.2 a
B	57.0 de	6.4 d	7.0 a	6.5 ab	3.1 c	88.0 d	23.5 b	8.8 bc	1.9 bc
C	52.0 e	4.6 de	7.0 a	6.5 ab	2.7 c	85.0 d	31.5 a	6.3 cd	2.7 ab
D	87.0 a	10.7 c	6.5 a	7.0 ab	6.9 a	289.5 a	23.5 b	16.9 a	2.8 ab
E	82.0 ab	4.3 e	6.5 a	6.0 b	3.4 c	163.0 c	10.5 c	9.8 b	0.8 d
F	37.5 f	0.6 f	3.5 b	4.0 c	0.6 d	29.5 e	1.0 d	3.8 ed	0.3 d
G	73.0 bc	13.8 b	6.5 a	7.5 a	5.0 b	193.5 b	16.0 c	16.9 a	1.0 cd
H	67.0 cd	2.7 e	7.0 a	7.0 ab	2.7 c	156.0 c	12.0 c	8.9 bd	0.9 d
I	9.5 g	0.0 f	2.0 b	2.5 c	0.4 d	20.5 e	0.0 d	1.7 e	0.0 d

注：不同小写字母表示在 $p \leqslant 0.05$ 水平上差异显著。

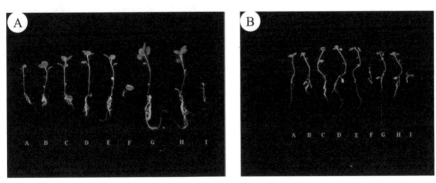

图 6-7　九种不同支撑物对无糖和有糖培养马铃薯苗的影响（Oh et al., 2012）

A：光自养微繁殖系统无糖培养马铃薯；B：塑料盒无糖培养马铃薯

6.1.4　马铃薯无糖培养应用案例

上海离草科技有限公司利用无糖培养技术进行了马铃薯的增殖、壮苗、生根和驯化。

以马铃薯试管苗或者无糖苗一叶一节茎段作为材料，采用不含糖和有机物的 MS 培养基，以蛭石作为支撑物，装入植物无糖组培快繁系统培养盒中，每个培养盒接入 250~400 个外植体。整个培养期间，光照强度为 70~120 μmol·m⁻²·s⁻¹，CO_2 浓度为 800~1500 μmol·mol⁻¹，温度是（24±1）℃，相对湿度 60% 左右，光周期为 14 h·d⁻¹，光期进行强制换气，培养 20 d 后出苗。此时的苗可作为无糖培养材料进行继代培养，也可以直接进入温室大棚进行原种生产（图 6-8）。

图 6-8　植物无糖组培快繁系统规模化生产马铃薯种苗（上海离草科技有限公司）

A：接种完成的马铃薯材料；B：无糖培养中的马铃薯种苗；C：培养完成的马铃薯种苗（20 d）；D：不同培养天数马铃薯的生长情况

6.2　甘薯

甘薯 [*Ipomoea batatas* (L.) Lam] 学名番薯，俗称红薯、地瓜，旋花科番薯属草本植物，蒴果呈卵形或扁圆形，种子 1~4 粒，通常 2 粒，无毛。由于甘薯属于异花授粉，自花授粉常不结实，所以有时只见开花不见结果，主要依靠块根无性繁殖。其可食用部位为地下块根和叶。甘薯原产于热带美洲，16 世纪末引入中国。如今我国已是世界上最大的甘薯生产国，种植面积占全世界的 60% 以上。甘薯是一种高产稳产、营养丰富、用途广泛的重要农作物，其含有丰富的淀粉、糖类、膳食纤维、维生素以及蛋白质，是全球公认的健康食品，具有广阔的市场前景。

甘薯是无性繁殖作物，随着种植年代的增加会出现植株和块根变小、分枝减少、叶片皱缩、生长势衰退、产量和品质明显下降等现象，这种现象就叫做甘薯种性退化。甘薯种性退化普遍存在，一般可造成减产 30% 以上。研究证明，甘薯种性退化主要是由病毒侵染造成的。目前全世界报道的甘薯病毒有 30 多种，我国已报道的甘薯病毒有 20 多种，对甘薯生产影响较大的有马铃薯 Y 病毒属病毒、甘薯双生病毒和甘薯褪绿矮化病毒等。马铃薯 Y 病毒属病毒一般只产生轻微症状或无症状，对产量影响较小；甘薯褪绿矮化病毒，主要表现为叶片褪绿，中下部叶片变紫色或黄化，若引起甘薯复合病毒病会对甘薯产量影响极大；甘薯双生病毒，表现为叶片上卷、叶脉黄化、植株矮化等症状，也会造成 11%~86% 的产量损失（张振臣，2020）。甘薯种性退化一直是制约甘薯产业快速发展的主要问题，因此在生产中使用脱毒种苗是提高甘薯商品性和发展甘薯产业的关键。传统种苗生产企业利用组培技术生产脱毒甘薯苗，其较长的培养周期和炼苗时间增加了生产成本。植物无糖培养技术将微繁殖中的继代、生根和炼苗环节合三为一，大大缩短了脱毒种苗生长周期，降低了生产成本，成为了脱毒甘薯种苗生产企业的新选择。

6.2.1　培养方式对甘薯试管苗生长的影响

Kozai 等 (1996a) 最早开展了无糖培养对甘薯生长和光合速率影响的研究，发现无糖培养下生长的小苗更加健壮，光合速率显著优于传统组培苗（图 6-9，表 6-8）。杨玉田等（2002）以脱毒徐薯 18 试管苗进行无糖培养，采用蛭石和纤维混合物作为支撑物，加入不含糖和有机物的液体培养基并以之与传统组培作为对照，分别以一叶一节的茎段为材

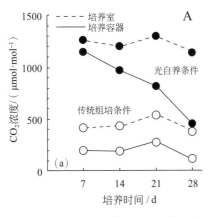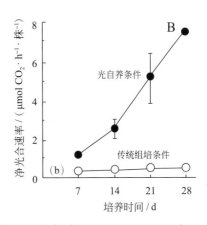

图 6-9　容器内外 CO_2 浓度变化及光期的光合速率（Kozai et al., 1996a）

黑色圆圈为无糖培养；白色圆圈为传统组培

表 6-8 无糖培养与传统组培方法培养 28 d 的甘薯种苗

（Kozai et al., 1996a）

培养条件	鲜重 / mg	干重 / mg	叶面积 / cm²	干物质含量 / %
无糖培养	642 a	50.8 a	13.4 a	8.1 a
传统组培	457 b	35.1 b	7.5 b	7.7 b

注：不同小写字母表示在 $p \leqslant 0.01$ 水平上差异显著。

料接入培养容器中，每个容器接种 3 株，培养 5 d 后无糖处理平均单株生根 5.3 条，对照组样本为 1.8 条。无糖培养处理中无污染现象发生，而对照组样本中污染率达到 5%。培养 28 d 时，无糖培养的植株叶片更大，叶色浓绿，幼苗茁壮，而对照组叶片相对较小且薄，颜色鲜绿。从基部剪断称重，无糖培养植株的地上鲜重、干重和干物质含量分别是传统组培的 1.24 倍、1.5 倍、1.21 倍。在移栽过程中，无糖培养的脱毒甘薯苗连同蛭石和纤维一同被移栽到温室，移栽成活率达 95% 以上，而对照苗需要先经驯化 5~7 d，然后洗去根部的琼脂，在营养钵中用蛭石栽植 30~40 d，最后才被移到温室或网室，移栽成活率为 90%，若不进行驯化炼苗则死亡率非常高。通过显微结构的观察，可以发现无糖培养的甘薯气孔功能正常，叶片蜡质化程度高，表皮导度小。因而它们能够更好地控制蒸腾作用，可直接被移栽到温室土壤，被移栽后损失的水分少，没有枯萎的迹象，植株存活较高，生长快。与之相反，传统组培的甘薯苗气孔张开，完全不起作用。被直接移栽后，小苗的蒸腾速率较高，迅速失水，因此，其叶片表现为萎蔫并伴有不可逆的组织损伤，几天后就死亡了（图 6-10）(Zobayed et al., 2000a)。由此可见，无糖培养节省了糖和有机成分的使用，同时还减少了污染，使生长速度加快，降低了生产成本，其移栽不需经过驯化，操作简单，更适应工厂化与机械化生产。

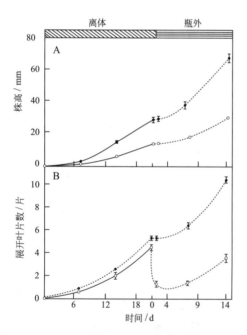

图 6-10 传统组培与无糖培养下甘薯的株高和展开的叶片数（Zobayedet al., 2000a）

空心圆为传统组培，实心方块为无糖培养

6.2.2　支撑物对无糖培养甘薯的影响

植物纤维、岩棉、蛭石等材料都可以被用于无糖培养，以促进植物生长。肖平等 (2006) 将蛭石和琼脂两种支撑物应用于甘薯无糖培养的生根阶段，在温度 25℃、湿度 80%、CO_2 浓度 1500 $\mu mol \cdot mol^{-1}$、光照度 2000 lx 的条件下接入带 2~3 片叶的顶芽，发现其培养 7 d 后已开始生根，培养 15~20 d 时株高达 7 cm，同时发现在蛭石支撑物中生长的甘薯苗长势要显著优于琼脂处理下的样本，将无糖苗移栽后存活率达到了 98% 以上（图 6-11）。Afreen-Zobayed 等（1999；2000）则研究了更多类型的支撑物对无糖培养甘薯生长和发育的影响。他们将甘薯苗接种入琼脂、结冷胶、蛭石、Florialite(蛭石和纤维混合物)、Sorbarod(纤维块) 这 5 种支撑物中无糖培养 21 d，结果表明，在 Florialite 中的植株表现最好，侧根发达、光合速率和移栽存活率最高，叶片和根系的干鲜重分别是琼脂处理样本的 2.4 倍、2.9 倍、2.2 倍和 2.8 倍（图 6-12，表 6-9）。因为这个发现，他们对纤维混合物进行了深入的研究，以琼脂上生长的无糖培养小苗作为对照，采取不同比例的蛭石和纸浆的混合物作为小苗无糖培养的支撑物，研究对甘薯生长最有利的配比。结果表明，在蛭石混合 30%(W/W，质量百分比)纸浆条件下小苗的生长最好，其地上和地下鲜重是琼脂培养的 2.7 倍，叶片、茎和根的干重均超过了对照组样本的两倍，单株植物的光合速率在培养 20 d 时达到最高 15.3 $\mu mol\ CO_2 \cdot h^{-1}$，而对照组样本只有 9.8 $\mu mol\ CO_2 \cdot h^{-1}$（表 6-10）。

由此可见，蛭石混合 30%（W/W）纸浆是甘薯无糖培养最佳的支撑物配比，增加或者减少纸浆的比例均会降低植株地上和地下部分生长。在混合支撑物的各处理中移栽存活率（90%~100%）、叶片数量和株高相差不大，均显著高于对照组样本。

图 6-11　不同支撑物对无糖培养甘薯生长的影响（左边为蛭石；右边为琼脂）肖平等（2006）

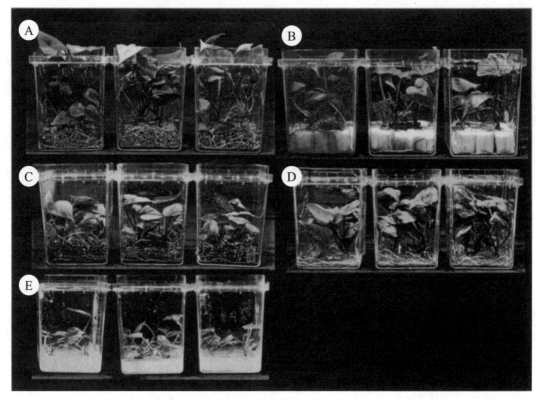

图 6-12　不同支撑物对无糖培养甘薯生长的影响（Afreen-Zobayed et al., 1999）

A：Florialite；B：Sorbarod；C：蛭石；D：结冷胶；E：琼脂

表 6–9　不同支撑物对无糖培养甘薯的影响（21 d）

（Afreen-Zobayed et al., 1999）

支撑物	叶片				茎		根	
	数量	叶面积 / cm^2	鲜重 / mg	干重 / mg	鲜重 / mg	干重 / mg	鲜重 / mg	干重 / mg
琼脂	4.3±0.7	19.1±3.7 x	520±57 y	41.9±3.9 x	82±3.3 x	7.3±1.7 x	236±28 y	16.4±3.9 y
结冷胶	5±0.0	25.2±1.6 y	741±14 y	58.9±4.3 x	117±14 x	10.5±1.4 x	374±26 y	28.8±1.6 y
蛭石	4.8±0.8	26.9±2.7 y	773±85 y	62.7±5.7 x	129±18 x	8.05±1.3 x	403±24 y	28.1±2.1 y
Sorbarod	4.7±0.3	32.5±3.8 y	825±64 y	64.7±5.6 y	152±11 y	10.2±1.0 y	587±46 z	37.5±3.6 z
Florialite	5.0±0.3	39.5±2.8 z	1252±90 z	93.7±8.2 z	202±25 z	16.5±2.6 z	690±81 z	45.7±7.5 z

注：不同小写字母表示在 $p \leqslant 0.05$ 水平上差异显著。

表 6-10　不同比例的蛭石和纸浆混合物对无糖培养甘薯的影响（21 d）

（Afreen-Zobayed et al., 2000）

处理	叶片				茎 / mg		根 / mg	
	数量	叶面积 / cm^2	鲜重 / mg	干重 / mg	鲜重	干重	鲜重	干重
琼脂	4.5±0.7	20.9±2.6 d	523±18 c	40±2.3 d	80±7.2 d	6.8±1.0 c	272±19.9 d	18.4±1.9 c
蛭石：纸浆 /100：0	4.3±0.7	28.6±3.7 c	761±56 d	61±6.8 c	113±19 c	8.06±0.8 d	387±12.7 c	31±4.9 b
蛭石：纸浆 /90：10	4.8±0.5	32.6±6.3 bc	983±87 c d	83±5.8 bc	126±24 bc	9.9±2.6 cd	673±82 ab	61±17 a
蛭石：纸浆 /83：17	4.5±0.7	40±9 abc	1225±178 ab	96±15 ab	173±46 ab	12.4±1.4 bc	730±78 a	68±14 a
蛭石：纸浆 /70：30	4.8±0.8	41.7±11 ab	1433±274 a	111±17 a	214±49 a	17.3±2.6 a	732±82 a	70±8.9 a
蛭石：纸浆 /50：50	4.8±0.5	36.1±5.5 abc	1127±147 bc	91±13 ab	174±45 ab	13.4±2.1 b	681±92 ab	61±9.1 a
蛭石：纸浆 /30：70	5.4±0.5	38±6.6 a	1168±104 bc	101±8 ab	172±47 ab	12.6±1.3 bc	700±36 a	62±5.5 a
蛭石：纸浆 /10：90	4.4±0.5	37±7.1 abc	1130±155 bc	90±13 b	167±15 abc	12.1±2.4 bc	561±93 b	45±6.2 b

注：不同小写字母表示在 $p \leqslant 0.05$ 水平上差异显著。

6.2.3　CO_2 和光照对无糖培养甘薯的影响

在进行甘薯植株无糖培养时，分别给予两种水平的 CO_2 浓度（350~400 和 1500~1600 μmol·mol^{-1}）和两种水平的光强（分别为 75、150 μmol·m^{-2}·s^{-1}）处理。结果表明，高 CO_2 浓度和高光强处理的甘薯试管苗，拥有较高的光合作用速率，植株的生长均匀 (Saiful islam et al., 2004)。徐志刚等（2004）人采用自然换气方式进行甘薯的无糖培养，发现可以通过合理调控光强和外界环境 CO_2 浓度对甘薯苗净光合速率产生积极作用。除此之外，他们发现仅提高光强或者 CO_2 浓度并不能有效促进光合作用，只有将二者合理配合才能获得最佳的光合效果。CO_2 浓度和光强都会影响试管苗的光饱和点和光补偿点，当使用透气率为 0.4 次·h^{-1} 的封口材料，光强达到 250 μmol·m^{-2}·s^{-1} 和

CO_2 浓度为 8735 $\mu mol \cdot mol^{-1}$ 时无糖培养的甘薯苗净光合速率最高（图 6-13、图 6-14）。实际在甘薯苗进行无糖培养的时候，往往不需要用这么高的 CO_2 浓度和光照强度，因为除了光照强度和 CO_2 浓度，光周期等条件与前两者也会有相互影响。而且采用强制换气方式，容器内 CO_2 浓度会得到迅速提升，不再需要考虑透气膜的换气效率，所以可以大大降低环境 CO_2 浓度及 CO_2 用量。

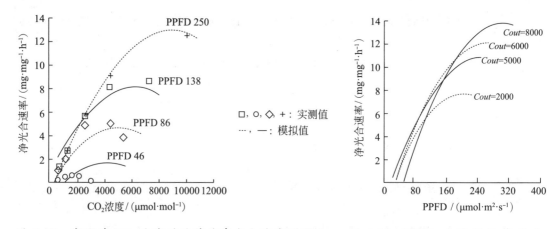

图 6-13　容器外 CO_2 浓度对甘薯苗净光合速率的影响（徐志刚等，2004）

图 6-14　PPFD 对甘薯苗净光合速率的影响（徐志刚等，2004）

6.2.4　培养容器和换气次数对甘薯种苗生长的影响

Zobayed 等 (1999c) 开发出一种用于甘薯的大型强制换气光自养微繁殖系统，该系统有 3480 mL 的容积，可以在生长期稳定地供给 CO_2 和无菌营养液，生产的小苗均匀一致。与小容器中无糖培养苗（自然换气）或传统组培苗相比，带有强制换气系统的大型容器有效改善了小苗的生长和一致性，显著提高了光合速率。在该系统中采用不流动营养液供给方式就能显著增加小苗的鲜重，而采用循环的营养液供给方式甘薯苗的干重增加更多。结果表明，传统的培养容器并不适合进行甘薯的无糖培养，其会严重影响小苗的生长和发育，而大型的可强制换气、可循环营养液的培养容器更有利于甘薯种苗的生长。

Heo 和 Kozai(1999) 开发了另一种生产型的强制换气微繁殖系统，该系统容积达到了 12.8 L，可以放入一个 220 穴的标准穴盘，而营养液直接加入在这个容器的托盘中。另外在培养室内装有 CO_2 控制器，可以通过检测空气中的浓度控制钢瓶的供气，并通过一个气泵将混合气体泵入系统中。利用该系统可以将甘薯的单节茎段接种在含有 MS 基本培养基（不含糖）的纤维或蛭石上进行无糖培养，将内部的 CO_2 浓度控制在 1500 $\mu mol \cdot mol^{-1}$，并给予 150 $\mu mol \cdot m^{-2} \cdot s^{-1}$ 的光照强度。培养 22 d，该系统生产的甘薯苗光合速率、干物质含量分别是传统有糖培养苗的 30~40 倍和 4~6 倍。之后他们对这个强制换气微繁殖系统进行了改良，增加了空气分配管，均匀分配 CO_2 和其他环境因子，增强了种苗的均匀性。他们以甘薯为材料，将单节茎段接种在含有半量 MS 培养基（无糖）的蛭石和纤维混合支撑物上进行无糖培养，并以自然换气的组培苗作为对照组。强制换气设计了高、中、低 3 个处理组，从第 1 d 到 12 d 逐渐增加，第 12 d 时分别达到 23、17、10 $mL \cdot s^{-1}$，而自然换气处理组只有极低的通气量 0.4 $mL \cdot s^{-1}$。他们发现第 12 d 时无糖培养的小苗已经是传统组培苗的两倍大，3 个强制换气处理的甘薯苗干鲜重及叶面积没有显著的不同，但均显著优于传统组培苗（Heo et al., 2001）。第 12 d 时，他们对总的可溶性糖（TSS）和淀粉成分进行了测定，其中总可溶性糖在高通气处理的叶片中含量最低，茎中含量最高；在高通气和中通气处理组中叶片中的淀粉含量高于其他两组，并且小苗的光合速率是另外两组的 5 倍多（表 6-11、表 6-12）。植株中碳水化合物浓度也受到种苗在容器中位置的影响，在强制换气容器中，叶片的总糖在 CO_2 进气口和出气口相差不大，然而叶片的淀粉含量在 CO_2 进口处要高于出口处（Wilson et al., 2001）。因此，使用大型容器培养无糖种苗的时候，由于空间大，换气时 CO_2 的扩散会受到容器形状和进气结构的影响，在设计容器时需要考虑容器内气流的均匀性，以达到最佳生长效果。

为了降低甘薯种苗的生产成本、提高生产效率，Xiao 和 Kozai（2006b）对大型培养容器的换气次数和支撑物的进行了试验。他们将甘薯单叶单节茎段接于不含糖和激素的培养基上，以 200 $\mu mol \cdot m^{-2} \cdot s^{-1}$ 的光强和 1800 $\mu mol \cdot mol^{-1}$ CO_2 浓度离体培养 14 d。对两种水平的容器换气次数（8.7~12.2 次 $\cdot h^{-1}$ 和 >12.2 次 $\cdot h^{-1}$）和两种支撑材料 [蛭石和 Florialite（多孔材料）] 进行了分析。对照处理采用同样培养条件的传统组培样本（换气次数为 2.4 次 $\cdot h^{-1}$）。结果表明，采用 Florialite 作为支撑物时植株生长速度最快，蛭石处理的样本次之。MF 处理（换气次数 8.7~12.2 次 $\cdot h^{-1}$、Florialite）和 HF 处理（换气次数 ≥ 12.2 次 $\cdot h^{-1}$、Florialite）的无糖培养植株干重分别是对照组样本的 2.2 倍和 2.8 倍，净光合速率分别为 3.7 倍和 4.2 倍。MF 和 HF 处理的种苗在田间的移栽存活率分别为 86% 和 97%，比对照组高了 35% 和 46%（图 6-13）。因此，采用高换气次数的光自养微繁殖系统、利用多孔支撑材料可以生产出优质的甘薯植株，并可提高移栽存活率、降低生产成本。

表 6-11　不同换气量和方式对甘薯苗可溶性总糖的影响（12 d）

（Wilson et al., 2001）

处理	叶片 / (mg · g⁻¹DW)	茎 / (mg · g⁻¹DW)	根 / (mg · g⁻¹DW)
高换气	27.01 ± 3.98	60.21 ± 10.44	26.41 ± 5.05
中换气	36.35 ± 3.80	41.16 ± 3.49	28.31 ± 3.24
低换气	39.81 ± 3.10	24.47 ± 3.80	11.57 ± 1.12
自然换气	33.47 ± 3.30	42.62 ± 9.03	19.65 ± 2.93

表 6-12　不同换气量和方式对甘薯苗淀粉含量的影响（12 d）

（Wilson et al., 2001）

处理	叶片 / (mg · g⁻¹DW)	茎 / (mg · g⁻¹DW)	根 / (mg · g⁻¹DW)
高换气	35.99 ± 5.89	11.38 ± 0.79	2.33 ± 0.35
中换气	40.12 ± 4.71	14.44 ± 1.75	2.41 ± 0.15
低换气	17.77 ± 1.58	6.36 ± 0.76	3.35 ± 0.57
自然换气	14.57 ± 1.05	13.78 ± 1.12	4.88 ± 0.16

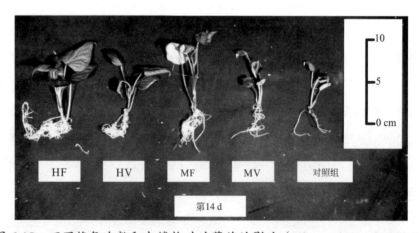

图 6-15　不同换气次数和支撑物对甘薯苗的影响（Xiao and Kozai., 2006b）

　　HF：高换气次数和 Florialite；HV：高换气次数和蛭石；MF：中换气次数和 Florialite；MV：中换气次数和蛭石；对照：传统组培

　　高换气次数为大于 12 次 · h⁻¹，中换气次数为 8.7~12.2 次 · h⁻¹

6.2.5　甘薯的无糖培养应用案例

上海离草科技有限公司利用无糖培养技术进行甘薯的增殖、壮苗、生根和驯化。

培养材料为甘薯试管苗或者无糖苗一节一叶茎段，采用不含糖和有机物的 MS 培养基，以蛭石作为支撑物，用植物无糖组培快繁系统（上海离草科技有限公司）进行培养。每个培养容器接入 100 个外植体。整个培养期间，光照强度为 70~120 μmol·m^{-2}·s^{-1}，CO_2 浓度为 800~1500 ppm，温度是（24±1）℃，相对湿度为 60% 左右，光周期为 14 h·d^{-1}。光期进行强制换气，培养 15~20 d 后出苗。此时的苗可作为无糖培养材料进行继代培养，也可以直接进入温室大棚进行原种生产（图 6-16）。

图 6-16　植物无糖组培快繁系统规模化生产甘薯种苗（河南华薯农业科技有限公司）

A：无糖培养中的甘薯；B：甘薯苗有糖和无糖培养 20 d 对比；C：甘薯无糖苗开盖准备移栽；D：甘薯无糖苗移栽温室生长

表 6-13　不同培养方式生产的甘薯种苗对比（20 d）

（河南华薯农业科技有限公司）

培养方式	株高 / cm	叶片数 / 片	鲜重 / g
无糖培养	7.94 ± 0.28 a	6.86 ± 0.26 a	2.06 ± 0.26 a
有糖培养	4.3 ± 0.25 b	4.83 ± 0.17 b	0.80 ± 0.07 b

注：不同小写字母表示在 $p \leqslant 0.05$ 水平上差异显著。

6.3　水稻

水稻（*Oryza sativa* L.）原产中国和印度，7000 多年前古人类就已经种植水稻。水稻去米糠后就能获得大米，而世界上近一半的人口以大米为主食。2019 年我国水稻种植面积 4.45 亿亩，产量达到了 4192 亿斤。近 20 年来，随着生物技术的迅速发展，各国的育种学家广泛地采用基因工程等现代生物技术进行水稻育种研究，将一些优良性状的外源基因导入水稻，从而培育出高产、优质、抗倒伏性强的新品种。然而水稻品种之间再生能力和转化效率存在显著差异，还受到培养基组分、培养时间、外植体类型、生理状态等影响。随着各种优化的植物组织培养基配方不断涌现，培养方法也不断被改进，水稻的组织再生能力和基因转化效率都得到了提高，促进了水稻遗传改良技术的发展。

6.3.1　CO_2 浓度对水稻无糖培养的影响

Seko 和 Nishimura（1996） 在 CO_2 浓 度 为 400、2000、10 000、50 000 或 100 000 μmol·mol^{-1}，光周期为 24 h·d^{-1}，光强为 125 μmol·m^{-2}·s^{-1} 条件下，以水稻愈伤再生植株为材料在无蔗糖或 30 g/L 蔗糖的 1/4 N6+ 结冷胶（4 g·L^{-1}）培养基上进行离体培养。所有水稻再生植株在 CO_2 浓度为 50 000 或 10 0000 μmol·mol^{-1} 的无糖培养基上均能成功生长，并且随着 CO_2 浓度的增加，水稻再生植株的成活率、株长、地上干重和地下干重也都有不同程度的增加（表 6-14，图 6-17）。而提高 CO_2 浓度对有糖培养基上水稻再生植株的存活和生长却没有显著影响，其在各 CO_2 浓度处理下的存活率均小于 80%。由此可见，CO_2 增施、24 h 的持续光照、无糖培养的方式能够显著提高水稻再生植株的成活率和生长量。虽然他们在环境中使用了极高的 CO_2 浓度，但由于使用的小培养容器换气次数有限，容器内实际的 CO_2 浓度远远低于他们的试验值，若是采用强制换气系统，则可以在相对较低的 CO_2 浓度水平下就能实现这样的结果，同时也能节约 CO_2 的使用成本。

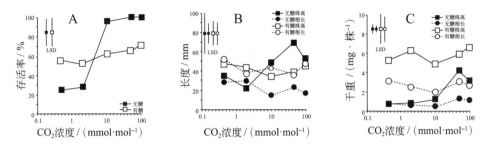

图 6-17　不同二氧化碳浓度对水稻再生植株的存活率、株高和干重的影响（Seko and Nishimura., 1996）

表 6-14　不同培养方式对水稻再生植株生长的影响

（Seko and Nishimura., 1996）

处理			存活率 / %	株高 / mm	根长 / mm	地上干重 / mg	地下干重 / mg
培养方式	光周期	PPFD / ($\mu mol \cdot m^{-2} \cdot s^{-1}$)					
有糖培养	24	125	63 b	28 b	37 b	4.5 b	3.7 b
无糖培养	24	125	100 a	67 a	17 a	4.2 a	1.5 a

注：不同小写字母表示在 $p \leqslant 0.05$ 水平上差异显著。

6.3.2　培养基对水稻无糖培养的影响

肖栓锁等（1989）建立了水稻无糖培养壮苗体系，将水稻不定芽在 CMIII+ 3.78 mg·L^{-1} IBA+2.0 mg·L^{-1} KT 培养基上培养 20 d 后，发现平均每株长出 5 条 3.64 cm 的根，株高净增约 8 cm，展开 2 片叶。然后打开瓶口，加入 15~20 mL 自来水，使幼苗暴露在有菌状态下进一步接受锻炼。打开瓶口 5~7 d 后，再将苗丛分割为 5~10 苗的小丛并将之移入无糖的 Hoagland、CMIII 和 MS 营养液中进行光自养壮苗培养。壮苗 10 d 后他们发现使用 Hoagland 处理的植株生长最好，平均可净增 3.2 片叶,7.56 cm 株高，6.3 条根和 449.4 mg 鲜重，10~15 d 后便可得到供田间栽培用的健壮秧苗，而不需要进行温室壮秧过程（表 6-15）。

表6-15　不同基本培养基对无糖培养水稻生长的影响

（肖栓锁等，1989）

处理	基本培养基	株高 / cm	平均根数	叶面积 / cm^2	鲜重 / mg
1	CMIII	11.96 c	8.5 b	5.00 c	551.1 c
2	MS	13.04 b	8.7 a	5.30 b	590.0 b
3	Hoagland	15.28 a	9.2 a	5.50 a	650.0 a

注：不同小写字母表示在 $p \leqslant 0.05$ 水平上差异显著。

6.3.3　利用无糖培养进行水稻的环境胁迫研究

无糖培养系统可以用来对水稻开展环境胁迫的相关研究。为了减少不受控制的环境影响，用 26 cm×36 cm×19 cm 带 32 个微孔透气膜的塑料容器制成无糖培养系统，研究水稻对盐胁迫的表型反应。在酸性（pH < 7）和相对湿度较低的盐胁迫条件下培养的幼苗叶绿素 b、类胡萝卜素、类黄酮和花青素浓度分别比在中性（pH ≈ 7）和高相对湿度条件下培养的幼苗降低了 2.26 倍、2.04 倍、2.15 倍、1.6 倍和 1.49 倍，水稻幼苗色素含量与净光合速率降低（r = 0.94）呈正相关，导致生长迟缓，即叶面积和株高减少、光合速率降低（表6-16）（Cha-um et al.,2005b）。试验结果与真实的盐胁迫表型反应一致，表明无糖培养体系可被应用于耐盐筛选。

表6-16　不同的相对湿度和 pH 值下盐胁迫对水稻的影响

（Cha-um et al., 2005b）

RH / %	pH	NaCl / (mmol · l^{-1})	叶绿素 a / (μg · g^{-1} FW)	叶绿素 b / (μg · g^{-1} FW)	花色素苷 / (μg · g^{-1} FW)	类黄酮 / (μg · g^{-1} FW)	株高 / cm	鲜重 / mg	干重 / mg	叶面积 / cm^2
65±5	4.5	0	1043.8 c	400.00 c	1.36 a	13.43 a	27.7 bc	115.0 a	18.0 ab	6.7 a
		342	461.7 f	196.20 e	0.85 def	9.03 g	20.0 de	83.0 de	15.0 bc	1.7 e
	7	0	1175.9 b	498.40 b	0.90 de	11.77 cd	28.8 ab	113.0 a	20.0 a	7.2 a
		342	519.8 e	257.0 de	0.76 efg	10.02 f	21.3 cde	82.0 de	17.0 abc	1.9 de
	9.5	0	1078.9 c	474.10 b	1.10 b	12.47 abc	25.6 c	98.0 abcd	16.0 bc	5.2 b
		342	476.0 f	228.1 de	0.65 gh	9.97 fg	19.4 e	73.0 e	15.0 bc	1.8 e
95±5	4.5	0	1107.7 c	451.80 bc	0.70 fgh	11.44 de	27.2 bc	92.0 bcde	15.0 bc	4.8 b
		342	525.3 e	237.4 de	0.56 h	9.94 fg	22.9 d	88.0 bcde	14.0 c	2.4 cde
	7	0	1353.5 a	578.70 a	1.05 bc	12.95 ab	30.9 a	112.0 ab	18.0 ab	6.8 a
		342	594.1 d	288.8 d	0.66 gh	11.06 ef	22.3 de	77.0 de	14.0 c	2.6 c
95±5	9.5	0	1217.3 b	496.70 b	0.95 cd	12.42 bc	27.4 bc	108.0 abc	18.0 abc	6.7 a
		342	558.6 de	267.8 d	0.83 def	10.59 ef	21.2 def	82.0 de	14.0 c	2.5 cd

注：不同小写字母表示在 $p \leqslant 0.01$ 水平上差异显著。

6.3.4　水稻的无糖培养应用案例

水稻用无糖培养可以完成壮苗、生根和驯化过程（Seko et al., 1996）。

以株高 11 mm，2~5 片叶的水稻再生植株为外植体，接入含有 50 mL 1/4 N6+4 g 结冷胶的无糖培养基之透气培养容器中（换气次数：2.5 次·h⁻¹）。在 CO_2 浓度为 50 000 μmol·mol⁻¹，光周期为 24 h·d⁻¹，光强为 125 μmol·m⁻²·s⁻¹ 条件下培养。

6.4　大豆

大豆 [*Glycine max* (L.) Merr.] 又称黄豆，豆科、大豆属的一年生草本植物。原产中国，被广泛栽培于世界各地。大豆是中国重要的粮食作物，是五大主粮之一，已有 5000 多年的种植历史。大豆的营养价值很高，含脂肪约 20%，蛋白质约 40%，常被做成各种豆制品。在我国，2020 年大豆的需求约 1.2 亿 t，其中 83% 需要进口。在美国大豆的冲击下，国产大豆产业面临新的挑战。培育出高品质、高产量、抗病性强的大豆成为了当务之急。分子育种是现代农业育种中常用的手段，然而大豆组培再生困难，特别是生根阶段，目前已有不少文献报道了无糖培养技术可以促进大豆生根。

6.4.1　大豆的无糖培养研究进展

在 20 世纪 80 年代就已经有人开展了大豆的无糖培养研究，从大豆愈伤组织中筛选出含有大量叶绿素的愈伤组织。对这种愈伤组织在持续光照和 50 000 μmol·mol⁻¹ CO_2 浓度的条件下进行无糖悬浮培养。4 d 后其光合作用快速增强，达到 83 μmol CO_2·mg⁻¹·h⁻¹ 的峰值，而暗呼吸从第 2 d 到第 6 d 下降了 90%，培养两周后干重增加了 1000%~1400%；细胞叶绿素含量达到 4.4~5.9 μg·mg⁻¹ DW，相当于同等光照下大豆叶片里面 75%~90% 的叶绿素含量（Horn et al., 1983）。因此，无糖培养有利于大豆组织的光合作用和干物质积累。鲍顺淑和贺冬仙（2006）对大豆组培苗生根进行了研究，在可控的环境条件下，利用顶部有两个 1 cm 透气膜的 380 mL 容器，以琼脂为支撑物进行了有糖和无糖组培对比试验。根据 MS 培养基中有糖或无糖，植物生长激素 NAA 与 IBA 的不同浓度设置了 6 组处理。

培养期间，控制温度（23±1）℃、湿度 65%±5%、光照强度（70±9）μmol·m^{-2}·s^{-1}、光周期 16 h·d^{-1}，CO_2 浓度为自然条件。在该环境下培育 21 d 后，添加 20 g·L^{-1} 蔗糖和 1.0 mg·L^{-1} IBA 的大豆组培苗生根较好，净光合速率较高，显示出良好的生长趋势。虽然无糖处理 S0-H0 在生长上没有优势，但是二者净光合速率没有差太多（表 6-17、图 6-18）。这一结果说明无糖培养还是有较大潜力的。该实验由于没有调控 CO_2 浓度，导致容器内的 CO_2 浓度维持在较低水平，而无糖培养碳源完全来源于 CO_2，缺乏 CO_2 抑制了大豆苗的光合活性，制约了其生长发育。相反，有糖处理中除了 CO_2，还有培养基中的蔗糖作为碳源，因此其生长发育优于无糖培养处理。刘水丽等（2007）在可控环境下以有糖培养为对照，对中黄 13、中黄 25 和鑫豆 1 号 3 个大豆品种进行了无糖培养试验，他们在前者的基础上给无糖培养处理增加 1000 μmol·mol^{-1} 的 CO_2 浓度。结果表明，培养 21 d 后无糖培养条件下 3 种大豆组培苗生长健康，叶色浓绿，生根率均为 100%（高于有糖培养），其中中黄 25 的根鲜重与根长指标达到最大值，分别为 1.02 g 和 481.6 cm；鑫豆 1 号的根系活力最高，达到 78.62 UTTC·g^{-1} FW·h^{-1}；中黄 13 与鑫豆 1 号的根系活力与其有糖培养处理相比差异显著（表 6-18，图 6-19、图 6-20、图 6-21）。因此，无糖培养通过提高 CO_2 浓度、增加光强、增加自然换气等措施，改善了大豆组培苗的生长环境，提高了组培苗根系活力，促进了组培苗的生长发育，从而降低了大豆组培苗的生产成本，解决了大豆组培中碰到的一系列问题。

表 6-17　不同培养基处理对大豆组培苗形态及生理的影响

（鲍顺淑和贺冬仙，2006）

处理	株高 / mm	鲜重 / mg		干重 / mg		叶面积 / cm^2	叶片数	净光合速率 / (μmolCO$_2$·m^{-2}·s^{-1})
		茎叶	根	茎叶	根			
S0-H0	14±1.7 c	537±59 c	221±51 d	70±6 d	10±2 c	28±4 c	12±1.0	2.1±0.5 c
S20-H0	20±2.1 a	624±63 c	468±72 c	137±15 b	44±16 b	48±7 ab	14±1.3	2.5±0.4 b
S20-IBA0.5	21±1.8 a	1122±133 a	764±96 ab	151±14 ab	56±7 ab	51±4 a	13±1.6	2.9±0.5 ab
S20-IBA1.0	22±1.6 a	1259±228 a	929±194 a	161±27 a	73±12 a	54±12 a	15±2.0	3.6±1.1 a
S20-NAA0.5	17±1.1 b	853±112 b	654±119 b	99±12 c	66±5 b	38±6 b	13±1.2	1.9±0.5 c
S20-NAA1.0	16±1.2 bc	1150±111 a	844±104 a	126±13 bc	61±7 ab	28±3 c	12±1.4	1.8±0.4 c

注：不同小写字母表示在 $p \leqslant 0.01$ 水平上差异显著。

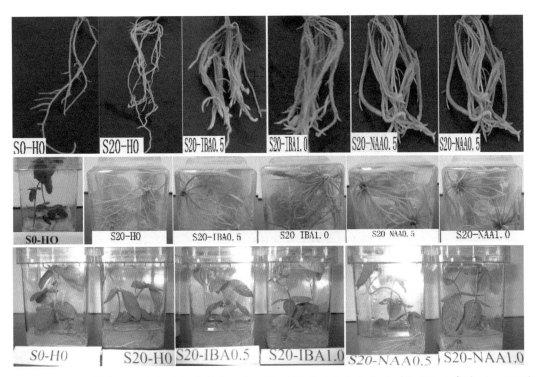

图 6-18　不同培养基处理的大豆组培苗在可控环境下第 21 d 的生长状况（鲍顺淑和贺冬仙，2006）

表 6-18　三种大豆组培苗不同处理的形态学指标差异

（刘水丽等，2007）

品种	处理	株高 / mm	叶片数	地上鲜重 / g	地上干重 / g	生根率 / %	根鲜重 / g	根长 / (cm·株⁻¹)
中黄 13	对照	143 b	11.5 c	0.9 c	0.173 c	82.5 b	0.41 c	66.0 c
	无糖培养	147 b	15 b	1.07 bc	0.182 c	100 a	0.68 b	254.9 b
中黄 25	对照	135 c	12.7 bc	1.19 b	0.221 b	78.0 c	0.65 b	202.3 bc
	无糖培养	160 a	18.7 a	1.41 a	0.287 a	100 a	1.02 a	481.6 a
鑫豆 1 号	对照	131 c	12.7 bc	1.00 bc	0.180 c	87.5 bc	0.84 bc	251.1 b
	无糖培养	153 ab	15 b	1.46 a	0.267 a	100 a	1.00 a	279.6 b

注：不同小写字母表示在 $p \leqslant 0.05$ 水平上差异显著。

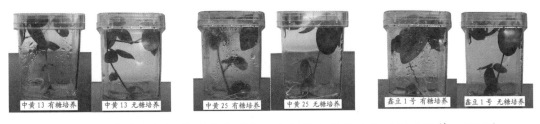

图 6-19　3 种大豆组培苗不同处理的地上部形态差异比较（刘水丽等，2007）

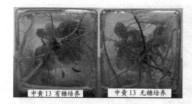

图 6-20　3种大豆组培苗不同处理的根系形态差异比较（刘水丽等，2007）

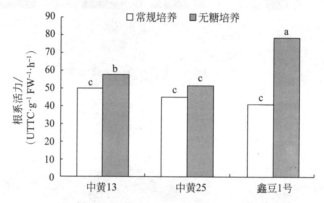

图 6-21　不同处理对三种大豆组培苗茎尖根系活力的影响（刘水丽等，2007）

注：不同小写字母表示在 $p \leqslant 0.05$ 水平上差异显著。

6.4.2　大豆的无糖培养应用案例

大豆可通过无糖培养进行增殖、壮苗、生根和驯化（刘水丽等，2007）。

以带有2~3片叶的大豆组培苗茎段作为材料，接入445 mL带有透气盖的玻璃容器中（盖上有2个直径1 cm的滤膜），容器内装有80 mL去除蔗糖的MS+IBA 0.5 mg·L^{-1}+ 卡拉胶8 g·L^{-1} pH 5.8的培养基。整个培养期间培养室的温度（25±2）℃，相对湿度70% 左右，光照强度为70 μmol·m^{-2}·s^{-1}，光周期为16 h·d^{-1}，CO_2为1000 μmol·mol^{-1}，培养21 d出苗。

6.5　草莓

草莓（*Fragaria* × *ananassa* Duch.）是蔷薇科水果，其营养丰富、口感好，被誉为水果皇后，除了鲜食外还可以被加工成果汁、果酱、果酒、饮料及草莓干等食品，因此市场前景广阔。我国草莓产业发展迅速，种植面积和产量均居世界首位。2018 年我国草莓种植面积约为 119.97 千 hm²，产量达 306.03 万 t。随着消费需求的日益增加，草莓种植面积不断扩大。目前，国内的草莓生产主要以农户种植为主，每年产量除受天气影响外，受病害影响较大，其中草莓病毒病可使草莓减产 30%~80%。防治病毒病和提高草莓产量，主要依靠种植无病毒的种苗，而脱毒的种苗主要依赖植物组培快繁获得，优质的草莓脱毒商品苗售价目前已经达到了 1~1.5 元 / 株。

早在 20 世纪 80 年代，国内的学者就已经开始对脱毒草莓进行研究，通过剥离茎尖、高温钝化、高温和茎尖复合处理、花药培养等方法获得脱毒种苗。目前草莓脱毒技术已经很成熟，然而，该技术仍有很多问题亟待解决，特别是较长的组培周期（往往需要 1.5~2 年才能形成商品苗）。近年来无糖培养技术在草莓上也有不少应用，期望能够通过无糖培养加快草莓脱毒苗的生产进程。

6.5.1　CO₂ 浓度和光强对无糖培养草莓的影响

Kozai 等 (1991a) 以 2~3 片叶的无根草莓试管苗为材料，将其接种在棉块上，分别用 20 g·L⁻¹ 蔗糖和无糖的 MS 液体培养基作为营养，在有透气膜的容器（换气次数 3.7 次·h⁻¹）中培养 21 d（图 6-22）。实验分别在两种 CO₂ 浓度（350~450 μmol·mol⁻¹ 和 2000 μmol·mol⁻¹）条件下进行。第 21 d 时，在无糖培养和高 CO₂ 浓度条件处理下，草莓植株的鲜重、干重、净光合速率、展开叶数、NO₃⁻、

图 6-22　培养容器正面和顶部照片（Kozai et al., 1991a）

PO₄³⁻、Ca²⁺、Mg²⁺ 和 K⁺ 的离子吸收量均为最高（图 6-23，表 6-19）。Nguyen 等（2008a）也在 CO₂ 浓度（400 和 1000 μmol·mol⁻¹）和光强（100 和 200 μmol·m⁻²·s⁻¹）的两个水平下进行了草莓的无糖培养研究。在培养 28 d 后，高 CO₂ 浓度（1000 μmol·mol⁻¹）和高光强（200 μmol·m⁻²·s⁻¹）处理中，植株鲜重、根鲜重、根冠比以及干重均显著增加（图 6-24，表 6-20）。

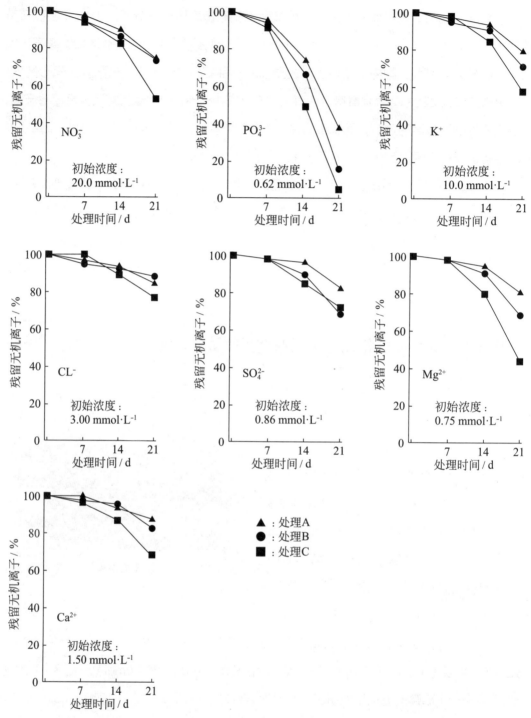

图 6-23　不同 CO_2 浓度对离体培养的草莓元素吸收的影响（Kozai et al., 1991a）

表 6-19　不同 CO_2 浓度对离体培养的草莓影响

（Kozai et al., 1991a）

处理	鲜重 / mg	干物质含量 / %	叶片数	净光合速率 / $(\mu gCO_2 \cdot 株^{-1} \cdot h^{-1})$
低 CO_2 传统组培	198 ± 77	16	5.9 ± 1.8	66
低 CO_2 无糖培养	217 ± 32	11	6.5 ± 1.4	79
高 CO_2 无糖培养	368 ± 81	12	6.7 ± 1.9	438

表 6-20　不同光照和培养浓度对无糖培养草莓生长的影响 28 d

（Nguyen et al., 2008a）

编号	处理	地上鲜重 / mg	根鲜重 / mg	根冠比	干重 / mg
LL	光强 100 μmol $\cdot$ m^{-2} $\cdot$ s^{-1}，CO_2 400 μmol $\cdot$ mol^{-1}	569.8 ± 12.2 a	362.9 ± 8.2 a	0.55 ± 0.02 a	77.7 ± 1.9 a
HL	光强 200 μmol $\cdot$ m^{-2} $\cdot$ s^{-1}，CO_2 400 μmol $\cdot$ mol^{-1}	766.3 ± 8.8 b	475.2 ± 8.6 ab	0.62 ± 0.01 b	84.3 ± 2.1 a
LH	光强 100 μmol $\cdot$ m^{-2} $\cdot$ s^{-1}，CO_2 1000 μmol $\cdot$ mol^{-1}	843.4 ± 8.4 c	509.7 ± 11.7 b	0.7 ± 0.01 c	103.3 ± 1.3 b
HH	光强 200 μmol $\cdot$ m^{-2} $\cdot$ s^{-1}，CO_2 1000 μmol $\cdot$ mol^{-1}	904.5 ± 8.1 d	822.7 ± 7.9 c	0.91 ± 0.02 c	118.7 ± 2.2 c

注：不同小写字母表示在 $p \leq 0.05$ 水平上差异显著。

图 6-24　不同光照和 CO_2 浓度对无糖培养草莓的影响（Nguyen et al., 2008a）

LL：低光强和低 CO_2 浓度、LH：低光强和高 CO_2 浓度、HL：高光强和低 CO_2 浓度、HH：高光强和高 CO_2 浓度

6.5.2 培养基和支撑物对无糖培养草莓的影响

除了 CO_2 浓度和光照，初始培养基和 $H_2PO_4^-$ 浓度（HA，MS，20、40、60、80 mol·m^{-3} MHA 培养基，对应的 $H_2PO_4^-$ 含量分别是 1.0、1.3、1.5、3、4.5、6 mol·m^{-3}）对无糖培养的草莓光合速率及生长也会产生影响。以草莓试管苗作为材料接种在带透气盖的容器中（换气次数达到 3.5 次·h^{-1}）。培养室温度维持在 25℃，相对湿度 70%，CO_2 浓度为 2000 μmol·mol^{-1}，光周期为 16 h·d^{-1}，光强为 160 μmol·m^{-2}·s^{-1}。培养 21 d 后，初始磷离子浓度为 4.5 mol·m^{-3} 的 MHA 培养基中植株的净光合速率最大，初始磷离子浓度为 3 mol·m^{-3} 的 MHA 培养基中植株的干重最大，在初始总离子浓度为 40 和 60 mol·m^{-3} 的 MHA 培养基中植株的鲜重、干物质、叶面积、净光合速率和蒸腾速率最大（图 6-25、图 6-26，表 6-21）（Yang et al., 1995）。由此可见，在无糖培养条件下，初始总离子浓度为 40 或 60 mol·m^{-3}，即初始磷离子浓度为 3 或 4.5 mol·m^{-3} 的 MHA 培养基比较适合草莓生长，其显著增加了净光合速率和生长。

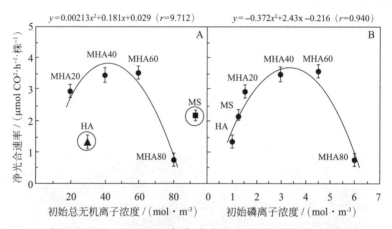

图 6-25 不同磷离子浓度对无糖培养草莓净光合速率的影响（Yang et al., 1995）

无糖培养条件下，培养基中除了无机离子浓度外，使用的支撑物也会对草莓的生长产生影响。Nguyen 等（2008b）以两种支撑材料（结冷胶或 Florialite），在 CO_2 浓度为 400 μmol·mol^{-1} 和光强为 100 μmol·m^{-2}·s^{-1} 的条件下进行草莓的无糖培养研究，并以同样条件的传统组培为对照。在两种支撑物的无糖培养基上植株的净光合速率随时间的增加而增加。并且在移栽 15 d 后，无糖培养 + Florialite 处理的植株生长状况最好，存活率最高，达到了 100%，在传统组培 + 结冷胶处理的植株存活率最低，仅为 85%（图 6-27）。因此，以疏松、透气的 Florialite 作为支撑物更利于无糖培养草莓的生长。

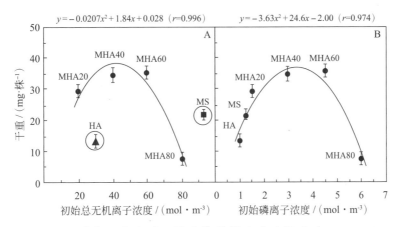

$y = -0.0207x^2 + 1.84x + 0.028 \ (r=0.996)$ $y = -3.63x^2 + 24.6x - 2.00 \ (r=0.974)$

图 6-26 不同磷离子浓度对无糖培养草莓干重的影响（Yang et al., 1995）

图 6-27 不同支撑物对离体培养草莓的影响（Nguyen et al., 2008b）

FF：以 Florialite 为支撑物的无糖培养；FA：以凝胶为支撑物的无糖培养

SF：以 Florialite 为支撑物的传统组培；SA：以凝胶为支撑物的无糖培养

表 6-21 不同培养基对无糖培养草莓的影响

（Yang et al., 1995）

处理	鲜重 / mg	干物质含量 / %	叶面积 / cm²	冠根比
MHA20	181 ab	16 ab	5.7 bc	5.2 a
MHA40	222 a	18 a	6.8 a	6.1 a
MHA60	237 a	16 ab	7.2 a	6.1 a
MHA80	88 c	16 ab	2.7 d	5.3 a

续表

处理	鲜重 / mg	干物质含量 / %	叶面积 / cm²	冠根比
HA	98 c	15 ab	3.4 cd	4.7 a
MS	174 ab	13 b	5.1 bc	6.2 a

注：不同小写字母表示在 $p \leqslant 0.05$ 水平上差异显著。

6.5.3　草莓的无糖培养应用案例

草莓可通过无糖培养进行壮苗、生根和驯化（Nguyen et al.，2008a）。

以带有 2~3 片叶的无根草莓试管苗作为材料，接入 370 mL 带有透气盖的玻璃容器中（盖上有 2 个直径 1 cm 滤膜），容器内装有去除蔗糖的 MS 培养基和 10 g 蛭石，培养室温度维持在（22±2）℃，相对湿度 75% 左右，光照在 1~8 d 给于 50 μmol·m⁻²·s⁻¹，8 d 后调整为 200 μmol·m⁻²·s⁻¹，光周期为 16 h·d⁻¹，CO₂ 为 1000 μmol·mol⁻¹，培养 28 d 后出苗。

6.6　生姜

生姜（*Zingiber officinale* Roscoe.）是姜科姜属多年生草本植物，性温、味辛，是一种调味品，药食两用，对人体有着较高的保健作用，在我国种植十分广泛，2021 年我国生姜种植面积达到 36.9 万 hm²，产量达到了 1219 万 t，且近年来呈现逐年上升态势。生姜主要采用地下根茎无性繁殖，所携带的病毒会随着种植逐代积累，导致产量和品质降低。利用组织培养技术对姜进行离体培养，不仅提高了繁殖速度，增加了产量，也解决了病毒病的问题。但是组培的高污染和高炼苗成本造成了种苗价格偏高等问题，采用无糖培养可能是解决这些问题的新思路。

6.6.1　生姜的无糖培养研究进展

周明等（2008）利用三角瓶作为容器，研究了 0%、1% 和 3% 3 个蔗糖浓度和 60、120、180 μmol·m⁻²·s⁻¹ 3 个光强对河南张良姜和四川竹根姜试管苗生长和光合作用的影响。结果表明，随着蔗糖浓度的降低，两个品种试管苗的生长均受到明显抑制，叶绿素和类胡萝卜素含量也随之下降，但总光合速率（P_g）、净光合速率（P_n）、PS Ⅱ最大光化学量子效率（F_v/F_m）却随之升高，而暗呼吸速率（R_d）随之下降。由此可见，降低培养基中蔗糖的浓度对试管苗的光合有一定的促进作用。在无糖的培养基中，姜的光合能力更强。他们认为造成无糖培养植株生长受抑制的原因可能是容器内 CO_2 不足，没有足够碳源造成的。若是将容器内的 CO_2 浓度提高可能会得到不同的结果。另外他们发现将光强从 60 $\mu mol \cdot m^{-2} \cdot s^{-1}$ 提高到 120 $\mu mol \cdot m^{-2} \cdot s^{-1}$ 对试管苗生长有一定促进作用，但 180 $\mu mol \cdot m^{-2} \cdot s^{-1}$ 光强下其生长反而受到抑制，这可能与生姜本身不耐强光有关。

Cha-um 等（2005a）从组培苗中切取带有叶片 2~3 片的生姜单株，以蛭石为支撑物在无糖 MS 培养基上培养 7 d。然后将无糖苗转入一个塑料箱中 [长 × 宽 × 高；32 cm × 24 cm × 18 cm，含 32 个透气孔，换气次数达到（5.1 ± 0.3）次 $\cdot h^{-1}$] 进行驯化。将塑料箱分别放入相对湿度（RH）保持在 $65\% \pm 5\%$、$80\% \pm 5\%$ 或 $95\% \pm 5\%$，CO_2 保持在（1000 ± 100）、（450 ± 100）$\mu mol \cdot mol^{-1}$ 的 6 种组合环境中培养 35 d。结果表明，在中、高 RH（$80\% \pm 5\%$、$95\% \pm 5\%$）和高 CO_2（1000 ± 100）$\mu mol \cdot mol^{-1}$ 条件下，试管苗的相对含水量（RWC）明显高于在低 RH（$65\% \pm 5\%$）和低 CO_2（450 ± 100 $\mu mol \cdot mol^{-1}$）条件下的试管苗，并显著提高了 PSII 最大光化学效率（F_v/F_m）、PS Ⅱ（ΦPS Ⅱ）的量子效率、气孔导度和净光合速率；降低了蒸腾速率（表 6-22）。而胞内 CO_2 和水分利用效率与净光合速率正相关，高湿高 CO_2 浓度促进了叶面积、鲜重、干重、根数和根长等生长指标的增加（表 6-23）。由此可见，在高 RH、高 CO_2 浓度条件下驯化的生姜植株具有更强的适应能力和水分利用效率，其移栽成活率更高（90%~100%）。

表 6-22　不同湿度和 CO_2 浓度对无糖培养生姜苗驯化的生理指标影响

（Cha-um et al., 2005a）

处理	水分利用率 / %	气孔导度 / (μmol $H_2O \cdot m^{-2} \cdot s^{-1}$)	蒸腾速率 / ($mmol \cdot m^{-2} \cdot s^{-1}$)	蒸腾比	PS Ⅱ最大光化学效率	PS Ⅱ实际光化学效率
LL	0.6 c	13.2 c	0.35 a	6.72 a	0.53 c	0.42 c
LM	1.1 bc	26.4 b	0.28 b	3.26 b	0.65 b	0.47 bc
LH	0.9 bc	27.8 b	0.25 b	0.85 cd	0.78 a	0.57 b
HL	1.1 bc	26.8 b	0.24 b	1.85 c	0.78 a	0.62 b

处理	水分利用率 / %	气孔导度 / (μmol $H_2O \cdot m^{-2} \cdot s^{-1}$)	蒸腾速率 / (mmol $\cdot m^{-2} \cdot s^{-1}$)	蒸腾比	PS II 最大光化学效率	PS II 实际光化学效率
HM	2.6 a	32.6 ab	0.13 c	0.52 d	0.79 a	0.73 a
HH	2.7 a	39.9 a	0.14 c	0.28 d	0.80 a	0.70 a

注：不同小写字母表示在 $p \leqslant 0.01$ 水平上差异显著。

LL: CO_2 （450±100） $\mu mol \cdot mol^{-1}$、RH 65%±5%; LH: CO_2 （450±100） $\mu mol \cdot mol^{-1}$、RH 80%±5%;

LH: CO_2 （450±100） $\mu mol \cdot mol^{-1}$、RH 95%±5%; HL: CO_2 （1000±100） $\mu mol \cdot mol^{-1}$、RH 65%±5%;

HM: CO_2 （1000±100） $\mu mol \cdot mol^{-1}$、RH 80%±5%; HH: CO_2 （1000±100） $\mu mol \cdot mol^{-1}$、RH 95%±5%

表 6-23　不同湿度和 CO_2 浓度对无糖培养生姜苗驯化的形态指标影响

（Cha-um et al., 2005a）

处理	叶面积 / mm^2	鲜重 / mg	干重 / mg	根数	根长 / cm
LL	1280 d	199 e	48 d	1.6 b	3.1 c
LM	1473 d	306 de	58 d	2.8 a	4.9 bc
LH	1489 c	424 cd	68 cd	2.8 a	5.4 b
HL	1789 b	484 c	73 bc	2.8 a	6.8 bc
HM	2255 b	1012 b	87 b	3.3 a	8.8 a
HH	2864 a	1518 a	91 a	3.8 a	8.6 a

注：不同小写字母表示在 $p \leqslant 0.01$ 水平上差异显著。

LL: CO_2 （450±100） $\mu mol \cdot mol^{-1}$、RH 65%±5%; LH: CO_2 （450±100） $\mu mol \cdot mol^{-1}$、RH 80%±5%;

LH: CO_2 （450±100） $\mu mol \cdot mol^{-1}$、RH 95%±5%; HL: CO_2 （1000±100） $\mu mol \cdot mol^{-1}$、RH 65%±5%;

HM: CO_2 （1000±100） $\mu mol \cdot mol^{-1}$、RH 80%±5%; HH: CO_2 （1000±100） $\mu mol \cdot mol^{-1}$、RH 95%±5%

6.6.2　生姜的无糖培养应用案例

上海离草科技有限公司利用无糖培养技术进行生姜的壮苗、生根和驯化。

其以 2~3 叶单株生姜无根试管苗作为材料，采用含适量生长素、不含糖和有机物的改良 MS 培养基，以蛭石作为支撑物，混合装入植物无糖组培快繁系统的培养盒中。每个培养盒接入 200 个外植体，整个培养期间光照强度为 70~120 μmol·m⁻²·s⁻¹，CO_2 浓度为 800~1500 μmol·mol⁻¹，温度为（24±1）℃，相对湿度为 60% 左右，光周期为 14 h·d⁻¹，光期进行强制换气，培养 40 d 后出苗（图 6-28）。

图 6-28 生姜的无糖培养（上海离草科技有限公司）
A：无糖培养 15 d；B：无糖培养 30 d；C：无糖培养 45 d；D：无糖培养 45 d 生根情况

6.7 甘蔗

甘蔗（*Saccharum officinarum* L.）是热带和亚热带作物，是制造蔗糖的原料，目前全球有 100 多个国家出产。甘蔗富含糖和水分，是甘凉滋养的食疗佳品。2020 年我国甘蔗种植面积达 203 万 hm² 以上，亩产达 5.33 t·亩⁻¹，市场前景广阔。然而甘蔗属于无性系繁殖，常年连作会造成有害物质积累、品种退化，目前甘蔗的花叶病、宿根矮化病等并没有很好的治疗方法，故主要通过种植无病种苗来预防。近几年，国内甘蔗种苗主要通过茎尖脱毒，然后利用传统的组培快繁技术生产获得。从茎尖培养、组培快繁、脱毒苗检测到移栽大田，整个技术已经非常成熟，甘蔗的脱毒种苗生产需要 5 个月左右，增殖率高，但是也存在缺点，如污染率高，植株生长不良、驯化死亡率高等。植物无糖组培快繁技术减少了组培生产过程中的微生物污染，使植株以自养方式快速生长，缩短了培养周期，正好可以被应用到甘蔗的脱毒种苗生产中，目前已有多篇论文研究甘蔗无糖培养相关技术。

6.7.1　甘蔗的无糖培养研究进展

Erturk 和 Walker（2000a）进行了甘蔗的无糖培养研究，主要研究了不同生根时间、培养基种类、接种丛大小对其生长的影响。结果表明，采用试管生根 6 周的甘蔗种苗，按照每丛 2 株接种在液体 MS 培养基进行无糖培养可以获得不错的效果，但仍不如在传统组培中的甘蔗材料。由于该试验是在密闭的组培容器中进行的，故他们认为由于没有换气、缺乏 CO_2 的补充，无糖培养的植株处于一个不利的环境中，因此生长不如传统组培，而一旦给予合适的环境条件，无糖培养甘蔗苗的生长会显著改善。于是他们对 CO_2 浓度、光强及激素等因子开展了无糖培养的研究。在该试验中他们引入了强制换气系统，以 $0.1\ L\cdot min^{-1}$ 的流量向培养容器内通入不同浓度的 CO_2 气体。这次获得更好的结果，高的 CO_2 浓度和光照强度显著促进了植株的生长。同时他们发现激素起到了抑制作用，但效果并不显著（Erturk and Walker, 2000b）。因此，在激素浓度不变的情况下，提高的 CO_2 浓度和光强是一种促进无糖培养甘蔗小苗生长的有效手段。

Xiao 等（2003）在前面研究的基础上，以 2~3 片叶的甘蔗试管苗为材料，以 Florialite 为支撑物，采用两倍浓度 KH_2PO_4、$MgSO_4$、$FeSO_4$ 和 Na_2EDTA 的无糖 MS 液体培养基进行不同光强和换气次数的培养试验，试验以传统组培为对照（表 6-24），光照期间培养室内的 CO_2 浓度保持在 1500 $\mu mol\cdot mol^{-1}$（是大气 CO_2 浓度的 4 倍）。结果表明，在相对高光强（200~400 $\mu mol\cdot m^{-2}\cdot s^{-1}$）和高换气次数（2~10 次·$h^{-1}$）的无糖培养处理中，植株的生长量是对照组的 4~7 倍，生长期由对照组的 30 d 缩短到 18 d 以下（表 6-25，图 6-29、图 6-30）。因此，采用无糖培养，提高光照强度和换气次数对甘蔗试管苗生长有显著的促进作用，优于传统组培。淡明等（2011）在他们的研究中也获得了相同的结果。

表 6-24 甘蔗无糖培养和有糖培养的处理方案

（Xiao et al., 2003）

处理	PPFD / (μmol·m^{-2}·s^{-1})			换气次数 / (次·h^{-1})		
	0~3 d	4~10 d	11~18 d	0~3 d	4~10 d	11~18 d
对照	60	60	60	0.2	0.2	0.2
LL	100	200	300	1.8	1.8	1.8
LM	100	200	300	1.8	2.7	3.6
LH	100	200	300	2.7	6	10.2
HL	200	300	400	1.8	1.8	1.8
HM	200	300	400	1.8	2.7	3.6
HH	200	300	400	2.7	6	10.2

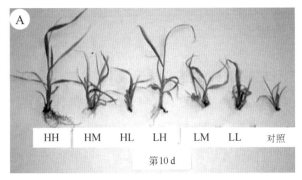
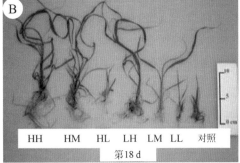

图 6-29 不同 PPFD 和换气次数下无糖培养甘蔗苗的生长情况（Xiao et al., 2003）

A: 10 d; B: 18 d

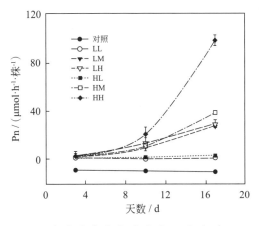

图 6-30 不同处理甘蔗的净光合速率变化曲线（Xiao et al., 2003）

表 6-25　不同 PPFD 和换气次数对无糖培养甘蔗苗的影响

（Xiao et al., 2003）

处理	叶面积 / mm²	鲜重 / mg		干重 / mg		芽数	叶片数
		芽	根	芽	根		
对照	319±127 d	303±10.0c	21±15 c	29±8 cd	2±1 c	3.0±1.0 b	4.3±0.5 d
LL	190±96 d	124±86 c	33±22 c	18±8 d	5±4 c	1.4±0.5 c	3.4±0.5 d
LM	700±97 c	535±101 b	311±121 bc	77±15 bc	24±13 bc	3.6±0.7 ab	5.9±1.1 c
LH	1049±317 b	716±249 b	356±114 b	107±39 b	31±11 b	3.8±1.2 ab	5.3±0.4 c
HL	135±44 d	106±29 c	46±26 c	13±5 d	4±3 c	1.3±0.4 c	4.3±0.7 d
HM	1022±400 bc	781±329 b	388±303 b	109±47 b	34±24 b	4.3±1.6 a	7.4±1.3 b
HH	1648±65 a	1394±616 a	669±562 a	201±104 a	61±48 a	3.9±1.3 ab	9.5±1.9 a

注：不同小写字母表示在 $p \leqslant 0.05$ 水平上差异显著。

6.7.2　抑菌剂对甘蔗无糖培养的影响

无糖培养能够降低污染率，但是当材料死亡或者是使用有机的琼脂、结冷胶作为支撑物时，仍会有污染或者蓝藻的产生。Erturk 和 Walker（2003）最早尝试了在培养基中添加 10 ppm 莠去津（一种除草剂）来抑制蓝藻，虽然抑制效果显著，但也抑制了甘蔗苗的生长，使其生长速度仅为对照组样本的一半。后来 Lu 等（2020）开发了一种新的抗菌化合物，被称为"QX1"，内含有尼古丁、大蒜提取物、多菌灵和"益培隆"。Lu 等将其应用于甘蔗的无糖培养中，采用不同浓度的 QX1 和 CO_2 条件对甘蔗苗进行繁殖和生根。种苗在无糖培养和传统组培中的繁殖效率相近，但在繁殖和生根过程中，无糖培养系统中的污染明显减少。并且与常规方法相比，无糖培养体系显著提高了植株成活率、鲜重和净光合能力，降低了生产成本（表 6-26）。因此，低成本、开放的无糖培养体系更适应甘蔗试管苗的商业化生产。

表 6-26　不同浓度的 CO_2 和 QX1 对无糖培养甘蔗苗的影响

（Lu et al., 2020）

处理	增殖阶段				生根阶段				
	污染率 / %	存活率 / %	芽数	增殖效率	污染率 / %	存活率 / %	根数	叶片数	株高 / cm
C1B1	4.00 b	95.67 a	271.3 f	2.71 f	4.00 b	95.67 ab	11.9 e	5.6 e	6.6 ab
C2B1	4.00 b	95.67 a	278.7 e	2.79 e	4.00 b	95.67 ab	13.0 bc	5.7 de	6.7 ab

处理	增殖阶段				生根阶段				
	污染率 / %	存活率 / %	芽数	增殖效率	污染率 / %	存活率 / %	根数	叶片数	株高 / cm
C3B1	4.33 b	95.33 a	282.0 de	2.82 de	4.00 b	95.67 ab	12.5 cd	6.3 bc	6.6 ab
C1B2	3.50 bc	96.33 a	304.3 b	3.04 b	3.50 bc	96.33 ab	12.1 de	6.9 b	6.6 ab
C2B2	3.33 bc	96.33 a	314.7 a	3.15 a	3.50 bc	96.67 a	14.7 a	7.9 a	6.6 ab
C3B2	3.17 bc	96.67 a	288.7 c	2.89 c	3.00 bc	95.67 ab	12.7 bc	6.3 bc	6.8 a
C1B3	2.67 c	95.00 a	272.7 f	2.73 f	2.67 c	93.00 cd	12.4 cd	5.8 cde	6.5 b
C2B3	2.83 c	95.33 a	306.7 b	3.07 b	2.67 c	94.33 bcd	13.1 b	6.3 bcd	6.7 ab
C3B3	2.83 c	95.00 a	283.0 d	2.83 d	2.67 c	94.67 abc	12.6 bcd	6.0 cde	6.7 ab
CK	7.0 a	93.00 b	312.0 a	3.12 a	7.10 a	93.00 d	10.1 f	5.0 f	6.6 ab

注：不同小写字母表示在 $p \leq 0.05$ 水平上差异显著；

CO_2 浓度分别以 C1=0.9 g·L^{-1}、C2=1.0 g·L^{-1} 和 C3=1.1 g·L^{-1} 表示；

QX1 浓度分别以 B1=0.4%、B2=0.5% 和 B3=0.6% 表示。

6.7.3　甘蔗的无糖培养应用案例

上海离草科技有限公司利用无糖培养技术进行甘蔗的壮苗、生根和驯化，在添加抑菌剂的情况下可以增殖。

其以 2~3 株 / 丛的甘蔗无根试管苗作为材料，采用不含糖和有机物的 MS 培养基，以蛭石作为支撑物，混合后装入植物无糖组培快繁系统（上海离草科技有限公司设计）的培养盒中，每个培养盒接入 50 丛材料。整个培养期间，光照强度为 70~120 μmol·m^{-2}·s^{-1}，CO_2 浓度为 800~1500 μmol·mol^{-1}，温度是（24±1）℃，相对湿度 60% 左右，光周期为 14 h·d^{-1}。光期进行强制换气，培养 15 d 后出苗（图 6-31）。

图 6-31　甘蔗的无糖培养（上海离草科技有限公司）

A：新接种的甘蔗苗；B：无糖培养 15 d 的甘蔗苗

6.8 甘蓝

甘蓝（*Brassica oleracea* L.）是十字花科芸苔属的草本植物，有多个变种，常见有结球甘蓝、花椰菜、西兰花、羽衣甘蓝等品种。它是我国人民经常食用的蔬菜，价格不贵却有着较高的营养价值。仅结球甘蓝一种，在我国每年的种植面积高达 40 万 hm^2，占全国蔬菜种植面积的 25%~30%。

甘蓝育种方法主要有常规杂交育种和倍性育种等。近年来多采用常规育种与生物技术相结合，快速培育出了一批新的品种，无论是在品质、抗性、产量方面均有提升。植物组织培养是最常用的一种生物技术，可以使新培育的品种或者显性雄性不育系快速繁殖，缩短了培育时间，使甘蓝品种的不断推陈出新，满足消费者的需求。然而其在组织培养研究中存在玻璃化、移栽成活率低的问题，因此有不少学者对其进行了无糖培养的研究。

6.8.1 甘蓝的无糖培养研究进展

Kozai 等（1991c）发现不论培养基中是否含有糖，换气次数较多和光强较高的处理中甘蓝试管苗或者实生苗的生长发育更好。Zobayed 等（1999b）采用密闭、自然换气和强制换气的方式进行花椰菜的无糖培养，也发现利用强制换气处理时，花椰菜试管苗的生长情况显著优于另外两个处理方式下的样本。对这 3 组处理容器中的气体进行测定，发现在密闭容器和自然换气的处理中会大量积累 C_2H_4，而 C_2H_4 的积累可能会造成花椰菜试管苗生长被抑制，这从环境因素方面解释了无糖培养的优势，由于改善了容器内的生长环境，植株生长更快、更为健壮。吴丽芳等 (2009) 以花椰菜雄性不育亲本的花球为外植体进行传统组培及无糖培养技术的研究。通过传统组培可以获得较高的不定芽诱导率（96%）和增殖系数（4.25），然而在进入生根阶段，他们发现采用无糖培养处理，花椰菜的生根率、根数、须根数、叶片数及移栽存活率均显著高于传统的组培（表 6-27）。特别是在强制换气条件下进行无糖培养，效果最佳，11 d 即可大量生根。采用传统组培快繁进行增殖，以无糖培养进行生根的方法，1 个花球可以在 4 个月生产上万株组培苗，故其不失为一种高效快速地生产方法。

在商业种苗生产中，试管苗的生长控制是最重要的。甘蓝种植受气候和种植户需求的影响较大，有时候试管苗在达到合适尺寸后需要暂时贮藏起来。因此，很多企业希望这个贮藏过程能够尽量避免对植株的伤害。将无糖培养的西兰花试管苗在不同温度、光照和光质条件下贮藏 6 周，结果表明，无论何种光质，2 μmol·m^{-2}·s^{-1} 的光强对贮藏苗保持光合作用、再生能力及干重都非常重要。弱光照条件下贮藏的小苗比黑暗条件下具有更高的叶绿素活性。而贮藏温度则与干重负相关，植株干重会随着温度增加而降低。保存在 5~10℃ 条件下 6 周，苗的干重与贮藏前无显著变化（表 6-28）（Kubota and Kozai,

表 6-27 不同培养基及培养方法对花椰菜生根及移栽成活率的影响

（吴丽芳等，2009）

培养基	基质	生根率 / %	叶片数	主根数	须根数	移栽成活率 / %
MS+NAA 0.1 mg·L^{-1}+ 糖 3%	琼脂	58.7	无	2.9	4.7	72.3
MS+NAA 0.3 mg·L^{-1}+IAA 0.2 mg·L^{-1}+ 糖 3%	琼脂	73.4	0.6	3.1	5.1	77.5
MS+NAA 0.1 mg·L^{-1}（无糖）	蛭石	95.4	2.2	4.2	12.2	94.1
MS+NAA 0.3 mg·L^{-1}+IAA 0.2 mg·L^{-1}（无糖）	蛭石	98.7	2.4	4.8	13.4	94.7

表 6-28 不同贮藏温度和光照对无糖培养西兰花苗的影响

（Kubota and Kozai., 1994）

时间	处理		干重 / mg	叶片数
	温度 / ℃	光照		
0			69 ± 3.0	6 ± 0.1
3 周	5	+	66 ± 1.1^{NS}	7 ± 0.1**
	10	+	65 ± 2.5^{NS}	7 ± 0.2*
	15	+	45 ± 12.8*	6 ± 0.8^{NS}
	5	−	49 ± 4.5**	6 ± 0.3^{NS}
	10	−		
	15	−		
6 周	5	+	66 ± 0.9^{NS}	7 ± 0.2**
	10	+	63 ± 1.1^{NS}	8 ± 0.2**
	15	+	−	−
	5	−	−	−
	10	−	−	−
	15	−	−	−

注：NS 为差异不显著，* 为差异显著 $p \leqslant 0.05$，** 为差异极显著 $p \leqslant 0.01$。

植物无糖培养微繁殖及种苗生产

1994）。黑暗条件下贮藏的苗可溶性糖（蔗糖、葡萄糖、果糖）和淀粉会显著降低，进入到驯化阶段小苗很早就死亡了。采用红光和蓝光则会促进茎段的伸长和叶绿素降解，影响光合产物的分配，但不影响贮藏期间的净光合速率（表6-29）（Kubota et al., 1997）。因此，无糖培养的西兰花苗在 5~10℃、2 $\mu mol \cdot m^{-2} \cdot s^{-1}$ 白光的条件下存储 6 周效果最好，对种苗几乎没有影响。

表 6-29　不同光质对无糖培养西兰花苗贮藏的影响

（Kubota et al., 1997）

处理	干重 / mg			株高 / mm	比茎重 / (mg·m⁻¹)	叶面积 / cm²	比叶重 / (g·m⁻²)	叶绿素 / (mg·m⁻²)
	叶片	茎	芽					
贮藏前	40±1.6	18±0.4	58±1.1	33±1.1	540±27	21±0.6	19±0.6	516±13
黑暗	30±2.2*	13±1.3*	42±3.4**	31±1.6NS	408±31*	22±1.1NS	15±0.7**	320±14**
白光	37±0.5NS	23±0.8**	60±1.1NS	38±2.2NS	602±23NS	24±0.4NS	16±0.4**	322±40**
红光	36±1.8NS	26±0.6**	62±1.8NS	45±1.4**	582±26NS	23±0.4NS	15±0.5**	254±38**
蓝光	36±1.2NS	28±0.7**	64±1.6*	46±2.3**	627±51NS	24±0.5NS	14±0.8**	154±31**

注：NS 为差异不显著，* 为差异显著 $p \leqslant 0.05$，** 为差异极显著 $p \leqslant 0.01$。

6.8.2　甘蓝的无糖培养应用案例

甘蓝可通过无糖培养进行壮苗、生根和驯化（吴丽芳等，2006）。

以 2.0~2.5 cm 甘蓝组培苗茎段作为材料，将其接入透气容器中，营养液为 MS 无机成分 +NAA 0.1 mg·L⁻¹，pH5.8，支撑物为蛭石，营养液和蛭石按照 1∶2 比例混合。整个培养期间，培养室的温度为 25~27℃，光照强度为 4000 lx，CO_2 为 1000 $\mu mol \cdot mol^{-1}$，培养的前 5 d 内不通气，5 d 后的通气流量为 2 L·min⁻¹。培养 8 d 后开始生根，长满瓶后出苗。

6.9　山药

山药（*Dioscorea polystachya* Turczaninow）是薯蓣科薯蓣属植物，缠绕草质藤本。市面上常见的山药并不是都是一个品种，实际来源于薯蓣属四个种，分别为薯蓣（*Dioscorea polystachya* Turczaninow），黄山药（*Dioscorea panthaica* Prain et Burk），参薯（*Dioscorea alata* L.），山薯（*Dioscorea fordii* Prain et Burk）。据《神农本草经》记载，山药既是药又是滋补保健品。山药富含黏蛋白、淀粉酶、皂甙、游离氨基酸、多酚氧化酶、胆碱、淀粉、糖类、蛋白质、维生素 C 等营养成分以及多种微量元素。我国是山药的原产地，已有 2500 多年栽培山药的历史，在全国大多数省份均有种植。

随着大家生活水平的提高，山药越来越受人们的重视，需求连年增加。山药采用无性繁殖的方式育种，主要有芦头繁殖法、零余子繁殖法和块茎繁殖法等。这 3 种育种方法无论采用哪种，都既浪费药用器官、繁殖率低，又容易造成品质退化、产量降低，故其严重制约了山药产业的发展。植物组织培养技术是一种应用广泛的育种技术，能够解决很多传统繁殖方法的缺点，已在多种作物、果树、药用植物上得到应用。目前国内外对山药组培的研究有不少，已经建立起了从脱毒、增殖到壮苗、生根等一系列步骤，形成了完整的快繁体系。为了提高种苗的质量，山药的无糖培养不失为一种可行的方法。

6.9.1　山药的无糖培养研究进展

在一个强制换气培养系统（4.6 次·h^{-1}）中，采用山药茎段作为材料，在含糖或不含糖的 1/2 MS 培养基上以 Florialite 为支撑物进行无糖培养，CO_2 浓度保持在（550 ± 50）$\mu mol·mol^{-1}$，光强为 150 $\mu mol·m^{-2}·s^{-1}$。试验对照组为自然换气的传统组培，以琼脂为支撑物。培养 20 d 时，可以发现无糖培养处理的干鲜重，株高、叶面积显著高于传统组培的植株（表 6-30）。山药苗的根长在两个处理中没有显著不同，然而强制换气下的小苗形成了许多侧根，根鲜重显著高于自然换气下的传统组培苗（图 6-32）。换句话说，传统组培苗的冠根比显著高于无糖培养苗株，这表明其根系的生长要差于地上部分的生长（Nguyen et al.，2000b）。这个发现再次证明微繁殖中使用琼脂作为支撑物将不利于根系的发育。Florialite 中含有大量孔隙结构，其可使根系很容易吸收到氧气，促进根系生长，而且采用强制换气的无糖培养山药苗叶片能够吸收到充足的 CO_2，所以无糖培养的山药种苗生长更好。

表 6-30　不同培养方式对山药种苗的影响 20 d

（Nguyen et al., 2000b）

处理	鲜重 / mg	株高 / mm	叶面积 / cm²
传统组培 （自然换气）	130.9 ± 8.4	20.7 ± 2.7	9.0 ± 1.8
无糖培养 （强制换气）	622.2 ± 31.6**	42.6 ± 6.1**	22.7 ± 2.5**

注：** 表示差异显著 $p \leqslant 0.05$。

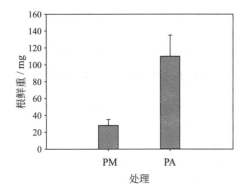
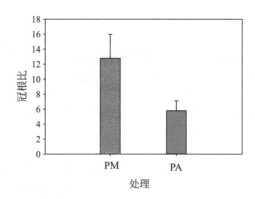

图 6-32　不同培养方式对山药根鲜重和冠根比的影响 20 d（Nguyen et al., 2000b）

6.9.2　山药的无糖培养应用案例

山药用无糖培养可以完成增殖、壮苗、生根和驯化过程（Nguyen et al., 2000b）。

裁剪 128 穴的多孔穴盘后将之装入透气容器中，每个穴中装入 1 g Florialite，添加 1/2 MS 液体培养基，不加糖和维生素，保持 pH 5.7。以山药单节带叶茎段为材料，将其插入带有 Florialite 的穴孔中。在（24±2）℃、RH（60±5）%、光周期 16 h · d⁻¹、CO_2（550±50）µmol · m⁻² · s⁻¹、光强 150 µmol · m⁻² · s⁻¹ 条件下培养。换气次数在第 6 d 的时候设定为 1.4 次 · h⁻¹，随后时间里，每隔 3~4 d 利用气体流量计逐渐提高，最后 4 d 达到 4.6 次 · h⁻¹。培养 20 d 即可出苗。

6.10 山葵

山葵(*Eutrema wasabi*),学名块茎山萮菜,十字花科多年生草本植物。山葵具有强烈的辛辣味,其根状茎是芥末的原料,早在 350 多年前日本就有人工种植。现今日本每年山葵使用量达到 8000 多 t,很大一部分都是由我国提供的。山葵的市场售价极高,是一种很有发展前景的蔬菜。

山葵主要通过种子、分株和组织培养 3 种方式进行繁殖,其种子有休眠特性,需要通过低温沙藏等手段催芽,而且种子播种后发芽率不高,出苗极不整齐,难以大规模生产整齐一致的山葵植株。因此,传统山葵育种主要采用分株育苗,这种方法虽然种苗获得容易,但存在易染病害、种性退化及繁殖系数低等缺点。近几年组织培养的方式逐渐被用来生产山葵种苗,虽然通过植物组织培养的方式生产成本较高,但是其能够快速获得大量脱毒种苗,解决了病毒病的问题。为了改善品质,节约生产成本,不少学者进行了山葵的无糖培养研究。

6.10.1 培养方式对山葵生长的影响

Hoang 等(2017a)以无糖培养(自养)和传统组培(兼养)的山葵苗进行对比试验,培养 28 d 后,无糖培养的小苗干重、相对生长速率、叶面积、叶片叶绿素含量均大于传统组培样本,而叶片数量两者相差不大(表 6-31)。无糖培养能够促进根系生长和发育,根数更多,根长、根的直径、根干鲜重、根部木质部导管等均比传统组培更好(表 6-32,图 6-33、图 6-34)。随着培养时间的增加,无糖培养苗的光合速率逐渐增加并显著高于传统组培,而传统组培苗始终保持在一个很低的光合速率水平。因为在瓶盖上的增加了透气膜,无糖培养条件下空气饱和差明显比传统组培高,气孔具有一定的功能。传统组培苗移栽室外后,由于叶表和叶背大量打开的气孔加速了水分的散失,降低了移栽存活率(图 6-35)。因此无糖培养有利于优质山葵种苗的生产。

表 6-31　无糖培养和传统组培对山葵地上部分的影响

(Hoang et al., 2017a)

处理	叶片数	叶面积 / cm²	株高 / mm	地上鲜重 / mg	地上干重 / mg	含水率 / %
无糖培养	5.6 a	18.6 a	43.9 a	788.8 a	54.3 a	93.1 a
传统组培	5.5 a	17.1 b	39.9 b	664.5 b	46.2 b	93 a

注:不同小写字母表示在 $p \leqslant 0.05$ 水平上差异显著。

表 6-32 无糖培养和传统组培对山葵地下部分的影响

（Hoang et al., 2017a）

处理	根数	根直径 / μm	根长 / mm	根鲜重 / mg	根干重 / mg	含水率 / %
无糖培养	20.6 a	459.9 a	66.5 a	193.7 a	11.3 a	94.1 a
传统组培	10.9 b	401.7 b	62.3 b	100.2 b	6.1 b	93.9 b

注：不同小写字母表示在 $p \leqslant 0.05$ 水平上差异显著。

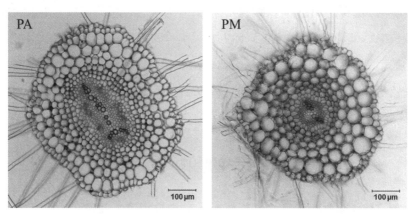

图 6-33 无糖培养和传统组培山葵根系横切面（28 d）（Hoang et al., 2017a）

PA 为无糖培养，PM 为传统组培

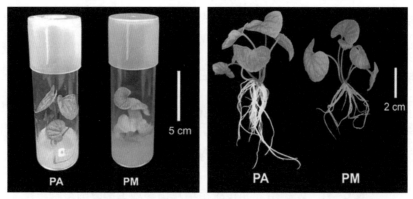

图 6-34 无糖培养和传统组培山葵照片（Hoang et al., 2017a）

PA 为无糖培养，PM 为传统组培

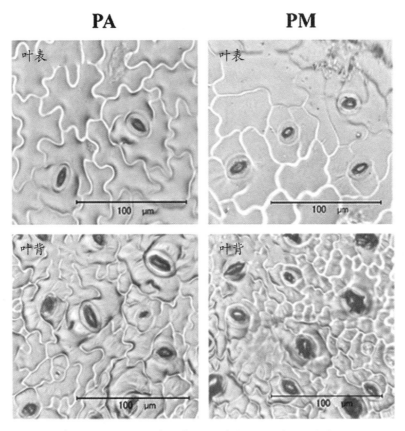

图 6-35　无糖培养和传统组培山葵叶表和叶背气孔照（28 d）（Hoang et al., 2017a）

PA 为无糖培养，PM 为传统组培

6.10.2　营养液浓度和支撑物对无糖培养山葵苗生长的影响

Hoang 等（2019）使用无糖培养方法比较 4 种浓度的恩施标准营养液（25%，50%，100% 和 150%）和两种支撑材料（岩棉和蛭石）对山葵幼苗生长情况的影响。培养 28 d 后，发现在养分浓度为 50% 和 100% 处理中山葵幼苗的净光合速率最高，这两种条件下植株的鲜重、干重、冠根干重比和叶面积比最高，并且以蛭石为支撑物的效果比岩棉更好（图 6-36）。两种支撑材料上小苗生长的差异可能是因为培养 28 d 后岩棉中的溶解氧浓度急剧下降所致，岩棉中的溶解氧浓度从 9.3 mg·L^{-1} 降至 6 mg·L^{-1}，而蛭石中的溶解氧浓度仅略有下降，从 9.3 mg·L^{-1} 降至 8 mg·L^{-1}。可能正是由于溶解氧浓度降低引起的根系水分和养分吸收的减少，最终造成岩棉处理中山葵苗的生长变慢。由此可见，以 50% 或 100% 恩施标准营养液浓度和蛭石支撑物进行无糖培养可以快速生产高质量的山葵种苗。

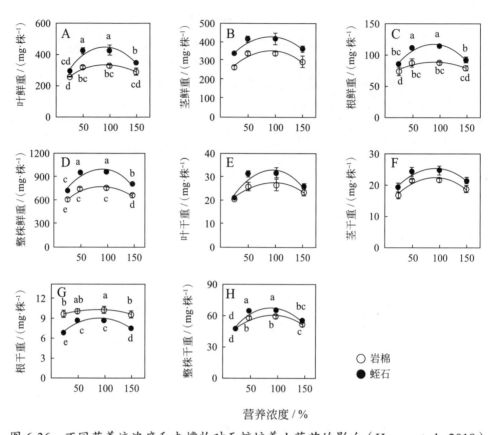

图 6-36　不同营养液浓度和支撑物对无糖培养山葵苗的影响（Hoang et al., 2019）

A：叶片鲜重；B：茎鲜重；C：根鲜重；D：整株鲜重；E：叶片干重；F：茎干重；G：根干重；H：整株干重

6.10.3　昼夜温度对无糖培养山葵生长的影响

利用无糖培养方式将山葵幼苗在 9 种不同的昼夜温度范围（昼／夜 10/10，14/10，14/14，18/14，18/18，22/18，22/22，26/22，26/26℃）下培养。由于采用 12 h 的光周期，所以各个处理的日平均温度分别为 10、12、14、16、18、20、22、24、26℃。培养 28 d 后，发现在 18/18℃的恒定空气温度下植株的干重和叶面积最高，低于或高于 18℃的日均温度对离体山葵的生长都会产生不利影响。当日均温度降低至 10℃或升高至 26℃时，山葵幼苗的整株干重迅速下降。山葵幼苗的叶，茎和根干重也表现出相似的趋势（图 6-37），整株苗的净光合速率同样也显示出与苗干重相同的趋势，在 18/14、18/18、22/18℃处理中

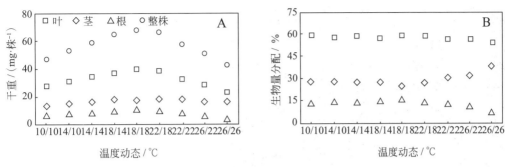

图 6-37　不同昼夜温度对无糖培养山葵干重和生物量的影响（Hoang et al., 2020）

A：干重；B：生物量

最高（图 6-38）。

　　整个植物的生物量的分配随着日均温度变化而表现出不同。在低温（10~18℃）下植物生物量趋向于叶片，茎和根的分配没有明显差异，但在高温（18~26℃）下，叶和根的生物量分配减少，而茎生物量的分配增加（图 6-37）。随着日均温度上升，在日均温度 10~18℃ 的范围内，山葵苗的叶面积略有上升，但在 18~26℃ 的范围内则显著减少（图 6-39）（Hoang et al., 2020）。

　　根据不同昼夜温度下山葵种苗的生长变化数据可以发现生长温度能通过影响山葵的叶面积和净同化率来改变相对生长速率，其在 10~18℃ 的低温区间能够增加净同化速率来提高相对生长速率，而在 18~26℃ 的高温区间则会诱导叶面积减少和降低净同化速率，从而降低相对生长速度（图 6-40）（Hoang et al., 2017b）。所以，18/18℃ 恒定昼夜温度是无糖培养山葵的最佳温度条件。

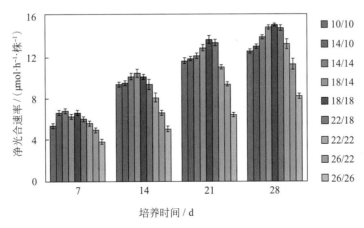

图 6-38　不同昼夜温度条件下无糖培养山葵苗的净光合速率（Hoang et al., 2020）

植物无糖培养微繁殖及种苗生产

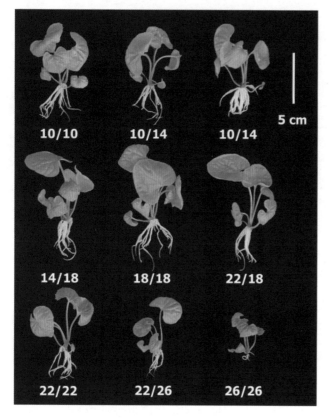

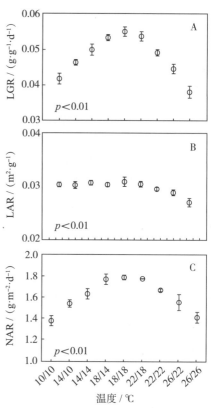

图 6-39　不同昼夜温度条件下无糖培养的山葵苗（Hoang et al., 2020）

图 6-40　不同昼夜温度对无糖培养山葵相对生长速率（NGR）、叶面积比率（LAR）和净同化速率（NAR）影响（Hoang et al., 2017b）

6.10.4　山葵的无糖培养应用案例

山葵可以利用无糖培养技术进行壮苗、生根和驯化（Hoang et al., 2019）。

取带有 3 片叶的无根山葵植株作为材料，将之接入 150 mL 带有透气盖的玻璃容器中（盖上有 1 cm 直径滤膜，换气次数 7.8 次·h⁻¹），容器内装有 25 mL 恩施营养液和 30 mL 蛭石。整个培养期间，培养室的温度维持 18℃，相对湿度维持 60% 左右，光照强度为 100 μmol·m⁻²·s⁻¹，光周期为 12 h·d⁻¹，CO_2 为 400~500 μmol·mol⁻¹，培养 28 d 后出苗。

6.11　芋

　　芋 [*Colocasia esculenta* (L). Schott] 又名芋头，是天南星科草本植物，也是一种重要的蔬菜作物。2020 年，我国芋种植面积已达 9.78 万 hm^2。芋的球茎富含淀粉和蛋白质，可供菜用，也是淀粉和酒精的原料。芋主要通过子孙芋无性繁殖后代，常年无性繁殖容易造成病毒积累，种性退化，品质和产量降低，大大减少了农户的种植收益。芋花叶病毒病是芋的重要病害之一，目前主要通过植物组织培养手段以生产脱毒种苗的方式来解决这一病害。因此，国内外不少学者进行了芋植物组织培养的研究。

6.11.1　芋的无糖培养研究进展

　　崔瑾（2002）将荔浦芋组培苗不定芽接种到无糖和无激素的培养基上，采用自然换气容器进行培养，开展了不同相对湿度（97%、75%~80%、50%~65%、30%~40%）处理对荔浦芋生长影响的研究（表 6-33）。试验的培养温度为（25 ± 1）℃，光周期为 12 h·d^{-1}，CO_2 浓度约 2000 μmol·mol^{-1}，光照为 86 μmol·m^{-2}·s^{-1}。结果表明，对培养环境进行适当的湿度调控可以显著改善组培植株的生长状况，使植株生长迅速，POD 活性增强，光合自养能力得到提高。其中采用 50%~65% 的相对湿度对于荔浦芋而言其生长最好（表 6-34）。由于采用透气的封口材料，培养容器的内的湿度必然随周围环境中的湿度变化而变化，降低培养容器周围环境的湿度必然会促进容器内水汽运动和循环，从而加快培养容器内的气体更新，改善植株的生长环境，增强了植株对 CO_2 的吸收，提高其光合自养能力。

表 6-33　四个湿度处理方案

（崔瑾，2002）

处理	调控方式	相对湿度 / %
1	蒸馏水	>97
2	$Ca(NO_3)_2$·$4H_2O$ 饱和溶液	75-80
3	无	50-65
4	硅胶颗粒和 $CaCl_2$ 块体	30-40

表 6-34 相对湿度对荔浦芋无糖苗生长的影响

（崔瑾，2002）

处理	叶片数	根长 / cm	根数	单株鲜重 / g	叶面积 / cm²
1	5.6 c	0.82 c	5.8 b	0.68 d	0.29 c
2	8.6 b	1.83 b	5.5 b	0.83 b	0.56 a
3	10.4 a	3.57 a	9.8 a	1.26 a	0.41 b
4	8.2 b	1.20 c	4.5 b	0.76 c	0.38 bc

注：不同小写字母表示在 $p \leqslant 0.05$ 水平上差异显著。

6.11.2 芋的无糖培养方法

用无糖培养可以完成芋的壮苗、生根和驯化过程（崔瑾，2002）。

以株高 3 cm，2~3 片叶的小植株为外植体并接入透气培养容器中（换气次数：2.5 次·h⁻¹），以 50 mL 不含糖和激素的 MS+ 琼脂 6 g·L⁻¹ 为培养基。在 CO_2 浓度为 2000 μmol·mol⁻¹，光周期为 12 h·d⁻¹，光强为 86 μmol·m⁻²·s⁻¹，温度为 25~27℃，相对湿度为 50%~65% 的条件下培养。

6.12 桉树

桉树（*Eucalyptus* L. Herit）是桃金娘科桉属植物的统称，有六百余种，原产地主要在澳洲大陆，19 世纪被引种至世界各地。截至 2012 年，已在 96 个国家或地区有栽培。桉树生长速度很快，是重要的木材来源。据第九次全国森林资源清查数据，桉树已被发展成为中国第三大人工林树种，年木材产量超过 5000 万 m³，是全国商品材的最大来源。桉树品种多样，像圆叶桉这样的灌木品种可作为观叶苗木被用于园林和花境。另外科研人员也培育出了多种速生、对环境危害小的优质桉树。像这类速生桉由于需求大，故主要通过组织培养方式进行繁殖。为了降低成本、减少污染和组培苗的生长异常，不少学者都进行了无糖培养的研究。

6.12.1 环境因素对无糖培养桉树的影响

桉树进行增殖培养的时候，在自然换气（3.5 次·h^{-1}）的条件下，无糖培养植株只有在高光强、高 CO_2 浓度和 Florialite 培养基质下的株高、新增节数和增殖系数接近有糖处理（表 6-35）。因为无糖培养的植株在环境条件不利的情况下（如低 CO_2 浓度），会首先消耗一部分自身的碳水化合物形成根系和叶片，随着植株的长大，对 CO_2 浓度等环境因素的需求也会增加，若不能提供合适的条件，整个生长周期植株的净光合速率会呈现先增长后下降的趋势，最终会导致无糖培养效率低于有糖培养（Sha Valli Khan et al., 2002）。由此可见，桉树采用无糖方式增殖培养的时候，需要提供足够的换气次数、高光强、高 CO_2 浓度和 Florialite 培养基，否则，有糖培养增殖效果将优于无糖培养。

进一步对桉树无糖培养生根和驯化进行研究，可以发现支撑材料、CO_2 浓度均会影响种苗生长。以 4 种不同的支撑材料（琼脂、结冷胶、塑料网或蛭石）在 CO_2 非富集或富集条件下对桉树进行无糖培养（自然换气 6.8 次·h^{-1}）6 周，然后在温室中驯化 4 周。结果表明，增加 CO_2 浓度显著提高了试管苗的生长、净光合速率和存活率。而在支撑物的对比中，以蛭石为支撑物培养的小苗生长量最大，之后依次是塑料网、结冷胶和琼脂（表 6-35、表 6-36）（Kirdmanee et al., 1995b）。因此，提高 CO_2 浓度并且采用较多孔隙的材料作为支撑物（蛭石）将有利于无糖培养桉树种苗的生长和移栽。

表 6-35 桉树组培苗在不同培养方式下的生长指标
（Sha Valli Khan et al., 2002）

培养条件	分化率 / %	芽数	株高 / cm	节数	增殖系数
有糖对照	95.0±4.5 a	1.4±0.1 a	1.1±0.1 a	2.9±0.9 a	2.8
低 CO_2 低光照	75.0±13.1 b	1.3±0.1 a	0.6±0.0 b	1.1±0.0 bc	0.8
低 CO_2 高光照	95.0±4.5 a	0.9±0.1 a	0.6±0.0 b	1.2±0.1 bc	1.1
高 CO_2 低光照	85.0±6.9 ab	1.2±0.1 a	0.7±0.1 b	1.1±0.0 c	0.9
高 CO_2 高光照	95.0±7.4 a	1.6±0.1 a	1.1±0.1 a	2.1±0.2 ab	2.0

注：不同小写字母表示在 $p \leqslant 0.05$ 水平上差异显著。

表 6-36　CO_2 浓度和支撑物对无糖培养桉树苗移栽的影响

（Kirdmanee et al., 1995b）

CO_2 条件	支撑物	坏叶率 / %	坏根率 / %	株高 / mm	叶面积 / cm^2	根数
400±50	琼脂	33	50	46	27	2
	结冷胶	29	50	46	29	2
	塑料网	50	33	69	25	6
	蛭石	10	14	90	40	7
1200±100	琼脂	20	40	53	29	2
	结冷胶	18	35	57	40	3
	塑料网	45	28	91	26	7
	蛭石	5	0	121	49	8
LSD p=0.05		5	8	12	6	1
ANOVA						
CO_2 条件		**	**	**	**	*
支撑物		**	**	**	**	**
C×S		NS	NS	**	NS	NS

注：NS 为差异不显著，＊为差异显著 $p \leqslant 0.05$，＊＊为差异极显著 $p \leqslant 0.01$。

为了提高换气次数、增加容器内 CO_2 的补充，在培养容器上加入强制换气系统，并以桉树的茎段为材料进行无糖培养（培养基不含糖，容器内 CO_2 维持在 800~900 $\mu mol \cdot mol^{-1}$，光强 120 $\mu mol \cdot m^{-2} \cdot s^{-1}$），试验以传统组培为对照组（添加 20 $g \cdot L^{-1}$ 的蔗糖，培养容器为容积为 0.4 L）（图 6-41）。培养 28 d 后，在无糖培养处理的样本中，植株的净光合速率显著提高，叶片气孔具有正常的关闭和开放功能，叶片表面的蜡质含量明显高于对照组样本（图 6-42）。解剖结构表明，无糖培养处理的桉树苗叶片具有良好的栅栏和海绵组织（图 2-4）。炼苗移栽后，无糖组培植株的蒸腾速率和水分散失率均低于对照组样本（图 2-5）（Zobayed et al., 2001a）。因此，采用强制换气系统进行无糖培养的桉树种苗在室外驯化时将更容易存活。

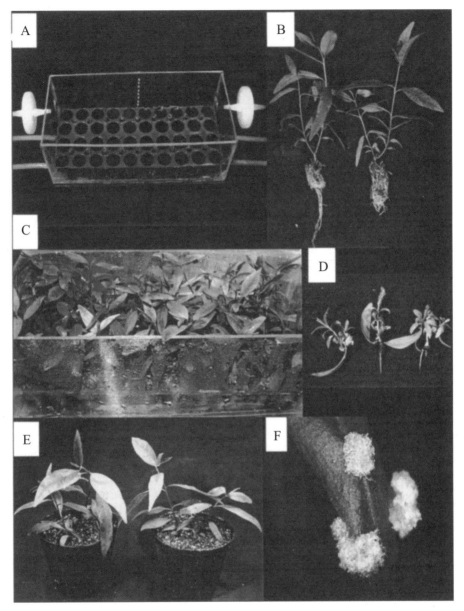

图 6-41　不同培养方式下的桉树（Zobayed et al., 2001a）

A: 强制换气大型容器; B: 无糖培养桉树苗; C: 容器内无糖培养桉树苗; D: 有糖培养桉树苗; E: 移栽后的无糖培养桉树苗; F: 有糖培养桉树苗叶片瘤状突起

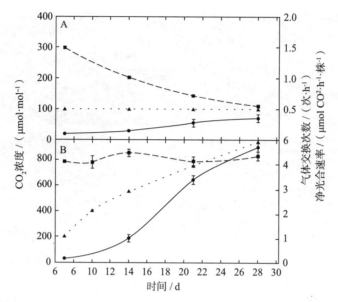

图 6-42　不同培养方式下，光期容器内的 CO_2 浓度（■）、气体交换次数（▲）及净光合速率（●）（Zobayed et al., 2001a）

A：自然换气有糖培养；B：强制换气无糖培养

6.12.2　桉树无糖培养容器的研究进展

Teixeira da Silva 等（2005）为了克服传统植物微繁殖培养容器的种种缺点，开发了多种薄膜培养容器，其采用氟碳聚合物膜 MP-PFA（Neoflon®PFA 膜）、MP-OTP（MP with OTP 膜）和 Vitron(由 TPX（4- 甲基 -1- 戊烷聚合物）和 CPP（聚丙烯）制成的一种新型的一次性薄膜 3 种薄膜培养容器，在高 CO_2 浓度、低光照条件下进行无糖培养，试验使用苯酚树脂泡沫作为基质，比较了 3 种培养容器对桉树幼苗从四叶期到生根期的离体和瓶外生长发育的影响（表 6-37、表 6-38，图 6-43、图 6-44）。与 MP-PFA 和 MP-OTP 薄膜培养容器相比，在 24 h·d^{-1}、低光强和 3000 μmol·mol^{-1} CO_2 浓度的条件下，Vitron 薄膜培养容器中无糖培养的桉树幼苗生长和品质都有显著提高（表 6-39，图 6-45）（Tanaka et al.，2005）。

Vitron 薄膜容器具有以下优点：

①易处理，在保持环境清洁的前提下，洗涤的人工成本较低；

②易于搬运，重量轻（每个 Vitron 培养容器只有 25 g，而每个 MP 培养容器重 144 g），

便于操作和运输；

③光强要求低，降低了培养室的冷却成本；

④成本低（约为 MP-PFA 系统的 1/10，约为 MP-OTP 系统的 1/6）。

基于这些优点，推荐采用 Vitron 培养容器进行桉树的无糖培养。

表 6-37 不同膜培养系统下桉树的生长情况（培养 4 周）

（Teixeira da Silva et al., 2005）

培养容器	株高 /cm	叶数	根数	根长 /cm	SPAD	鲜重 / mg			干重 / mg		
						地上	地下	总重	地上	地下	总重
MP-PFA	4.1 b	8.8 b	2.9 b	5.5 c	38.6 a	71.6 b	13.8 c	85.3 c	12.9 b	1.7 c	14.6 b
MP-OTP	4.9 a	9.6 ab	3.7 a	7.0 b	35.7 a	90.4 b	21.6 b	112.7 b	15.9 b	3.2 b	19.5 b
Vitro	5.4 a	10.1 a	3.9 a	10.3 a	40.2 a	143.1 a	42.6 a	186.1 a	26.8 a	4.2 a	30.8 a

注：不同小写字母表示在 $p \leqslant 0.05$ 水平上差异显著。

表 6-38 施加 CO_2 富集持续时间对在 Vitron 膜培养系统中培养的桉树离体生长状况的影响

（Teixeira da Silva et al., 2005）

CO_2 处理	株高 /cm	叶片数	根数	根长 /cm	SPAD	鲜重 / mg			干重 / mg		
						地上	地下	总重	地上	地下	总重
3000 ppm 每 24 h	3.7 a	7.8 a	3.2 a	4.2 a	40.3 a	87.7 a	11.4 a	99.1 a	15.5 a	1.5 a	16.9 a
3000 ppm 每 16 h	3.3 b	6.5 b	2.8 b	3.5 b	38.1 b	78.5 b	12.2 a	90.5 a	15.2 a	1.4 a	16.6 a

注：不同小写字母表示在 $p \leqslant 0.05$ 水平上差异显著。

图 6-43 不同膜培养系统离体培养桉树苗（Teixeira da Silva et al., 2005）

左：MP-PFA；中：MP-OTP；右：Vitron

图 6-44　不同膜培养系统培养的桉树苗移栽表现（移栽 4 周）（Teixeira da Silva et al., 2005）

表 6-39　不同膜培养系统培养的桉树苗移栽后的生长情况（移栽 4 周）

（Tanaka et al., 2005）

培养容器	株高 /cm	叶数	根数	根长 /cm	SPAD	鲜重 / mg			干重 / mg		
						地上	地下	总重	地上	地下	总重
MP-PFA	9.0 b	10.9 a	3.9 b	20.6 a	30.0 b	485.6 b	430.5 a	916.7 a	125.7 b	41.9 a	167.5 b
MP-OTP	8.9 b	11.0 a	3.7 b	18.6 a	33.9 a	432.9 b	250.9 b	638.8 b	139.1 b	31.7 b	170.8 b
Vitro	10.4 a	11.3 a	4.8 a	20.1 a	33.4 ab	556.9 a	371.0 a	927.9 a	172.8 a	39.1 a	212.0 a

注：不同小写字母表示在 $p \leqslant 0.05$ 水平上差异显著

图 6-45　施加 CO_2 富集持续时间对在 Vitron 膜培养系统中桉树离体生长的影响（Tanaka et al., 2005）

　　Zobayed 等（2000b）设计了一种用于植物光自养微繁殖的大型培养容器，该培养容器包含一个带有 448 孔的穴盘，并具有一个强制换气系统来补充高浓度 CO_2 混合气体（表 6-40）。该系统采用不含糖的营养液（24 h 循环一次），在高 CO_2 浓度和高光强的条件下可对赤桉枝条进行无糖培养。结果表明，与传统的小容器（Magenta，体积 0.4 L）

相比，大型换气培养容器所培养的植株鲜重、干重和净光合速率均有显著提高（表6-41）。大型容器内调控的环境条件（强制换气）也促进了种苗驯化，提高了移栽存活率，即使不进行温室炼苗，直接移栽到容器外环境下种苗也能生长良好。

表 6-40　光自养微繁殖大型容器与 Magenta 容器参数对比

（Zobayed et al., 2000b）

参数	大型容器	Magenta 组培容器
体积 / L	20	0.4
接种数	448	4
栽培密度 /（株·m^{-2}）	2.4×10^3	1.1×10^3
每株空间 /（mL·株$^{-1}$）	41.7	96.3
换气类型	强制换气	自然换气
换气次数 /（次·h^{-1}）	0.6-10.4	2.5
CO_2 浓度 /（μmol·mol^{-1}）	850	180
PPFD /（μmol·m^{-2}·s^{-1}）	120	120
环境相对湿度 / %	60-70	60-70
容器相对湿度 / %	86-91	95-98
营养液	改良 MS	改良 MS
支撑物	Florialite	Florialite

表 6-41　光自养微繁殖大型容器与 Magenta 容器培育的桉树种苗对比

（Zobayed et al., 2000b）

生长参数	大型容器	Magenta 组培容器
叶面积 / cm^2	20.8±3.4 a	15.3±0.3 b
叶片数	9.3±0.7 a	8.4±0.5 b
株高 / cm	5.9±0.9 a	4.6±0.7 b
叶鲜重 / mg	281±38 a	195±10 b
茎鲜重 / mg	84.1±13 a	62.3±8.5 b
根鲜重 / mg	168±17 a	127±8.3 b
叶干重 / mg	61.1±9.6 a	23.9±2.0 b
叶片干物质含量 / %	21.7	12.3
茎干重 / mg	13.7±2.1 a	7.9±0.6 b
茎干物质含量 / %	16.3	12.7
根干重 / mg	19.9±2.7 a	13.5±0.5 b
根干物质含量 / %	11.9	10.6

生长参数	大型容器	Magenta 组培容器
净光合速率 /（μmol·h^{-1}·株$^{-1}$）	9.1±1.2 a	7.7±1.1 b
存活率 /%	86±7	46±3

注：不同小写字母表示在 $p \leqslant 0.05$ 水平上差异显著。

6.12.3　桉树的无糖培养应用案例

桉树用无糖培养可以完成增殖、壮苗、生根和驯化过程（Zobayed et al., 2001a）。

以带 2 片叶的茎段为外植体，将植株接入强制换气培养容器中，以不含糖和维生素的 MS 为营养液，并以 70% 蛭石和 30% 纸浆混合物做为支撑材料。初始进气流量设为 30 mL·min^{-1}(0.5 次·h^{-1})，每隔 3~4 d 逐渐增加，最终维持在 400 mL/min（6 次·h^{-1}）。在 CO_2 浓度维持在 800~900 μmol·mol^{-1}、光照强度（PPFD）为 120 μmol·m^{-2}·s^{-1}、光周期为 16 h·d^{-1}，温度为（25±2）℃，相对湿度为 60%~75% 的培养室培养 28 d 即可出苗。

6.13　核桃

核桃（*Juglans regia* L.），又名胡桃，是胡桃科胡桃属乔木植物，是我国平原和丘陵地区常见树种，种仁含油量高，可生食，亦可榨油食用；木材坚实，是很好的硬木材料。其果实与扁桃、腰果、榛子并称为世界"四大干果"。中国是世界核桃起源地之一，也是世界核桃生产第一大国，拥有最大的种植面积和产量，出口量也仅次于美国，居世界第二。核桃主要通过嫁接、扦插和组培等无性繁殖方式育苗，但是无性繁殖的核桃苗难以生根，这一直制约着核桃产业的发展。

6.13.1　核桃的无糖培养研究进展

在传统组培中生长的小植株通常会遇到生理或结构异常，包括叶绿素含量低、气孔开放、叶片的表皮层不足、木质部薄壁组织异常等。其中气孔的功能暂失对组培核桃苗的驯化存活率有较大影响。研究发现，提高容器中的 CO_2 浓度会减小气孔的孔径，利于后期离体驯化。于是 Hassankhah 等（2014）在含有 0、15、30、45 g·L^{-1} 蔗糖的 DKW 培养基中采用不换气、盖子上有两个注射器过滤器（V1）或 1 个 50 mm 的微孔聚丙烯膜（V2）的自然换气方式进行核桃苗的组织培养。结果表明，自然换气对大多数生长指数都有

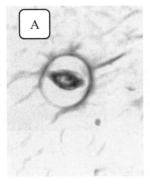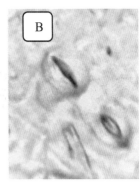

图 6-46　核桃第 5 片叶的气孔

A：不换气容器；B：自然换气容器

（Hassankhah et al., 2014）

重要影响，其显著增加了叶绿素含量。在不换气条件下的气孔是球形的，具有宽的开口，而在自然换气容器中的气孔是椭圆形的，具有窄的开口（图 6-46）。因此采用自然换气容器能够生产更为健康的核桃种苗。

肖平等（2013）以蛭石为支撑物，在不含糖和琼脂的 DKW 培养基上进行核桃的无糖培养，并以含 3% 蔗糖的 DKW 培养基作为对照组。他们发现无糖培养 30 d 即可长出 3 cm 左右的根，生根率为 98%，而有糖处理样本生根率仅为 30%。无糖培养核桃苗的株高、叶片数、根数和鲜重均显著高于有糖培养处理（表 6-42）。将根已经长到 3 cm 左右的试管苗移栽的营养钵中，基质为蛭石 + 草炭土，用塑料膜覆盖保湿，3 d 后将覆膜掀起一角通风；5 d 后出新叶；20 d 后稳定成活。核桃无糖培养生根苗移栽后，在实验室的驯化阶段核桃苗生长良好，成活率为 95% 以上（图 6-47）。他们认为在无糖培养生根过程中，因为提供了 CO_2 气体，增强了植物本身的光合作用，使植株生长旺盛，气孔具有一定的功能，最终使得生根苗更为健壮。因此通过无糖培养可以提高核桃生根率和存活率，为实现核桃组培苗的工厂化生产提供了技术支持。

表 6-42　核桃无糖和有糖培养对比

（肖平等，2013）

项目处理方式	株高 / cm	叶片数	根数	鲜重 / g
有糖培养	5.45+0.22 b	3.88+0.64 b	0.37+0.52 b	0.29+0.03 b
无糖培养	7.31+0.33 a	5.50+0.38 a	4.62+1.06 a	0.46+0.03 a

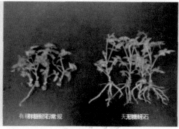

图 6-47　无糖培养与有糖培养核桃苗（肖平等，2013）

6.13.2　核桃的无糖培养应用案例

核桃用无糖培养可以完成壮苗、生根过程（肖平等，2013）。

先将核桃组培苗接入生根诱导培养基：DKW+IBA 5 mg·L^{-1}+ 蔗糖 3%+ 琼脂 0.5%，pH 6~6.5，诱导一段时间，然后转入无糖、无琼脂、无激素的 DKW 无糖培养基中，以蛭石为支撑物，在温度（28±1）℃，湿度为 80%±2%，CO_2 浓度（1500±5）μmol·mol^{-1}，光照时间 12 h·d^{-1}，光照强度为 2000 lx 的条件下培养 30 d，即可进行驯化。

6.14　咖啡

咖啡（*Coffea arabica* L.）学名小粒咖啡，为茜草科咖啡属多年生常绿灌木或小乔木，原产于非洲北部、中部的热带亚热带地区，是一种多年生的经济作物，在世界各地被广泛种植。经过烘焙磨粉的咖啡豆制作出来的饮料被称为咖啡，与可可、茶并称为世界三大饮料，但产值、年消费量均是世界三大饮料之首，也是世界上除石油外的第二大贸易商品。近年来，随着国内对咖啡的需求逐年增多，咖啡生产上对优质种苗的需求也不断增强。咖啡种苗一般采用播种、扦插和嫁接的方式繁殖。但是传统育苗方式存在着品种稳定性、繁殖效率等问题，因此无糖培养方式育苗不失为一种新的方法。

6.14.1　环境因素对无糖培养咖啡的影响

离体培养的咖啡幼苗生长受培养基中的糖、支撑材料和换气次数的影响。Nguyen 等（1999b）以咖啡的单茎段为材料，采用两种支撑材料（琼脂和 Florialite）、两种换气次数

（0.2 次·h⁻¹ 和 2.3 次·h⁻¹），在无糖或含 20 g·L⁻¹ 蔗糖的 1/2 MS 培养基上进行离体培养。培养 40 d 后，他们发现在 Florialite 和较高换气次数条件下，无糖培养的咖啡小植株鲜重、株高、根长和叶面积等显著高于有糖培养处理，小植株的光合能力也有显著提高。在有糖培养基上生长的小苗基部甚至还带有愈伤组织（表 6-43、表 6-44）。

　　无糖培养的咖啡幼苗具有较高的光合作用能力，因此换气方式（强制换气和自然换气）和光照强度对离体培养咖啡苗的光合能力都会产生影响。采用低强制换气、高强制换气和自然换气（换气次数分别为 2.7 次·h⁻¹、5.9 次·h⁻¹ 和 3.9 次·h⁻¹）和两种光照强度（PPFD 120、250 µmol·m⁻²·s⁻¹），以不含蔗糖，维生素和植物生长调节剂的液体 1/2 MS 培养基为营养，将离体培养的咖啡小植株的单节枝条接种在 Florialite（具有高孔隙率的蛭石和纤维混合物）上进行无糖培养。培养 40 d 后，可发现高强制换气次数处理的平均鲜重和干重、叶面积、株高和根长以及净光合速率显著高于自然换气和低强制换气次数处理。在高强制换气次数处理中，提高光强能够显著抑制咖啡苗的株高和促进根伸长（图 6-48）（Nguyen et al., 2001c）。因此，在无糖培养过程中，采用 Florialite、高的换气次数（5.9 次·h⁻¹）及高光照强度（250 µmol·m⁻²·s⁻¹）能够促进咖啡苗的生长，特别是采用强制换气后，可以及时补充容器内的 CO_2 浓度，保证种苗的光合需求。

表 6-43　糖浓度、支撑物及换气次数对咖啡愈伤的影响

（Nguyen et al., 1999b）

处理编号	糖浓度 / （g·L⁻¹）	支撑物	换气次数 / （次·h⁻¹）	愈伤形成	愈伤干重 / mg
S1	20	琼脂	0.2	+	3.5 a
S2	20	琼脂	2.3	+	1.0 b
S3	20	Florialite	0.2	−	0.0 c
S4	20	Florialite	2.3	−	0.0 c
F1	0	琼脂	0.2	−	0.0 c
F2	0	琼脂	2.3	−	0.0 c
F3	0	Florialite	0.2	−	0.0 c
F4	0	Florialite	2.3	−	0.0 c

注：不同小写字母表示在 $p \leqslant 0.05$ 水平上差异显著。

表 6-44　糖浓度、支撑物及换气次数对咖啡苗生长的影响

（Nguyen et al., 1999b）

处理编号	鲜重 / mg	干物质含量 / %	株高 / mm	叶面积 / cm²	叶片数	根长 / mm
S1	130	19	4.6 b	9.7	8 a	0.0 d
S2	27	23	2.1 d	4.5	4 c	0.0 d
S3	61.5	31	4.6 b	6.1	5 bc	0.0 d
S4	59.2	34	3.9 bc	5.3	5 bc	1.7 c
F1	23.4	15	2.7 cd	5.1	4 c	0.0 d
F2	39.5	18	3.2 bcd	4.5	6 b	0.0 d
F3	61.3	18	4.2 bc	5.9	5 bc	10.5 b
F4	277.6	15	13.0 a	13.0	5 bc	24.1 a

注：不同小写字母表示在 $p \leqslant 0.01$ 水平上差异显著。

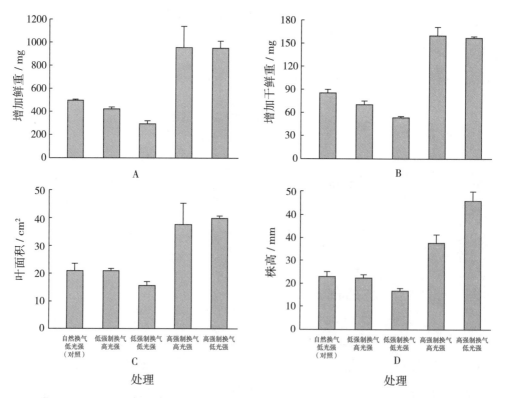

图 6-48　换气方式和光照强度对咖啡苗的生长影响（Nguyen et al., 2001c）

A：鲜重；B：干重；C：叶面积；D：株高

6.14.2　咖啡体细胞胚的无糖培养

　　Afreen 等（2002a）对不同发育阶段的咖啡体细胞胚进行了培养（图 6-49），研究其气孔发育、CO_2 固定率、叶绿素含量及叶绿素荧光。他们发现，在鱼雷期的胚中没有气孔，在子叶前期胚中气孔也未完全发育，只有到了子叶胚和芽胚阶段才具有完全的光合能力，而且高光强（PPFD 100 μmol·m^{-2}·s^{-1}）下预处理 14 d，能够提升其光合能

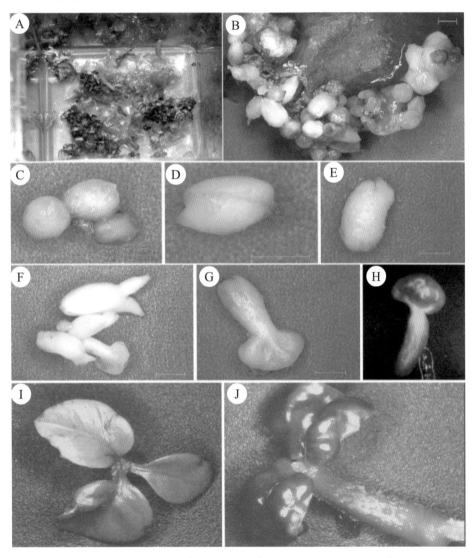

图 6-49　咖啡体细胞胚再生植株（Afreen et al., 2002a）
A：不同阶段的咖啡体细胞胚；B：叶盘上不同阶段的体细胞胚；C：球形胚；D：心形胚；E：鱼雷胚；F：鱼雷胚及子叶前期胚；G：子叶期胚；H：光照培养 16 周的子叶胚；I：无糖培养体细胞胚；J：有糖培养体细胞胚

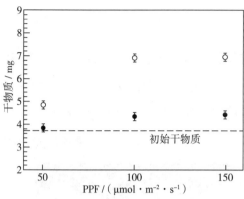

图 6-50　不同光照强度和二氧化浓度对子
　　　　叶胚干物质的影响（培养 60 d）
　　　　（Afreen et al., 2002a）

实心圆●为 400 μmol·mol⁻¹ CO₂ 处理，
空心圆○为 1100 μmol·mol⁻¹ CO₂ 处理

力。另外他们发现，鱼雷和子叶前期胚的叶绿素含量很低，才 90~130 μg·g⁻¹ FW，而子叶胚和芽胚中的叶绿素含量达到了 300~500 μg·g⁻¹ FW。这些数据表明，子叶胚之前的体胚发育阶段光合速率很低，子叶胚是可以进行光自养以确保小植株发育的最早阶段。将各阶段的咖啡体胚进行无糖培养（容器内富集 CO₂ 并具有高的光照强度）60 d 后，鱼雷和子叶前期胚损失了其初始干重的 20% ~ 25%。而在子叶胚和芽胚中，每个胚的干重分别增加了 10% 和 50%（表 6-45），这个结果也印证了之前的观察，即在试验中使用多孔的支撑材料可以促进子叶期胚的生长（尤其是根的生长）（表 6-46）。此外，他们在利用多种光照强度和 CO₂ 浓度进行子叶胚无糖培养时，发现较高的光强（100~150 μmol·m⁻²·s⁻¹）和 CO₂ 浓度（1100 μmol·mol⁻¹）对子叶胚生长和发育是必需的（图 6-50）。

表 6-45　不同阶段咖啡体细胞胚光合特性

（Afreen et al., 2002a）

体胚	处理	PS II 最大光化学效率	PS II 实际光化学效率	气孔密度/mm²	气孔长度/μm	气孔宽度/μm	叶绿素 a/(μg·g⁻¹FW)	叶绿素 b/(μg·g⁻¹FW)	叶绿素(a/b)
鱼雷胚	无预处理	0.50±0.10	0.119±0.006	-	-	-	39.2±3.9	33.9±4.9	1.2±0.2
	预处理	0.45±0.12	0.101±0.008	-	-	-	80.9±4.1	53.3±5.4	1.5±0.2
子叶前期胚	无预处理	0.70±0.07	0.127±0.006	-	-	-	64.4±4.5	60.9±5.7	1.1±0.1
	预处理	0.69±0.15	0.138±0.004	-	-	-	127±5.7	102±5.8	1.3±0.1
	无预处理	0.77±0.07	0.178±0.011	127±19	24.5±2	19.5±2	203±8.2	90.3±5.6	2.0±0.1
	预处理	0.84±0.09	0.197±0.008	149±27	29.5±3	22.7±2	271±25	99.6±3.1	2.7±0.2

续表

体胚	处理	PS Ⅱ最大光化学效率	PS Ⅱ实际光化学效率	气孔密度 / mm²	气孔长度 / μm	气孔宽度 / μm	叶绿素 a /(μg·g⁻¹FW)	叶绿素 b /(μg·g⁻¹FW)	叶绿素 (a/b)
芽胚	无预处理	0.86 ± 0.05	0.297 ± 0.008	170 ± 29	33.1 ± 5	29.5 ± 3	314 ± 57	118 ± 7.5	2.7 ± 0.5
	预处理	0.88 ± 0.04	0.311 ± 0.010	199 ± 16	33.6 ± 2	29 ± 2	385 ± 23	129 ± 5.9	2.9 ± 0.1
因子 A		**	***	***	***	***	***	***	***
因子 B		*	***	*	*	NS	***	***	***
因子 A×B		NS	***	NS	*	*	NS	***	NS

注：预处理为光照强度 $100~\mu mol \cdot m^{-2} \cdot s^{-1}$ 下处理 14 d。

因子 A 为体胚培养阶段，因子 B 为预处理，NS 为差异不显著，* 为差异显著 $p \leqslant 0.05$，** 为差异显著 $p \leqslant 0.01$，*** 为差异显著 $p \leqslant 0.001$。

表 6-46　不同支撑物对无糖培养咖啡子叶胚生长的影响（Afreen et al., 2002a）

处理	叶片数	鲜重 / mg	干重 / mg	生根率 / %	根长 / mm
Florialite	1.8 ± 0.4	61 ± 4 a	5.3 ± 0.8 a	69 a	7.1 ± 2.1 a
蛭石	1.8 ± 0.4	57 ± 5 a	49 ± 0.7 a	56 b	8.2 ± 3.1 a
琼脂	1.7 ± 0.5	46 ± 4 b	4.1 ± 1.0 b	26 c	1.7 ± 0.8 b

注：不同小写字母表示在 $p \leqslant 0.05$ 水平上差异显著。

由前人的研究可知，体细胞胚需要经历球形胚、心形胚、鱼雷形胚、子叶胚等阶段才能被转化为小植株并实现光自养生长。然而每个阶段之间的转化成功率并不是100%，需要给予一定的条件。Uno 等（2003）将咖啡鱼雷胚和子叶胚接种在蛭石为支撑材料的无糖培养基上，研究 3 种 CO_2 浓度（400、1500、5000 $\mu mol \cdot mol^{-1}$）对鱼雷胚、子叶胚转化率的影响，该试验以有糖培养为对照。结果表明，在鱼雷胚转化为子叶胚阶段，有糖培养效果更好，转化率达到了 100%；无糖培养只有在 5000 $\mu mol \cdot mol^{-1}$

CO_2 下鱼雷胚转化为子叶胚的百分比最高，达到了 90%~100%，而在较低的 CO_2 浓度下，鱼雷胚转化率仅为 20%~60%，其中有 15%~50% 体胚死亡。子叶胚转化为小植株阶段，在 1500 或 5000 $\mu mol \cdot mol^{-1}$ CO_2 浓度下进行无糖培养时，子叶胚向小植株的转化百分率达到 55%~60%，大大高于有糖培养处理的样本转化率（17%），而在 400 $\mu mol \cdot mol^{-1}$ CO_2 下进行无糖培养时，其转化率与有糖培养条件下的转化率没有显着差异（表 6-47）。由此可知，采用无糖培养方式培育鱼雷胚和子叶胚需要适当地提高 CO_2 的浓度（5000 $\mu mol \cdot mol^{-1}$）。

表 6-47　不同培养条件下鱼雷胚和子叶胚的转化效率和存活率

（Uno et al., 2003）

处理	鱼雷胚转化为子叶胚的比例 / %	子叶胚转化为植株 / %	存活率 / %
有糖培养	100		100
无糖培养鱼雷胚 400 $\mu mol \cdot mol^{-1}$ CO_2	20 b		50 b
无糖培养鱼雷胚 1500 $\mu mol \cdot mol^{-1}$ CO_2	60 b		85 a
无糖培养鱼雷胚 5000 $\mu mol \cdot mol^{-1}$ CO_2	90 a		100 a
有糖培养	—	17	100
无糖培养子叶胚 400 $\mu mol \cdot mol^{-1}$ CO_2	—	40 a	100 a
无糖培养子叶胚 1500 $\mu mol \cdot mol^{-1}$ CO_2	—	55 a	100 a
无糖培养子叶胚 5000 $\mu mol \cdot mol^{-1}$ CO_2	—	60 a	100 a

注：不同小写字母表示在 $p \leqslant 0.05$ 水平上差异显著。

为了规模化培育咖啡体细胞胚、优化无糖培养条件下小植株的生长，Afreen 等（2002b）将经过预处理的咖啡子叶胚在 3 种不同类型的培养系统 [（Magenta 容器、改良 RITA 生物反应器（改善换气）、带有强制换气的瞬时浸没 TRI 生物反应器）] 中进行无糖培养试验。在 TRI 生物反应器中，幼苗的转化率最高（84%）；而在改良 RITA 生物反应器中转化率最低（20%）。在 TRI 生物反应器中培育的幼苗的根、茎的干鲜重均显着大于改良 RITA 生物反应器或 Magenta 容器中培育幼苗的根和茎。其净光合速率、叶绿素荧光和叶绿素含量也最高（表 6-48，图 6-51）。在 TRI 生物反应器中，幼苗叶片的气孔是正常的，而在改良 RITA 生物反应器中的幼苗叶片则出现了异常。移栽后，植物

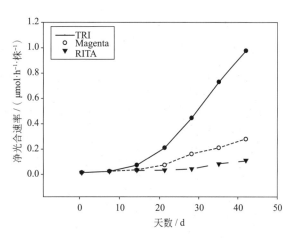

图 6-51　TRI 生物反应器、Magenta 容器和 RITA 生物反应器中生长的咖啡苗净光合速率对比 (Afreen et al., 2002b)

的存活率和生长速度遵循相似的规律，在 TRI 生物反应器中培养的植株最高（图 6-52）。因此，带有强制换气的 TRI 生物反应器适合规模化培育咖啡体细胞胚。

表 6-48　不同培养容器培育的咖啡体细胞胚再生植株

（Afreen et al., 2002b）

处理	叶片数	叶面积 / cm²	叶鲜重 / mg	叶干重 / mg	茎鲜重 / mg	茎干重 / mg	根鲜重 / mg	根干重 / mg	生根率 / %	再生率 / %
TRI 生物反应器	6.6±1.4 a	2.9±1.2 a	57±19 a	8.2±2 a	27±7 a	3.7±1 a	11±7 a	1.2±0.7 a	90±9 a	84±1 a
RITA 生物反应器	2.6±1.2 b	0.8±0.3 b	20±7 b	2.3±1 b	18±9 b	2.1±1 ab	1.7±0.1 c	0.1±0 c	29±2 c	20±1 c
Magenta 容器	3.14±0.9 b	0.6±0.4 b	12.9±8 c	1.3±0.8 b	13.6±8 b	1.5±1 b	4.8±2.1 b	0.4±0.1 b	57±5 b	53±6 b

注：不同小写字母表示在 $p \leqslant 0.05$ 水平上差异显著。

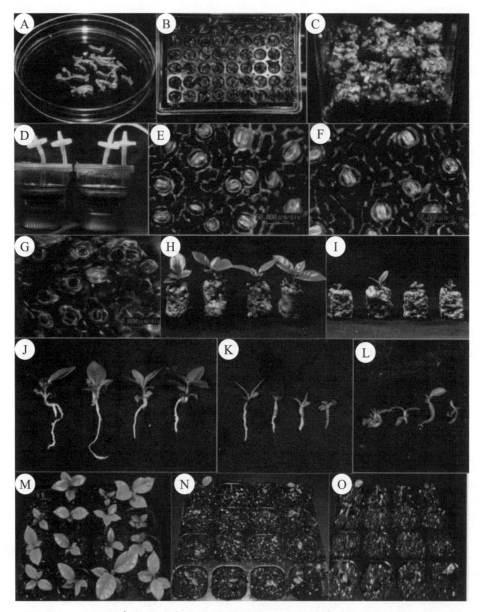

图 6-52　不同培养容器培育的咖啡体细胞胚再生植株（Afreen et al., 2002b）

A：咖啡体细胞胚；B：TRI 生物反应器中无糖培养的咖啡体细胞胚；C：Magenta 中无糖培养的咖啡体细胞胚；D：改良 RITA 生物反应器中无糖培养的咖啡体细胞胚；E：TRI 生物反应器无糖培养的咖啡植株叶背气孔；F：Magenta 无糖培养的咖啡植株叶背气孔；G：改良 RITA 生物反应器无糖培养的咖啡植株叶背气孔；H：TRI 生物反应器培养的移栽前植株；I：Magenta 培养的移栽前植株；J~L：分别为在 TRI 生物反应器、Magenta 容器、RITA 生物反应器中生长植株的根系；M~O：分别为 TRI 生物反应器、Magenta 容器、RITA 生物反应器培育的植株移栽 30 天后的生长情况

6.14.3　咖啡的无糖培养应用案例

咖啡可以利用无糖培养技术进行壮苗、生根和驯化（Nguyen et al.，2001）。

取带有两片叶的咖啡单节茎段作为材料，按照 330 株·m^{-2} 的密度接入 11.14 L 培养容器（强制换气）进行无糖培养。每株材料给与 30 mL 无激素和维生素的 1/2 MS 液体培养基作为营养，pH 调至 5.7，以 Florialite 作为支撑材料。前 8 d 换气次数设为 1.1 次·h^{-1}，随后每 5~6 d 逐渐增加换气次数，到 23 d 时达到 2.7 次·h^{-1}，到 40 d 时达到 5.9 次·h^{-1}。保持容器内 CO_2 浓度在 1000~1200 μmol·mol^{-1}。在前 3 d 光照强度设为 50 μmol·m^{-2}·s^{-1}，随后 4 d 提高为 100 μmol·m^{-2}·s^{-1}，第 8~15 d 设为 150 μmol·m^{-2}·s^{-1}，之后将光照强度设定为 250 μmol·m^{-2}·s^{-1} 直至培养结束。整个培养期间，培养室的温度为 24℃，相对湿度 70%±5%，光周期为 16 h·d^{-1}，室内的 CO_2 浓度为 1400~1500 μmol·mol^{-1}，培养 40 d 后出苗。

6.15　树莓

树莓（*Rubus idaeus* L.）学名覆盆子，是蔷薇科悬钩子属直立灌木，高 1~3 m，果实近球形，多汁液，直径 1~1.2 cm，红色，密被细柔毛，果味甜美，富含苹果酸、柠檬酸及维生素 C 等，可供鲜食，有活血、解毒、止血之效，在国际市场上被誉为"黄金水果"。近年来国内外市场对树莓的需求量日益增加，扩大了对树莓组培快繁种苗的需求。

6.15.1　树莓的无糖培养研究进展

Deng 和 Donnelly（1993a）通过对树莓幼苗生长和叶片 ^{14}C 的固定率测定，比较了不同 CO_2 浓度 [（340±20）、（1500±50）μmol·mol^{-1}] 和蔗糖浓度（0、10、20、30 g·L^{-1}）对离体培养树莓的影响。结果表明，CO_2 富集增加了植株鲜重、根数和根长，而且小植株叶片的平均 ^{14}C 活性 [（0.28±0.02）kBq·cm^{-2}] 高于在自然 CO_2 浓度处理 [（0.21±0.01）kBq·cm^{-2}]，因此其光合作用能力更高。另外，他们观察到在富集 CO_2 的条件下，离体培养小植株叶片的 ^{14}C 活性与培养基中的蔗糖浓度呈负相关。因此，培养基中的蔗糖虽然促进了植株的生长，却抑制了光合作用，不利于植株的驯化（图 6-53）。

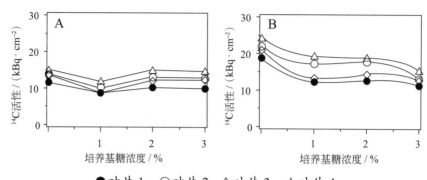

●叶片1；○叶片2；◇叶片3；△叶片4

图6-53 培养基种糖浓度对叶片CO_2固定率的影响（Deng and Donnelly., 1993a）
A：自然浓度CO_2；B：富集浓度CO_2

离体培养的树莓苗在被移栽后，在自然或富集CO_2的条件下获得的自养苗，其植株的各项指标均比蔗糖培养基上生长的种苗更好，根毛更丰富，根尖更长（图6-54）。并且移栽的自养苗所带老叶在前4周都会对CO_2的固定率有一定的影响（Deng and Donnelly，1993a）。因此，CO_2的富集利于树莓的生根和驯化。当试管苗处于富集CO_2的情况下，可以减少甚至去除生根培养基中的蔗糖。

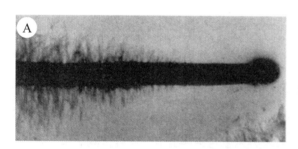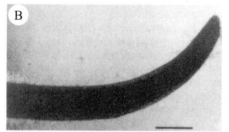

图6-54 不同培养方式对根系的影响（Deng and Donnelly, 1993a）
A：无糖培养；B：有糖培养

进一步将红树莓试管苗枝条接种于无糖的改良MS培养基上，放在特制的有机玻璃容器内并维持容器内CO_2达到自然浓度（340±20）ppm或富集浓度（1500±50）ppm，相对湿度为100%或90%±5%。在移栽前后，对培养幼苗的存活率、生根和根系活力、叶和根数、茎和根长度、总叶面积、总鲜重和干重、气体交换率和气孔等特征等进行测定。结果表明：CO_2富集促进了植株的生长、生根、移栽存活及移栽后两周的生长，增加了幼苗叶片的气孔孔径。由于CO_2富集促进了根系生长，移栽时的水分胁迫并未显著增加（表6-49，图6-55）。略微降低容器内相对湿度不会影响离体植株的生长，但会降低植株叶片上的气孔孔径和气孔指数，并促进移栽植株的存活和早期生长（表 6-49）。由此可知，CO_2 富集与相对湿度降低具有协同作用，可以改善幼苗的生长（Deng and Donnelly, 1993b）。因此，通过富集 CO_2 和适当减少相对湿度，利于提高无糖培养红树莓苗的健壮程度，使生产的种苗可以直接移栽到温室而无需进行专门的驯化处理。

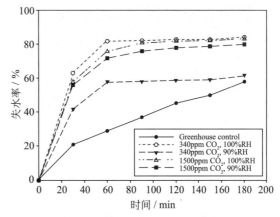

图 6-55　不同处理树莓无糖苗移栽时叶片失水率对比（Deng and Donnelly, 1993b）

表 6–49　不同二氧化碳浓度和相对湿度对无糖培养树莓的影响

（Deng and Donnelly, 1993b）

CO_2/ppm	RH/%	鲜重 / mg		叶面积 / cm^2	无糖培养苗叶片气孔孔径 / μm		移栽一周的叶片气孔孔径 / μm	
		地上	地下		白天	晚上	白天	晚上
340	100	400 c	85.5 c	91.2 c	5.29 b	5.50 a	5.00 b	4.84 a
340	90	350 c	79.4 c	64.0 c	2.82 d	1.65 c	2.09 d	2.17 c
1500	100	640 b	116.4 b	136.3 b	6.28 a	6.01 a	5.76 a	5.18 a
1500	90	850 a	134.7 a	183.3 a	3.71 c	4.51 b	3.26 c	2.92 b

注：不同小写字母表示在 $p \leqslant 0.05$ 水平上差异显著。

6.15.2　树莓的无糖培养应用案例

上海离草科技有限公司利用无糖培养技术进行了树莓的增殖、壮苗、生根和驯化过程。

以 2~3 片叶的树莓试管苗作为材料，采用不含糖、含适量生长素的改良 MS 培养基，以蛭石作为支撑物，混合装入植物无糖组培快繁系统的培养盒中。每个培养盒接入 100 个材料。整个培养期间光照强度为 70~120 μmol·m^{-2}·s^{-1}，CO_2 浓度为 800~1500 μmol·mol^{-1}，温度是（24±1）℃，相对湿度 60% 左右，光周期为 12 h·d^{-1}。光期进行强制换气，培养 40 d 后出苗（图 6-56）。

植物无糖培养微繁殖及种苗生产

图 6-56　树莓的无糖培养（上海离草科技有限公司）

A：刚接种的树莓苗；B：无糖培养 20 d；C：无糖培养 40 d；D：无糖培养 40 d 的树莓苗生长情况

6.16　苹果

苹果（*Malus pumila* Mill）是蔷薇科乔木，著名落叶果树，经济价值很高，全世界栽培品种总数在 1000 以上。2018 年我国苹果产量达到了 3923 万 t，消费量为 3876 万 t，生产和消费规模均占全球 50% 以上。

苹果无病毒矮化自根砧栽培是目前世界苹果栽培的流行趋势。苗木所用的砧木、接穗都需进行严格的脱毒程序，避免苗木病毒带来的潜在隐患，其对我国苹果产业转型升级、更新换代意义极大。据报道，我国苹果的栽培模式仍以乔砧模式为主，矮砧等现代苹果栽培面积仅 22 万 hm²，占全国苹果总面积的 10% 左右。因此作为苹果产业发展的关键因素，培育优质苗木尤为重要。

现如今，苹果苗木最常用、最简便的脱毒方式是茎尖脱毒。但苹果无论是砧木苗还是接穗苗都存在组培生根困难的现象。人们在组培过程中大量使用植物激素，导致苗子玻璃化、变异、长势弱、根细长不一、根部愈伤积累、早衰等现象频发，最终致使炼苗成活率降低，生产成本增加。

6.16.1　苹果的无糖培养研究进展

Morini 和 Melai（2003）采用了无糖培养方式对 MM 106 苹果试管苗进行增殖，取得了令人满意的结果。在 8 h·d^{-1} 的光周期和富集 CO_2 条件下，无糖培养的增殖数、干鲜重与有糖培养的种苗相当。他们认为当采用较长的光周期时，由于 CO_2 的富集，无糖培养的方式对材料生长会更好。

采用传统组培和无糖培养进行苹果试管苗的增殖均能获得很好的效果，但是在生根驯化阶段，传统组培进行生根受多种内外因素影响，不同品种之间、砧木和接穗之间离体生根能力和移栽存活率都存在着差异。通过传统组培生根的植株基部往往带有愈伤、叶片功能不正常，在进行移栽时存活率较低。于是许多研究者尝试瓶外生根，在将"M. 9"试管苗基部蘸上含有 0.2% IBA 和杀菌剂的粉末后，移栽入带有无菌沙砾的托盘中直接生根。托盘上盖有透明盖子，在 22℃ 下培养 4 周就可以生根。直接生根法和试管生根法均能实现 90%~100% 的生根率，但是瓶外生根苗的移栽存活率达到了 83%，而试管生根苗仅为 45%（Dobranszki et al.，2010）。由此可见，苹果试管苗可以直接在不含糖的基质上生根。

无糖培养利用 CO_2 代替糖作为碳源，通过调控合适的环境以自养方式进行生长和繁殖，有利于生根、移栽存活率高，在木本植物的生根驯化阶段优势特别明显。近年来，在陕西、甘肃、山东等地对苹果 M. 26、M. 9 等砧木应用无糖培养的企业越来越多。由于蛭石具有较大的孔隙，透气性极好，故苹果试管苗在蛭石基质上 7 d 就可以观察到根系的形成，一般生长到 30 d 左右就可以移栽。无糖培养的种苗叶表气孔功能完善，能够很快适应室外的环境，因此几乎不需要进行驯化。另外由于支撑物是蛭石而非含糖的琼脂，故培育的植株可以直接被栽入泥炭土中，减少了人工耗费，也避免了清洗过程中对根系的损伤，因此苹果进行无糖培养生根有着无可比拟的优势。

生根炼苗阶段是整个组培体系最为关键的阶段之一。生根率和根的质量直接决定苗株的移栽成活率，而高移栽成活率就是企业高效生产和利润的保证。生根炼苗阶段成功率高，既不浪费前期的生产成果，又保证了后期的成品苗效益。

苹果有糖培养生根率为 80%~95%，其根系较小、根长但很细、根数少、颜色发黄发暗、次生根几乎没有，常有明显的愈伤组织。无糖培养生根率达 95% 以上，根系庞大、根的长势一致、次生根发达，易于养分吸收（图 6-57）。而且移栽的时候不需要清洗，有效保护了根系免受二次损伤。在相同的培养时间段内，无糖培养的植株长势明显优于有糖培养。

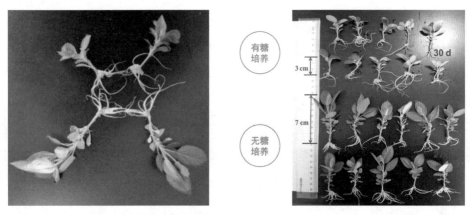

图 6-57　根对比图（陕西青美生物科技有限公司）

有糖苗的移栽成活率常在 60%~80%，其长势弱、新芽少。移栽后 15 d 左右，叶片会大量出现干枯脱落的现象，茎易腐烂折断。由于有糖苗叶片功能不完善、植株弱小，移栽后需要更加精心的管理，耗费人力物力而事倍功半。相反，无糖培养生根后的种苗可直接被移栽至穴盘或降解袋中，其苗叶片功能完善、根系发达，本身具有很强的自养能力，转移到自然环境中的过渡平缓，移栽成活率达 90% 以上，而且植株长势旺盛，新芽新叶萌发快，更易管理，事半功倍（图 6-58）。

综上所述，无糖培养技术已成功地被应用到苹果的组培体系中来，效果显著，效益明显。在砧木 M 系列、T337 系列、品种苗烟富系列、蜜脆等品种上都已成功应用，平均生产成本降低了 30%，生产效益提高了 5 倍，实现了真正意义上的高效快繁。简易的操作技术和低劳动强度使得无糖培养技术在苹果脱毒苗的规模化生产上得以迅速推广应用。

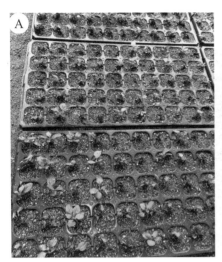

图 6-58　不同培养方式生产的苹果苗移栽情况（陕西青美生物科技有限公司）
A：移栽一个月的有糖苗；B：移栽一个月的无糖苗

6.16.2　苹果的无糖培养应用案例

在生产中利用无糖培养技术，可以进行苹果的壮苗、生根和驯化。

将传统组培的增殖大苗转接到无糖培养盒（上海离草科技有限公司设计）中。前 3~7 d 进行自然换气，7 d 后在光期对培养盒进行强制换气，通入浓度为 1200 μmol·mol⁻¹ 的 CO_2 气体，25~35 d 后可出苗移栽。如果增殖苗过小或叶片极少，可适当遮盖自然透气孔。无糖培养期间光周期为 12 h·d⁻¹，随着种苗的生长逐渐增加光照强度和强制换气流量，最终光照强度达到 120 μmol·m⁻²·s⁻¹，气流量达到 500 mL·min⁻¹。也可根据植株大小、长势、盒内湿度等适当调节通气量和通气时长。无糖培养第 7 d 的时候植株开始生根；培养 30 d 的时候即可移栽至穴盘或降解袋中。将无糖培养盒放置在温室中，开盖，喷洒少量水后即可直接移栽；也可提前 1~2 d 在培养室中将盒盖打开，在自然光照作用下使植株加速生长。切记无需将培养盒长时间放置在温室炼苗，搁置时间最长不能超过 7 d，否则植株会因缺水或温室管理不当等原因萎蔫干枯。穴盘苗需要用营养成分好的基质进行培养，这样可增加移栽成活率。

将以上穴盘苗置于温室精心管护 30 d 左右，待其长出健壮的新叶，即可移出温室，栽到大田中水肥管理，再根据种植要求按规格陆续出圃。大田或果园定植后，植株生长迅速、长势极好、抗病虫害能力强、结实早，深受广大种植户的喜爱和推崇（图 6-59）。

图 6-59　利用无糖培养技术规模化生产苹果种苗（陕西青美生物科技有限公司）

A：无糖培养中的苹果苗；B：无糖培养的苹果苗生长情况；C：温室缓苗；D：温室中生长的苹果苗；E：温室培育 1 个月后移栽室外；F：定植苗圃 3 个月的种苗长势

6.17　猕猴桃

　　猕猴桃（*Actinidia chinensis* Planch.）是猕猴桃科大型落叶藤本植物，果实中富含维生素，被称为"维 C 之王"，在人口老龄化、全球医疗体制改革、保健养生以及"回归自然"的世界潮流影响下，猕猴桃在世界上的受欢迎程度不断提高，在国际市场的空间不断扩大。过去 15 年里全球猕猴桃需求一直保持增长，相应的猕猴桃苗木的需求也在急剧增加。

　　传统的猕猴桃种苗繁殖主要采用种子繁殖、扦插和嫁接等方式。但采用播种繁殖系数低、幼苗生长期长、育苗耗时长，且实生种子播种会引起后代性状分离，无法保证母本的优良性状。而后两种传统繁殖方式不能脱除植物体内的病毒，容易造成树体多病，产量下降及生产成本加大等问题，这间接限制了猕猴桃产业的发展。猕猴桃的组培技术在国内已有研究，解决了很多生产中的问题，但猕猴桃组培苗存在生根困难、根系弱且根部愈伤组织多、移苗后成活率低等问题，这些问题制约了植物组培技术在猕猴桃种苗生产上的应用，因此实际生产上该技术的使用仍然不多。

　　采用无糖培养方式可以使植株更好地发挥自身光合能力，生根加快、长势好、根部无愈伤组织、无需炼苗环节、移栽成活率高，其不仅在种苗的培养周期上大大缩短，而且种苗质量也得到了提升，整个培养周期的移苗操作工序也简单快捷，这都能提高猕猴桃组培苗的生产效率。

6.17.1　猕猴桃的无糖培养应用案例

　　利用无糖培养技术可以进行猕猴桃的这增殖、壮苗、生根和驯化。

　　将猕猴桃组培大苗转接至植物无糖组培快繁系统中诱导生根，培养基质为蛭石和含各种元素的营养液。整个培养期间，光照强度为 70 ~120 μmol·m^{-2}·s^{-1}，CO_2 浓度为 800~1500 μmol·mol^{-1}，温度是（24±1）℃，相对湿度 60% 左右，光周期为 12 h·d^{-1}，培养 30~45 d 后完成生根和驯化。生根后的幼苗直接移栽至营养钵或大田中。

　　无糖培养技术能为植株提供较大生长空间和充足的气流量，促进猕猴桃组培苗的快速生长和生根，从开始生根至移栽整个周期，比传统的猕猴桃组培缩短了至少 30 d，而且移栽成活率均在 90% 以上（图 6-60）。

图6-60　利用无糖培养技术规模化生产猕猴桃种苗（陕西青美生物科技有限公司）

A：无糖培养容器中的猕猴桃；B：无糖培养30 d；C：无糖培养生根情况30 d；D：直接移栽降解袋；E：温室缓苗1~2 d；F：温室培养1个月后出苗

6.18　欧李

欧李 [*Prunus humilis* (Bge.) Sok.] 是蔷薇科、李属植物。因果实含钙高又被称为钙果。在历史上欧李曾被作为"贡品"，康熙皇帝从幼年时就对食用欧李情有独钟，甚至曾派人在皇宫专门种植。欧李一般当年就开花、结果，亩产可达 1000~1500 kg。欧李的市场售价比较高，每斤达 10~25 元，每亩收入可达数千元甚至上万元。

6.18.1　欧李的无糖培养研究进展

袁振等（2020）以 4 种欧李组培苗为材料进行了无糖条件下的生根培养，并以有糖培养为对照组。他们通过调整营养液的配比将欧李无糖培养苗的生根率提高到了 93.8%，产出的植株根系长、粗壮，有次生根，显著高于有糖培养 70% 左右的生根率，而且有糖培养苗的根系几乎没有次生根（图 6-61）。对两种处理下的种苗移栽后，无糖培养的植株移栽成活率能达到 80% 以上，而有糖培养的移栽成活率仅为 60% 左右。

图 6-61　无糖培养欧李苗根系照片（袁振等，2020）

6.18.2　欧李的无糖培养应用案例

上海离草科技有限公司利用无糖培养技术进行欧李的壮苗、生根和驯化。

采用含适量生长素、不含糖的改良 MS 培养基，以蛭石作为支撑物，混合装入植物无糖组培快繁系统（上海离草科技有限公司设计）中。选择株高达到 4 cm 高的欧李增殖苗，去除增殖苗形态学下端愈伤组织作为材料，每盒接种 100~120 株。整个培养期间保持光照强度为 70~120 μmol·m^{-2}·s^{-1}，CO_2 浓度为 800~1500 μmol·mol^{-1}，温度是（24±1）℃，相对湿度 60% 左右，光周期为 14 h·d^{-1}。光期进行强制换气，培养 45 d 后完成生根和驯化，可得到平均高度为 8.8 cm 的欧李完整植株（图 6-62）。

图 6-62　欧李种苗的无糖培养（上海离草科技有限公司）
A：无糖培养 15 d；B：无糖培养 30 d；C：无糖培养 30 d 生根情况；D：无糖培养 45 d

6.19　构树

　　构树（*Broussonetia papyrifera*）别名楮桃，桑科构属乔木，果实、根和皮可入药。中国科学院植物研究所历经十几年潜心研究，培育了一种杂交构树并通过了示范验证，在我国大部分地区均可种植，叶片中富含粗蛋白和类黄酮，是优良饲料。"杂交构树扶贫工程"

是我国"十项精准扶贫工程"之一,主要以杂交构树为栽培品种,重点在全国贫困地区实施"林——料——畜"一体化畜牧产业扶贫项目。截至 2019 年年底,在全国 28 个省份,200 多个县累计种植杂交构树 102 万亩。

市场上的杂交构树种苗一直供不应求,杂交构树只有雌株,不能单纯依靠种子来繁育,而扦插又受季节和育苗技术的限制。所以,在种苗供应严重不足的情况下,多家科研院校与企业研发了杂交构树组培体系。杂交构树通过组培无性扩繁,不仅可以保存优良种质资源、稳定遗传性状,而且扩繁不受季节影响,加快了种苗扩繁速度。

6.19.1　杂交构树的无糖培养应用案例

杂交构树是一种速生树种,叶片发达、根系庞大、节间距长。无糖培养方式充分利用了其这些特性,可以提供充足的 CO_2、最适温度、湿度、强光照、大生长空间等,生产效益是传统组培方式无法企及的。杂交构树的无糖培养方式能够更加快速地生产出优质种苗,填补市场空缺。

上海离草科技有限公司利用无糖培养技术进行杂交构树的增殖、壮苗、生根、驯化。将有糖培养的增殖苗转接到无糖培养盒中。前 7~10 d 依靠无糖培养盒透气孔进行自然换气,10 d 后在光期进行强制换气,通入 1200 μmol·mol^{-1} CO_2 浓度的空气。气流量随着植株的生长情况逐渐加大,最终达到 1.5 L·min^{-1}。无糖培养期间光照强度可逐渐加强,

图 6-63　利用无糖培养技术规模化生产杂交构树种苗(上海离草科技有限公司、陕西青美科技有限公司)

　　A:刚接种的杂交构树种苗;B:无糖培养 30 d;C:无糖培养的杂交构树生长情况 30 d;D:移栽温室

图 6-63（续）

最终达到 120 µmol·m^{-2}·s^{-1}，光照周期按照 14 h·d^{-1}。一个月后即可出苗。将无糖培养盒放置在温室中，开盖，喷洒少量水后即可直接移栽。也可提前 1~2 d 在培养室中将盒盖打开，在自然光照下使植株加速生长。温室管理应注意不能造成叶片萎蔫干枯，穴盘苗需要用营养成分好、较疏松的基质进行培养，可增加移栽成活率，10~30 d 以后，待其恢复生长或长出健壮的新叶之后移出温室，栽到大田中或苗圃中（图 6-63）。

6.20 四翅滨藜

四翅滨藜 [*Atriplex canescens* (Pursh) Nutt.] 是苋科、滨藜属多年生半常绿灌木，具有极强的耐贫瘠、抗寒、抗旱、抗盐碱特性，是水土保持的先锋树种，叶片富含粗蛋白，适口性好，恢复能力强，耐啃食，亦是干旱、半干旱地区优良的饲料植物。四翅滨藜优异的表现已引起世界各国的广泛重视。四翅滨藜的繁殖通常采用播种和扦插等两种方法，由于其种子发芽率仅有 38% 左右，采用播种方法繁殖成本较高，而采用扦插繁殖方法具有成本低、技术易掌握的特点。但是扦插繁殖受季节影响较大，每年生产数量有限。无糖培养利用可控环境生产四翅滨藜种苗，规避了外界环境的影响，可实现周年生产。

6.20.1 四翅滨藜的无糖培养应用案例

上海离草科技有限公司利用无糖培养技术进行四翅滨藜的增殖、壮苗、生根、驯化

（图 6-64），其四翅滨藜无糖苗两节茎段作为材料，采用不含糖的 MS 培养基，添加适量生长激素、以蛭石作为支撑材料，将之混合装入植物无糖组培快繁系统（离草科技设计）的培养盒中。每个培养盒接入 100 个外殖体。整个培养期间，光照强度为 70~120 μmol·m⁻²·s⁻¹，CO_2 浓度为 800~1500 μmol·mol⁻¹，温度是（24±1）℃，相对湿度 60% 左右，光周期为 14 h·d⁻¹。光期进行强制换气，培养 30 d 后出苗。此时的苗可作为无糖培养材料进行继代培养，也可以直接进入温室大棚直接进行移栽。

图 6-64 四翅滨藜的无糖培养（上海离草科技有限公司）
A：无糖培养 10 d；B：无糖培养 20 d；C：无糖培养 30 d；D：无糖苗生根情况 30 d

第7章 植物无糖培养——观赏植物篇

杨成贺

观赏植物泛指具有观赏价值的草本或木本植物，包括盆花、盆景、观叶植物、花灌木、鲜切花、开花乔木和地被植物等。早在20世纪末，在全世界观赏植物中，仅观赏花卉的产值就已超过2000亿美元，其他盆景、草坪、绿化苗木等园林植物的产值更大。因此，做好观赏植物良种繁育具有十分重要的意义。

植物组培快繁技术是一种富有科技含量的种苗生产方式，在所有组培快繁的植物种类中，观赏植物是应用较为广泛的一类。据不完全统计，国际上著名的205个商业性组培室生产的作物种类中，可进行规模化商业性繁殖的观赏花卉种类涉及60余科，近1000余种，仅观叶植物和鲜切花类的植物种苗组培生产就约占所有植物组培生产比例的33%，植物组培快繁技术已逐渐成为观赏植物种苗生产的主要方式。

自20世纪80年代以来，在观赏植物上进行植物无糖培养技术的研究品种有30余种。相关研究表明，植物无糖培养技术可以有效促进观赏植物试管苗的生长和根系的发育，减少组培苗的玻璃化现象，使植株品质得到显著提升，移栽驯化时，成活率也显著提高。

7.1 白鹤芋

白鹤芋（*Spathiphyllum kochii* Engl.et Krause）又名白掌、"一帆风顺"，为天南星科多年生草本观赏植物，株高30~40 cm，春夏开花，花葶直立，高出叶丛，佛焰苞直立向上，呈白色或微绿色，肉穗花序圆柱状，呈乳黄色。白鹤芋原产于美洲哥伦比亚地区，目前在世界各地均有广泛栽培。白鹤芋花型雅致，是极好的花篮和插花的装饰材料，其叶片可以有效过滤室内废气，对氨气、丙酮、苯和甲醛都有一定的清洁功效，因此也是一种优良的室内盆栽植物。

图 7-1　白鹤芋

7.1.1　有糖和无糖培养对白鹤芋生长的影响

Teixeira Da Silva 等（2006）以三片叶的白鹤芋试管苗为试验材料，单个容器培养的植株数量为 12 株，以岩棉为支撑材料，使用 MS 液体培养基。试验设置有糖和无糖培养：有糖培养添加 20 g/L 的糖，培养容器使用 PFA 膜（膜厚度为 25 μm，O_2 换气性为 148.1 $cm^3 \cdot m^{-2} \cdot 24 h^{-1} \cdot kPa^{-1}$，$CO_2$ 换气性为 337.6 $cm^3 \cdot m^{-2} \cdot 24 h^{-1} \cdot kPa^{-1}$，水蒸气换气性为 4.2 $g \cdot m^{-2} \cdot d^{-1}$）；无糖培养的培养基中不加糖，培养容器使用 OTP 膜（膜厚度为 30 μm，O_2 换气性为 107.6 $cm^3 \cdot m^{-2} \cdot 24 h^{-1} \cdot KPa^{-1}$，$CO_2$ 换气性为 297.1 $cm^3 \cdot m^{-2} \cdot 24 h^{-1} \cdot kPa^{-1}$，水蒸气换气性为 38 $g \cdot m^{-2} \cdot d^{-1}$）。

试验条件：培养室温度为（25±1）℃，光期时间为 16 $h \cdot d^{-1}$，CO_2 补充时间为 24 $h \cdot d^{-1}$，CO_2 补充浓度为 3000 $μmol \cdot mol^{-1}$，光照强度为 45 $μmol \cdot m^{-2} \cdot s^{-1}$。

试验比较了试管苗培养 60 d 植株的生长状况。由表 7-1 可以看出，无糖培养的植株长势优于有糖培养，在植株高度、根系长度、鲜重和干重方面，无糖培养处理分别是有糖培养处理的 1.2 倍、1.8 倍、1.4 倍和 1.4 倍。为了防止污染，一般有糖培养的培养容器要与外界环境有较小的换气性，但高湿度的培养环境将影响试管苗正常的生长发育。无糖培养使用水蒸气换气性更好地 OTP 膜，从而降低了培养容器内的空气湿度，保证了植株正常的生长，从而使植株长势优于有糖培养。

对两种方式培养的幼苗进行室外移栽培养 60 d，可以发现无糖培养的植株长势亦优于有糖培养。在植株高度、叶片数量、鲜重和干重方面，无糖培养植株分别是有糖培养植株的 1.7 倍、1.2 倍、1.2 倍和 1.3 倍。有糖培养的植株在移栽前以异养生长为主，在移栽后需要一段时间驯化营养方式，使之转换成光合自养；无糖培养的植株在试管苗阶段即进行光合自养生长，因此在向外界移栽时，植株的生理和营养环境不需要进行过多的改变，从而可以快速地适应外界环境，保持良好的生长状态，故其植株长势优于有糖培养。

表 7-1　不同培养阶段有糖和无糖培养对白鹤芋生长的影响

（Teixeira Da Silva et al., 2006）

培养阶段	培养方式	植株高度 / cm	叶片数量 / 个	根系数量 / 个	根系长度 / cm	植株鲜重 / mg	植株干重 / mg
试管苗培养 60 d	有糖培养	5.1	6.2	4.1	4.1	323.4	33.4
	无糖培养	6.1	6.5	3.9	7.2	438.3	48.1
室外移栽后 60 d	有糖培养	6.2	7.2	7.1	16.3	2011.1	193.4
	无糖培养	10.5	8.8	7.8	15.1	2498.7	247.2

7.1.2　不同 CO_2 浓度对白鹤芋试管苗无糖培养生长的影响

Teixeira Da Silva 等（2006）以 7.1.1 中所述的无糖培养条件进行试验，比较了不同 CO_2 浓度（350~400、1000、2000、3000 μmol·mol^{-1}）对白鹤芋无糖培养生长的影响。结果表明，随着 CO_2 浓度的提高，白鹤芋的植株高度、叶片数、根数、根长、植株的干鲜重和根系的干鲜重等指标呈上升的趋势（表 7-2），在 3000 μmol·mol^{-1} 的 CO_2 浓度处理下表现最好，其植株的高度、叶片数、干重和鲜重分别是对照处理的 1.5 倍、1.2 倍、2.3 倍、2.2 倍（图 7-2）。培养容器中的气体环境主要通过与外界气体交换和容器内植株的生长来调控，自然换气的条件下，光期内培养容器中的 CO_2 可以很快被植株通过光合作用消耗尽，培养容器内外环境差异较大，因此需要外界环境较高浓度的 CO_2 来补偿培养容器内部的 CO_2 消耗。此试验中培养容器在自然换气的条件下，补偿至 3000 μmol·mol^{-1} 的 CO_2 浓度最适合无糖培养的植株生长，如培养容器使用强制换气，则培养容器内外环境差异会大幅度缩小，外界 CO_2 浓度可适当降低至 1000~1500 μmol·mol^{-1} 即可满足植株的正常生长。

表 7-2　不同 CO_2 浓度对白鹤芋无糖培养生长的影响

（Teixeira Da Silva et al., 2006）

CO_2 浓度 / (μmol·mol^{-1})	植株高度 / cm	叶片数量 / 个	根系数量 / 个	根系长度 / cm	植株鲜重 / mg	根系鲜重 / mg	植株干重 / mg	根系干重 / mg
350~400（对照）	4.9 c	6.5 b	2.9 d	3.8 d	318.9 d	102.9 d	34.7 d	3.1 d
1000	5.2 c	6.3 b	4.7 c	8.7 c	383.7 c	115.2 c	48.1 c	12.9 c

CO_2 浓度 / $(\mu mol \cdot mol^{-1})$	植株高度 / cm	叶片数量 / 个	根系数量 / 个	根系长度 / cm	植株鲜重 / mg	根系鲜重 / mg	植株干重 / mg	根系干重 / mg
2000	6.7 b	6.9 b	5.1 b	10.2 b	491.6 b	170.4 b	62.9 b	22.9 b
3000	7.3 a	7.8 a	5.9 a	12.3 a	697.1 a	264.7 a	79.4 a	28.3 a

注：表中列内不同小写字母表示各组在 $p \leqslant 0.05$ 时存在显著性差异。

图 7-2　不同 CO_2 浓度处理的白鹤芋无糖培养苗

图中从左至右的 CO_2 浓度分别为 350~400、1000、2000 和 3000 $\mu mol \cdot mol^{-1}$（Teixeira Da Silva et al., 2006）

7.1.3　不同光照强度对白鹤芋试管苗无糖培养生长的影响

Teixeira Da Silva 等（2006）以 7.1.1 中所述的无糖培养条件进行试验，比较不同光照强度（30、45、60、75、90 $\mu mol \cdot m^{-2} \cdot s^{-1}$）对无糖培养白鹤芋生长状况的影响。结果表明（表 7-3），适当增加光照强度有利于无糖培养白鹤芋植株的生长，综合比较，光照强度为 45 $\mu mol \cdot m^{-2} \cdot s^{-1}$ 和 60 $\mu mol \cdot m^{-2} \cdot s^{-1}$ 处理植株的生长表现最好。但进一步提高光照强度，植株的生长却逐渐变差，90 $\mu mol \cdot m^{-2} \cdot s^{-1}$ 的光照强度还导致白鹤芋试管苗在培养时有黄叶出现，且植株无法进行正常的室外移栽驯化。原因在于正常情况下白鹤芋较耐荫，怕强光暴晒，正常夏季生长便需适当遮荫，过强的光照强度会造成植株生长不良。因此在白鹤芋幼苗生长期间给予过度的光照强度反而会抑制其生长。

表 7-3 不同光照强度对无糖培养白鹤芋生长状况的影响

（Teixeira Da Silva et al., 2006）

PPFD / (μmol·m⁻²·s⁻¹)	植株高度 / cm	叶片数量 / 个	根系数量 / 个	根系长度 / cm	植株鲜重 / mg	根系鲜重 / mg	植株干重 / mg	根系干重 / mg
30	5.8 c	6.1 a	3.5 b	5.6 b	374.8 c	178.9 c	35.7 c	16.7 c
45	6.7 a	6.4 a	4.7 a	6.5 a	697.1 a	284.7 a	64.8 a	27.4 a
60	6.6 a	6.3 a	4.4 a	6.7 a	658.2 a	245.1 a	59.6 a	25.9 a
75	6.1 b	5.2 b	3.2 b	4.3 c	457.5 b	200.1 b	42.3 b	20.7 b
90	5.7 c	4.1 c	3.3 b	4.5 c	324.2 d	155.2 d	31.7 d	15.2 d

注：表中列内不同小写字母表示各组在 $p \leqslant 0.05$ 时存在显著性差异。

图 7-3 不同光照强度处理的白鹤芋无糖培养苗，从左至右分别对应 30、45、60、75 和 90 μmol·m⁻²·s⁻¹ 的光照强度（Teixeira Da Silva et al., 2006）

7.2 斑马水塔花

斑马水塔花 [*Billbergia zebrina* (Herb.) Lind] 是一种观赏凤梨，原产美洲地区，为凤梨科水塔花属多年生附生草本植物，其叶片呈硬革质，绿色，布有白色横向斑纹，花序呈穗状，萼片橙红色，尖端带紫黄色，小花紫色，是一种花叶兼赏型的观赏凤梨。

Martins 等（2015）以长度为 4 cm 的斑马水塔花试管苗为培养材料，使用 280 mL 的聚丙烯培养容器，培养基使用 MS + 琼脂 7 g·L⁻¹，培养基设置不同糖浓度：0、15、30、45、60 g·L⁻¹，单个容器培养 5 个植株，培养容器的封口盖设置两种换气处理：一种使用空气过滤器，换气性强（换气次数为 62.83 次·d⁻¹），另一种在空气过滤器上覆盖两层透明的 PVC 膜，换气性弱（换气次数为 4.19 次·d⁻¹）。接种前对培养基和培养容器进行 20 min120℃ 高温灭菌处理。

无菌接种后，将容器放置于培养室中培养，培养室温度为（26±2）℃，光照强度为 230 μmol·m^{-2}·s^{-1}，光照时间为 16 h·d^{-1}。45 d 后，比较各处理间植株长势和解剖结构上差异。

7.2.1　糖浓度和培养容器换气性对斑马水塔花试管苗生长的影响

在换气性强的培养容器中，随着培养基中糖含量的升高，植株的鲜重和干重呈下降的趋势，植株的长势逐渐变弱，培养基中的糖还使斑马水塔花试管苗的生长受到了明显的抑制作用（图 7-4）；在换气性弱的培养容器处理组中，随着培养基中糖含量的提高，植株的长势呈先升高后下降的趋势，其中又以含糖量为 30 g·L^{-1} 培养基处理的植株生长势最好。所有处理组中，以培养基中糖含量为 0 g·L^{-1}、使用换气性强的培养容器处理植株的地上部分和根系的干鲜重最高，长势表现最好。在换气性弱的培养容器中，植株和根系的生长需要糖作为碳源，而糖可以促进细胞的增殖来促进根系的诱导和生长，但糖不是植株生长的唯一碳源，在光自养条件下，培养容器良好的换气性对植株根系的形成和发育起到同样重要的碳源和能量支持作用，从而促进了植株的生长。

7.2.2　糖浓度和培养容器换气性对斑马水塔花试管苗叶片发育的影响

对不同处理的斑马水塔花试管苗叶片进行解剖可以发现，培养基的糖浓度与植株叶片的气孔功能呈一定的相关性（图 7-5 左侧两列）。提高培养基中的糖含量可以使植株形成较多的椭圆形气孔，随着培养基中糖含量的提高，气孔的开放程度也逐渐变大，培养容器换气性越强，植株的气孔发育状况就越好。通过对各处理样本的比较可发现，以培养基中糖含量为 0、使用换气性强的培养容器处理植株气孔发育状况最好。微繁殖中植株叶片的气孔功能是表征体外环境下植物体水分流失的重要指标，多数情况下，如果试管苗的气孔功能发育不完全，则其在体外移植后将会很快脱水，最终由于气孔功能不足而枯萎。所以，提高培养基的糖浓度、降低容器换气性显然不利于斑马水塔花试管苗的气孔发育。

贮水薄壁组织是细胞中贮藏丰富水分的薄壁组织，许多旱生植物，如仙人掌、芦荟和凤梨等植物的光合器官中都存在这种缺乏叶绿素而充满水分的贮水薄壁组织细胞，它可

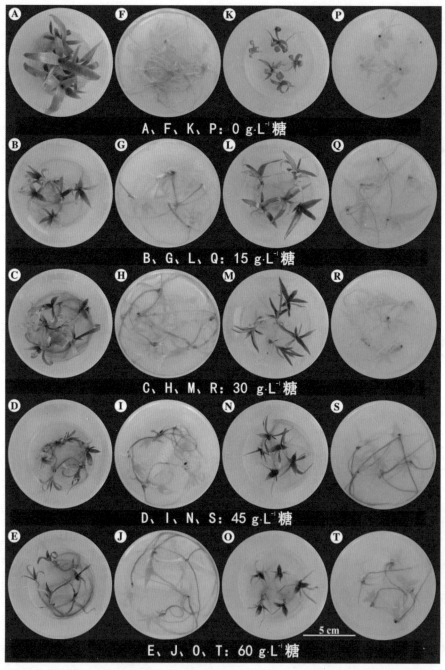

图 7-4　斑马水塔花在不同的糖含量培养基和换气性容器生长 45 天的植株状况。A→E 代表在换气性强的培养容器中植株地上部分的生长状况；F→J 代表在换气性强的培养容器中植株根系的生长状况；K→O 代表在换气性弱的培养容器中植株地上部分的生长状况；P→T 代表在换气性弱的培养容器中植株根系的生长状况（Martins et al., 2015）

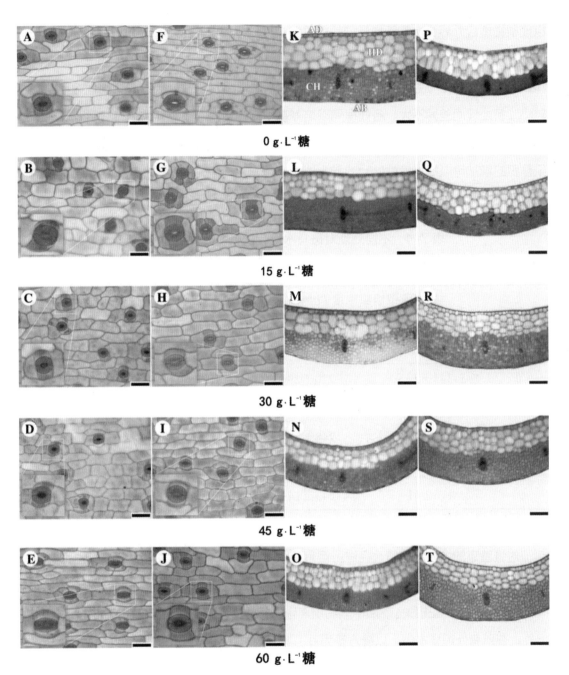

0 g·L⁻¹糖

15 g·L⁻¹糖

30 g·L⁻¹糖

45 g·L⁻¹糖

60 g·L⁻¹糖

图 7-5　斑马水塔花试管苗不同处理培养 45 d 的叶片解剖结构。A→E 和 K→O 分别为培养在换气性强的容器中不同糖浓度处理植株的叶面气孔显微结构和叶片横切面，F→J 和 P→T 分别为培养在换气性弱的容器中不同糖浓度处理植株的叶面气孔显微结构和叶片横切面。K 图中，AD 为植株上表皮，AB 为下表皮，HD 为贮水薄壁组织组织，CH 为叶绿素薄壁组织（Martins et al., 2015）

以使植物适应外界少水的干旱环境。通过对植株贮水薄壁组织（图 7-5 右侧两列）的观察可以发现，在换气性强的处理组样本中随着糖浓度的提高，贮水薄壁组织的厚度不断降低（表 7-4），而在换气性弱的处理组样本中，贮水薄壁组织的厚度受培养基中糖浓度的影响较小，各处理间差异不大。各处理间以培养基中糖含量为 0、使用换气性强的培养容器处理的试管苗植株的贮水薄壁组织发育表现最好。贮水薄壁组织专门用于贮藏水分，这种组织体积的增加可以提高植株叶片的贮水能力，使其具有良好的缓冲作用，避免了试管苗在移栽后迅速脱水，从而使植株具有较高的移栽成活率。

表 7-4　不同处理对斑马水塔花试管苗叶片结构的影响

（Martins et al., 2015）

糖含量 / (g·L⁻¹)	贮水薄壁组织厚度 / μm		木质部导管直径 / μm	
	换气性强的培养容器	换气性弱的培养容器	换气性强的培养容器	换气性弱的培养容器
0	345±32	220±29	10.7±0.8	6±0.5
15	280±18	253±27	9.4±1.1	6.5±0.2
30	201±8	248±27	7.7±0.1	6.8±0.3
45	213±9	243±18	8.7±0.7	6.9±0.5
60	176±41	243±14	6.3±0.7	6.7±0.1

对维管束的木质部导管直径进行观察可以发现（表 7-4；图 7-6），在换气性强的培养容器中，糖浓度与木质部导管直径呈负相关；在换气性弱的培养容器中，糖浓度与木质部导管直径则基本呈正相关。因此，限制培养容器气体交换将不利于植株木质部导管的发育。另外，在所有处理样本中，以糖含量为 0、换气性强的培养容器处理的木质部导管直径最大。维管束的木质部导管在植物体内具有运输水分和矿物质的作用，植物木质部导管直径越大，越有利于植株快速适应外界的环境条件，避免植株移栽时出现萎蔫和死亡，故以上条件处理中，糖含量为 0、换气性强的培养容器处理所得的植株最为健壮，移栽成活率将最高。

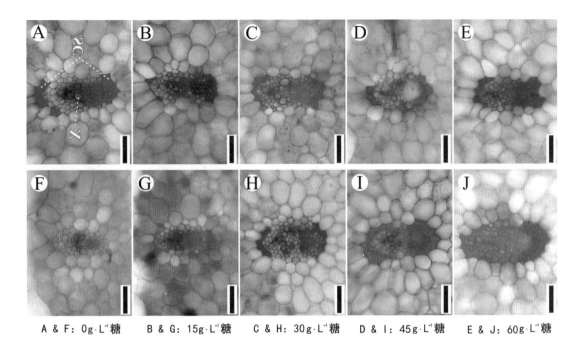

A & F: 0 g·L⁻¹糖   B & G: 15 g·L⁻¹糖   C & H: 30 g·L⁻¹糖   D & I: 45 g·L⁻¹糖   E & J: 60 g·L⁻¹糖

图 7-6　斑马水塔花不同处理培养 45 d 叶片维管束横切面图。A→E 为培养在换气性强的容器中不同糖浓度处理植株的叶片维管束横切面，F→J 为培养在换气性弱的容器中不同糖浓度处理植株的叶片维管束横切面。A 图中，SC 代表厚壁组织，X 代表木质部导管（Martins et al., 2015）

7.3　彩色马蹄莲

　　彩色马蹄莲（*Zantedeschia hybrida* spr.）是天南星科马蹄莲属中除白花马蹄莲外其他种及杂交品种的统称，属于旱生型球根花卉，原产非洲中南部，肉穗花序鲜黄色，直立于佛焰中央，佛焰苞似马蹄状，颜色呈黄色、粉红色、红色和紫色，另有培育品种呈金黄、橙黄、紫红和粉红等，品种较多。彩色马蹄莲因其奇特的花型和丰富的色彩，常被用于制作花束、花篮、花环和瓶插，而其中的矮生和小花型品种盆栽则被用于配植庭园和日常摆放。彩色马蹄莲在欧美各国及日本等地广受欢迎，20 世纪 80 年代，开始进入中国市场，具有很大的市场发展潜力（图 7-7）。

　　种子繁殖和分球繁殖是彩色马蹄莲最常用的传统繁殖方式，但这两种方法都存在很大的弊端。种子繁殖生产周期长，繁殖系数低，植株生长状况差，生产出的种球变异大，商品性差，现在生产上一般很少采用。分球繁殖是生产上经常用的方法，但其需要在休眠期进行，繁殖系数很小，繁殖周期也较长，且容易感染和传播病毒，最终导致品种退化、产量及品质下降。因此这两种繁殖方式都很难满足彩色马蹄莲工厂化生产，而应用植物组培技术成为目前彩色马蹄莲脱毒种苗工厂化快繁的有效途径。

图 7-7　彩色马蹄莲的鲜切花

7.3.1　不同蔗糖浓度对彩色马蹄莲试管苗生长的影响

王政等（2013）以 2 片叶的彩色马蹄莲试管苗为试验材料进行生根培养。对培养基进行不同蔗糖浓度处理（0、10、15、30 g·L⁻¹），使用 500 mL 的三角瓶作为培养容器，该容器采用自然换气的方式，单个容器培养植株数量为 10 株。无菌条件下接种后将之置于光照培养箱中培养，培养温度为（25±1）℃，光照强度为 2500 lx，CO_2 浓度为 1200 g/L。生根培养时间为 60 d。

试验结果表明，所有处理中以蔗糖浓度为 0 的处理组的彩色马蹄莲植株各项指标表现最好，其根系活力也优于其他三个处理组。无糖培养处理组在根系数量、鲜重和干重方面分别是 30 g·L⁻¹ 的蔗糖处理组的 1.2、1.5 和 1.7 倍（表 7-5）。在移栽过程中，还发现无糖培养的试管苗须根较多，植株较健壮，移栽成活率高，无糖培养可以有效促进彩色马蹄莲试管苗的根系生长。

表 7-5　外施 CO_2 条件下不同浓度蔗糖处理对彩色马蹄莲试管苗根系生长的影响
（王政等，2013）

蔗糖浓度 /（g·L⁻¹）	根数	生根率 / %	根系鲜重 / mg	根系干重 / mg
0	8.12 a	86 a	998.4 a	80.4 a
10	2.32 d	47 d	252.3 d	11.3 d
15	4.37 c	64 c	354.6 c	24.3 c
30	6.57 b	80 b	657.4 b	46.7 b

注：表中列内不同小写字母表示各组在 $p \leqslant 0.05$ 水平上存在显著性差异。

7.3.2　不同 CO_2 补充方式对彩色马蹄莲无糖培养生长的影响

屈云慧等（2004a）以彩色马蹄莲黄色品种 Black Magic 的试管苗为试验材料，采用可进行 CO_2 强制供气的箱式培养容器进行彩色马蹄莲的无糖培养，培养基为 MS + NAA 0.1 mg·L^{-1}，不添加糖，培养基质为蛭石。试验设置不同的 CO_2 初始补充时间：接种后的第 3 d、第 6 d 和第 9 d；不同的 CO_2 补充浓度：500~600、1000~1200 和 1500~1800 mg·L^{-1}，以比较不同的 CO_2 初始补充时间和补充浓度对植株生长的影响。培养环境温度为（20±2）℃，光照时间为 12 h·d^{-1}，光照强度为 2000~2500 lx。以常规有糖培养为对照处理，采用培养瓶培养，培养基为 MS + NAA 0.5 mg·L^{-1} + 蔗糖 3% + 琼脂 0.6%，培养温度为（25±2）℃，光照时间为 12 h·d^{-1}，光强为 2000 lx。试验培养时间为 20 d。

无糖培养植株以 CO_2 作为碳源，因此 CO_2 的初始补充时间直接影响植株的生长。试验结果表明，无糖培养彩色马蹄莲在接种后第 6 d 开始通气的植株各项指标表现最好，过早通气（第 3 d）的植株在培养后期普遍出现叶片发黄、植株生根率低等现象。这说明初栽植株一般长势较弱，进行光合作用的能力不强，培养容器内的气体流动会导致小植株在培养过程中易发生萎蔫；而较晚通气（第 9 d）的处理，由于碳源供应较慢，小植株的光合作用受到了明显的抑制，因此植株生长缓慢，种苗质量明显较差（表 7-6）。

表 7-6　不同 CO_2 处理对彩色马蹄莲生长的影响

处理		根系生长情况			2.0 cm^2 以上的叶片数	种苗质量评价
初始通气时间 / d	CO_2 浓度 / (mg·L^{-1})	根数	根长 / cm	生根率 / %		
3	500~600	2	1.8	42	2	+
	1000~1200	2.5	2.1	41	2	+
	1500~1800	2.6	2	37	2.1	++
6	500~600	2.8	1.6	49	2.4	+
	1000~1200	4.2	3.2	97	4.5	++++
	1500~1800	3.5	2.5	89	4	+++
9	500~600	2.6	2.1	62	1.8	+
	1000~1200	2.8	2.4	56	2.2	++
	1500~1800	2.7	2.2	60	2.4	++
对照	正常浓度	3.5	3.8	87	2.5	+++

注：种苗质量评价是依照彩色马蹄莲组培苗出瓶标准：++++ 为优；+++ 为良；++ 为中；+ 为差。

提高无糖培养过程中 CO_2 的浓度可以促进植株的光合作用，并提高种苗质量。试验结果表明，在 CO_2 的补充浓度方面，以 1000~1200 mg·L^{-1} 的 CO_2 浓度的最适合彩色马蹄莲的生根及正常生长，种苗质量最好。过高的 CO_2 浓度（1500 g·L^{-1}）已超过小植株所需的 CO_2 饱和点，可能会引起细胞原生质中毒，或迫使植株气孔关闭，因此其会在一定程度上抑制彩色马蹄莲无糖培养苗的光合作用，从而影响植株生长。

CO_2 初始通气时间为 6 d、浓度为 1000~1200 mg·L^{-1} 的无糖培养处理组的种苗生根质量明显优于对照有糖处理组，其根系数量、生根率和叶面积达 2 cm^2 以上叶片数量分别是有糖对照处理的 1.2 倍、1.1 倍和 1.8 倍。以蛭石作为培养基质可以极大地改善种苗的生根环境，光自养条件下，进行强制换气补充 CO_2 可以极大地提高无糖培养种苗的光合作用效率，从而促进植株的生长。

7.3.3 彩色马蹄莲无糖培养工厂化育苗分析

Xiao 和 Kozai（2004）应用可进行强制换气的植物无糖培养装置（单个容器体积为 120 L）进行彩色马蹄莲种苗的生产，并对彩色马蹄莲应用有糖和无糖培养两种育苗方式做了对比，相关试验条件如（表 7-7，表 7-8）。

表 7-7　彩色马蹄莲无糖和有糖培养的相关试验参数
（Xiao and Kozai，2004）

项目（单位）	无糖培养	有糖培养
单个容器体积 / L	120	0.37
单个容器所占面积 / cm^2	5980	38.5
单个培养架的容器数量 / 个	5	500
培养容器的换气方式	强制换气	自然换气
容器换气速率 /（mL·s^{-1}）	0~60（可控）	0.05（固定）
支撑材料	蛭石	琼脂（6 g·L^{-1}）
培养基蔗糖浓度 /（g·L^{-1}）	0	30
培养时间 / d	15	30
单个容器植株数量 / 株	1500	10
单个培养架植株数量 / 株	7500	5000

续表

项目（单位）	无糖培养	有糖培养
培养时间 / d	15	30
营养液	MS 培养基	
外植体类型	带 1 片叶的茎段	
培养室温 / ℃	22~23	
培养室相对湿度 / %	70%~80%	

表 7-8　彩色马蹄莲无糖和有糖培养的管理参数

（Xiao and Kozai，2004）

试验条件	无糖培养					有糖培养
培养时间	0~3 d	4~5 d	6~9 d	10~12 d	13~15 d	0~30 d
光照强度 /($\mu mol \cdot m^{-2} \cdot s^{-1}$)	50	50	70	100	100	50
光期时间 / h	12	12	14	16	16	14
CO_2 浓度 /($\mu mol \cdot mol^{-1}$)	1500	1500	1500	1500	1500	400
容器通气强度 /($mL \cdot s^{-1}$)	0	5~8	13~20	25~30	50~60	0.05
容器中的相对湿度 / %	95	95	90~95	80~90	80	95~100

结果表明（表 7-9），培养 15 d 后，无糖培养种苗的植株高度、叶面积、鲜重和干重分别是有糖培养植株的 1.8 倍、1.8 倍、1.7 倍和 2.0 倍，而无糖培养苗 15 d 的植株长势等同甚至优于有糖培养苗 30 d 时的植株长势，应用强制换气的无糖培养的植株长势明显优于传统的有糖培养（图 7-8）。

表 7-9　彩色马蹄莲无糖和有糖培养的植株生长对比

（Xiao and Kozai，2004）

处理	植株高度 / mm	带叶片的植株数量	叶面积 / cm^2	植株鲜重 / mg	植株干重 / mg
无糖培养 15 d	91.4	3.7	12.8	674	45
有糖培养 15 d	51.3	3.3	7.3	395	23
有糖培养 30 d	76.3	3.4	9.8	579	36

图 7-8　培养 15 d 时彩色马蹄莲种苗有糖培养（左）和无糖培养（右）的植株对比（Xiao and Kozai，2004）

比较无糖培养和有糖培养植株的移栽成活率可知：无糖培养彩色马蹄莲的移栽成活率为 95%，有糖培养植株的移栽成活率仅为 60%，而植株移栽驯化成活率的提高也显著降低了总体生产成本；在增殖物料成本、时间成本和电量成本方面（表 7-10），无糖培养也明显优于有糖培养，单位面积的种苗生产数量方面，无糖培养是有糖培养的 1.5 倍（表 7-7）。综合比较，使用无糖培养进行彩色马蹄莲种苗繁育与传统的有糖培养相比，其生产成本得到了极大地降低。

植株销售价格方面，因无糖培养彩色马蹄莲种苗的植株长势较好，因此销售价格也较高，与有糖培养植株相比，售价提高了约 25%。综合生产优势，无糖培养更适合进行彩色马蹄莲的种苗生产。

表 7-10　彩色马蹄莲无糖和有糖培养相关成本比较

（Xiao and Kozai，2004）

成本 / ¢	无糖培养 (A)	有糖培养 (B)	A / B
单个试管苗移栽前成本 / ¢	5.33	9.06	0.59
单个植株增殖成本 / ¢	0.84	1.44	0.58
植株移栽温室时生产成本 / ¢	2.65	5.06	0.52
单个试管苗增殖时间成本 / s	20.16	43.2	0.47
单个植株增殖用电量 / Wh	27.2	42.8	0.16

注：¢ 代表美分，根据当时的兑换率，1 ¢ = 人民币 8.3 分。

7.4 帝王花

帝王花（*Protea cynaroides* L.）是南非共和国国花，为山龙眼科山龙眼属多年生常绿灌木，其花朵硕大、花形奇特、瑰丽多彩、高贵优雅，号称"花中之王"。可作为优良的鲜切花、干花，还适合用于庭园绿化或作盆栽观赏（图 7-9）。

图 7-9　帝王花的鲜切花

帝王花的试管苗较难生根，一般试管苗完成壮苗后需进行体外生根。Wu和 Lin（2013）以株高 2 cm、鲜重为 50 mg 带两片叶的帝王花试管苗进行无糖培养，培养容器使用 6 L 的玻璃容器，换气方式为强制换气，气体流速为 0.5 L·h^{-1}，设置 1000、5000、10 000 µmol·mol^{-1} 三种不同 CO_2 浓度，培养基为 1/2 MS + 6-BA 0.5 mg·L^{-1} + NAA 0.01 mg·L^{-1} + AgNO$_3$ 5 mg·L^{-1} + 肌醇 100 mg·L^{-1} + 活性炭 2 mg·L^{-1} + VC 100 mg·L^{-1} + 琼脂 9 g·L^{-1}。设置对照有糖培养，不进行 CO_2 的补充，培养基中额外添加 30 g·L^{-1} 的糖，培养容器为 250 mL 的玻璃容器。

培养室温度为 25℃，光照强度为 70 µmol·m^{-2}·s^{-1}，光期时间为 16 h·d^{-1}，培养时间为 45 d，然后将植株移栽到温室中进行 60 d 的体外生根培养。

7.4.1 不同 CO_2 浓度对帝王花试管苗生长的影响

由表 7-11 可以看出，补充 CO_2 可以提高帝王花试管苗无糖培养的干物质积累，促进帝王花无糖培养植株的生长和发育，3 个浓度 CO_2 的无糖培养处理组植株的各项生长指标均优于对照组的有糖培养植株。在植株的叶片数量和叶面积方面，以 5000 µmol·mol^{-1} 的 CO_2 处理组植株表现最好，分别是有糖处理组的 1.8 倍和 1.7 倍，植株高度、鲜重和干重方面，则以 10 000 µmol·mol^{-1} 的 CO_2 处理组植株表现最好，分别是有糖处理组的 1.4 倍、2.2 倍和 4.3 倍。在植株没有根的情况下，无糖培养的试管苗可以很好地利用补充的 CO_2 来完成茎和叶片的生长和伸长，这是植株通过光合作用产生光合产物进行生长的结果，以 CO_2 作为碳源，将更有利于帝王花试管苗植株干物质的积累。

表 7-11　不同 CO_2 浓度对帝王花试管苗生长的影响

（Wu and Lin，2013）

试验处理	CO_2 浓度 / ($\mu mol \cdot mol^{-1}$)	植株叶片数量	单株平均叶面积 / mm^2	植株高度 / cm	单株鲜重 / mg	单株干重 / mg
有糖培养	不补充 CO_2	5.0±0.5 d	352.5±21.7 c	4.4±0.6 c	78.0±8.1 c	6.8±1.3 d
无糖培养	1000	6.7±0.5 c	522.4±44.3 b	5.4±0.7 b	104.1±10.4 b	12.1±1.8 c
	5000	8.9±0.7 a	598.0±44.1 a	5.9±0.6 ab	109.2±10.2 b	14.3±2.1 b
	10 000	7.9±0.8 b	576.1±64.3 a	6.2±0.6 a	169.6±12.4 a	29.3±2.6 a

注：表中列内不同小写字母表示各处理组在 $p \leqslant 0.05$ 水平上存在显著性差异。

7.4.2　不同 CO_2 浓度对帝王花试管苗叶绿素和光合速率的影响

当无糖培养处理的 CO_2 浓度为 1000 和 5000 $\mu mol \cdot mol^{-1}$ 时，与有糖培养相比，其总叶绿素含量呈下降趋势，但总体差异不大，培养基中添加 6-BA 可能是造成无糖培养中叶绿素浓度降低的原因。但提高无糖培养的 CO_2 浓度至 10 000 $\mu mol \cdot mol^{-1}$ 时，总叶绿素含量明显得到了提升，是对照有糖培养的 1.9 倍（表 7-12，Wu and Lin，2013）。

补充 CO_2 明显提高了植株的光合速率，而对照组有糖培养处理的植株净光合速率为负值。有糖培养时为了避免污染需要限制容器与外界的气体交换，密闭容器高温高湿的环境是导致植株叶片光合器官发育不良的原因之一，同时由于培养容器内的 CO_2 浓度较低，故其中的植株光合作用较弱。本试验中，补充 CO_2 处理组的植株表现出良好的光合速率，随着 CO_2 浓度的提高，植株的净光合速率也越来越高。

表 7-12　不同 CO_2 浓度对帝王花试管苗叶绿素含量和光合速率的影响

（Wu and Lin，2013）

试验处理	CO_2 浓度 / ($\mu mol \cdot mol^{-1}$)	叶绿素含量 / ($mg \cdot g^{-1}$)			叶绿素 a/b	净光合速率 / ($\mu mol \cdot h^{-1}$)
		叶绿素 a	叶绿素 b	总叶绿素		
有糖培养	不补充 CO_2	2.2±0.1 bc	2.2±0.5 b	4.4±0.3 b	1.0±0.2 b	−0.3±0.02 d
无糖培养	1000	2.4±0.2 b	1.5±0.3 c	3.9±0.4 b	1.6±0.1 a	2.3±0.03 c
	5000	1.9±0.1 c	2.0±0.1 bc	3.9±0.1 b	0.9±0.1 b	13.5±0.19 b
	10 000	4.9±0.3 a	3.5±0.5 a	8.4±0.6 a	1.4±0.2 a	33.4±1.32 a

注：表中列内不同小写字母表示各处理组在 $p \leqslant 0.05$ 水平上存在显著性差异。

7.4.3　不同 CO_2 浓度对帝王花试管苗体外生根的影响

体外生根时，无糖培养的移栽成活率、生根率和新叶数量均优于对照组的有糖培养植株（表 7-13，Wu and Lin，2013）。综合比较，以 CO_2 浓度为 5000 $\mu mol \cdot mol^{-1}$ 处理的植株生长表现最好，植株成活率、生根率和单株新叶数量分别是对照处理的 4.5 倍、1.8 倍和 2.4 倍。试管苗的质量是影响驯化阶段植株成活率的主要因素之一。补充 CO_2 处理的无糖培养植株的主要特点是叶片具有较高的光合能力，移栽后试管苗的成活率和生长速度明显更高。而有糖培养中，糖作为碳源会影响植株在移栽时达到 CO_2 平衡和光合干物质积累所需的时间，故植株的生长速度和生根率均较差。

表 7-13　不同 CO_2 浓度对帝王花试管苗体外生根的影响

（Wu and Lin，2013）

试验处理	CO_2 补充浓度 / ($\mu mol \cdot mol^{-1}$)	成活率 / %	生根率 / %	单株新叶数量
有糖培养	不补充 CO_2	20 b	50 b	3 ± 1.4 c
无糖培养	1000	90 a	89 a	6 ± 0.8 b
	5000	90 a	89 a	7.3 ± 0.9 a
	10 000	80 a	88 a	8.2 ± 0.4 a

注：表中列内不同小写字母表示各处理组在 $p \leqslant 0.05$ 水平上存在显著性差异。

7.5　多花相思

多花相思（*Acacia floribunda*）为豆科金合欢属木本植物，原产澳大利亚，为灌木或小乔木，高约 6 m，常呈丛生状，其花期在早春季节，花为淡黄色，葇荑花序密生枝顶叶腋，花量丰富，开花时满树黄花，可作为庭院绿化、广场美化和行道树栽培，在我国的热带和亚热带地区可推广种植，也可作为生态公益林的景观树种成片种植，是一种不可多得的观赏树种。

陈本学等（2012）以经过壮苗培养、长度为 3 cm 的无菌苗为试验材料进行了 35 d 的无糖培养，试验使用了不同培养基质（基质处理组合见表 7-15），同时对无糖培养进行不同的 CO_2 补充模式（模式 1：始终保持微环境内 CO_2 浓度在 2000~2500 ppm 之间，

逐渐提高微环境的 CO_2 补充时间，0~7 d CO_2 补充时间 8 h·d^{-1}；8~12 d CO_2 补充时间 12 h·d^{-1}；12 d 以后 CO_2 补充时间 14 h·d^{-1}；模式 2：逐渐提高 CO_2 的补充强度和时间，0~7 d 微环境内 CO_2 浓度控制在 1000~1500 ppm，CO_2 补充时间为 8 h·d^{-1}；8~12 d 微环境内 CO_2 浓度控制在 1500~2000 ppm，CO_2 补充时间为 12 h·d^{-1}；12 d 后微环境内 CO_2 浓度控制在 2000~2500 ppm，CO_2 补充时间为 14 h·d^{-1}）和光照模式（模式 1：始终保持光照强度在 4000~5000 lx 范围内，逐渐提高光照时间，接种后 0~3 d 光照时间 8 h·d^{-1}，4~8 d 光照时间 10 h·d^{-1}，9~12 d 光照时间 12 h·d^{-1}，12 d 以后光照时间 14 h·d^{-1}；模式 2：逐渐提高光照时间和光照强度，接种后 0~3 d 进行暗培养，4~8 d 进行给予 2000~3000 lx 光照，光照时间为 10 h·d^{-1}；9~12 d 增加光照强度至 4000~5000 lx，光照时间为 12 h·d^{-1}，12 d 后光照强度调整至 6000~7000 lx，光照时间为 14 h·d^{-1}）进行比较。

在筛选出最佳的无糖培养基质和环境的条件后，选择无菌苗，进行无糖和有糖培养的植株生长对比（表 7-14）。

7.5.1 不同生根环境对多花相思无糖培养的影响

试验结果表明（表 7-15），各处理组中，以 G1、G7、G9 和 G11 处理组的根系发育表现较好，根系等级较高，且生根率高于 75%，G9 处理组植株的生根率最高，达到了 86.1%。极差分析结果表明，以沙为培养基质的 4 个比例水平中，以加入体积为 3 时表现最好，而蛭石、珍珠岩、锯末的 4 个比例水平中，均以 0 水平表现最好。故沙对于多花相思生根率的影响最大，沙的体积比越高，植株的生根率越高（陈本学等，2012）。

表 7-14 多花相思无糖培养根系等级评价标准
（陈本学等，2012）

等级	-1	0	1
根尖颜色	黄褐色	黄白色	亮白色
根系粗度 / mm	≤0.5	0.6~1.0	>1.0
最长根长 / cm	<0.5	0.5~2.5	>2.5
单株根数 / 条	0	1~2	≥3

表 7-15　不同无糖培养条件对多花相思生根的影响

（陈本学等，2012）

试验号	珍珠岩	蛭石	沙	锯末	光照模式	CO_2 模式	生根率 / %	根系等级
G1	0	3	3	2	1	1	78.34	1
G2	3	1	0	2	2	2	51.57	−1
G3	0	1	2	3	1	2	75.49	0
G4	2	2	1	2	1	2	69.81	0
G5	0	2	0	1	2	1	57.65	−1
G6	2	1	3	0	2	1	78.87	0
G7	3	0	3	1	1	2	79.83	1
G8	3	2	2	0	1	1	72.39	0
G9	0	0	1	0	2	2	86.1	1
G10	1	1	1	1	1	1	68.1	−1
G11	1	2	3	3	2	2	82.24	1
G12	1	0	2	2	2	1	73.51	0
G13	2	0	0	3	1	1	51.89	−1
G14	2	3	2	1	2	2	59.4	−1
G15	3	3	1	3	2	1	64.55	−1
G16	1	3	0	0	1	2	49.67	−1
k1	68.38	68.51	72.14	66.25	68.19	68.16		
k2	64.99	70.52	70.2	68.31	69.24	69.26		
k3	67.09	62.99	79.82	68.54				
k4	74.4	72.83	52.7	71.76				
R	9.41	9.84	27.12	5.51	1.15	1.1		

注：各种培养基质采用体积比进行混合。k1、k2、k3 和 k4 为各因素的极差分析，对应基质分别为体积比例的 1、2、3 和 0，对应光照和 CO_2 模式分别为模式 1 和模式 2。各因素 R 值排序比较：沙＞蛭石＞珍珠岩＞锯末＞光照模式＞ CO_2 模式。

光照和 CO_2 模式的比较中，两个环境因素均以模式 2 的生根率表现最好，其分别比模式 1 的生根率高 1.54% 和 1.61%。即无糖培养接种后，逐步提高培养时的光照强度、CO_2 浓度和补充时间将更有利于多花相思无糖培养苗的生根。一般无糖培养植株接种后有

植物无糖培养微繁殖及种苗生产

一定时间的缓苗期，植株需要一定的时间适应环境，在光期内逐步提高培养的环境因子强度有利于植株更好地进行光合作用，促进植株的生长发育。

7.5.2 多花相思植株的无糖培养和有糖培养比较

两种培养模式对多花相思生物量的影响并不显著，但无糖培养植株的根系活力显著优于传统有糖培养（表7-16）。一般根系活力越强，根的发育就越好。多花相思无糖培养植株的根系活力优势体现在后续的移栽中，以沙为基质对两种培养方式的种苗进行移栽，无糖培养植株移栽成活率为87.35%，有糖培养植株移栽成活率为79.68%。综合比较，无糖培养更适合多花相思的生根培养。

表 7-16　多花相思的无糖和有糖培养植株生物量及根系活力比较

（陈本学等，2012）

培养条件	地上部分生物量 / (mg·株$^{-1}$)	地下部分生物量 / (mg·株$^{-1}$)	根系活力 / (mg·g^{-1}·h^{-1})	移栽成活率 / %
无糖培养	63.42±1.16	27.34±1.28	36.48±0.21	87.35
有糖培养	61.32±1.41	23.67±1.17	27.89±0.13	79.68

7.6 非洲菊

非洲菊（*Gerbera jamesonii* Bolus）为菊科大丁草属多年生草本植物，原产南非，其花色丰富，大而色泽艳丽，耐长途运输，切花瓶插期长，是极佳的切花花卉。作为宿根花卉，非洲菊可被应用于庭院丛植，布置花境和装饰草坪等亦有良好的观赏效果。

非洲菊为异花授粉型植株，采用种子繁殖则后代高度杂合，容易变异，不能保持优良性状；采用传统的分株繁殖则速度慢，一株母株一年平均仅能分出 4~6 株子株，且品种易退化，仅通过种子繁殖和分株繁殖远远不能满足市场的需求。因此，组织培养技术是目前非洲菊的主要繁殖方式。

Xiao 等（2005）以带 2~3 个叶片的非洲菊试管苗为试验材料（植株单株叶面积、鲜重和干重分别为 328 mm^2、169 mg 和 11 mg）。试验设置无糖培养和对照有糖培养，无糖培养使用 MS 培养基，培养基中不添加糖、琼脂和激素，以蛭石作为植株的栽培固定基质；有糖培养处理培养基为 MS + NAA 0.5 mg·L^{-1} + 糖 30 g·L^{-1} + 琼脂 6 g·L^{-1}。无糖培养容器使用容积为 120 L、可进行强制换气的无糖培养系统，补充 CO_2 浓度至 1500 μmol·mol^{-1}；有糖培养容器使用的是容积为 370 mL 的玻璃瓶，容器可进行自然换气，不补充培养环境内的 CO_2，容器内的 CO_2 浓度小于 360 μmol·mol^{-1}。

无糖培养和有糖培养的环境温度的设置为（20±0.5）℃，湿度设置为 70%±5%，光照时间为 16 h·d^{-1}。无糖培养在试验的 1~5 d、6~10 d、11~15 d 控制其培养容器的光照强度分别为 50、70、100 μmol·m^{-2}·s^{-1}，容器内的相对湿度分别为 95%~100%、90%~95%、80%~85%，光期内培养容器中的空气流通速率分别为 50、100、150 mL·s^{-1}；对照有糖处理在整个培养周期内光照强度均为 50 μmol·m^{-2}·s^{-1}。试验处理时间为 15 d。

7.6.1　不同培养方式对非洲菊试管苗生长的影响

Xiao 等（2005）培养非洲菊试管苗 15 d 后发现，无糖培养的植株长势明显优于有糖培养对照组，无糖培养处理组的植株叶片数量、叶面积、鲜重、干重、根系鲜重和根系干重分别是有糖处理组植株的 1.7 倍、5.2 倍、3.2 倍、4.4 倍、4.4 倍和 3.8 倍（表 7-17）。在无糖培养系统中，可以相对精确地控制培养容器中的 CO_2 浓度、相对湿度和空气流通速度，为植物光合作用和生长提供更好地环境，从而增强植株的光合作用和蒸腾作用，促进植株的生长。有糖培养为了控制污染，只能使用较小的培养容器，从而造成容器内部空气流通不畅和高湿度等不利于试管苗生长的环境，抑制了植株生长。

表 7-17　培养 15 d 非洲菊无糖和传统有糖培养苗的植株长势对比

（Xiao et al., 2005）

处理	植株叶片数 / 个	叶面积 / mm^2	单株鲜重 / mg	根系鲜重 / mg	单株干重 / mg	根系干重 / mg
无糖培养	5.8	2674	1125	254	93.7	15.7
传统有糖培养	3.5	513	355	58	21.1	4.1

7.6.2 不同培养方式对非洲菊试管苗的叶绿素浓度和净光合速率的影响

Xiao 等（2005）发现在第 15 d 时无糖培养苗的叶绿素总量是对照有糖培养苗的 2.2 倍。有糖培养叶绿素浓度降低，从而导致植株净光合速率降低。无糖培养处理的净光合速率是对照有糖处理的 9.2 倍。含糖培养基上生长的植物其生长更多地依赖于培养基中的糖，而不是空气中的 CO_2，这是其植株净光合速率较低的主要原因（表 7-18）。

表 7-18　培养 15 d 后的非洲菊无糖和有糖培养苗的植株净光合速率、叶绿素浓度、生根率和移栽成活率的对比

（Xiao et al., 2005）

处理	叶绿素浓度 / ($\mu g \cdot g^{-1}$ FW)			净光合速率 / ($\mu mol \cdot h^{-1}$)	试管苗生根率 / %	移栽成活率 / %
	叶绿素 a	叶绿素 b	叶绿素总量			
无糖培养	1885	631	2514	15.7	97	95
有糖培养	3.5	513	297	1.7	62	57

7.6.3 不同培养方式对非洲菊试管苗生根率和移栽成活率的影响

无糖培养可以使用疏松多孔的材料作为培养基质，这使植株根系的发育得到了进一步的促进。Xiao 等（2005）的试验中，无糖培养植株的生根率为 98%，移栽存活率为 95%，对照有糖培养植株的生根率为 62%，植株的移栽成活率仅为 57%，无糖培养植株的生根率和移栽成活率显著高于对照有糖培养。一般认为，传统组培的培养容器内部空气流通条件不佳、湿度高、C_2H_4 浓度高、光期内容器中 CO_2 浓度较低，而这种异常环境往往是造成植株长势弱、生根效果差和移栽驯化成活率低的主要原因（图 7-10）。

图 7-10　培养 15 d 的非洲菊有糖培养苗（左）和无糖培养苗（右）对比（Xiao et al., 2005）

7.7　红掌

红掌（*Anthurium andraeanum* Linden）是天南星科多年生常绿草本植物，原产哥斯达黎加和哥伦比亚等地区，佛焰苞平出，卵心形，革质并有蜡质光泽，橙红色或猩红色；肉穗花序黄色，长 5~7 cm，可常年开花不断。其花姿奇特，单朵花花期较长，可达数月之久，良好的花型和叶型使其成为优质的切花材料，同时适合盆栽或庭园荫蔽处丛植美化（图 7-11）。

图 7-11　红掌

7.7.1　不同培养方式对红掌试管苗污染率的影响

石兰英等（2012）以带 2~3 片叶的红掌试管苗顶芽为培养材料，培养 30 d 后发现有糖培养的红掌试管苗污染率高达 38%，而无糖培养的红掌试管苗的污染率为 0（表 7-19）；李孟超（2000）以红掌试管苗为试验材料在不同糖含量（0、7.5、15 g · L^{-1}）的培养基中进行生根培养，发现无糖的红掌试管苗污染率最低，随着培养基中糖含量的逐渐升高，试管苗的污染率呈上升趋势。

一般认为，糖是造成有害微生物快速生长的主要原因，因此在有糖培养中，需要严格的无菌环境以避免培养容器中污染的发生；培养中去除糖，就极大地避免了微生物所造成的污染，相比于传统的有糖培养，应用植物无糖培养技术进行红掌试管苗的生根培养可使试管苗的污染率得到有效控制。

表 7-19　有糖培养和无糖培养对红掌试管苗生长的影响
（石兰英等，2012）

培养基	有效接种苗数 / 株	生根苗数 / 株	生根率 / %	染菌率 / %
1/2 MS + 0.5 mg · L^{-1} IAA + 30 g · L^{-1} 糖	30	26	87	38
1/2 MS + 0.5 mg · L^{-1} IAA（无糖处理）	48	43	90	0

7.7.2 不同培养方式对红掌试管苗生长的影响

谷艾素（2011）以带 3 片叶的红掌试管苗为试验材料进行有糖培养和无糖培养。其中，有糖培养不补充 CO_2，使用密闭的玻璃瓶为培养容器，单个培养瓶接种 4 株，培养瓶内 CO_2 浓度为 400 $\mu mol \cdot mol^{-1}$，培养基为 1/4 MS + 糖 + 琼脂；无糖培养使用可补充 CO_2 的环境控制培养箱，试管苗定植在穴盘中，以蛭石为培养基质，单个穴盘接种 30 株，附加 1/4 MS 营养液，提高 CO_2 浓度至 1000 $\mu mol \cdot mol^{-1}$。两个处理的其他环境条件一致：光照强度为 50 $\mu mol \cdot m^{-2} \cdot s^{-1}$，光照时间为 12 $h \cdot d^{-1}$，温度为（25±2）℃。试验处理时间为 60 d。

试验结果表明，在整个培养阶段，无糖培养的植株生长发育均优于对照组的有糖培养植株（表 7-20）。第 60 d 时，无糖培养苗在植株高度、叶面积、叶片鲜重和根系鲜重方面分别是对照组有糖培养苗的 1.6 倍、1.6 倍、2.1 倍和 1.4 倍，提高无糖培养的 CO_2 浓度，有助于提高植株光合产物的积累，从而使红掌无糖培养苗的生长发育得到了极大地促进。

表 7-20　培养 60 d 的红掌有糖和无糖培养苗的对比

（谷艾素，2011）

处理时间 / d	培养条件	株高 / cm	叶面积 / cm^2	根系活力 / ($mg \cdot g^{-1} \cdot h^{-1}$)	叶片鲜重 / g	叶片干重 / g	根系鲜重 / g	根系干重 / g
15	有糖培养	2.57	0.712	3.11	0.27	0.025	0.224	0.019
	无糖培养	2.68	1.215	3.33	0.298	0.027	0.231	0.021
30	有糖培养	3.39	1.230	2.42	0.388	0.036	0.286	0.027
	无糖培养	4.66	2.577	2.70	0.658	0.065	0.337	0.033
45	有糖培养	4.25	2.383	4.16	0.477	0.046	0.351	0.034
	无糖培养	6.03	3.572	4.65	1.044	0.137	0.535	0.053
60	有糖培养	4.87	3.368	2.92	0.569	0.055	0.434	0.042
	无糖培养	7.75	5.388	3.14	1.211	0.16	0.611	0.059

7.7.3 光周期对红掌无糖培养苗生长和光合能力的影响

谷艾素（2011）比较了不同的光期时间（12、14、16 $h \cdot d^{-1}$）对红掌无糖培养苗生长的影响，采用的无糖培养处理的相关处理条件同 7.7.2，培养时间为 30 d。

结果表明，随着无糖培养的光期时间的提高，红掌无糖培养苗的生长发育速率也逐渐得到提升，光照时间为 16 h·d^{-1} 处理组的植株高度、叶面积、鲜重和干重表现最好，显著高于 12 h·d^{-1} 和 14 h·d^{-1} 处理组的植株，结论是提高无糖培养的光期时间可以促进红掌无糖培养苗的生长发育（表 7-21）。

表 7-21　光期时间对红掌无糖培养苗生长的影响

（谷艾素，2011）

光期时间 / (h·d^{-1})	株高 / cm	叶面积 / cm^2	鲜重 / g	干重 / g
12	6.76 c	2.43 c	0.698 c	0.067 c
14	8.6 b	4.67 b	1.282 b	0.1 b
16	9.84 a	6.23 a	2.086 a	0.214 a

注：表中列内不同小写字母表示各处理组在 $p \leqslant 0.05$ 水平上存在显著性差异。

7.8　虎眼万年青

虎眼万年青（*Ornithogalum candatum* Jacq.）是百合科多年生草本植物，原产南非，其鳞茎卵球形，花呈总状花序或伞房花序，可作为园林绿化中基础种植或地被植物，也适合做室内盆栽。切花型品种的虎眼万年青花枝长、花朵繁密，切花观赏期可长达 1 个多月，具有极佳的观赏价值。同时虎眼万年青具有清热解毒、消坚散结等功能，药用价值也极高。

在栽培中，虎眼万年青多采用鳞茎繁殖，但繁殖速度慢，增殖倍数低，不能满足规模化生产对其种苗的大量需求。利用植物组织培养方法则可以较好地满足虎眼万年青商业性种植对种苗的需求。组培中多以虎眼万年青鳞茎上的鳞片作为外植体来源，诱导愈伤组织后形成增殖芽，然后再进行生根培养。

屈云慧等（2003）做了关于杜宾虎眼万年青无糖生根培养的研究。研究中将达到生根标准的试管苗进行无糖培养，以蛭石作为培养基质，附加 MS 大量元素的营养液，无糖培养温度为（20±2）℃，保持容器内 CO_2 的体积比例为 0.1%~0.12%，以常规有糖培养作为对照处理，试验处理时间为 18 d，比较了添加不同浓度的 NAA 对植株生根的影响。

结果表明，与不添加激素的无糖培养相比，添加 0.1 mg·L^{-1} 的 NAA 更有助于虎眼

植物无糖培养微繁殖及种苗生产

万年青试管苗的生根，使其初始生根时间为 8 d，植株生根率可达 94%，根系数量较多，但较高浓度的 NAA 会抑制根系的生长，对生根无明显的促进作用。对照组有糖处理生根率可达 83%，但根系数量较少，NAA 添加量为 0.1 mg·L^{-1} 的无糖培养的种苗生根效果优于对照组有糖培养种苗的生根效果（表 7-22）。

表 7-22　不同浓度 NAA 对杜宾虎眼万年青植株生根的影响
（屈云慧等，2003）

处理	NAA 浓度 / (mg·L^{-1})	最初生根 时间 / d	根数 / 条	15 d 后平均根 长 / cm	生根率 / %
无糖培养	0	10	3	1.5	69
	0.1	8	7	1.8	94
	0.5	8	5	2.3	78
有糖培养	0.5	10	4	2.0	83

7.9　黄菖蒲

黄菖蒲（*Iris pseudacorus* L.）是鸢尾科的湿生宿根草本植物，植株高大，花色黄艳，花姿秀美，观赏价值极高。黄菖蒲适应范围广泛，可在水池边露地栽培，亦可在水中挺水栽培。

黄菖蒲可通过分株、播种、种球等方式进行繁殖，应用植物组培方法繁殖得较少，在黄菖蒲组培相关研究中，组培苗瓶内生长缓慢，生长一段时间后，叶片容易变黄，且根系生长较弱，移栽后不易成活，缓苗期长，这些问题都影响着黄菖蒲组培生产的效率和成本。

张婕和高亦珂（2010）以不锈钢框架作为无糖培养容器的框架，以聚四氟乙烯树脂膜作为培养容器的外层膜，使用岩棉作为栽培固定基质，无糖培养使用 MS 培养基，去除糖和琼脂。对照组有糖培养以锥形瓶作为培养容器，培养基为 MS + 糖 30 g·L^{-1} + 琼脂 6 g·L^{-1}。培养环境温度为（25±1）℃，光照强度为 1000 lx，光照时间为 12 h·d^{-1}，试验比较了不同 CO_2 浓度（补充 CO_2 浓度至 3000 ppm 和不补充 CO_2 仅保持常规环境 CO_2 浓度）对黄菖蒲无糖培养生长的影响。

各处理培养 30 d 后的结果表明，无糖培养的黄菖蒲试管苗在根系数量、株高、叶片长度和根系长度等方面均优于有糖培养的对照组植株，另外发现补充 CO_2 有利于进一步提高植株的生长发育，提高植株长势。补充 CO_2 处理组的植株叶片数量、根系数量、株高、叶片长度和根系长度分别是对照组中有糖处理植株的 1.2 倍、3.5 倍、2.4 倍、2.1 倍和 4.6 倍（表 7-23）。

表 7–23　不同培养方式对黄菖蒲试管苗生长的影响

（张婕和高亦珂，2010）

处理	叶片数量 / 片	根系数量	株高 / cm	叶片长度 / cm	根系长度 / cm
有糖培养	6.25 a	1.25 b	9.12 b	8.85 b	1.42 b
无糖培养（不补充 CO_2）	7.00 a	3.67 a	13.63 b	10.77 b	2.45 b
无糖培养（补充 CO_2）	7.28 a	4.42 a	22.23 a	18.25 a	6.55 a

注：表中数字后的英文代表各处理在 $p \leqslant 0.05$ 水平上存在显著性差异。

在植株后续的移栽过程中张婕和高亦珂发现，无糖培养的植株移栽后在短时间内可快速恢复生长，而有糖培养处理的植株在移栽后需要较长时间才能恢复生长，这说明无糖培养植株的根系生长较好，移栽时不容易受损伤，有利于缩短缓苗期。

7.10　金叶复叶槭

金叶复叶槭（*Acer negundo* 'Aureomarginatum'）为槭树科槭属的速生落叶乔木，原产北美东部地区，株高达 10 m。作为北美复叶槭的栽培变种，金叶复叶槭是欧美彩叶树种中金叶系最有代表性的树种，其叶片在整个生长季均为黄色，叶色柔和，春季呈金黄色，夏季渐变为黄绿色，抗寒能力最强，可应用于城市美化和荒山绿化，是一种优良的彩叶行道树和园林彩叶点缀树种。

李艳敏等（2011）以生长状态一致、带有 1 对叶片的金叶复叶槭试管苗茎段为试验材料进行无糖培养，培养基为 WPM 培养基，添加 0.08 mg·L⁻¹ 的 IBA 和 6.5 g·L⁻¹ 的琼脂，使用两种不同容积的培养容器（500 mL 和 150 mL），容器采用自然换气的方式，500 mL 的培养兰花瓶上，覆有 1 个直径约 0.6 cm 的透气孔，150 mL 的为普通玻璃瓶，瓶盖上分别覆 1~4 个直径为 0.6 cm 的透气孔，培养环境温度为（25±2）℃，光照时间为 14 h·d^{-1}，向无糖培养环境补充体积分数为 1500 mL·L^{-1} 的 CO_2。试验处理时间为 30 d，之后比较培养容器及透气孔数量对金叶复叶槭无糖培养生长的影响。

试验结果表明，培养容器越大，金叶复叶槭的生长发育表现越好。同等自然换气孔数量（1 个），500 mL 培养容器中生长的植株的根系数量、株高和新叶数量分别是 150 mL 培养容器生长植株的 2.1 倍、2.3 倍和 1.9 倍。而 150 mL 的培养容器处理组中，随着透气孔的增加，植株的长势也逐渐变差，4 个自然换气孔培养容器的植株无生根现象，同时植株出现落叶和植株死亡，培养基干裂。这主要由于培养容器较小，空间缓冲性较差，过快的气体交换频率导致容器内湿度迅速下降，不利于植株的生长。使用小的培养容器进行无糖培养时，建议透气孔数量以 2 个为宜（表 7-24）。

表 7-24　培养容器对金叶复叶槭无糖培养的影响

（李艳敏等，2011）

培养容器体积 / mL	自然换气孔的数量 / 个	生根率 / %	单株根数 / 条	根系长度 / cm	株高 / cm	新叶数量 / 对
500	1	100	6.53	1.33	7.42	4.70
150	1	83.3	3.13	1.35	3.21	2.53
150	2	80.0	2.00	0.84	2.98	2.40
150	3	60.0	1.40	0.50	2.96	2.00
150	4	0	0	0	1	0

7.11　菊花

菊花（*Chrysanthemum × morifolium Ramat*）为菊科菊属多年生草本植物，原产中国，一般株高 60~150 cm，其头状花序单生或数个集生于茎枝顶端，大小不一，品种不同，花色有红、黄、白、橙、紫、粉红、暗红等，可作庭园栽培和盆栽观赏，亦可作切花应用。

宋越冬和马明建（2009a）使用自主开发的开放式无糖培养系统，以菊花试管苗为培养材料，采用液体无糖培养，营养液为 1/2MS 培养基，不添加糖、激素和琼脂，栽培固定基质为珍珠岩，以传统的有糖培养作为对照组，培养环境温度为 24~28℃ /18~20℃（昼/

夜），相对湿度为 70%~80%/90%~95%（昼 / 夜），光照强度为 3500 lx，光期时间为 12 h·d^{-1}，比较不同 CO_2 浓度处理（700、1000、1300、1600、1900 µmol·mol^{-1}）对无糖培养苗生长的影响。

结果表明，提高菊花无糖培养的 CO_2 浓度有利于提升植株长势，菊花以 CO_2 浓度为 1600 µmol·mol^{-1} 时植株长势表现最佳，叶面积为 5.83 cm^2，鲜重为 649.8 mg，干重为 52.6 mg，单株根数、根系长度也表现最好，而 CO_2 浓度提高至 1900 µmol·mol^{-1} 时，植株的生长状态呈下降的趋势。对照组有糖培养植株的叶面积为 1.86 cm^2，鲜重为 247.9 mg，干重为 16.9 mg。CO_2 浓度为 1600 µmol·mol^{-1} 的无糖培养植株的叶面积、鲜重和干重分别为对照有糖培养植株的 3.13 倍、2.62 倍和 3.11 倍，无糖培养的植株生长明显优于有糖培养。

7.12　满天星

满天星（*Gypsophila paniculata* Linn）为石竹科石头花属多年生草本植物，其花序为圆锥状聚伞形，多分枝，花小而多；花瓣呈白色、紫色或淡红色，匙形，略带香味，自然花期 6~8 月，一般被广泛应用于鲜切花，是常用的插花材料，观赏价值较高（图 7-12）。

图 7-12　满天星

满天星可以通过播种和扦插的方法进行繁殖，栽培种一般包括单瓣和重瓣两类，重瓣品种的满天星商品价值较高，但重瓣品种无法获得种子。采用扦插的方法繁殖系数低，无法周年供苗。在满天星的栽培过程中，植株莲座化（植株丛生，无法抽薹开花，或即使植株能抽薹，开花也不正常）也是生产中遇到的主要问题之一。采用组织培养方法不仅可以快速繁殖大量种苗，还可以在室内环境中对容器苗进行春化处理，使种苗移栽后可以正常开花。

李宗菊等（1999）以满天星试管苗为培养材料，将试管苗切节，每节带 1~2 个侧芽，单个材料叶片不少于 2 个。试验培养基的糖设置 3 个质量浓度：0、1% 和 3%，添加质量浓度为 0.6% 的琼脂，容器的换气方式为自然换气，培养瓶上覆有一 0.63 cm² 的透气孔膜，培养室温度为 25℃，湿度为 90%，光期时间为 16 h·d⁻¹。植株培养 30 d，然后比较不同糖浓度、光照（5000 lx）、培养容器透气孔面积（1.9 cm²）和培养环境 CO_2 浓度（1000~2000 ppm）对植株生长的影响。

结果表明，在常规培养条件下，糖浓度以添加 3% 糖的培养基中生长的植株长势最好，植株长势健壮，30 d 时植株全部生根，1% 糖浓度的培养基上生长的植株生根率为 80%，苗稍瘦弱，但植株叶色浓绿。不添加糖的培养基中，植株生长缓慢，茎秆细弱，植株颜色较浅，生根数量较少，有部分植株死亡的现象（表 7-25）。结论是常规培养条件无法促进满天星无糖培养植株的生长。

表 7-25　常规培养条件下培养基不同糖浓度对满天星生长的影响

（李宗菊等，1999）

培养基糖浓度 / %	植株高度 / cm	叶片数量 / 片	干重 / mg	根系生长状况
0	2.0	4	8.6	少部分生根，根长 0.5~1 cm
1	5.5	12	28.8	80% 生根，根长 1~4 cm
3	5.9	14	36.0	全部生根，根长 3~5 cm

试验发现仅提高光照强度或透气孔面积对 3 种糖浓度处理的植株长势均有促进作用，3 种处理中仍以 3% 糖浓度培养基中生长的植株长势最好。仅提高光照或透气孔面积对无糖培养的试管苗促进效果较小，30 d 时植株生长缓慢，较为细弱，仅有少部分植株生根，且根系质量较差（表 7-26、表 7-27）。

表 7-26　提高光照强度对满天星试管苗生长的影响

（李宗菊等，1999）

培养基糖浓度 / %	植株高度 / cm	叶片数量 / 片	干重 / mg	根系生长状况
0	2.5	5	10.0	少部分生根，根长 0.8~1.5 cm
1	6.3	13	31.4	90% 生根，根长 1~4 cm
3	6.2	14	35.8	全部生根，根长 3~6 cm

表 7-27　增大培养容器透气孔面积对满天星试管苗生长的影响

（李宗菊等，1999）

培养基糖浓度 / %	植株高度 / cm	叶片数量 / 片	干重 / mg	根系生长状况
0	2.7	5	10.3	少部分生根，根长 0.6~1.9 cm
1	6.5	13	32.5	85% 生根，根长 1~2.5 cm
3	6.2	13	36.0	全部生根，根长 2~4 cm

　　同时提高培养时的光照强度和透气孔面积可以有效地促进无糖培养植株的生长，与常规培养条件下的无糖培养相比，其植株的根系长度、植株高度、叶片数量和干重均得到了显著提高，但 3 个糖浓度的比较中，仍以 3% 糖浓度的植株总体长势表现表现最好（表 7-28）。

表 7-28　提高光照强度和培养容器透气孔面积对满天星试管苗生长的影响

（李宗菊等，1999）

培养基糖浓度 / %	植株高度 / cm	叶片数量 / 片	干重 / mg	根系生长状况
0	3.7	8	11.4	35% 生根，根长 0.8-2.4 cm
1	7.1	14	36.0	95% 生根，根长 0.5~5 cm
3	6.8	14	36.2	全部生根，根长 2~7 cm

　　在提高光照强度和透气孔面积的基础上，增加培养环境的 CO_2 浓度（1000~2000 ppm），可以进一步促进无糖培养植株的生长和发育（表 7-29）。此条件下无糖培养植株的生根率可提高至 95%，植株高度、叶片数量、干重和根系长度方面也得到了明显的促进作用，3 个处理中以 1% 糖浓度处理的植株整体长势表现最好。试验证实，在无糖培养条件下，提高光自养能力才能有效地促进植株的生长，因此培养环境的改变对无糖培养植株的长势提升有关键的作用。本试验中，须同时提高试管苗生长环境中的 CO_2 浓度和光照强度，增大容器的透气孔面积，才可以有效地促进满天星试管苗的光合作用，从而促进植株的生长。而仅提高 3 个因素中的一个或两个，仍将无法对无糖培养植株的长势起到促进作用。本试验如应用可进行强制换气的无糖培养容器，则可进一步促进无糖培养植株的生长发育。

植物无糖培养微繁殖及种苗生产

表 7-29　提高光照强度和培养容器透气孔面积以及增加 CO_2 浓度对满天星试管苗生长的影响（李宗菊等，1999）

培养基糖浓度 / %	植株高度 / cm	叶片数量 / 片	干重 / mg	根系生长状况
0	7.2	15	36.8	95% 生根，根长 1.5~5 cm
1	8	17	40.6	全部生根，根长 1.5~8.5 cm
3	7.5	16	39.3	全部生根，根长 2~8 cm

7.13　茉莉

茉莉 [（*Jasminum sambac*）（L.）Aiton] 为木樨科素馨属直立或攀援灌木，其花呈白色，极香，有"人间第一香"的美称，是著名的花茶原料及重要的香精原料。茉莉花可作为庭园及盆栽观赏栽培，具有极高的观赏价值。

茉莉可采用扦插和压条的方式进行繁殖，但长期的无性繁殖将导致茉莉出现种性退化、抗逆性下降、花朵产量逐年降低和花朵质量差等问题。通过组培脱毒复壮和快繁技术可以解决和改善上述问题。

蔡汉等（2007）将培养 30 d 的茉莉有糖增殖苗分割成单株，选择生长健壮、叶色浓绿并带 2 对叶片的幼苗作为无糖生根培养材料。试验基本培养基为 1/2 MS，不添加糖，以 1~2 mm 的蛭石作为培养基质，培养容器使用 100 mL 的培养瓶，培养瓶换气方式为自然换气，每个容器上有 3 个透气孔滤膜，单个孔直径为 10 mm。单个培养瓶培养 3 个植株，所有培养瓶均置于体积为 80 cm×40 cm×40 cm、具有良好密封性和透光性的有机玻璃培养箱中培养。培养温度为 25~28℃，光照强度为 1500~2000 lx，光期时间为 11~12 h·d⁻¹。设置对照组为有糖培养，培养基为 MS + NAA1.2 mg·L⁻¹ + 糖 30 g·L⁻¹，培养容器上设置 1 个透气孔滤膜，其他培养环境条件与无糖培养相同。试验比较不同浓度（0.2、0.4、0.6、0.8、1.0、1.2、1.6、1.8 mg·L⁻¹）的 NAA 对茉莉试管苗无糖培养生根的影响，以及提高光照强度（5000~5500 lx）、提高 CO_2 浓度（1500 mg·L⁻¹）和改变培养容器透气孔数量（1~4）对无糖培养植株生长的影响。试验中植株培养时间为 45 d。

7.13.1　不同浓度 NAA 对茉莉无糖培养生长的影响

由蔡汉等（2007）给出的（表 7-30）可知，当 NAA 浓度为 0.2~1 mg·L^{-1} 时，试管苗生根率随着 NAA 浓度的提高而逐渐增大，NAA 浓度在 1.0~1.4 mg·L^{-1} 时，植株的生根率均为 100%，NAA 浓度超过 1.4 mg·L^{-1}，生根率随着激素的升高而逐渐降低，整体上，植株的根系生长状况以 NAA 浓度为 1.2 mg·L^{-1} 表现最好，单株根系数量为 9.7 条，根长为 4.2 cm，显著优于其他处理组。

表 7-30　不同浓度 NAA 对茉莉试管苗无糖培养生根的影响

NAA 浓度 / (mg·L^{-1})	生根率 / %	单株根系数量 / 条	根长 / cm
0.2	37.3	—	—
0.4	43.3	—	—
0.6	69.7	—	—
0.8	88.7	—	—
1.0	100.0	8.3 b	0.8 c
1.2	100.0	9.7 a	4.2 a
1.4	100.0	7.3 c	1.1 c
1.6	97.3	5.7 d	2.4 b
1.8	81.3	—	—

注：表中列内不同小写字母表示各处理在 $p \leq 0.05$ 水平存在显著性差异，"—"表示生根质量不佳，不参与比较。

7.13.2　不同培养条件对茉莉无糖培养生长的影响

由表 7-31 可知，在不增加光照强度（1500~2000 lx）和常规 CO_2 浓度的处理中，随着容器的透气孔数量的增加，无糖培养植株的生根率也逐渐提高，但以 3 个透气孔的培养容器中植株长势表现最好。提高光照强度和补充 CO_2 可进一步促进茉莉无糖培养试管苗的生长发育，4 种透气孔处理的植株生根率均为 100%，其中又以透气孔数量为 3 的培养容器的根系生长发育表现最好，其根长、叶片数量和干重是对照组有糖培养植株的 2.3 倍、1.5 倍和 1.4 倍，明显优于有糖培养。

表 7-31　不同培养条件对茉莉试管苗生长的影响

（蔡汉等，2007）

培养方式	培养条件			生根率 / %	根数	根长 / cm	单株叶片数	单株干重 / mg
	光照强度 / lx	CO$_2$浓度 / (mg · L^{-1})	透气孔数					
无糖培养	1500~2000	400	1	65.2	—	—	—	—
	1500~2000	400	2	81.3	—	—	—	—
	1500~2000	400	3	100	8.9 a	0.9 c	2.5 e	13.3 e
	1500~2000	400	4	100	8.6 a	1.1 c	0.8 f	10.9 f
	5000~5500	1500	1	89.7	—	—	—	—
	5000~5500	1500	2	100	9.3 a	3.6 a	8.0 b	27.7 b
	5000~5500	1500	3	100	9.7 a	4.2 a	9.6 a	31.5 a
	5000~5500	1500	4	100	8.4 a	3.3 a	4.0 d	16.4 d
有糖培养	1500~2000	350	1	100	9 a	1.8 b	6.2 c	21.9 c

注：表中列内小写字母表示各处理在 $p \leqslant 0.05$ 水平存在显著性差异。"—"表示生根质量不佳，不参与比较。

　　将无糖培养最佳处理组的植株与对照组有糖培养同时进行炼苗 3 d 后进行种苗移栽，栽培基质为蛭石 + 腐殖土 + 河沙（体积比 1 : 1 : 1），移栽后 15 d 统计成活率，发现无糖培养植株的移栽成活率达 95%，且植株叶片舒展度良好，叶色浓绿，长势旺盛；而对照有糖处理组的成活率仅为 55%，植株茎秆柔弱，叶色较淡，长势缓慢，在后续的移栽炼苗过程中，无糖培养苗长势也显著优于有糖培养苗。

7.14　情人草

图 7-13　情人草品种——"彩星"

　　情人草 [*Limonium bicdor* (Bunge) kuntze] 是白花丹科补血草属多年生草本植物，其花色以淡紫色居多，也有白色和其他花色的品种，花朵细小，色彩淡雅，花枝坚硬直立，整枝花呈塔状。与满天星一样，情人草是重要的插花配花材料，其可制成自然干花，花色持久耐插，具有极高的观赏价值且观赏期长（图 7-13）。

情人草可以通过种子进行繁殖，但其具有大量的不孕枝和同型杂交不孕的特性，种子结实少，所以种苗商业应用的批量化生产受到了限制。植物组培是情人草主要的种苗生产方式。

7.14.1　不同培养基质对情人草无糖培养生长的影响

屈云慧等（2004b）以蛭石、珍珠岩和腐叶土 3 种不同类型的培养基质对情人草进行无糖培养，提高无糖培养的 CO_2 浓度至 1000~1200 ppm，以常规的有糖培养（琼脂为栽培固定基质）作为对照，比较不同类型的培养基质对情人草生长发育的影响。

结果表明，以蛭石作为无糖培养基质的情人草试管苗生长发育表现最好，7d 时开始生根，无糖培养 25d 后，植株叶片宽大、叶色墨绿、生根苗根系发达，呈白色，植株生根率达 100%。其次培养效果较好的基质为珍珠岩。有糖培养的情人草试管苗植株生长缓慢，根系较短多呈黄色，植株生根率为 81.7%。以蛭石和珍珠岩为培养基质的情人草无糖培养苗的生长效果优于以琼脂为培养基质的有糖培养苗。另外，腐叶土不适合作为情人草的无糖培养基质，其上培养的植株生根效果和长势表现最差（表 7-32）。

表 7-32　不同培养方式对情人草试管苗生长的影响

（屈云慧等，2004b）

处理	最初生根时间 / d	植株高度 / cm	叶片数	$1.5\ cm^2$ 以上的叶片数	植株干重 / mg	根数	根长 / cm	生根率 / %
有糖培养（琼脂）	10	3.1	9	2	22.3	12	0.75	81.70
无糖培养（蛭石）	7	3.4	8	6	53.6	19	1.80	100.0
无糖培养（珍珠岩）	8	3.2	8	5	34.8	21	1.15	91.70
无糖培养（腐叶土）	8	3.2	7	4	26.4	9	0.60	71.60

屈云慧等在情人草有糖培养苗和无糖培养苗的移栽驯化时发现，有糖培养苗在植株移栽时需要进行两次过渡缓苗，最终植株的驯化成活率为 75.3%；而无糖培养苗因根系生长发育和植株长势较好，可一次成苗，最终植株的驯化成活率为 92.7%，结论是无糖培养可极大地提高情人草种苗的移栽成活率并缩短育苗时间。

7.14.2　不同培养条件对情人草增殖生长的影响

Xiao 和 Kozai（2006a）以情人草组培丛苗为试验材料进行了 25 d 的增殖培养。他们选择单丛的有 2~3 个带叶片、叶面积为（647±108）mm²、鲜重为（461±92）mg、干重为（23±8）mg 的植株作材料，使用 370 mL 的培养容器进行培养，单个培养容器接种 3 丛。试验设置 6 个无糖培养组和 1 个有糖培养组对照处理，相关试验处理如表 7-33 所示。所有处理均添加 MS 营养液。

表 7-33　情人草无糖培养和有糖培养的相关试验处理

（Xiao and Kozai，2006a）

处理	糖浓度 /（g·L⁻¹）	支撑材料	6–BA 浓度 /（mg·L⁻¹）
对照（Control）	30	琼脂	0.25
AL	0	琼脂	0
AM	0	琼脂	0.25
AH	0	琼脂	0.5
FL	0	Florialite	0
FM	0	Florialite	0.25
FH	0	Florialite	0.5

注：Florialite 是一种蛭石和纸浆混合而成的无机材料栽培基质。

无糖培养处理环境如下：光照强度（0~7 d，50 μmol·m⁻²·s⁻¹；8~25 d，100 μmol·m⁻²·s⁻¹），CO_2 浓度为 1500 μmol·mol⁻¹，容器的换气次数（0~3 d，0.2 次·h⁻¹；4~7 d，1.8 次·h⁻¹；8~17 d，2.7 次·h⁻¹；18~25 d，3.8 次·h⁻¹）。对照组有糖培养处理环境如下：光照强度为 50 μmol·m⁻²·s⁻¹，CO_2 浓度为 400 μmol·mol⁻¹，容器的换气次数为 0.2 次·h⁻¹。整个培养阶段，培养室的室温维持在（25±1）℃，相对湿度保持 80%±5%。光期时间为 16 h·d⁻¹。

结果表明（表 7-34），单丛叶面积，以 FL 处理组表现最好；单丛鲜重方面，各处理组都显著低于对照组；但单丛干重方面，FL 组、FM 组和对照组差异并不显著。FL 组的单株植株生长速度最快，显著高于对照组样本，其单株叶面积、鲜重和干重分别是对照组样本的 2.6 倍、2 倍和 3.2 倍。

表 7-34　不同培养条件对情人草生长发育的影响

（Xiao and Kozai，2006a）

处理组	单丛叶面积 / mm²	单丛鲜重 / mg	单丛干重 / mg	单丛净光合速率 / (μmol · h⁻¹)	单株叶面积 / mm²	单株鲜重 / mg	单株干重 / mg
对照组	5742 c	5059 a	286 a	-48.4 e	486 cd	121 bc	10 cd
AL	6938 b	4074 bc	248 b	20.8 b	988 ab	228 a	25 ab
AM	6124 c	3859 cd	235 b	17.7 c	663 bc	162 ab	15 bc
AH	5328 d	3236 e	198 c	13.8 d	324 d	83 c	5 d
FL	8180 a	4561 b	301 a	25.4 a	1275 a	247 a	32 a
FM	7066 b	4186 b	282 a	22.3 ab	777 ab	194 a	17 b
FH	6366 c	3646 d	232 b	16.4 c	401 cd	104 c	8 d

注：表中所列数字后小写字母表示各处理在 $p \leqslant 0.05$ 存在显著性差异。

植株的增殖数量方面（图 7-14、图 7-15），对照组、FM 组和 FH 组表现最好，显著高于其他处理组，FL 组和 AL 组增殖数量最少，明显低于其他处理组。培养基中适宜的 6-BA 浓度对于平衡增殖系数和植株质量之间的关系十分重要。高浓度的 6-BA 可以提高增殖系数，然而其也导致植株生长势变差（图 7-14：AH 组和 FH 组）。相反，植株依靠其内源分泌激素可以提高自身的长势，但这会导致较低的增殖系数（AL 组和 FL 组）。

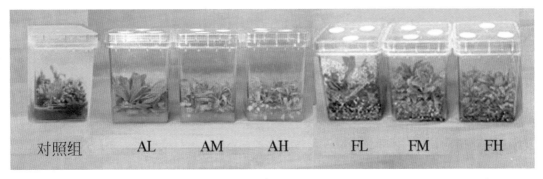

图 7-14　不同处理对情人草增殖培养生长的影响（Xiao and Kozai，2006a）

植株叶绿素浓度方面以 FL 组表现最好，显著高于其他各处理组的样本，对照组和 AH 组的样本叶绿素浓度最低。净光合速率方面，也以 FL 组表现最好，而有糖培养对照组的植株光合作用表现最差。无糖培养处理的样本中，随着 6-BA 浓度的提高，叶绿素浓度和净光合速率呈下降的趋势，且不同 6-BA 浓度之间存在较大差异。培养基中的糖显著降低了植株的叶绿素浓度，较低的叶绿素浓度和有糖培养密闭容器较差的环境是造成试管苗光合作用弱的主要原因。一般 6-BA 浓度的增高会导致叶绿素浓度的降低，高浓度的 6-BA 水平会抑制组培苗的生长发育，在某些情况下，会导致植株生理和形态上的紊乱，如玻璃化和变异等，这将导致植株叶绿素浓度下降和净光合速率的降低。

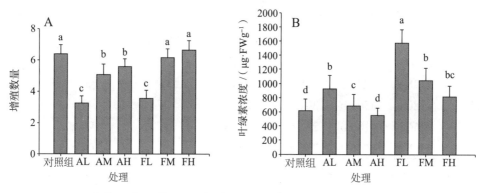

图 7-15 不同处理对情人草培养增殖（A）和叶绿素浓度（B）的影响（Xiao and Kozai，2006a）

Xiao 和 Kozai（2006a）对两种无糖培养基质对比后发现，与培养在琼脂中的植株相比，培养在 Florialite 中的组培苗植株叶绿素浓度较高，且使用 Florialite 可以明显促进植株的光合作用，这表明疏松多孔的材料更利于无糖培养植株的发育，更适合作为无糖培养基质。

7.15 康乃馨

康乃馨（*Dianthus caryophyllus* L.）又名香石竹，原产地中海地区，是石竹科石竹属多年生草本植物，其花多单生枝端，有香气，多呈粉红、紫红或白色。康乃馨被誉为"母亲节"之花，花色多样而艳丽，花枝耐瓶插，因此是极佳的切花品种，与月季、菊花、唐菖蒲并列被称为"世界四大切花"，其许多矮生品种还可以用于盆栽观赏，温室培育时可四季开花（图 7-16）。

图 7-16　康乃馨

康乃馨可通过播种、扦插和组培的方式进行繁殖，但康乃馨有性繁殖的种子后代性状变异大，幼苗生长缓慢，因此在生产中很少使用。扦插是花农常用的繁殖方法，但扦插采集的插穗多来自于花田母株上中部疏除的侧芽，种苗重复使用多代后质量容易下降，不利于大规模的商业化种苗生产。因此一般采用植物组培的方法进行康乃馨的工厂化育苗。

Park 等（2018）以康乃馨试管苗为试验材料进行无糖培养，其使用的容器为容积 624 mL 的塑料瓶，容器的换气方式为自然换气，与外界的空气交换次数为 2.8 次·h^{-1}。培养基为 MS 培养基，不添加糖和激素，以琼脂作为栽培固定基质。培养室温度为 24℃ /22℃（昼 / 夜），相对湿度为 70%~80%，光期时间为 16 h·d^{-1}，试验时间为 4 周，设置有糖对照处理组，比较不同 CO_2 浓度（350 μmol·mol^{-1} 和 1000 μmol·mol^{-1}）和不同光照强度（50 μmol·m^{-2}·s^{-1} 和 200 μmol·m^{-2}·s^{-1}）对康乃馨生长的影响。

结果表明，光照强度、CO_2 浓度与植株总鲜重、干重和总叶绿素含量呈正相关，而对康乃馨植株地上部高度有轻微的抑制作用。与有糖对照处理相比，无糖培养条件下的植株生长发育更好。无糖培养条件下，提高培养环境的光照强度（200 μmol·m^{-2}·s^{-1}）和 CO_2 浓度（1000 μmol·mol^{-1}）可以显著促进植株的生长发育，使植株在鲜重、叶片长度、含水量、叶绿素浓度等方面表现最佳，优于其他各处理方式。

7.16　珍珠相思

珍珠相思（*Acacia podalyrriifolia* G.Don）是豆科相思树属植物，原产澳大利亚，为速生小乔木，株高可达 6 m，树冠可伸展到 3 m，树型美观俊挺；枝叶茂盛，叶状柄为银白色，呈羽状排列密生于柔软具稍下垂的枝条上；花呈球状，金黄色，具芳香，于冬季和早春开放，花期可达 1 个月，可做庭院美化和行道树栽培，生长量大，亦可作为屏障植物和防风树种，是一种良好的观赏树种。作为引种树种，珍珠相思一般采用播种的方式进行繁殖，但采用植物组培的方法可以快速获得大量的优质种苗。

陈本学（2008）选择经过壮苗培养、长度约 3 cm 的珍珠相思试管苗进行无糖培养，其使用自行研制开发的光自养微繁殖系统，分别对基质（沙、蛭石、珍珠岩和锯末 4 种基质组成的 16 种基质组合）、光照模式（光照模式 1：始终保持光照强度在 4000~5000 lx 范围，0~3 d 光照时间为 8 h·d^{-1}，4~8 d 光照时间 10 h·d^{-1}，9~12 d 光照时间 12 h·d^{-1}，12 d 后光照时间 14 h·d^{-1}。光照模式 2：0~3 d 暗培养，4~8 d 为 2000~3000 lx 的低光照，光照时间为 10 h·d^{-1}；9~12 d 光照强度至 4000~5000 lx，光照时间 12 h·d^{-1}；12 d 后光照强度调整至 6000~7000 lx，光照时间为 14 h·d^{-1}）、CO_2 补充方式（CO_2 补充方式 1：始终保持环境内 CO_2 浓度控制在 2000~2500 mg·kg^{-1} 范围，0~7 d CO_2 补充时间为 8 h·d^{-1}，8~12 d CO_2 补充时间为 12 h·d^{-1}，12 d 后 CO2 补充时间为 14 h·d^{-1}。CO_2 补充方式 2：在 0~7 d 微环境内 CO_2 浓度控制在 1000~1500 ppm，CO_2 补充时间为 8 h·d^{-1}；8~12 d 微环境内 CO_2 浓度控制在 1500~2000 ppm 范围内，CO_2 补充时间为 12 h·d^{-1}；12 d 后微环境内 CO_2 浓度控制在 2000~2500 ppm 范围内，CO_2 补充时间为 14 h·d^{-1}）和激素（IBA，NAA，退菌特）等无糖培养条件进行了筛选。

综合多因素比较，多孔的培养基质透气性好，可以改善根系生长环境，促进根系形成，筛选最佳的基质组合为沙：蛭石 =3:1。试管苗在进入微繁殖环境需要缓苗适应过程，直接供给后期幼苗生长的最佳培养环境会导致植株前期长势不佳。逐步提高幼苗生长的 CO_2 浓度和光照强度更有利于植株的生长，以光照模式 2（0~3 d 暗培养，4~8 d 为 2000~3000 lx 的低光照，光照时间为 10 h·d^{-1}；9~12 d 光照强度至 4000~5000 lx，光照时间 12 h·d^{-1}；12 d 后光照强度调整至 6000~7000 lx，光照时间为 14 h·d^{-1}）和 CO_2 补充方式 2（在 0~3 d 微环境内 CO_2 浓度控制在 1000~1500 ppm，CO_2 补充时间为 8 h·d^{-1}；8~12 d 微环境内 CO_2 浓度控制在 1500~2000 ppm 范围内，CO_2 补充时间为 12 h·d^{-1}；12 d 后微环境内 CO_2 浓度控制在 2000~2500 ppm 范围内，CO_2 补充时间为 14 h·d^{-1}）培养的植株长势较好。在上述较佳的无糖培养环境中，适合珍珠相思生根的最佳营养液为含有 IBA0.8 mg·L^{-1} + NAA0.2 mg·L^{-1} 的清水营养液。

应用珍珠相思试管苗最佳的无糖和有糖培养条件（1/4 MS + NAA0.2 mg·L^{-1} +

IBA0.8 mg・L^{-1} + 糖 30 g・L^{-1} + 琼脂 6 g・L^{-1}）进行种苗生产对比，结果表明，珍珠相思无糖培养苗在单株平均生物量、叶绿素含量和根系活力方面均优于传统的有糖培养苗，植株地上部分鲜重、地下部分鲜重、叶绿素含量和根系活力分别比传统有糖培养增加了 9.44%、11.38%、55.5%、44.65%（表 7-35）。

表 7-35　珍珠相思无糖和有糖培养的植株生长对比（陈本学，2008）

培养条件	地上部分鲜重 / (mg・株$^{-1}$)	地下部分鲜重 / (mg・株$^{-1}$)	叶绿素含量 / (mg・g^{-1})	根系活力 / (mg・g^{-1}・h^{-1})
无糖培养	44.5 ± 1.56 a	31.55 ± 1.11 a	2.83 ± 0.02 a	14.32 ± 0.12 a
传统组培	40.66 ± 1.29 b	28.36 ± 1.79 b	1.82 ± 0.03 b	9.90 ± 0.20 b

注：表中列内小写字母表示各处理在 $p \leqslant 0.05$ 水平存在显著性差异。

在植株的移栽成活率方面，珍珠相思无糖培养苗的移栽成活率达到 89.67%，有糖培养苗的移栽成活率则为 78.07%，相比于传统的有糖培养，无糖培养植株的移栽成活率有较大提高。对两种培养模式下的幼苗进行成本比较分析得出，传统组织培养单株成本为每株 0.79 元，而无糖培养单株生产成本为每株 0.52 元，无糖培养更适合被用于珍珠相思的工厂化育苗生产。

7.17　泡桐

泡桐 [*Paulownia fortunei* (seem.) Hemcl] 是泡桐科泡桐属木本植物，又名白花泡桐、大果泡桐。其为落叶乔木，叶片较大，喜光耐阴，喜温暖气候，耐寒性不强，主要分布在中国。其花色美丽鲜艳，并有较强的净化空气和抗大气污染的能力，是城市和工矿区良好的绿化树种。泡桐木材纹理通直，不易变形，因此它也是良好的用材树种。

7.17.1　无糖培养对泡桐试管苗生长的影响

Nguyen 和 Kozai（2001b）以带一对叶片的单节泡桐试管苗为试验材料进行无糖培养，使用 1/2 MS 培养基，培养基中不添加糖，培养容器为方形的塑料培养瓶，容器换气方式为自然换气。培养环境的光照强度为 120 μmol・m^{-2}・s^{-1}，CO_2 浓度为 450 μmol・mol^{-1}，

植物无糖培养微繁殖及种苗生产

培养 30 d 时发现无糖培养的泡桐苗比有糖培养（20 g·L^{-1}）植株更有活力。无糖培养使用透气性良好的培养基质，如蛭石和 Florialite，植株的长势优于使用凝胶介质（琼脂和凝胶）的样本。提高光期时间（16 h·d^{-1}）和增加容器的换气强度（2.9 次·h^{-1}），可以使无糖培养植株的干重和高度显著增加。在无糖和有糖培养条件下，不同的培养基质（琼脂、凝胶、砂、蛭石和 Florialite）对植株的增殖效果并没有显著差异（图 7-17）。

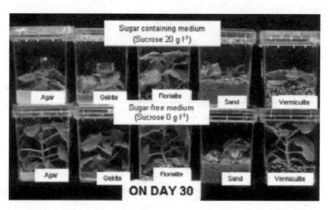

图 7-17　不同蔗糖浓度和培养基质对泡桐试管苗生长的影响（Nguyen and Kozai, 2001b）

7.17.2　培养环境对泡桐无糖培养植株生长的影响

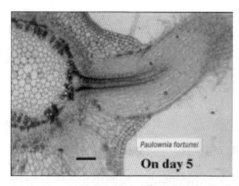

图 7-18　提高无糖培养的 CO_2 浓度（1600 μmol·mol^{-1}）和光照强度（250 μmol·m^{-2}·s^{-1}），第 5d 时泡桐试管苗的根冠连接处的横切面发现根的萌发（Kozai and Nguyen, 2003）

Kozai 和 Nguyen（2003）以蛭石作为培养基质进行泡桐的无糖培养，并提高了无糖培养环境的光照强度（250 μmol·m^{-2}·s^{-1}）和 CO_2 浓度（1600 μmol·mol^{-1}），与常规无糖培养环境（光照强度为 100 μmol·m^{-2}·s^{-1}，CO_2 浓度为450 μmol·mol^{-1}）相比，培养 28 d 后，植株的长势得到了显著促进。提高光照强度和 CO_2 浓度促进了泡桐无糖培养苗侧根和根系维管束的发育，从而促进了植株的生长，种苗移栽 15 d 后的长势也明显优于常规培养环境的泡桐无糖培养苗（图 7-18）。

7.18　北美冬青

北美冬青 [*Ilex verticillata* (L.) A.Gran]，又称"轮生冬青""美洲冬青"，冬青科多年生灌木，原产北美地区，后被引种至中国栽培。作为观果类植物，北美冬青的观赏价值极高，入冬落叶后，其枝条挂果可被观赏至春季，可作庭院和公园的美化应用；作切花观赏，挂果枝条水插期可长达2个月，在切花市场一直具有较高的销售地位（图 7-19）。

图 7-19　北美冬青的枝条插花

北美冬青种子发芽较为困难，需要进行沙藏才能萌动，且发芽率较低，实生苗植株的结实率不如无性繁殖的植株，且果实观赏价值不高，商品价值较低。因此，一般采用无性繁殖进行扩繁。目前北美冬青的种苗多采用扦插繁殖。但扦插繁殖生根较慢，插穗易受到季节和插条质量限制，难以实现北美冬青的周年繁育，影响产业化发展进度。

相比扦插繁殖，采用组培快繁的方法进行北美冬青的种苗繁育可以大幅度地缩短育苗时间，并且在短时间获得大量的优质种苗，同时其种苗繁育不受季节和外界环境限制，可以实现周年生产。

北美冬青的无糖培养可选择有糖增殖苗作为培养材料，使用可进行强制换气的无糖培养容器，单个培养容器可接种材料约 200 株。具体以蛭石作为培养基质，添加 MS 无糖培养基，去除培养基中的糖和有机成分（可添加适量生根激素）。培养时环境温度为 25℃，光照时间为 14 h·d^{-1}，培养室光期内 CO_2 浓度提高至 1000~1400 µmol·mol^{-1}，相对湿度为 40%~60%。接种后 0~2 d 先进行暗期缓苗，3~7 d 给予 30~60 µmol·m^{-2}·s^{-1} 的光强照射，8~15 d 时逐渐给予 100 µmol·m^{-2}·s^{-1} 以上的光强照射。培养前 15 d 容器仅进行自然换气，15~20 d 时根据种苗生长情况逐渐给予光期内强制换气处理，光期内容器强制换气时间为 15 min·h^{-1}，初始通气量为 300~400 mL·min^{-1}，20~30 d 时逐渐提高通气量至 2000 mL·min^{-1}，培养 40 d 时，根系发育表现良好，毛细根发达，植株长势健壮，种苗可以快速适应外界环境，有效缩短移栽炼苗时间（图 7-20）。

图 7-20　北美冬青无糖培养 40 d 的种苗效果图（上海离草科技有限公司）

7.19　楸树

　　楸树（*Catalpa bungei* C.A.Meg）又称"木王"，紫葳科梓属，小乔木，高 8~12 m。其树形优美，花色艳丽，同时在叶、枝、果、树皮、冠形方面独具风姿，叶有密毛，皮糙枝密，有利于隔音、减声、防噪、滞尘，具有较高的观赏价值和绿化效果。楸树还是珍贵的用材树种，其树干材质好，用途广，茎皮、叶、种子可入药，嫩叶可食用，还可以用作饲料，整体经济价值较高。

　　楸树具有自花授粉不亲和的特性，即使不同无性系混栽在一起，经昆虫传粉结实的也较少，且种子发芽率低，实生繁殖较为困难。扦插是楸树主要的繁殖方法，由于楸树根部的萌蘖能力较强，因此一般选择根插进行楸树的扦插繁殖。

　　植物无糖培养技术可以实现楸树的增殖和生根同步完成，同时进一步提高植株的长势和移栽成活率。可以使用有糖增殖苗和无糖培养苗的顶芽和茎段作为无糖培养的接种材料，楸树根系在接种 1 周后开始萌发，接种半个月后植株根系发育良好，数量较多，根系活力旺盛，一般生根培养 1 个月后即可进行裸根移栽，移栽后缓苗 2~3 d 即可进行正常水肥管理，植株移栽成活率较高。

　　下面介绍一种楸树的无糖培养方法。

　　以带 1 对叶片的楸树无糖培养苗茎段作为培养材料，使用可进行强制换气的无糖培养系统，单个培养容器可接种材料约 80 株。培养基质使用蛭石，蛭石规格为 2~5 mm，添加 MS 无糖培养基，去除培养基中的糖和有机成分，可添加适量生根激素。培养室温度为 25℃，光照时间为 14 h·d⁻¹，培养室光期内 CO_2 浓度提高至 1000~1400 μmol·mol⁻¹，相对湿度为 40%~60%。接种后 0~3 d 弱光缓苗，光照强度约为 15 μmol·m⁻²·s⁻¹，4~7 d 提高光照强度至 30~60 μmol·m⁻²·s⁻¹，8 d 后逐渐给予 100 μmol·m⁻²·s⁻¹ 以上的光强处理。容器 0~7 d 不进行强制换气，7 d 后进行光期内的强制换气，换气时间为 30 min·h⁻¹，7~10 d 后进行通气量为 300~400 mL·min⁻¹ 的强制换气，10~15 d 时逐渐提高通气量至 2000 mL·min⁻¹。培养 7~10 d 时，根系开始萌发。30 d 时，植株叶片数为 3 对，平均根系数量为 11 条，30~35 d 时可进行种苗移栽（图 7-21、图 7-22）。移栽后缓苗 2~3 d，5 d 后植株开始正常生长，植株移栽成活率可达到 100%。

图 7-21　楸树无糖培养 30 d 的种苗效果图（上海离草科技有限公司）　图 7-22　楸树无糖培养 30 d 的根系生长状况（上海离草科技有限公司）

7.20　大岩桐

大岩桐（*Sinningia speciosa*）是苦苣苔科大岩桐属多年生草本植物，原产巴西，属球根花卉，其株高 15~25 cm，全株密被白色绒毛。叶片对生，肥大且较厚，花朵顶生或腋生，花冠呈钟状，有粉红、红、紫蓝、白、复色等颜色。喜温暖、湿润、半荫的环境，夏季为盛花期，且一般花期较长。因其花色多姿，因此是著名的室内盆栽花卉。

我国于 20 世纪 30 年代开始进行大岩桐的引种栽培，但直到 90 年代生产量也较小，大岩桐自花不育，较难获得种子，且容易造成种质退化，分球繁殖和扦插繁殖等常规方法繁殖系数较低，后来生产者们采用植物组培快繁的方式，快速地满足了大岩桐的市场需求。

大岩桐的无糖培养可以使用带 1 对叶片的顶芽或茎段（长度为 1~2 cm）作为繁殖材料，并使用可进行强制换气的无糖培养系统，单个培养容器可接种材料约 100 株。培养基质使用规格为 2~5 mm 的蛭石，添加 MS 无糖培养基，去除培养基中的糖和有机成分。培养室温度为 25℃，光照时间为 14 h·d⁻¹，培养室光期内 CO_2 浓度提高至 1000~1400 µmol·mol⁻¹，相对湿度为 40%~60%。接种后 0~3 d 弱光缓苗，光照强度约为 15 µmol·m⁻²·s⁻¹，4~7 d 提高光照强度至 30~60 µmol·m⁻²·s⁻¹，8 d 后逐渐给予 100 µmol·m⁻²·s⁻¹ 以上的光强处理。培养 0~5 d 仅进行自然换气，5 d 后进行光期内的强制换气，容器的换气时间为 30 min·h⁻¹，5~10 d 换气强度为 300~400 mL·min⁻¹，10 d 后逐渐提高通气量至 2000 mL·min⁻¹。一般无糖培养 25 d 即可成苗（图 7-23）。

图 7-23　大岩桐无糖培养 25d 的种苗效果图（上海离草科技有限公司）

7.21　美国红枫

美国红枫（*Acer rubrum* L.'Red Maple'）是槭树科槭属的落叶乔木，其生长较快，成年树高 12~18 m，冠幅 12 m，可适应多种范围的土壤类型。美国红枫秋季叶片色彩夺目，树冠整洁，被广泛种植于公园、小区、街道栽植，既可以作园林造景又可以作行道树，是绿化城市园林的理想珍稀树种之一。

美国红枫可以使用带 1 对叶片的顶芽或茎段（长度为 1.5~2 cm）作为无糖培养的繁殖材料，顶芽培养效果优于茎段培养效果。其可使用可进行强制换气的无糖培养系统，单个培养容器可接种材料约 80 株。培养基质使用规格为 2~5 mm 的蛭石，添加 MS 无糖培养基并去除培养基中的糖和有机成分。培养室温度为 25℃，光照时间为 16 h·d⁻¹，培

养室光期内 CO_2 浓度为 1000~1400 μmol·mol⁻¹，相对湿度为 40%~60%。接种后需 0~5 d 弱光缓苗，光照强度约为 15 μmol·m⁻²·s⁻¹，6~8 d 提高光照强度至 30~60 μmol·m⁻²·s⁻¹，8 d 后逐渐给予 100 μmol·m⁻²·s⁻¹ 以上的光强处理。培养 0~7 d 仅进行自然换气，7 d 后进行光期内的强制换气，容器的换气时间为 30 min·h⁻¹。7~10 d 容器的换气强度为 300~600 mL·min⁻¹，10 d 后逐渐提高通气强度至 2000 mL·min⁻¹。培养约 13 d 时，植株开始生根。35 d 即可成苗（图 7-24、图 7-25）。

图 7-24　美国红枫无糖培养 35 d 的种苗效果图（上海离草科技有限公司）

图 7-25　美国红枫无糖培养 35 d 的根系生长状况（上海离草科技有限公司）

7.22　杨树

杨树（*Populus* L.）为杨柳科杨属的多年生乔木，是世界上分布最广、适应性最强的树种，其种类较多，一般生长速度较快，可防风沙、吸收废气，可广泛用于生态防护林、农林防护林和工业用材林。另可用作道路绿化和园林景观树种。

杨树的无糖培养以带 1 对（个）叶片的顶芽或茎段（长度为 1.5~2 cm）作为繁殖材料，可使用可进行强制换气的无糖培养系统，单个培养容器可接种材料 100~120 株。培养基质使用规格为 2~5 mm 的蛭石，添加 MS 无糖培养基，去除培养基中的糖和有机成分。培养室温度为 25℃，光照时间为 16 h·d⁻¹，培养室光期内 CO_2 浓度为 1000~1400 μmol·mol⁻¹，相对湿度为 40%~60%。接种后 0~3 d 弱光缓苗，光照强度约为 15 μmol·m⁻²·s⁻¹，3~5 d 提高光照强度至 30~60 μmol·m⁻²·s⁻¹，5 d 后逐渐给予

100 μmol·m⁻²·s⁻¹以上的光强处理。培养 0~5 d 仅进行自然换气，5 d 后进行光期内的强制换气，容器的换气时间为 30 min·h⁻¹，5~7 d 无糖培养系统的换气强度为 300~400 mL·min⁻¹，7 d 后逐渐提高通气量至 2000 mL·min⁻¹。无糖培养约 10 d 时，植株开始生根。培养 20 d 即可成苗（图 7-26、图 7-27）。

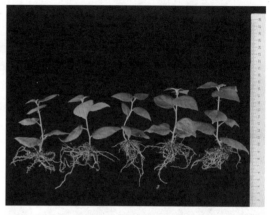

图 7-26　杨树无糖培养 20 d 的种苗效果图（上海离草科技有限公司）

图 7-27　杨树无糖培养 20 d 的根系生长状况（上海离草科技有限公司）

第8章 植物无糖培养——药用植物篇

党 康

人类对药用植物的认知和栽培历史非常悠久。以我国为例，距今 2600 多年的《诗经》已记录药用植物 100 余种，部分在当时已有栽培；唐代出现的《新修本草》（苏敬等，659）作为全世界最早的药典，全书载药 850 余种；明代李时珍 1578 年编撰完成的《本草纲目》更是收录有 1000 余种植物药，并记述了其中约 180 种的栽培方法。经过数千年的不断探索发展，我国现已实现 250 余种药用植物的野生变家种，种植面积达数百万公顷，产业规模逐年扩大。

我国药用植物种植的重大转折点出现在 20 世纪末。1998 年，国家开始实施"中药现代化科技产业行动"计划，先后立项支持并完成了 100 余种药用植物种植标准化操作规程的制订。2002 年 6 月 1 日起施行的《中药材生产质量管理规范（试行）》，将现代生物学、农学、药物学的新理论与新技术广泛融入并影响药用植物栽培学的研究和发展，形成了药用植物栽培学理论体系，以逐步解决栽培粗放、种质混杂、农药污染、药材质量不稳等诸多药用植物种植中存在的问题。2022 年 3 月 1 日，国家药监局、农业农村部、国家林草局、国家中医药局联合发布了《中药材生产质量管理规范》，进一步推进中药材规范化生产，加强中药材质量控制，促进中药高质量发展。

作为中药材规范化种植的起点，优良种苗的繁育工作位于整个产业链的前端，也是最重要的环节之一。为了避开自然繁育方法中存在的种质退化、基因型混乱、病毒积累等各种弊端，快速、大量地供应优质种苗，植物组织培养技术被越来越多地应用于中药材种苗生产当中。据不完全统计，到 2021 年为止，已有 200 多种药用植物经过离体培养成功获得了试管苗，部分品种实现了规模化快速繁殖，提高了药材的产量和质量，产生了显著的经济效益、社会效益和生态效益。

相比于经历百余年发展已日趋完善的传统植物组织培养技术，植物无糖培养技术直到 20 世纪 90 年代才出现，因此药用植物的无糖培养研究相对较少。截至 2021 年，国内外已有无糖培养研究报道的药用植物包括石斛、金线莲（金线兰）、青蒿、地黄、半夏、灯盏花（灯盏细辛）、罗汉果、杜仲、栀子、广藿香、山药、龙血树、烟草、刺参、薄荷、桉、冬青、杜鹃、玫瑰、山葵、胭木、大麻、咖啡、贯叶连翘、巴西人参、薰衣草、罗勒、箭叶秋葵、香桃木、毛喉鞘蕊花、刺芹、虎眼万年青、苦味叶下珠等，本章仅以其中几种常见的植物为例，介绍药用植物无糖培养研究进展。部分内容涉及笔者供职的上海离草科技有限公司尚未公开发表的研究成果。

8.1 石斛

8.1.1 石斛简介

全世界石斛属植物约有 1000 种，广布于亚洲的热带和亚热带地区。我国有 74 种和 2 变种，产自秦岭以南各省，云南南部较多，分布于海拔 500~1500 m 的山地半阴湿环境中。《中国植物志》记载，本属国产种类中具细茎而花小的类群，如细茎石斛 [*Dendrobium moniliforme* (L.) Sw.]、铁皮石斛（*Dendrobium officinale* Kimura et Migo）、梳唇石斛（*Dendrobium strongylanthum* Rchb. F.）、美花石斛（*Dendrobium loddigesii* Rolfe）、钩状石斛（*Dendrobium aduncum* Wall ex Lindl.）、霍山石斛（*Dendrobium huoshanense* C. Z. Tang et S. J. Cheng）等是中药"石斛"的原植物。《中国药典》则明确规范，药用石斛包括了 2 个药材名，分别对应 5 种兰科石斛植物：铁皮石斛和石斛 [（石斛（*Dendrobium nobile* Lindl.）、霍山石斛、鼓槌石斛（*Dendrobium chrysotoxum* Lindl.）、流苏石斛（*Dendrobium Fimbriatum* Hook.）]。

传统医学将石斛用于热病津伤、口干烦渴、胃阴不足、食少干呕、病后虚热不退、阴虚火旺、骨蒸劳热、目暗不明、筋骨痿软等症。现代科学研究发现，石斛的主要活性化学成分包括多糖类、生物碱类、黄酮类、菲类、联苄类、挥发油类等，部分成分在体外和动物实验中展示出抗氧化、降尿酸、抗肿瘤、抗疲劳、降血糖、免疫调节等效果（陶泽鑫等，2021）。未来如果能够阐明其部分或全部作用机理，甚至结合临床试验验证，石斛在医药、保健市场的应用前景将会进一步扩大。

石斛在自然条件下繁殖、生长极为缓慢。伴随着市场需求的暴增，野生石斛资源迅速减少。20 世纪 90 年代初，石斛组织培养技术实现了突破，浙江省在国内率先开展了铁皮石斛产业化，乐清、天台、武义、金华、临安、建德、庆元等地先后建立了 80 余个铁皮石斛种植基地，总面积约 900 hm²，2011 年浙江全省铁皮石斛产值超过 20 亿元，这直接刺激了云南、广西、广东、贵州、安徽、湖南、福建、湖北、江西等省区铁皮石斛产业的发展。2017 年，全国铁皮石斛种植面积超过 8 000 hm²，产量 27 000 t，产值超过 100 亿元。云南 2018 年石斛种植面积 8 933.33 hm²，鲜条产量约 9970 t，产值 28.7 亿元。贵州 2019 年石斛种植面积 9 866.67 hm²，鲜条产量约 6400 t，产值 36 亿元。浙江 2020 年铁皮石斛种植面积约 2 000 hm²，销售规模近 40 亿元，带动相关产业产值 10 余亿元（罗在柒等，2021）。然而作为兰科植物，即使采用传统组织培养的方法进行种苗生产，石斛组培苗仍然存在生产周期长、成本较高的问题。因此，科研人员不断探索石斛的无糖培养技术，试图通过光自养繁殖的手段加快石斛组培苗的繁殖速度，提高种苗质量和成活率，降低生产成本。

8.1.2　不同碳源对石斛生长的影响

1. 不同碳源对石斛生长量的影响

Xiao 等（2007）研究了有糖培养和无糖培养条件下铁皮石斛生长量的差异。试验设置 3 个对照组，包括有糖培养、无糖培养和增加 CO_2 的无糖培养（表 8-1）。

表 8-1　试验处理组设置

（Xiao et al., 2007）

处理编号	处理说明	糖含量 / (g·L⁻¹)	换气速率 / (次·h⁻¹)	CO_2 浓度 / (μmol·mol⁻¹)	光强 / (μmol·m⁻²·s⁻¹)
PM	有糖培养	30	0.2	400	50±6
PA	无糖培养	0	3.2	400	80±10
PAC	无糖高 CO_2 培养	0	3.2	1000	80±10

经过 45 d 培养发现，相比于以蔗糖为主要碳源的有糖培养处理样本，以 CO_2 为唯一碳源的无糖培养处理在提高通气量和光强之后，茎粗、叶面积、干鲜重均显著提高（表 8-2）。这说明改善培养条件的无糖培养方法更适合石斛试管苗生长。

表 8–2　铁皮石斛有糖培养 (PM)、无糖培养 (PA)、无糖高 CO_2 培养 (PAC) 45 d 生长量
（Xiao et al., 2007）

处理组	叶片数 / 片	株高 / cm	茎粗 / mm	叶面积 / cm²	鲜重 / mg	干重 / mg
PM	5.0 ± 0.4	2.5 ± 0.1	2.6 ± 0.15 b	455 ± 24 b	483 ± 37 b	30.3 ± 2.3 b
PA	5.5 ± 0.3	2.7 ± 0.1	3.5 ± 0.19 a	994 ± 45 a	642 ± 35 a	51.6 ± 2.5 a
PAC	5.0 ± 0.4	2.8 ± 0.2	3.7 ± 0.20 a	1015 ± 52 a	659 ± 42 a	52.8 ± 3.6 a

注：不同字母标记表示 Holm Sidak 检验差异性显著（$p \leqslant 0.05$）。

　　相比无糖处理，无糖高 CO_2 处理的株高、茎粗、叶面积、鲜重、干重等虽然略有增加，但差异并不显著（表 8-2）。这可能与处理组中植物材料本身较为幼嫩、光饱和点、CO_2 饱和点不高有关，单纯提高 CO_2 浓度并未带来更多的光合积累（鲍顺淑等，2007）。

　　Mitra 等（1998）研究发现，在有糖（2%）培养条件下，铁皮石斛的干物质积累、植株高度和叶片数与培养环境中的 CO_2 浓度变化无显著相关性，但植株的生根数量和根系长度直接与培养基中有无蔗糖显著相关。只有培养基中不含蔗糖的情况下，铁皮石斛才会有根系生成（表 8-3）。

表 8–3　CO_2 浓度 0.6 或 40 g·m^{-3} 下有糖（2%）或无糖（0%）培养 4 周铁皮石斛生长量
（Mitra et al., 1998）

生物量参数	初始外植体	0.6 g·m^{-3} CO_2		40 g·m^{-3} CO_2	
		2% 糖	0% 糖	2% 糖	0% 糖
根长 / cm	1.2 ± 0.01	1.4 ± 0.15	1.5 ± 0.19	1.4 ± 0.35	1.7 ± 0.25
根数 / 条	5 ± 0.8	6 ± 0.7	5 ± 0.85	5 ± 0.54	6 ± 0.7
叶长 / cm	1.1 ± 0.1	1.1 ± 0.15	1.1 ± 0.22	1.4 ± 0.15	1.1 ± 0.15
叶宽 / cm	0.3 ± 0.01	0.5 ± 0.02	0.3 ± 0.02	0.3 ± 0.03	0.4 ± 0.01
分支数 / 条	1 ± 0.15	1 ± 0.15	1 ± 0.15	1 ± 0.15	1 ± 0.15
根数 / 条	—	—	2 ± 0.7	—	2 ± 0.7
根长 / cm	—	—	0.3 ± 0.02	—	0.2 ± 0.01
总鲜重 / mg	71 ± 2.9	264 ± 5.17	99 ± 2.91	284 ± 4.47	190 ± 3.16
总干重 / mg	4.9 ± 0.1	13 ± 1.58	4 ± 0.7	12 ± 1.58	8 ± 0.7

　　值得注意的是，该实验采用的 CO_2 浓度对照组分别为 0.6 或 40 g·m^{-3} CO_2，即

305 µmol·mol^{-1} 或 20364 µmol·mol^{-1}，前者与环境 CO_2 浓度并未拉开差距，而后者则远高于植物正常生长浓度。两个处理组的干鲜重均低于有糖对照（表 8-3）。这可能与无糖处理设置的两个 CO_2 浓度梯度不适宜有关。无糖培养中 CO_2 浓度过低会造成碳源匮乏，光合碳同化产物少；而 CO_2 浓度过高则可能会导致保卫细胞收缩，气孔的传导性降低，部分细胞内氧压降低，抑制植物呼吸，进而对植物光合、生长产生负面效应。高浓度 CO_2 也可能通过影响一些酶的活性以及植物的生理生化指标而导致光合作用效率下降（圣倩倩等，2021）。

王立文（2005）研究了春石斛（园艺中按花期划分的类，非特定种）的无糖培养，试验在每天光期开始时将培养箱内 CO_2 浓度调整到 2000 µmol·mol^{-1}。移栽第 4 d 开始补光 2000 lx，光周期 12 h·d^{-1}，第 7 d 起调整为 3000 lx，以后逐步增加，到第 16 d 增加到 8000 lx，光期 24~29 ℃，暗期 20 ℃。经过 24 d 培养发现，无糖培养春石斛的株高、根数、根长与有糖对照组的样本呈现极显著差异（表 8-4）。

表 8-4 无糖培养苗与有糖培养苗生长量对比

（王立文，2005）

	株高 / mm	叶数 / 片	根数 / 条	根长 / mm	鲜重 / g	干重 / g
有糖	26.45±3.79 b	4.22±0.34 a	0.56±0.35 b	3.22±1.25 b	0.11	0.012
无糖	38.44±6.98 a	4.70±0.35 a	2.56±0.83 a	7.44±1.73 a	0.164	0.022

注：数据后不同字母表示 t 检验差异极显著（p=0.01）

林小苹（2018）以铁皮石斛原球茎诱导出的丛生苗为材料，研究不同 CO_2 浓度对无糖培养铁皮石斛试管苗生长的影响。结果表明，保持光强 3500 lx 不变，加大 CO_2 浓度将对试管苗的光合作用有较大促进作用。经过 60 d 培养之后，无论有糖对照组还是无糖处理组的样本，CO_2 增加后其株高、叶长、叶宽、根长和根数均显著增加。且无糖处理显著优于有糖对照组（表 8-5）。

王立等（2020）研究发现，在铁皮石斛无糖培养中，CO_2 通入的时段不同，试验组试管苗的生长会有显著性差异。对于铁皮石斛这种兼性景天酸代谢植物来说，在暗期通入 CO_2 的效果显著优于光期（表 8-6）。因此，生产中推荐在 18:00 至次日 8:00 的暗期进行通气。

表 8-5 不同 CO_2 浓度和蔗糖浓度对铁皮石斛生长发育的影响

（林小苹，2018）

培养基	CO_2 浓度 / $(\mu mol \cdot mol^{-1})$	株高 / cm	叶长 / cm	叶宽 / cm	根长 / cm	根数 / 条
有糖	350±50	5.568 B	2.136 B	0.904 B	6.582 B	7.773 B
有糖	750±50	6.725 A	4.894 A	1.016 A	9.218 A	8.912 A
无糖	350±50	2.290 D	0.992 C	0.204 C	3.117 D	5.623 D
无糖	750±50	5.373 C	2.128 B	0.816 BC	6.301 C	6.796 C

注：所有处理条件下光照强度保持在 3500 lx；数据后不同大写字母表示差异极显著（$p \leqslant 0.01$）。

表 8-6 铁皮石斛通入 CO_2 时间对生长状况的影响

（王立等，2020）

通气时间	株高增长量 / cm	叶长增长量 / cm	叶宽增长量 / cm
CK	0.59±0.64 b	0.14±0.16	0.05±0.07
暗期（晚上）	2.50±1.94 a	0.21±0.16	0.16±0.12
光期（白天）	1.00±0.60 ab	0.11±0.21	0.05±0.05

注：数据后不同小写字母表示差异极显著。

2. 不同碳源对石斛叶绿素及气孔密度的影响

Xiao 等（2007）试验发现，不同碳源培养下铁皮石斛试管苗的叶绿素含量、气孔密度差异显著。无糖培养处理组的植株叶绿素含量和气孔密度都比有糖处理组显著增加，这说明无糖培养条件可以显著提高石斛试管苗的光合能力。相比无糖培养处理组（PA），无糖高 CO_2 处理组（PAC）将 CO_2 浓度从 400 $\mu mol \cdot mol^{-1}$ 提高到 1000 $\mu mol \cdot mol^{-1}$，但这一变化对叶绿素浓度和气孔密度并没有造成显著影响（图 8-1）。这可能与实验条件下试管苗 CO_2 饱和点较低，单纯提高 CO_2 浓度难以促进石斛试管苗光合作用有关。

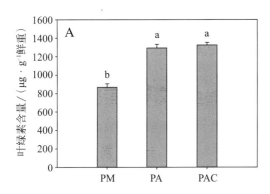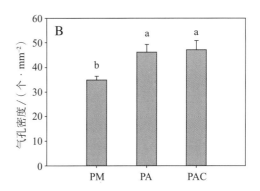

图 8-1　兼养和光自养方式培养的铁皮石斛离体幼苗第 45 d 的叶绿素含量（A）和第 40 d 的气孔密度（B）。PM：有糖处理（传统组培）；PA：无糖培养处理；PAC：无糖高 CO_2 处理（Xiao et al., 2007）

3. 不同碳源对石斛酶活性的影响

王立等（2020）对不同培养方式下铁皮石斛的酶活性进行了比较，发现无糖培养处理组的 SOD、POD 与 CAT 活性均高于有糖对照组（表 8-7）。这说明无糖培养试管苗的活力、抗衰老能力和对逆境的胁迫反应能力都比传统有糖培养对照组高，这是无糖培养试管苗移栽成活率高的一个重要原因。

表 8-7　不同培养方式下铁皮石斛酶活性比较

（王立等，2020）

培养方式	SOD / (U·mg⁻¹)	POD / (U·mg⁻¹)	CAT / (U·mg⁻¹)
有糖培养	206.72	164.44	20.23
无糖培养	253.14	171.11	74.97

4. 不同碳源对石斛微观形态的影响

Xiao 等（2007）发现，在光强 80 μmol·m⁻²·s⁻¹、CO_2 浓度 400 μmol·mol⁻¹ 或 1000 μmol·mol⁻¹ 环境温度（25 ± 1）℃、相对湿度 70% ± 10% 的无糖培养条件下，铁皮石斛的气孔功能正常，并会随着光期、暗期变化相应打开和关闭，而在光强 50 μmol·m⁻²·s⁻¹、CO_2 浓度 400 μmol·mol⁻¹ 的有糖培养对照组中，气孔调节功能失效，无论光期还是暗期，气孔均保持常开状态（图 8-2）。

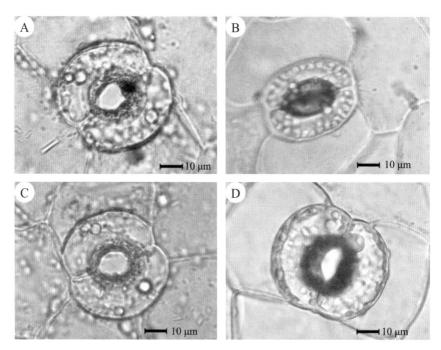

图 8-2　培养 40 d 铁皮石斛第三或四叶下表面气孔状态。

A：兼养（有糖）处理光期；B：光自养（无糖）处理光期；C：兼养（有糖）处理暗期；D：光自养（无糖）处理暗期（Xiao et al., 2007）

王立等（2020）研究有糖培养、无糖培养和驯化后的铁皮石斛叶片细胞显微结构后发现，不同培养条件下铁皮石斛叶片中的海绵组织和栅栏组织的长（L）和宽（W）均存在极显著差异。有糖培养处理组的细胞长、宽均大于（约一倍）无糖培养处理组和驯化苗，无糖培养处理试管苗和驯化苗的细胞大小相似（图 8-3A）。

在有糖培养、无糖培养以及驯化这 3 种培养方式（阶段）下，铁皮石斛气孔大小（长度）均存在极显著差异（图 8-3B），气孔张开程度为：有糖培养试管苗 > 无糖培养试管苗 > 驯化苗。

传统有糖培养以兼养方式生长，气孔保卫细胞相对较圆，气孔基本呈开放状态，而且张开的幅度很大，呈现出过度开放的状态，即使在无光照的条件下气孔也不会关闭。造成这种气孔过度开放状态的原因在于传统组培所使用的琼脂基质表面湿度大，细胞吸水充分，一些细胞长期处于充盈状态，当气孔开口的横径大于纵径或超过两个保卫细胞膨压变化的范围时，就会导致气孔无法关闭。这也是传统有糖培养试管苗移苗出瓶后容易萎蔫死亡的重要原因之一。而无糖培养通过微环境控制，其培养环境更接近自然环境，植株气孔调节能力更强，细胞自由水 / 结合水比例更低，对环境的抗逆性更好，为无糖培养试管苗的高成活率提供了必要保障。从试验中可以发现，这种过度开放的气孔在无糖培养条件下已经明显得到改善甚至已经不存在，而传统有糖培养需要通过炼苗之后，才能使绝大部分气孔正常关闭，但即便如此，仍然有少部分气孔始终处于长期开放的状态。

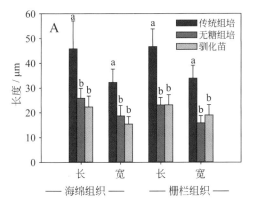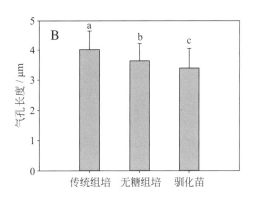

图 8-3　不同培养条件下铁皮石斛叶片海绵组织、栅栏组织长度（A）和气孔长度（B）（王立等，2020）

8.1.3　换气方式对石斛生长的影响

Nguyen 等（2010）以自然换气和强制换气为对照，研究了不同换气量对冬雪石斛（商品名）无糖培养植株的影响。试验使用无糖 1/2 MS 培养基、珍珠岩基质，环境 CO_2 浓度 350~400 μmol·mol^{-1}。

1. 自然换气

外植体培养于 370 mL 方形塑料容器中，通过容器盖上 2 个或 3 个微孔滤膜实现换气速率 3.5 或 4.9 次·h^{-1}。培养过程中光强从 30 μmol·m^{-2}·s^{-1} 开始逐渐升至 50、80、110 μmol·m^{-2}·s^{-1} 等 3 个不同的光强下培养 65 d。试验结果显示，光强 110 μmol·m^{-2}·s^{-1}、换气速率 4.9 次·h^{-1} 的处理组试管苗干重、鲜重均为最高。同等光强条件下，所有高换气速率组（4.9 次·h^{-1}）的试管苗鲜重均显著高于低换气速率组（3.5 次·h^{-1}）（表 8-8）。虽然干重只有最强光照条件下的高换气速率组显著高于低换气速率组，在其他两个光照条件下差异不显著，但在一定程度上说明加强换气对冬雪石斛无糖培养试管苗的生物量积累有促进作用。

表 8–8 光强和通气量对无糖培养 65 d 冬雪石斛生长的影响

（Nguyen et al., 2010）

光强 / (μmol·m⁻²·s⁻¹)	换气次数 / (次·h⁻¹)	鲜重增量 / (mg·株⁻¹)	干重增量 / (mg·株⁻¹)	叶片数 / (片·株⁻¹)	根长 / (mm·株⁻¹)	叶绿素 a/ b 比例
50	3.5	408.7 e	19.9 c	4.5	57.7	1.7 b
	4.9	430.5 d	21.6 c	4.0	58.1	2.5 a
80	3.5	565.5 b	39.2 ab	4.9	68.7	2.2 a
	4.9	556.0 c	35.9 b	4.5	59.2	2.4 a
110	3.5	560.5 bc	36.1 b	4.7	55.9	2.5 a
	4.9	598.9 a	42.0 a	4.7	62.9	2.4 a

注：同列数据后不同字母表示邓肯多重范围检验差异显著（$p \le 0.01$）。

2. 强制换气

冬雪石斛外植体分别培养在小容器自然换气系统（370 mL）和大容器强制换气系统（7 L）中，小容器的换气量为 3.7 次·h⁻¹，大容器的换气量从第 5 d 的 2.6 次·h⁻¹逐渐增加到第 32 d 的 13.7 次·h⁻¹直至第 40 d 培养结束。两个处理的光强统一从培养初期的 30 μmol·m⁻²·s⁻¹逐渐升高到末期的 80 μmol·m⁻²·s⁻¹。（图 8-4）

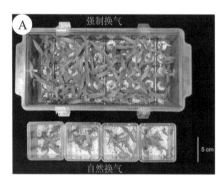

图 8-4 冬雪石斛试管苗自然换气或强制换气培养 40 d

A：测量前容器中的植物，上为强制换气，下为自然换气；B：从容器中取出植物进行测量，左为强制换气，右为自然换气（Nguyen et al., 2010）

结果显示，强制换气对冬雪石斛组培苗生长影响显著。从表 8-9 可见，加大了换气量的强制换气处理组在鲜重增量、干重增量和干鲜重比上全部显著高于自然换气处理组。同时，强制换气处理组的叶片数也显著高于自然换气处理组。虽然叶绿素 a/b 比例没有显著差异，但强制换气处理组的叶绿素总含量也显著高于自然换气处理组。说明较大的换气速率能够更好地维持培养体系内 CO_2 浓度、减少叶片边界层阻力，从而满足植物光合自养需求，实现种苗快速培育的目的。

表 8-9 换气方式对无糖培养 40 d 冬雪石斛生长的影响

（Nguyen et al., 2010）

处理组	鲜重增量 / (mg·株$^{-1}$)	干重增量 / (mg·株$^{-1}$)	干鲜 重比 / %	叶片 数 / 株	叶绿素 a/b	叶绿素 a+b/ (mg·g^{-1} 干重)
自然换气	372 b	20.3 b	5.24 b	4.93 b	2.43	7.31 b
强制换气	463 a	30.4 a	5.92 a	5.83 a	2.48	8.38 a

注：同列数据后不同字母表示 LSD 多重比较检验差异显著（$p \leqslant 0.01$）。

对比培养 25 d 和培养 40 d 时不同换气条件下冬雪石斛光合速率可以发现，强制换气组（6.0 次·h^{-1}）和自然换气组（3.5 次·h^{-1}）的换气速率相差 1.7 倍，但经过 25 d 培养后，两者光合速率相差 4.6 倍，远高于换气速率的差异倍数；同样，培养到 40 d 时，强制换气组（13.7 次·h^{-1}）和自然换气组（3.5 次·h^{-1}）的换气速率相差 3.9 倍，但光合速率相差 8.0 倍，光合速率远高于换气速率的差异倍数（表 8-10）。这说明，换气速率的增加在一定程度上可以极大地促进试管苗的光合作用。

表 8-10 换气方式对无糖培养 25 d 和 40 d 冬雪石斛净光合速率的影响

（Nguyen et al., 2010）

处理组	25 d		40 d	
	换气次数 /(次·h^{-1})	Pn /(μmol·m^{-2}·s^{-1})	换气次数 /(次·h^{-1})	Pn /(μmol·m^{-2}·s^{-1})
自然换气	3.5	0.10 b	3.5	0.23 b
强制换气	6.0	0.46 a	13.7	1.83 a

注：同列数据后不同字母表示 LSD 多重比较检验差异显著（$p \leqslant 0.01$）。

8.1.4 光强对石斛生长的影响

Nguyen 等（2010）采用自然换气和强制换气为对照，研究了不同光强对冬雪石斛无糖培养生长的影响。结果显示，高换气速率组中，试管苗鲜重增量和干重增量随着光强

植物无糖培养微繁殖及种苗生产

的持续增加而显著增加；而低换气速率组中，试管苗鲜重增量、干重增量和叶绿素 a/b 比随着光强的提高增加到一定程度之后的变化就不再显著了（表 8-11）。这说明，低换气速率限制了系统内 CO_2 的补充，即使光强增加，培养体系内的 CO_2 也无法完全满足更高光合速率的需求，难以进一步累积光合产物。

表 8-11　光强和通气量对无糖培养 65 d 冬雪石斛生长的影响

（Nguyen et al., 2010）

换气次数 /（次·h⁻¹）	光照 /(µmol·m⁻²·s⁻¹)	鲜重增量 /(mg·株⁻¹)	干重增量 /(mg·株⁻¹)	叶片数 /（片·株⁻¹）	根长 /(mm·株⁻¹)	叶绿素 a/b 比例
3.5	50	408.7 e	19.9 c	4.5	57.7	1.7 b
	80	565.5 b	39.2 ab	4.9	68.7	2.2 a
	110	560.5 bc	36.1 b	4.7	55.9	2.5 a
4.9	50	430.5 d	21.6 c	4.0	58.1	2.5 a
	80	556.0 c	35.9 b	4.5	59.2	2.4 a
	110	598.9 a	42.0 a	4.7	62.9	2.4 a

注：同列数据后不同字母表示邓肯多重范围检验差异显著（$p \leq 0.01$）。

8.1.5　基质和光强对石斛生长的影响

Pao 等（2011）研究了不同基质（结冷胶、蛭石）和光强（低光强 50 µmol·m⁻²·s⁻¹，高光强 150 µmol·m⁻²·s⁻¹）对石斛（未鉴定种）有糖培养（20 g·L⁻¹）和无糖培养试管苗生长的影响。

结果发现，低光照处理组中，结冷胶基质无糖条件下培育的石斛试管苗总鲜重显著高于有糖对照组，干重无显著性差异。而同样无糖培养条件下，蛭石基质培育的石斛试管苗鲜重、干重均显著高于结冷胶基质对照组。这说明在低光照条件下无糖培养在一定程度上优于有糖培养方式，蛭石作为培养基质则具有显著的优势（图 8-5）。

高光强处理组中，结冷胶基质在无糖条件下培育的石斛试管苗总鲜重、总干重均显著高于含糖对照组，与蛭石基质无糖培养组差异不显著。这说明光照条件合适的情况下，该石斛无糖培养显著优于有糖培养方式（图 8-5）。

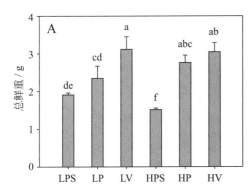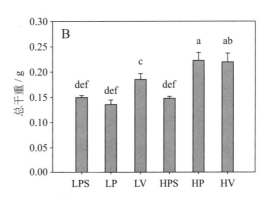

图 8-5 不同光强及培养基对石斛苗培养 30 d 后总鲜重 A、总干重 B 的影响。LPS 低光强结冷胶有糖培养；LP 低光强结冷胶无糖培养；LV 低光强蛭石无糖培养；HPS 高光强结冷胶有糖培养；HP 高光强结冷胶无糖培养；HV 高光强蛭石无糖培养（Pao et al., 2011）

注：不同字母标记表示 DMRT 分析差异性显著（$p<0.05$）

以蛭石为基质的无糖培养石斛试管苗不论光强高低，叶片数均显著多于其他培养基对照组（图 8-6）。高光照条件下，结冷胶和蛭石基质无糖培养组的根长均显著长于结冷胶基质有糖培养对照组，低光照条件下也有这个变化趋势，但部分数据差异不显著。这说明，在一定条件下，以蛭石作为培养基质进行石斛无糖培养优于使用结冷胶基质。因此，实际生产中建议采用蛭石作为基质，在 150 μmol·m^{-2}·s^{-1} 光强和无糖条件下进行培养。

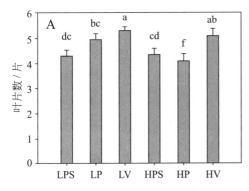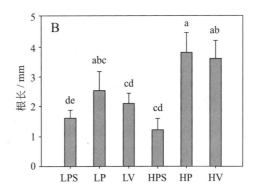

图 8-6 光强及培养基对石斛苗培养 30 天后叶片数、根长的影响。LPS 低光强结冷胶有糖培养；LP 低光强结冷胶无糖培养；LV 低光强蛭石无糖培养；HPS 高光强结冷胶有糖培养；HP 高光强结冷胶无糖培养；HV 高光强蛭石无糖培养（Pao et al., 2011）
注：不同字母标记表示 DMRT 分析差异性显著（$p<0.05$）

8.1.6　铁皮石斛无糖培养案例

上海离草科技有限公司开展了铁皮石斛无糖培养研究工作，形成了完整的产业化技术体系。图 8-7 中，以原球茎分化出的丛生小苗为基础苗，取长 2 cm 左右、带 2~3 片叶、茎干粗细相近的无根苗进行无糖生根培养，基质选用蛭石、泥炭或其他支持材料，培养基选用上海离草科技有限公司无糖培养基，pH 5.8，昼 / 夜培养温度 25/18℃，光强 100~200 μmol · m^{-2} · s^{-1}，CO_2 浓度 800~1200 μmol · mol^{-1}。

图 8-7　铁皮石斛无糖培养。A：铁皮石斛组培苗；B：铁皮石斛无糖培养（琼脂基质）；C：铁皮石斛无糖培养（泥炭、蛭石混合基质）初期；D：铁皮石斛无糖培养末期。C、D 培养容器为上海离草科技有限公司的植物无糖培养系统（上海离草科技有限公司）

8.2　金线莲

8.2.1　金线莲简介

金线莲（商品名）中文名金线兰 [(*Anoectochilus roxburghii* (Wall.) Lindl.)]，兰科开唇兰属植物，植株高 8~18 cm；根状茎匍匐伸长，肉质，具节，节上生根；茎直立，肉质，圆柱形；叶片呈卵圆形或卵形，上面暗紫色或黑紫色，具金红色带有绢丝光泽的美丽网脉，背面淡紫红色。金线莲花期为 9~11 月，生于海拔 50~1600 m 的常绿阔叶林下或沟谷阴湿处，国内主要产于福建、云南、台湾、浙江等省，国外也有分布。

金线莲虽未纳入中国药典，但在民间的使用历史悠久，常被用于治疗糖尿病、肾炎、膀胱炎、毒蛇咬伤、高血压等。近年来，研究人员分析了金线莲所含的挥发油、黄酮类、甾体类、三萜类、多糖等成分，先后开展了一系列动物实验和体外实验，证明其提取物对小鼠乳腺癌细胞 MCF-7、移植性肿瘤 S180 具有一定抑制作用，对糖尿病小鼠有降血糖作用，能显著降低 CCl_4 肝损伤小鼠血清中的 ALT 及 AST 水平，对肾血管性高血压大鼠模型（RHR）具有良好的降压作用（张丽蓉，2015）。未来如有深入的药理学研究和相关临床试验，金线莲的推广应用范围将更加广阔。

然而，医学研究尚未深入，野生金线莲的自然蕴藏量却已开始骤减，除了近年来人为大量掠夺性采集和生态环境的破坏之外，另一个主要原因是野生金线莲种子发育不良，自然萌发率极低（许文江等，2000），且繁殖极为缓慢。因此，金线莲的人工繁育工作显得尤为迫切。为此，大量科研工作者先后进行了金线莲茎段腋芽繁殖的研究，其中王建勤等（1996）开展了类原球茎诱导和分化并获得了成功。随后，范子南等（1997）通过研究金线莲快速繁殖途径，初步完善了工厂化生产金线莲试管苗的工艺流程，并建立了 1000 m² 的中试生产车间，实现月产金线莲组培苗 20 万株的生产规模，自此，金线莲的组织培养迈进了规模化生产阶段。但在实际生产中，目前的技术仍然存在繁殖周期长、种苗生长缓慢的问题。因此，植物无糖培养技术近年来逐渐被用于金线莲种苗繁育的研究当中，以解决上述传统金线莲组培生产中的不足之处。

8.2.2　碳源对金线莲生长的影响

王立等（2020）研究发现，金线莲最适宜的 CO_2 浓度为 800~1000 μmol·mol^{-1}，此时的净光合速率约为 3.5 μmol·mol^{-1}，在暗期通入 CO_2 的效果优于在光期通入的效果，具体表现为，暗期通气组的株高增长量、叶长增长量和叶宽增长量均显著优于光期通气组（表 8-12）。因此推荐生产中考虑选择 18:00 至次日 8:00 的黑暗环境下补充 CO_2。考虑到金线莲属于兼性 CAM 植物，湿度、光强等其他环境因子对其光合碳同化途径的切换可能会有显著影响，因此实际生产中仍需要开展更深入的多环境因子调控研究，以便掌握更详细的碳代谢途径调控规律，为生产匹配更加准确的环境因子参数，以提高金线莲的光合效率。

表 8-12　CO_2 通入时段对金线莲生长的影响

（王立等，2020）

通气时间	株高增长量 / cm	叶长增长量 / cm	叶宽增长量 / cm
CK	1.09 ± 0.90 b	0.29 ± 0.23 b	0.08 ± 0.62 b
晚上 / 无光照	2.85 ± 1.23 a	0.88 ± 0.79 a	0.60 ± 0.64 a
白天 / 光照	1.00 ± 0.60 b	0.41 ± 0.49 b	0.29 ± 0.45 b

注：不同字母表示差异显著。

研究同时发现，传统有糖培养金线莲以兼养方式生长，其叶片栅栏组织和海绵组织的细胞长、宽均显著大于无糖培养处理组（图 8-8）。气孔张开程度对比为：有糖培养试管苗＞无糖培养试管苗＞驯化苗。这说明有糖培养试管苗对外界环境条件的适应能力比无糖培养试管苗弱。

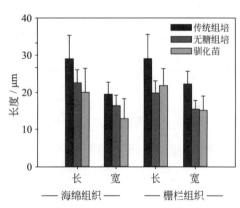

图 8-8　金线莲叶片组织细胞大小比较
（王立等，2020）

超氧化歧化酶（SOD）是植物体内在植物自我保护系统中发挥重要作用的抗氧化酶，这种金属酶能消除生物体在新陈代谢中产生的有害物质；过氧化氢酶（CAT）是主要存在于植物的叶绿体、线粒体和内质网的氧化还原酶，它也是机体提供抗氧化防御机理的催化酶；过氧化物酶（POD）通过还原过氧化氢来降低环境对植物的损害。不同培养方式下对金线莲酶活性比较发现，SOD、POD 与 CAT 的活性均为无糖培养处理＞传统组培处理（表 8-13）。由此可以认为，无糖培养处理的试管苗对外界恶劣环境的抵抗能力以及对环境变化的适应性优于传统有糖组培的试管苗。

表 8-13　不同培养方式下金线莲酶活性比较

（王立等，2020）

培养方式	SOD(U/mg 蛋白)	POD(U/mg 蛋白)	CAT(U/mg 蛋白)
传统组培	180.00	207.78	10.66
无糖培养	265.71	247.78	22.04

8.2.3　光强对金线莲生长的影响

Ma 等（2010）研究了不同光照强度对台湾金线莲生物量积累、光合能力、总黄酮含量的影响，结果发现，不同光强对台湾金线莲叶绿素含量、叶绿素 a/b 比值影响显著。实验给定的 4 个光照强度 10、30、60、90 μmol·m^{-2}·s^{-1} 处理下，叶绿素浓度随光照强度增大而减小，而叶绿素 a/b 比值在 60 μmol·m^{-2}·s^{-1} 处达到最大值（图 8-9）。这说明，金线莲通过调节叶绿素浓度来响应光强变化，随着光强的增加，叶绿素浓度下降，反应中心增加、PSII 捕光天线尺寸减小，叶绿素 b 向叶绿素 a 的转化被激活（Ito et al.,

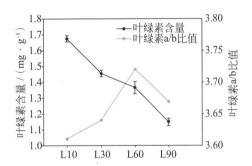

图 8-9　不同光强对台湾金线莲叶绿素含量和叶绿素 a/b 比值的影响。L10、L30、L60、L90 分别对应10、30、60、90 μmol·m^{-2}·s^{-1}4 个光强处理（Ma et al., 2010）

1993）。叶绿素 a 含量相对升高、叶绿素 a/b 比值升高到光强 60 μmol·m^{-2}·s^{-1} 时达到峰值。随着光强的进一步升高，叶绿素 a/b 比值开始下降，这可能与叶绿素 a、b 之间转化速率的动态变化或各自不同的降解速率有关。

30 μmol·m^{-2}·s^{-1} 的光强处理下植株总叶面积、茎长、鲜重、干重都是所有处理中样本的最高值（表 8-14），这说明金线莲是一种典型的阴生植物。

表 8-14 不同光强培养 45 d 台湾金线莲生长量对比
（Ma et al., 2010）

处理	光强 / ($\mu mol \cdot m^{-2} \cdot s^{-1}$)	叶面积 / mm^2	株高 / cm	重量与比例		
				鲜重	干重	干鲜重比 / %
L10	10	963 ± 16 b	8.26 ± 0.10 b	995 ± 13 c	103 ± 1.3 c	10.4
L30	30	1167 ± 22 a	8.57 ± 0.06 a	1184 ± 22 a	140 ± 2.7 a	11.8
L60	60	986 ± 15 b	7.97 ± 0.08 c	1043 ± 20 b	126 ± 2.4 b	12.1
L90	90	850 ± 19 c	7.90 ± 0.07 c	936 ± 13 d	121 ± 1.5 b	12.9

注：同列数据后不同字母表示差异显著（$p \leqslant 0.05$）。

光合电子传递速率 ETR 可以快速、无创地评估 PSII 的光响应，并可用于研究光合生物的光合性能，最大 ETR 与最大光合能力有关。L30 处理组的 ETR 最高，干重最大（图 8-10，表 8-14）。经过 45 d 培养之后，L10 处理组第 3 叶 ETR 最低，这是导致其干重最低的原因。

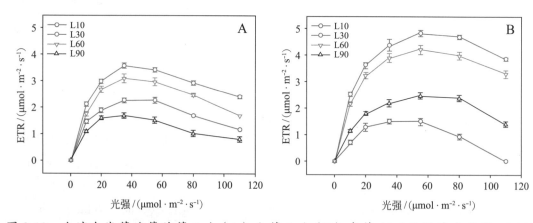

图 8-10　台湾金线莲试管苗第 2 叶（A）和第 3 叶（B）在第 45 d 的快速光曲线。L10、L30、L60、L90 分别对应处理光强 10、30、60、90 $\mu mol \cdot m^{-2} \cdot s^{-1}$（Ma et al., 2010）

所有处理中台湾金线莲试管苗最大光合能力对应的光强分别为第 2 叶 35 $\mu mol \cdot m^{-2} \cdot s^{-1}$ 和第 3 叶 55 $\mu mol \cdot m^{-2} \cdot s^{-1}$（图 8-10），故可以认为，35-55 $\mu mol \cdot m^{-2} \cdot s^{-1}$ 为台湾金线莲的适宜光强。

SOD 是光胁迫下清除植物体内超氧化物的一种重要酶，其活性可以为植物是否受到强光胁迫提供一些有价值的信息。本试验中，SOD 活性在光强 10 $\mu mol \cdot m^{-2} \cdot s^{-1}$ 到 60 $\mu mol \cdot m^{-2} \cdot s^{-1}$ 范围内表现出随光强增加而显著增加的趋势（图 8-11A），这说明 SOD

对光胁迫引起的活性氧簇（ROS，如超氧化物和过氧化氢）具有重要的清除作用。但当光强继续升高到 90 μmol·m⁻²·s⁻¹ 时，SOD 活性却显著下降，这可能与植株对光损伤或强光下植株周围高温的敏感性有关。

总黄酮的产生普遍被认为是植物对氧化胁迫防御反应的一部分。本试验中，总黄酮浓度在光强 10 μmol·m⁻²·s⁻¹ 到 60 μmol·m⁻²·s⁻¹ 范围内表现出随光强增加而显著增加的趋势（图 8-11B）。但当光强继续升高到 90 μmol·m⁻²·s⁻¹ 时，总黄酮含量也显著降低，这可能是光抑制或光合机构损伤引发的光合作用降低所导致的。

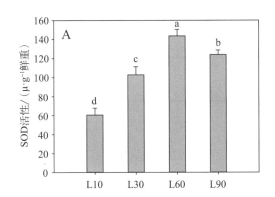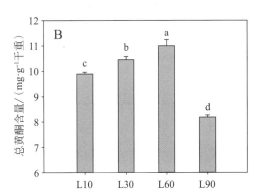

图 8-11　光强对台湾金线莲 SOD（A）和总黄酮（B）含量的影响。L10、L30、L60、L90 分别对应 10、30、60、90 μmol·m⁻²·s⁻¹ 4 个光强处理（Ma et al., 2010）

8.2.4　激素对金线莲生长的影响

黎彩琴（2011）研究发现，不同激素及培养基浓度水平处理对漳州产金线莲无糖培养生根影响差异较大。在表 8-15 的 9 个处理中，处理 5 和处理 6 生根率最高，为 92%。对于生根率而言，从极差大小可知，3 个影响生根率的因素主次顺序为 NAA>IBA=MS。比较 3 个因素的指标和（Ki）大小，可得优化的生根培养基是 MS + 0.5 mg·L⁻¹ IBA + 0.6 mg·L⁻¹ NAA。

表 8-15　漳州产金线莲生根培养不同激素正交实验分析

（黎彩琴，2011）

处理	IBA/ (mg·L⁻¹)	NAA/ (mg·L⁻¹)	MS	生根率 / %	根重 / g	平均根数 / 条	平均根长 / cm
1	0.5	0.2	MS	82 ± 2.23	0.041 ± 0.010	1.4 ± 0.31	0.78 ± 0.18

处理	IBA/ (mg·L⁻¹)	NAA/ (mg·L⁻¹)	MS	生根率/ %	根重/g	平均根数/ 条	平均根长/ cm
2	0.5	0.6	1/2 MS	90±3.57	0.037±0.012	1.4±0.32	1.39±0.17
3	0.5	1.0	1/4 MS	78±2.74	0.043±0.014	1.9±0.22	0.95±0.11
4	1.0	0.2	1/2 MS	62±3.61	0.025±0.007	1.4±0.21	1.64±0.12
5	1.0	0.6	1/4 MS	92±2.79	0.040±0.009	1.7±0.27	1.44±0.33
6	1.0	1.0	MS	92±2.79	0.031±0.011	1.8±0.25	0.53±0.13
7	1.5	0.2	1/4 MS	72±3.03	0.038±0.013	1.2±0.24	1.64±0.13
8	1.5	0.6	MS	78±3.18	0.019±0.012	1.0±0	0.66±0.10
9	1.5	1.0	1/2 MS	58±3.26	0.033±0.009	1.3±0.28	1.33±0.15

不同激素及培养基浓度水平处理对台湾产金线莲生根影响存在较大差异。在表 8-16 的 9 个处理中，处理 2 和处理 9 生根率最高，达 100%。对于生根率而言，从极差大小可知，3 个影响生根率的因素主次顺序为 MS > NAA > IBA。比较 3 个因素的指标和（Ki）大小，可得台湾产金线莲优化的生根培养基是 1/2 MS + 1.5 mg·L⁻¹ IBA + 0.6 mg·L⁻¹ NAA。

表 8-16 台湾产金线莲生根培养不同激素正交实验分析

（黎彩琴，2011）

处理	IBA/ (mg·L⁻¹)	NAA/ (mg·L⁻¹)	MS	生根率/%	根重/g	平均根数/ 条	平均根长/ cm
1	0.5	0.2	MS	82±3.47	0.017±0.006	1.5±0.35	0.85±0.16
2	0.5	0.6	1/2 MS	100±3.52	0.021±0.005	1.7±0.35	0.71±0.14
3	0.5	1.0	1/4 MS	82±4.02	0.035±0.021	0.96±0.22	1.05±0.05
4	1.0	0.2	1/2 MS	90±2.96	0.037±0.018	1.2±0.27	1.29±0.25
5	1.0	0.6	1/4 MS	90±2.68	0.017±0.003	1.88±0.25	0.79±0.15
6	1.0	1.0	MS	74±1.43	0.016±0.008	1.08±0.25	0.77±0.14
7	1.5	0.2	1/4 MS	82±2.35	0.055±0.016	1.2±0.27	1.57±0.24
8	1.5	0.6	MS	96±2.13	0.018±0.011	1.86±0.21	0.76±0.17
9	1.5	1.0	1/2 MS	100±2.11	0.038±0.012	1.28±0.11	1.13±0.10

8.2.5　金线莲无糖培养案例

上海离草科技有限公司实验室开展了金线莲无糖培养技术研究，并实现了该技术的产业化。无糖培养光强 2000 lx，光周期 12 h·d^{-1}，温度：（24±1）℃，CO_2 浓度 1000 µmol·mol^{-1}。经过 30 d 培养（图 8-12），无糖处理组金线莲试管苗的干重、鲜重、株高和叶片数均显著高于有糖对照组（表 8-17）。

表 8-17　无糖和有糖培养 30 d 金线莲试管苗对比
（上海离草科技有限公司）

培养方式	样品鲜重 / mg	样品干重 / mg	样品株高 / cm	样品叶片数 / 片
无糖培养	615.4±225.9 a	63.5±19.3 a	6.8±0.6 a	4.6±0.9 a
有糖培养	553.1±86.5 b	58.5±17.5 b	6.4±0.7 b	3.8±0.8 b

注：同列数据后不同字母表示差异显著（$p \leqslant 0.05$）。

图 8-12　金线莲无糖培养（上海离草科技有限公司）

8.3　灯盏花

8.3.1　灯盏花简介

药用灯盏花也被称为灯盏细辛，是菊科飞蓬属多年生草本植物短葶飞蓬 [*Erigeron breviscapus* (Vaniot) Hand. - Mazz.] 的干燥全草。其木质根状茎可达 50 cm，根呈纤维状，叶主要集中于基部，呈莲座状，3~10 月开花，分布于中国湖南、广西、贵州、四川、云南等省区。常见于海拔 1200~3500 m 的中山和亚高山开旷山坡、草地或林缘。传统医学将其用于治疗中风偏瘫、胸痹心痛、风湿痹痛、头痛、牙痛等症状。现代科学研究发现，灯盏花中含咖啡酸酯类、黄酮及黄酮苷类、挥发油类等多种生物活性物质。动物实验表明，灯盏花对小（大）鼠的神经、心脑血管、肝脏、肾脏等均具有很好的保护作用，体外实验发现其具有抗癌、抗炎、抗凝、清除自由基、抗氧化、抗 HIV-1、促进血管生成、抗胆固醇血症的潜力（郭欣等，2019）。这些研究工作都为灯盏花的质量控制、临床试验及应用提供了重要的参考依据，以便未来更好地开发利用这一植物资源。

由于野生资源难以满足市场需求，20 世纪 90 年代末期云南、四川等地便开展了灯盏花野生变家种及规范化种植的研究与开发工作，并于 2004 年在云南省泸西县建立了红河灯盏花 GAP 基地和种质资源圃。2012 年云南省灯盏花种植达 730 hm²，平均单产水平达到 3750 kg·hm⁻³ 以上，药材总量约 2740 t（张薇等，2013）。近年来随着灯盏乙素含量 3.0% 以上的优良品种（野生药材含量不到 1.0%）筛选成功，新品种的大规模推广迫在眉睫。虽然传统有糖组培可以快速繁殖种苗，但其生产成本远高于常规种子育苗，推广阻力较大。植物无糖培养技术恰好能够通过缩短培养周期、提高成活率和种苗质量来大幅降低种苗生产成本，因此，该技术目前已被用于灯盏种苗繁育研究工作中。

8.3.2　光强对灯盏花生长的影响

杨艳琼等（2007）研究了不同光强对灯盏花无糖培养试管苗生长发育的影响。试验设置 3 个光强处理：低光强 39.2 μmol·m⁻²·s⁻¹、中光强 56.8 μmol·m⁻²·s⁻¹、高光强 71.4 μmol·m⁻²·s⁻¹，光周期 16 h·d⁻¹，采用漂浮育苗方式。培养温度（24±2）℃，CO_2 浓度 1000~1200 μmol·mol⁻¹。

经过 15 d 培养，3 个不同光强处理的灯盏花无糖培养试管苗的生根率都高于有糖对照组；在给定光强范围内，无糖培养种苗的生根率与光照强度呈正相关，最高光强 71.4 μmol·m⁻²·s⁻¹ 条件下达到最高生根率 94.1%，根多且强壮（表 8-18）。

表 8-18　不同光照强度对灯盏花不定芽生根率的影响

（杨艳琼等，2007）

处理	光强 / $(\mu mol \cdot m^{-2} \cdot s^{-1})$	根系生长			2.0 cm^2 以上 叶片数 / 片	种苗长势 综合评价
		根数 / 条	根长 / cm	生根率 / %		
有糖（低光）CK	39.2	3.5	2.5	60.0	3.1	++
无糖（低光）	39.2	5.1	2.7	65.8	2.7	++
无糖（中光）	56.8	5.3	2.8	83.6	3.9	++
无糖（高光）	71.4	6.5	3.2	94.1	4.3	+++

注：+++：新生叶多，叶片深绿，叶面积大，根多且长；

　　++：有新生叶，叶片淡绿，根少且短。

无糖培养处理组中，随着光强的增加，试管苗干重、鲜重、干物质含量均呈增加趋势。中、高光强的无糖处理组总鲜重、总干重和干物质含量都高于有糖对照组（表 8-19）。这表明高光强下灯盏花无糖培养试管苗干物质的积累能力显著增强。条件合适的情况下，以无糖培养的方式生产的灯盏花试管苗品质更优。

表 8-19　不同光照强度对灯盏花生物量积累的影响

（杨艳琼等，2007）

处理	光强 / $(\mu mol \cdot m^{-2} \cdot s^{-1})$	鲜重 / mg	干重 / mg	干物质含量 / mg
有糖（低光）CK	39.2	9.9	1.6	11.2
无糖（低光）	39.2	7.5	0.9	9
无糖（中光）	56.8	11.1	1.7	12.1
无糖（高光）	71.4	12.8	1.9	13.99

8.3.3　多环境因子调控对灯盏花生长的影响

杨凯等（2007）研究了不同处理组合的无糖培养条件对灯盏花试管苗生根率的影响。试验采用 4 种环境因子多个处理水平（或方式）：光强 A_1、A_2、A_3 分别对应 39.2、56.8、71.4 $\mu mol \cdot m^{-2} \cdot s^{-1}$ 3 个水平；NAA 激素 B_1、B_2、B_3 分别对应 0、0.3、0.6 $mg \cdot L^{-1}$ 3 个水平；光周期 C_1、C_2、C_3 分别对应 12、14、16 $h \cdot d^{-1}$ 3 个水平；试管苗支撑类型 D_1、D_2、D_3 分别对应"漂浮育苗"、"蛭石 & 珍珠岩"和"泥炭"3 种处理方式进行正交试验。培养温度（24±2）℃，CO_2 浓度 1000~1200 $\mu mol \cdot mol^{-1}$，使用无糖且不含有机成分的 MS 培养基。

经过 15 d 培养发现，处理 9 的灯盏花无糖培养试管苗生根率最高，长势最好，与其他处理组合比较，差异达到显著水平（表 8-20）。因此试验结果认为灯盏无糖培养最优环境因子组合是：植物材料支撑方式为漂浮育苗，培养基为无糖且不含有机成分的 MS，激素 0.3 mg·L^{-1} NAA，光强 71.4 µmol·m^{-2}·s^{-1}，光周期 14 h·d^{-1}。

表 8-20　不同环境因子组合对无糖培养 15 d 灯盏花试管苗生根率的影响
（杨凯等，2007）

编号	处理	根数 / 条	根长 / cm	生根率		
				比例 / %	5% 显著水平	1% 极显著水平
1	$A_1B_1C_1D_1$	2.4	1.8	49.333	d	CD
2	$A_1B_2C_2D_2$	2.8	2.1	30.667	f	E
3	$A_1B_3C_3D_3$	2.7	2.5	42.000	e	DE
4	$A_2B_1C_2D_3$	3.4	2.6	72.667	c	BC
5	$A_2B_2C_3D_1$	4.6	3.0	90.000	b	A
6	$A_2B_3C_1D_2$	3.5	2.8	68.667	c	C
7	$A_3B_1C_3D_2$	4.6	2.8	86.000	b	AB
8	$A_3B_2C_1D_3$	4.0	2.5	91.333	b	A
9	$A_3B_3C_2D_1$	5.2	3.2	98.667	a	A

注：同列数据后不同小写字母表示 SSR（邓肯氏新复极差法）检验差异显著（$p \leq 0.05$），不同大写字母表示 SSR 检验差异极显著（$p \leq 0.01$）。

8.3.4　多环境因子调控对灯盏花显微结构的影响

陈疏影等（2007）采用扫描电镜和光学显微镜对灯盏花无糖、有糖培养试管苗的叶表皮毛、气孔、蜡质层和根部的显微结构进行了比较分析。研究发现，灯盏花无糖培养苗叶片表皮毛、气孔数多于有糖对照组，气孔开放比例低于有糖对照组；无糖处理叶表面有蜡质层，而有糖对照组几乎没有（表 8-21）。由此可见，无糖培养试管苗在保水能力及对外界环境的适应能力方面具有明显优势，这也是无糖培养能够显著提高植株驯化移栽成活率的主要原因。

表 8-21 灯盏花无糖培养、有糖培养试管苗叶表皮特征统计

（陈疏影等，2007）

对照组	表皮毛平均 / （根·mm⁻²）	气孔平均数 / （个·mm⁻²）	开放气孔占比 / %	蜡质层
无糖培养苗	69	411	31	有（丰富）
有糖培养苗	24	189	91	几乎无

1. 叶表皮毛显微结构

陈疏影等（2007）发现，灯盏花无糖培养试管苗叶下表皮的表皮毛远多于有糖对照组（图 8-13）。植物叶表皮毛可以增加叶表皮组织保护层的厚度，减少热量和水分的散失，提高植物对干燥环境的适应能力。

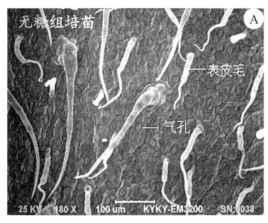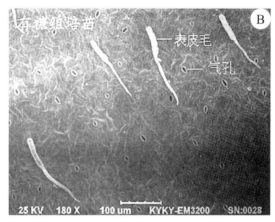

图 8-13 灯盏花无糖培养（A）和有糖培养（B）试管苗叶下表皮扫描电镜照片（180×）（陈疏影等，2007）

2. 叶下表皮气孔显微结构

陈疏影等（2007）还发现灯盏花无糖培养试管苗叶下表皮气孔密度远大于有糖对照，且气孔开度小，而有糖对照绝大多数气孔几乎都处于完全开放状态，失水速率较快。因此，无糖培养试管苗对干燥环境的适应能力更强。

对比蜡质层显微结构发现，灯盏花无糖培养试管苗叶下表皮表面布满波纹状蜡质层，而有糖对照下表皮表面仅在气孔旁有少量蜡质残留，其余部分无蜡质层覆盖，极易失水（图 8-14）。

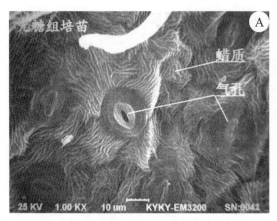
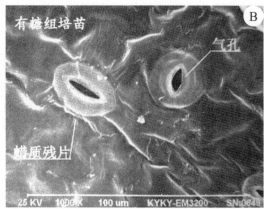

图 8-14　灯盏花无糖培养（A）和有糖培养（B）试管苗叶下表皮扫描电镜照片（1000×）（陈疏影等，2007）

3. 叶切面细胞显微结构

陈疏影等（2007）发现，与传统有糖组培苗叶片结构相比，无糖培养灯盏花叶片的栅栏层和海绵层较厚，细胞排列紧密，间隙小，并有一定厚度的角质层，这些都有利于防止水分经非气孔途径散失（图 8-15）。结构完整的输导组织也使叶片在缺水时能迅速从根部获得水分（图 8-16）。而有糖对照的细胞排列疏松，栅栏组织小而稀；输导组织结构不完整，与周围组织分区不明显。

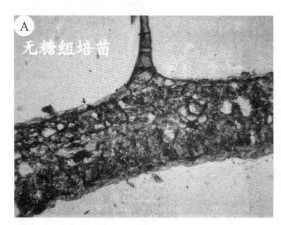
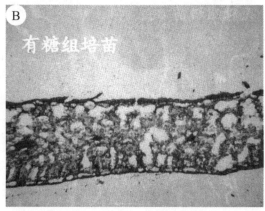

图 8-15　灯盏花无糖培养（A）和有糖培养（B）试管苗叶切面光镜照片（400×）（陈疏影等，2007）

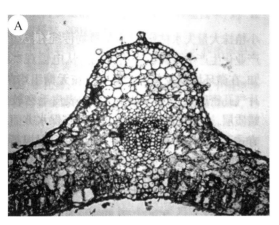
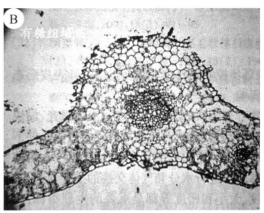

图 8-16　灯盏花无糖培养（A）和有糖培养（B）试管苗叶主脉切面光镜照片（400×）（陈疏影等，2007）

4. 根切面显微结构

陈疏影等（2007）发现，灯盏花无糖培养试管苗的根部细胞排列紧密，组织分区明显，髓部可见分化，有明显的疏导组织、髓射线和凯氏带，初生组织和次生组织已分化；而有糖对照的根部细胞排列稀疏，髓的分化不明显，疏导组织不发达，初生组织和次生组织分化不明显，看不到凯氏带（图 8-17）。

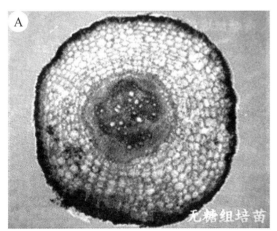
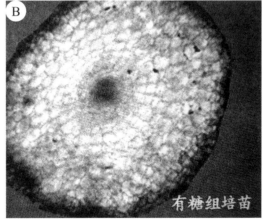

图 8-17　灯盏花无糖培养（A）和有糖培养（B）试管苗根切面光镜照片（400×）（陈疏影等，2007）

植物无糖培养微繁殖及种苗生产

8.4 半夏

8.4.1 半夏简介

药用半夏为天南星科植物半夏 [*Pinellia ternate* (Thunb.) Breit.] 的干燥块茎，通常于夏秋两季采挖，块茎近圆球形，直径可达 4 cm，根密集，肉质，长 5~6 cm；块茎四周常生若干小球茎；浆果卵圆形，藏于宿存的佛焰苞管部内。花期 6~7 月，果 9~11 月成熟。该种为我国特有，资源分布较广，主产于四川、湖北、辽宁、河南、陕西、山西、安徽、江苏、浙江等地，常见于海拔 1000 m 以下的林下、山谷或河谷阴湿处。

传统中医药将其用于湿痰、寒痰，咳喘痰多，痰饮眩悸，风痰眩晕，痰厥头痛，呕吐反胃，胸脘痞闷，梅核气，外治痈肿痰核。现代科学研究发现，半夏的化学成分包含生物碱类、有机酸类、挥发油类、黄酮类、甾体类和糖类等，通过体外实验和动物实验发现其中一些成分对小（大）鼠具有镇咳祛痰、止呕、抗胃溃疡、凝血、抗肿瘤等作用，体外培养细胞也可见抗菌、抗炎、抗氧化等多种作用（王依明等，2020），应用前景广阔。

虽然半夏可以用种子繁殖，但种子苗生长缓慢，繁殖周期长，所以人工栽培半夏普遍采用块茎作种，可大幅缩短培养周期。但这种块茎在大田中多次无性繁殖的方式同时也伴随着环境病菌在生产、留种过程中不断积累，最终导致半夏种质退化，影响产量和品质。因此，近年来成本更高的半夏的组培脱毒苗逐渐被市场认可，市场需求量逐年增加。与此同时，植物无糖培养技术也被应用于半夏种苗培养的研究，以期降低半夏组培苗的生产成本，提高半夏脱毒苗的市场竞争力。

8.4.2 光强和光周期对半夏生长的影响

占艳等（2009b）研究了不同光强、光周期对无糖培养半夏试管苗光合作用及生长的影响。结果显示，无糖培养更适用于半夏试管苗的生产。

1. 不同光强对半夏光合的影响

试验设置 37.5、75、112.5 μmol·m⁻²·s⁻¹ 3 个光强处理组，统一培养于无糖 1/4 MS+0.5 mg·L⁻¹ NAA、1.0 mg·L⁻¹ IAA 培养基中，CO_2 浓度 1200~1500 μmol·mol⁻¹、温度

（24±2）℃，以有糖培养（CK）、光强 37.5 μmol·m⁻²·s⁻¹ 为对照。

试验结果发现，在给定的光强范围内，半夏无糖培养处理的样本叶绿素含量、净光合速率都随光强增加而增加，且所有无糖培养处理组全都优于有糖培养对照组（表 8-22），这说明适度提高光照可使半夏无糖培养试管苗更好地光合自养，从而提高自身的净光合速率。

同样 37.5 μmol·m⁻²·s⁻¹ 光强处理下，有糖培养处理组植株的气孔导度和蒸腾速率大于无糖培养处理组（表 8-22），这可能是由于有糖培养的封闭环境不利于气体交换，半夏苗生理活动产生的热量被局限在很小的空间中，导致局部温度上升，试管苗需要通过增加气孔导度和蒸腾速率达到降温的目的。而无糖培养处理中，随着光强的增加，蒸腾速率和气孔导度逐渐下降，这表明，无糖培养通过微环境调控光照、CO_2 浓度和湿度，使试管苗不需要很高的气孔导度就能获得所需的气体交换量。同时，这也提高了其对气孔开闭的自我调节能力。随着光强增加，半夏无糖培养苗的蒸腾速率下降、气孔导度逐渐减小，有效地提高了无糖培养苗移栽时的保水能力，从而提高了试管苗的大田移栽成活率。

表 8-22　不同光照强度对半夏有糖、无糖培养试管苗光合的影响

（占艳等，2009b）

处理	光照强度 / (μmol·m⁻²·s⁻¹)	CO_2 浓度 / (μmol·mol⁻¹)	叶绿素含量 / (mg·g⁻¹)	净光合速率 / (μmol·m⁻²·s⁻¹)	蒸腾速率 / (mmol·m⁻²·s⁻¹)	气孔导度 / (mol·m⁻²·s⁻¹)
有糖（CK）	37.5	330	1.85	2.63	4.43	0.22
无糖（低光）	37.5	1200~1500	1.98	6.97	3.35	0.18
无糖（中光）	75.0	1200~1500	2.15	9.84	2.71	0.15
无糖（高光）	112.5	1200~1500	2.54	12.32	1.49	0.11

2. 不同光照强度对半夏生长量的影响

占艳等（2009b）观察到半夏无糖培养试管苗长出了大量须根，而有糖对照组无须根。随着光照强度的增加，无糖处理组的株高、叶面积、须根数、主根数和主根长等各项生长量都有显著提高（表 8-23），且都高于有糖对照组，这说明随着光照强度增加，半夏无糖培养试管苗的生长速率明显加快，因此，适度提高光强有利于半夏无糖试管苗的生长发育。

表 8-23　不同光照强度对半夏试管苗生长量的影响

（占艳等，2009b）

处理	光照强度 / (μmol·m⁻²·s⁻¹)	株高 / cm	叶面积 4 cm² 以上叶片数 / 片	须根数 / 条	主根数 / 条	最长主根根长 / cm
有糖（CK）	37.5	4.7	0	0	5	2.5
无糖（低光）	37.5	7.6	3	32	8	3.1
无糖（中光）	75.0	8.2	4	44	11	6.6
无糖（高光）	112.5	13.5	6	68	20	13.4

3. 光周期对半夏生长量的影响

半夏试管苗光周期试验（占艳等，2009b）设置 10、12、14、16 h·d⁻¹ 4 个光照时间处理，统一培养于无糖 1/4 MS+0.5 mg·L⁻¹ NAA、1.0 mg·L⁻¹ IAA 培养基中，光强 112.5 μmol·m⁻²·s⁻¹，CO_2 浓度 1200~1500 μmol·mol⁻¹、温度（24±2）℃。以有糖培养（CK）光周期 14 h·d⁻¹ 为对照组，结果发现所有无糖处理组均长出大量须根，而有糖对照组则无须根。无糖培养 14 h·d⁻¹ 处理的半夏无糖苗根系强壮、种苗茁壮，单株鲜重达 2212.32 mg·株⁻¹，是有糖对照组的 6.2 倍，干重 303.23 mg·株⁻¹，也是所有处理组的最大值，是有糖对照组的 5.8 倍。所有无糖处理组的苗高、主根长、单株鲜重、单株干重全部大于有糖对照组（表 8-24）。这说明半夏种苗无糖培养显著优于有糖培养。

试验还发现在无糖培养条件下半夏组培苗生物量积累随光照时间增加，在 14 h·d⁻¹ 时达到最高峰，随后下降（表 8-24）。这说明在 112.5 μmol·m⁻²·s⁻¹ 光强条件下，半夏试管苗培养的光周期以 14 h·d⁻¹ 为佳。

表 8-24　不同光照时间培养 28 d 对半夏试管苗生长发育的影响

（占艳等，2009b）

处理	光照时间 / (h·d⁻¹)	苗高 / cm	须根数 / 条	最长主根根长 / cm	单株鲜重 / mg	单株干重 / mg
无糖 I	10	8.3	23	5.6	1206.31	196.37
无糖 II	12	10.6	35	6.1	1789.40	227.13
无糖 III	14	12.6	67	12.6	2212.32	303.23
无糖 IV	16	12.2	49	8.6	2004.76	225.32
有糖 (CK)	14	5.1	0	2.8	358.44	52.42

8.4.3　CO_2 浓度对半夏生长的影响

和世平等（2009）研究了不同 CO_2 浓度对半夏无糖培养试管苗生长和光合作用的影响，试验设置 5 个 CO_2 浓度：（600±50）$\mu mol \cdot mol^{-1}$、（900±50）$\mu mol \cdot mol^{-1}$、（1200±50）$\mu mol \cdot mol^{-1}$、（1500±50）$\mu mol \cdot mol^{-1}$、（1800±50）$\mu mol \cdot mol^{-1}$。光强 112.8 $\mu mol \cdot m^{-2} \cdot s^{-1}$，1/4 MS 无糖培养基，NAA 0.5 $mg \cdot L^{-1}$，IAA 1.0 $mg \cdot L^{-1}$。昼 / 夜温度：（24±2）℃ /（20±2）℃，昼 / 夜相对湿度：75%±5% /85%±5%，光周期 14 $h \cdot d^{-1}$。有糖对照采用 MS 有糖培养基，光强 40 $\mu mol \cdot m^{-2} \cdot s^{-1}$，$CO_2$ 浓度 ≤ 330 $\mu mol \cdot mol^{-1}$。

生长量测定结果显示：在给定的范围内，随 CO_2 浓度的增加，半夏无糖培养苗的株高、叶面积、须根数、主根长和生根率呈先升高再下降的趋势，除须根数外，（1500±50）$\mu mol \cdot mol^{-1}$ 处理组的株高、叶面积、主根长、生根率均优于其他处理及有糖对照组（表 8-25）。生根率多重比较结果显示，各 CO_2 浓度处理的半夏无糖培养试管苗生根率均显著高于有糖对照组，（1500±50）$\mu mol \cdot mol^{-1}$ 处理组的生根率最高，达 89.35%。

表 8–25　不同 CO_2 浓度对半夏有糖、无糖培养试管苗生长量的影响
（和世平等，2009）

处理	CO_2 浓度 / ($\mu mol \cdot mol^{-1}$)	株高 / cm	叶面积 / cm^2	须根数 / 条	主根长 / cm	生根率 / %
有糖（CK）	≤330	3.43±0.29	1.79±0.42	0	2.38±0.44	43.98±0.47
无糖 I	600±50	5.33±0.54	2.50±0.32	3.5±0.46	3.97±0.43	78.87±0.11
无糖 II	900±50	7.68±0.37	4.92±0.34	4.7±0.91	4.43±0.66	85.27±0.57
无糖 III	1200±50	8.81±0.56	6.42±0.65	6.3±0.33	5.67±0.47	87.34±1.00
无糖 IV	1500±50	11.67±0.22	7.98±0.26	8.6±0.24	7.25±0.29	89.41±0.21
无糖 V	1800±50	9.79±0.13	6.94±0.37	8.9±0.82	6.68±0.34	88.26±0.72

光合指标测定结果显示：在给定的 CO_2 浓度 600~1800 $\mu mol \cdot mol^{-1}$ 范围内，随 CO_2 浓度的增加，半夏无糖培养试管苗的净光合速率、水分利用率、叶绿素含量逐渐升高，几乎都在 CO_2 浓度为（1500±50）$\mu mol \cdot mol^{-1}$ 时达到峰值，接近于在自然条件下用块茎繁殖的半夏植株叶片的净光合速率（表 8-26）。说明在一定范围内，增施 CO_2 有助于提高组培苗的光合能力，（1500±50）$\mu mol \cdot mol^{-1}$ 是该环境条件下半夏无糖培养的最适 CO_2 浓度。气孔导度和蒸腾速率随 CO_2 浓度升高持续下降（表 8-26），说明增施 CO_2 有助于

降低气孔导度和蒸腾速率、提高组培苗的水分利用率。

表 8-26　不同 CO_2 浓度对半夏有糖、无糖培养试管苗光合的影响

（和世平等，2009）

处理	CO_2 浓度 / ($\mu mol \cdot mol^{-1}$)	净光合速率 / ($\mu mol \cdot m^{-2} \cdot s^{-1}$)	气孔导度 / ($mmol \cdot m^{-2} \cdot s^{-1}$)	蒸腾速率 / ($mmol \cdot m^{-2} \cdot s^{-1}$)	水分利用率 / ($mmol \cdot mol^{-1}$)	叶绿素含量 / ($mg \cdot g^{-1}$)
有糖（CK1）	≤330	2.76±0.11	14.70±0.44	0.576±0.03	2.56±0.26	1.82±0.04
无糖 I	600±50	5.08±0.10	10.20±0.43	0.482±0.05	12.60±0.58	2.10±0.12
无糖 II	900±50	7.55±0.18	8.90±0.52	0.367±0.03	22.88±0.97	2.33±0.06
无糖 III	1200±50	9.47±0.25	7.65±0.18	0.26±0.01	37.38±0.24	2.45±0.13
无糖 IV	1500±50	10.20±0.27	7.56±0.15	0.245±0.02	44.35±0.38	2.50±0.16
无糖 V	1800±50	9.29±0.31	5.90±0.24	0.221±0.02	44.24±0.68	2.52±0.06
栽培苗（CK2）	330	11.50±0.40	4.39±0.18	0.171±0.01	84.15±1.78	2.79±0.07

8.4.4　不同培养基对半夏生长的影响

和世平等（2011）研究了营养液、基质配比对半夏无糖培养试管苗生长的影响，试验设置了 3 种无糖营养液：A1（MS）、A2（1/2 MS）、A3（1/4 MS）；3 种培养基质：B1（蛭石：珍珠岩 =2:1）、B2（泥炭：珍珠岩 =2:1）、B3（蛭石：泥炭：珍珠岩 =1:1:1）。CO_2 浓度 900~1200 $\mu mol \cdot mol^{-1}$，光强 71.4 $\mu mol \cdot m^{-2} \cdot s^{-1}$，光周期 14 h $\cdot$ d^{-1}，温度（25±2）℃，湿度 80%±5%。以同龄有糖培养组为对照（CK）。

试验结果表明，所有无糖培养处理半夏试管苗生根率全部高于有糖对照组。无糖 1/4 MS + 基质 B3（蛭石：泥炭：珍珠岩 =1:1:1）处理组生根率最高，为 87.67%±0.65%（表 8-27）。

表 8-27　不同基质与营养液处理对半夏试管苗生长的影响

（和世平等，2011）

处理	生根率 / %	苗高 / cm	叶面积 / cm^2	根系生长情况		
				主根数 / 条	须根数 / 条	根长 / cm
CK 对照	45.67±0.78	4.78±0.20	1.77±0.16	4.7±0.15	0	2.40±0.17
1(A1B1)	75.52±0.78	8.52±0.23	4.51±0.11	5.0±1.20	6.3±0.55	4.20±0.08
2(A1B2)	68.03±1.10	6.27±0.27	5.20±0.21	5.5±0.77	4.3±0.79	2.70±0.34

续表

处理	生根率/%	苗高/cm	叶面积/cm²	根系生长情况		
				主根数/条	须根数/条	根长/cm
3(A1B3)	81.25±0.16	7.85±0.15	3.98±0.24	4.7±1.30	7.2±0.96	3.63±0.22
4(A2B1)	80.77±0.88	9.57±0.17	4.82±0.21	4.5±0.75	4.5±0.33	5.02±0.45
5(A2B2)	72.84±1.92	6.68±0.09	4.98±0.25	4.5±0.65	2.2±0.87	2.07±0.38
6(A2B3)	82.33±0.35	7.63±0.17	3.85±0.07	3.3±0.70	5.2±0.21	4.10±0.22
7(A3B1)	85.08±0.45	10.02±0.33	6.24±0.11	6.0±0.95	8.2±0.44	5.60±0.25
8(A3B2)	76.34±1.56	9.00±0.14	6.50±0.20	5.2±1.33	6.9±0.64	5.38±0.37
9(A3B3)	87.67±0.65	11.83±0.15	7.61±0.15	7.0±1.10	9.1±0.76	7.38±0.44

注：半夏不定芽无糖培养14 d后统计生根率，28 d后统计其他生长量数据。CK：同龄半夏有糖培养试管苗。

8.4.5 不同培养类型对半夏显微结构的影响

占艳等（2009a）研究了无糖和有糖两种培养类型对半夏试管苗根、叶显微结构的影响。结果表明，半夏无糖培养试管苗根、叶显微结构与有糖培养试管苗相比，其保水能力具有明显优势。

1. 叶表皮显微结构

试验观测发现，半夏无糖培养试管苗叶片上表皮细胞和下表皮细胞都为1列，叶片表皮细胞排列紧密整齐，可以更好地调节水分的吸收和蒸发，具有贮水作用，无糖培养苗下表皮气孔数量比有糖对照组多。无糖培养苗叶片上表皮有较完整的蜡质层，对叶片起着保护作用，并可以控制水分蒸腾、加固机械性能、防止病菌侵入；而有糖对照叶片上表皮光滑无蜡质层（图8-18，图8-19）。

2. 叶肉显微结构

试验观察到，半夏无糖培养试管苗叶片栅栏组织比有糖对照组发达，无糖培养试管苗叶片有2~3层排列更加紧密有序的栅栏组织细胞，有糖对照组仅有1~2层；半夏无糖培养试管苗具有2~3层分化完全的海绵组织细胞，而有糖对照组仅有1层未分化完全的海绵组织，且细胞排列疏松（表8-28、图8-18）。

表 8-28　半夏叶片栅栏组织和海绵组织结构特征值

（占艳等，2009a）

处理	栅栏组织厚度 / μm	海绵组织厚度 / μm	栅栏细胞高度 / μm	栅栏细胞宽度 / μm	栅栏细胞层数	海绵细胞层数	栅栏组织 / 海绵组织厚度
无糖	225.4±12.0	170.2±11.4	95.2±7.0	47.5±4.3	2~3	2~3	1.32
有糖	130.7±9.2	124.6±10.9	64.8±5.4	35.2±3.7	1~2	1	1.04

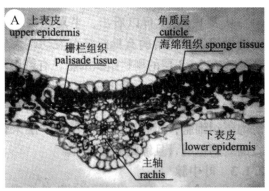
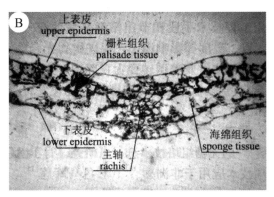

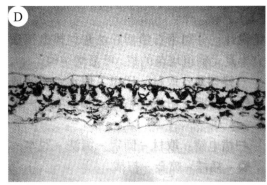

图 8-18　同龄半夏无糖、有糖培养试管苗叶片石蜡切片

A：无糖培养苗叶主脉（200×）；B：有糖培养苗叶主脉（200×）；C：无糖培养苗叶片（180×）；D：有糖培养苗叶片（180×）（占艳等，2009a）

叶脉显微结构对比：无糖培养试管苗维管束发育健全，叶中脉厚度、最大导管直径均高于维管束不明显的有糖对照组（图 8-18，表 8-29）。

表 8-29　半夏叶片显微结构特征值

（占艳等，2009a）

处理	叶片厚度 / μm	中脉厚度 / μm	上表皮厚度 / μm	下表皮厚度 / μm	最大导管直径 /μm
无糖	755.5±50.2	994.5±59.1	112.5±9.3	117.4±9.7	80.3±7.2
有糖	442.3±40.3	570.2±30.4	80.5±8.5	56.4±3.9	45.6±5.7

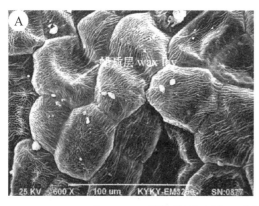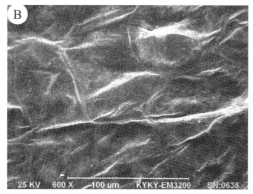

图 8-19　同龄半夏无糖、有糖培养试管苗上表皮扫描电镜

A: 无糖培养苗上表皮蜡质层（600×）; B: 有糖培养苗上表皮蜡质层（600×）（占艳等，2009a）

3. 气孔显微结构

　　试验发现，半夏无糖培养试管苗气孔大小、气孔开度都明显小于有糖对照组（表 8-30，图 8-20）。这表明无糖培养试管苗更容易调节气孔以应对环境湿度变化，避免失水枯萎。无糖培养试管苗气孔密度为 130 个·mm^{-2}，远高于有糖对照的 82 个·mm^{-2}。这表明无糖培养试管苗具备更强的蒸腾散热和被动吸水能力，也更有利于气体交换，保持较强的光合作用。

表 8-30　半夏无糖、有糖培养试管苗气孔形态的比较

（占艳等，2009a）

处理	气孔横径 / μm	气孔纵径 / μm	气孔口横径 / μm	气孔口纵径 / μm	气孔开度 / μm
无糖	19.58 ± 1.33	23.58 ± 1.93	1.13 ± 0.58	6.92 ± 1.26	7.77 ± 4.54
有糖	25.50 ± 2.01	26.75 ± 1.87	7.00 ± 1.56	10.21 ± 2.20	72.77 ± 4.54

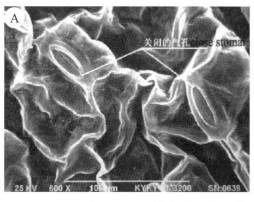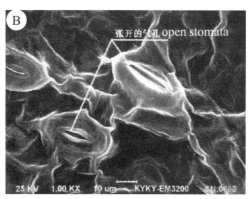

图 8-20　同龄半夏无糖、有糖培养试管苗下表皮扫描电镜

　　A: 无糖培养苗叶片下表皮气孔（600×）; B: 有糖培养苗叶片下表皮气孔（600×）（占艳等，2009a）

植物无糖培养微繁殖及种苗生产

4. 根切面显微结构

试验还发现，半夏无糖培养试管苗根部细胞排列整齐，组织分区明显，初生组织和次生组织已分化，能明显观察到凯氏点、凯氏带、内皮层、中柱鞘、初生韧皮部、初生木质部，可见明显的输导组织、髓射线；而有糖对照组的根部细胞排列稀疏，髓的分化不明显，输导组织不发达，初生组织和次生组织分化不明显，细胞无序排列，看不到凯氏带（图 8-21）。

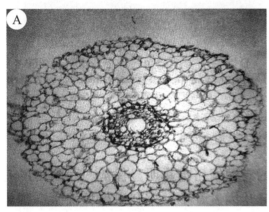
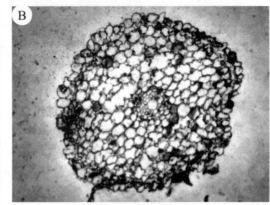

图 8-21　同龄半夏无糖、有糖培养试管苗根的石蜡切片
A：无糖培养苗根（350×）；B：半夏有糖培养苗根（350×）（占艳等，2009a）

8.4.6　半夏无糖培养案例

在上海离草科技有限公司的技术支持下，甘肃源宜生物科技有限公司开展了半夏无糖培养技术研究，并实现了规模化生产。公司利用无糖培养技术，生产周期大幅度缩短，同时半夏球茎的干重、鲜重都得到显著提高（图 8-22）。

图 8-22　半夏无糖培养（甘肃源宜生物科技有限公司）

8.5　地黄

8.5.1　地黄简介

药用地黄为玄参科植物地黄 [*Rehmannia glutinosa*（Gaert.）Libosch. ex Fisch.et

Mey.] 的新鲜或干燥块根。地黄株高 10~30 cm，根茎肉质，鲜时黄色，在栽培条件下直径可达 5.5 cm，茎紫红色。花果期 4~7 月。地黄是我国民间传统植物药，分布于辽宁、河北、河南、山东、山西、陕西、甘肃、内蒙古、江苏、湖北等省（区），生于海拔 50~1100 m 的砂质壤土、荒山坡、山脚、墙边、路旁等处，主产于河南、河北、陕西、山西等地。

已知的地黄活性化学成分主要包括环烯醚萜类、紫罗兰酮类、苯乙醇苷类、三萜类、黄酮类及糖类等。通过动物实验，研究人员发现地黄的某些成分对小（大）鼠的血液系统、中枢神经系统具有显著作用，可以对实验动物起到一定的抗衰老、调节血糖血脂、抗抑郁、保肝等作用；体外实验研究也发现其具有部分抗肿瘤和抑菌作用（陈金鹏等，2021）。未来随着化学分析技术和药理学研究的不断进步，地黄的化学成分和药理作用很可能会被进一步阐明和开发，并通过临床验证造福人类。

由于地黄的块根上芽眼多，容易生根、发芽，所以大田生产多用块根繁殖，生长速度优于种子繁殖。但长期的无性繁殖会造成种质退化、病害积累等各种问题，近年来地黄生产区病毒病的发生日趋严重，造成减产 30%~50%，甚至绝收，地黄病毒病已成为地黄产业化发展的严重制约因素。虽然目前地黄脱毒技术已经成熟，但传统脱毒组培苗受成本、种苗质量和移栽成活率的制约，仍然难以大规模生产应用。因此，科研人员很快将研究方向转向了生产成本更低、种苗质量更高的无糖培养技术，并取得了丰硕的成果。

8.5.2　不同培养类型对地黄光合作用的影响

Seon 等（2000）对比了无糖和有糖培养地黄试管苗驯化移栽时的光合能力差异，试验中无糖培养采用无糖 MS 培养基，光强 140 µmol·m⁻²·s⁻¹，CO_2 浓度 2000 µmol·mol⁻¹，相对湿度 70%，温度 23~25℃，光照 16 h·d⁻¹，换气次数 3.5 次·h⁻¹；有糖培养采用含糖 30 g·L⁻¹ 的 MS 培养基，光强 30 µmol·m⁻²·s⁻¹。瓶内培养 21 d

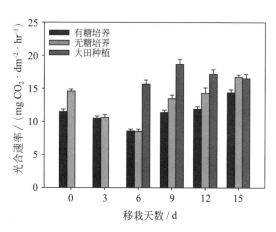

图 8-23　有糖、无糖培养与田间栽培条件下地黄种苗光合速率的比较（Seon et al., 2000）

植物无糖培养微繁殖及种苗生产

后驯化 3 d 并移栽培养 15 d。

试验结果发现，地黄移栽到温室的最初阶段无糖处理组的光合速率显著高于有糖处理组，移栽后 6 d 内，两个处理组的光合速率同步降低，且光合速率无显著组间差异。随后，两个处理组的光合速率都开始上升，其中无糖处理组的光合速率增加程度显著高于有糖处理组，表现为无糖处理第 9~15 d 光合速率全部显著高于有糖处理组，并在第 15 d 达到了田间生长植株的光合速率水平（图 8-23）。

幼苗在驯化移栽期间气孔导度和蒸腾速率变化如图 8-24 所示。有糖处理组移栽 3~6 d 内蒸腾速率和气孔导度增加过度（5.0 mol $H_2O \cdot m^{-2} \cdot s^{-1}$），是同比无糖处理组（1.7 mol $H_2O \cdot m^{-2} \cdot s^{-1}$）的 3 倍以上。9 d 后，有糖处理组的气孔导度和蒸腾速率逐渐回落，表现出与无糖处理组和大田植株相似的数值。这表明，在有糖培养苗移栽驯化早期，蒸腾的控制至关重要。

F_v/F_m 和叶绿素含量下降代表光抑制损伤。在有糖和无糖两种培养条件下，F_v/F_m 值和叶绿素含量在移栽的前 12 d 均呈下降趋势（图 8-25）。12 d 后，两个处理组的 F_v/F_m 均迅速回升，并在第 15 d 起同时接近田间种植的植株（F_v/F_m: 0.75~0.85）。在 F_v/F_m 回升过程中（6~12 d），无糖处理组的数据始终高于有糖处理组。

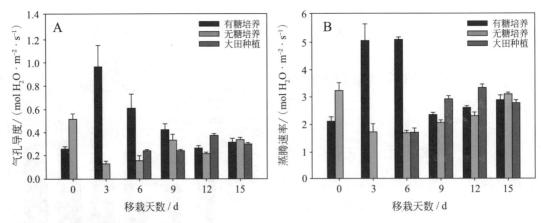

图 8-24 有糖培养、无糖培养与大田种植条件下气孔导度（A）和蒸腾速率（B）的比较（Seon et al., 2000）

两个处理组的叶绿素含量在驯化移栽后都呈现出相同的先降低再升高的趋势（图 8-25）。驯化移栽后的前 15 d，叶绿素含量持续下降（接近 50%），随后开始上升。整个过程中，无糖处理组的叶绿素含量始终高于有糖处理组。

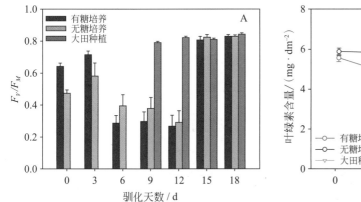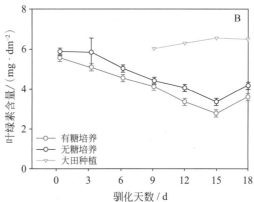

图 8-25　有糖培养、无糖培养和大田种植条件下 F_V/F_M（A）和叶绿素含量（B）的比较
（Seon et al., 2000）

试验结果可以看出，无论试管苗是否生长在光自养条件下，当其被移出试管移栽驯化时，都受到了移栽应激损伤。具有更高光合活性的地黄无糖培养试管苗很容易从移栽应激中恢复。因此，采用无糖培养微繁殖进行地黄种苗生产可以避免或减轻移栽后外部恶劣环境造成的应激，提高种苗成活率和生物量。

8.5.3　不同培养类型对地黄生长的影响

Seon 等（2000）测定了地黄试管苗在无糖和有糖条件下培养 21 d、驯化 3 d、移栽 15 d 时的生物量发现，不论哪个培养时期，无糖处理试管苗的叶面积、干重、鲜重和成活率都显著高于有糖对照组。并且这种优势在整个培养过程中是不断被累积的。如试管苗培养 21 d 后，无糖处理组的单株干重是有糖对照组的 2.2 倍，但驯化、移栽 18 d 后，无糖处理组的单株干重达到了有糖对照组的 3.9 倍。最终无糖处理组的成活率为 92%，远高于有糖对照组的 64%（表 8-31）。

表 8-31　地黄试管苗不同条件培养 21 d 后、驯化移栽 18 d 后生长量的变化
（Seon et al., 2000）

培养条件	培养 21 d 后				驯化、移栽 18 d 后		
	株高 / cm	叶数 / 片	叶面积 / cm^2	干重 / (mg·株$^{-1}$)	鲜重 / (mg·株$^{-1}$)	干重 / (mg·株$^{-1}$)	成活率 / %
有糖	12.0 ± 0.4	13.7 ± 0.5	21.2 ± 0.1	56.0 ± 2.2	660 ± 12.5	71.6 ± 4.3	64
无糖	11.3 ± 0.1	11.5 ± 0.3	75.0 ± 5.0	122.0 ± 3.8	2425 ± 23.6	281.8 ± 8.2	92

8.5.4　地黄无糖培养案例

在上海离草科技有限公司的技术支持下，山西省农业科学院棉花研究所开展了地黄无糖培养技术研究，图 8-26 所示为地黄无糖培养生根阶段。最终生根成活率高于 98%。

图 8-26　地黄无糖培养（山西省农业科学院棉花研究所）

8.6　罗汉果

8.6.1　罗汉果简介

药用罗汉果为葫芦科植物罗汉果 [*Siraitia grosvenorii* (Swingle) C. Jeffrey ex Lu et Z. Y. Zhang] 的干燥果实。罗汉果花期 5~7 月，果期 7~9 月，秋季果实由嫩绿色变深绿色时采收。主产于广西、贵州、湖南、广东和江西等省。罗汉果常生于海拔 400~1400 m 的山坡林下及河边湿地、灌木丛；广西永福、临桂等地已将其作为重要经济植物进行栽培。

科研人员对罗汉果进行了较为系统详细的化学成分研究，从中分离得到了大量的葫芦烷型三萜皂苷类、黄酮苷类、多糖类成分。进一步研究发现，罗汉果提取物对小（大）鼠有祛咳平喘、润肠通便、抗氧化、改善糖尿病临床症状和胰岛素的反应，对小鼠肝脏有保护作用，体外实验和动物实验也认为罗汉果提取物具备抗癌、抗菌消炎、提高免疫力的作用（陈瑶等，2011），应用潜力巨大。

栽培罗汉果用种子繁殖所得的幼苗中雄株占 70% 以上（黄燕芬等，2005），且未经去壳处理的种子发芽期长短不一，因此一般采用繁殖系数较低的压蔓繁殖法。但随着无性繁殖代数增加，植株种性会逐步退化，产量、品质大幅降低。罗汉果试管苗的出现虽然解决了这些问题，但传统组培试管苗根易脱落且伴有大量的愈伤组织出现，种植成活率低，给农民的生产带来了很大的风险。因此，越来越多的科研人员把目光转向了无糖培养技术，并成功探索出了罗汉果的无糖培养方法。

8.6.2　光强对罗汉果生长的影响

1. 光强对生根的影响

张美君（2009）研究了光强和光周期对罗汉果无糖培养试管苗生长的影响，试验培养温度（25±1）℃，湿度 80%±5%，CO_2 浓度 1000 μmol·mol^{-1}，光强设置 25、50、100、200 μmol·m^{-2}·s^{-1} 4 个水平，光周期设置 8、12、16、24 h·d^{-1} 4 个水平，以有糖培养处理为对照组（光强 25 μmol·m^{-2}·s^{-1}，光周期 12 h·d^{-1}）。

结果发现，不同培养方式和光照强度下罗汉果试管苗生根产生了显著差异。有糖对照组由于培养基含激素 NAA 和糖，试管苗基部不定根的形成伴随着大量愈伤组织的出现，而在无糖培养试管苗基部则没有愈伤组织产生（图 8-27）。有糖对照组试管苗根系短、密集，分支少，根毛短且数量少，在洗苗移栽过程中，不定根容易随愈伤组织一起脱落，而无糖处理试管苗不定根长、分支多，根毛长且数量多、与植物体结合紧密，不易脱落，这说明，在无糖培养的过程中植物自身的合成的激素就能够满足自身正常生长需求。

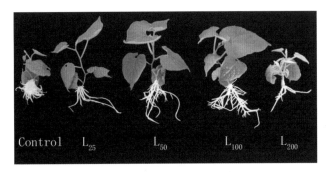

图 8-27　不同光强处理罗汉果有糖（Control）、无糖培养（L25、L50、L100、L200）苗根系对比。L25，L50，L100，L200 对应无糖培养光强 25、50、100、200 μmol·m^{-2}·s^{-1}，有糖培养对照组（Control）光强 25 μmol·m^{-2}·s^{-1}（张美君，2009）

试验发现，不同光强对生根时间影响显著，实验结果总体呈现出光强越高生根越晚的趋势（图 8-28），但各处理组最终生根率均达到 100%。这可能是由于高光照强度引起培养容器内温度的升高，从而加重了试管苗的呼吸，导致叶片失水过多，因此试管苗需要较

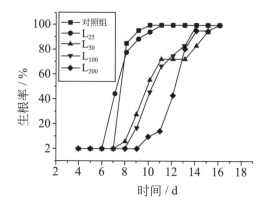

图 8-28 不同光照强度对罗汉果试管苗生根率的影响。L25，L50，L100，L200 对应无糖培养光强：25、50、100、200 $\mu mol \cdot m^{-2} \cdot s^{-1}$。有糖培养（对照组），光强 25 $\mu mol \cdot m^{-2} \cdot s^{-1}$，培养基含 2.7 $mg \cdot L^{-1}$ NAA（张美君，2009）

长时间进行恢复，从而延迟了生根时间。

试验还发现，光强 100 $\mu mol \cdot m^{-2} \cdot s^{-1}$ 时，罗汉果试管苗根系发育最好，根鲜重、根干重均达所有处理组的最高值，根长、根数也位列无糖培养处理组的最高值。在无糖培养处理组中，随着光强的升高，试管苗根部干重和鲜重的比值也逐渐增加（表 8-32）。

表 8–32 不同的光照强度对无糖培养 26 d 的罗汉果试管苗生根率和根部生物量的影响（张美君，2009）

处理号	光强 / ($\mu mol \cdot m^{-2} \cdot s^{-1}$)	生根率 / %	根数 / 根	根长 / cm	根重 / mg		干重 / 鲜重 (%)
					鲜重 / mg	干重 / mg	
对照组（有糖）	25	100	22.8±4.6 a	1.2±0.3 c	148.6±19.2 b	5.2±0.6 b	3.5
L25（无糖）	25	100	2.5±0.3 c	6.7±0.6 a	81.8±7.9 c	3.3±0.4 c	4.0
L50（无糖）	50	100	4.1±0.4 bc	7.3±0.5 a	138.5±13.1 b	5.5±0.6 b	4.1
L100（无糖）	100	100	4.4±0.4 b	7.8±0.5 a	187.3±12.3 a	8.3±0.7 a	4.4
L200（无糖）	200	100	5.0±0.6 b	3.3±0.3 b	55.0±6.8 c	4.3±0.5 bc	12.3

注：同列数据后不同字母表示差异极显著（$p \leqslant 0.01$）。

2. 光强对生物量的影响

张美君（2009）试验发现，无糖培养的罗汉果试管苗长势明显优于有糖培养组。

100 μmol·m⁻²·s⁻¹ 光强处理组长势最好（表 8-33），其叶面积、茎长、鲜重、干重分别为有糖对照组的 2.7 倍、1.2 倍、3.0 倍和 3.7 倍。即使在相同低光强下（25 μmol·m⁻²·s⁻¹），无糖处理试管苗的叶面积、鲜重、干重也分别为有糖对照组的 2.0 倍、1.8 倍和 1.8 倍。

无糖处理组中，试管苗叶面积、茎长和鲜重随光强的增加先升高后降低。在 100 μmol·m⁻²·s⁻¹ 处理达到最大值，随后表现出光抑制状态，当光强为 200 μmol·m⁻²·s⁻¹ 时，试管苗叶面积和茎长为各无糖处理组中最小，但积累了较多的干重。随着光强升高，试管苗干重和鲜重比值增大。同时，光强的增加促使试管苗的叶片变厚，叶片上的表皮毛长且浓密。光照强度 200 μmol·m⁻²·s⁻¹ 时影响最明显：叶片偏黄，小且厚，茎矮并且长出侧枝（图 8-27）。

表 8-33　不同光照强度对无糖培养 26 d 的罗汉果试管苗生物量和移栽 20 d 后成活率的影响

（张美君，2009）

处理号	光强 /（μmol·m⁻²·s⁻¹）	叶面积 / mm²	茎长 / cm	重量及比例			移栽成活率 / %
				鲜重 / mg	干重 / mg	干重 / 鲜重(%)	
对照组（有糖）	25	1412±76 c	4.0±0.2 ab	281.0±15.1 c	26.2±2.5 d	9.3	65
L25（无糖）	25	2802±228 b	4.0±0.2 ab	499.4±27.0 b	48.3±2.8 c	9.7	96
L50（无糖）	50	3650±232 a	4.5±0.2 a	751.0±53.5 a	80.1±6.9 b	10.6	98
L100（无糖）	100	3740±270 a	4.7±0.2 a	846.8±49.0 a	97.1±5.6 a	11.5	100
L200（无糖）	200	2198±121 b	3.6±0.2 b	612.9±34.7 b	100.7±4.1 a	16.4	100

注：同列数据后不同字母表示差异极显著（$p \leq 0.01$）。

3. 光强对叶绿素的影响

张美君（2009）试验发现，不同培养方式和光强显著影响试管苗叶绿素含量。同样 25 μmol·m⁻²·s⁻¹ 光强条件下，无糖处理试管苗叶绿素含量是有糖对照组的 1.6 倍。这说明培养基中糖的添加明显降低了植物体内叶绿素的含量，同时也减弱了试管苗的光合能力。或者说，在弱光条件下，无糖培养的罗汉果试管苗能够通过大幅加强自身叶绿素的合成、提高光合能力来适应环境，而有糖培养试管苗的调节能力则相对较弱。

在无糖培养中，随着光强升高，叶绿素含量先升高再降低，峰值在 50 μmol·m⁻²·s⁻¹ 处理处，叶绿素 a/b 比值随光强增加持续增大（图 8-29）。这说明随着光强的增加，叶绿素浓度下降，且叶绿素 b 向叶绿素 a 的转化被激活（Ito et al., 1993），导致叶绿素 a 含量增加，叶绿素 a/b 比值升高。

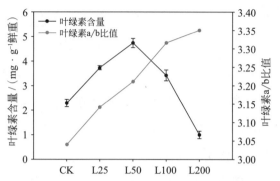

图 8-29 不同光照强度对罗汉果试管苗叶绿素含量和叶绿素 a/b 比值的影响。L25，L50，L100，L200 对应无糖培养光强：25、50、100、200 μmol·m⁻²·s⁻¹。有糖培养（CK）光强 25 μmol·m⁻²·s⁻¹，培养基含 2.7mg·L⁻¹ NAA（张美君，2009）

4. 光强对 Fv/Fm 和电子传递速率（ETR）的影响

张美君（2009）试验发现，试验光强为 200 μmol·m⁻²·s⁻¹ 时，罗汉果试管苗自上而下第 2 片叶的 Fv/Fm 比值为 0.57，其他测试叶片（第 2 片和第 3 片）Fv/Fm 比值均在 0.78~0.82 之间波动。这说明光强 200 μmol·m⁻²·s⁻¹ 对罗汉果试管苗产生了显著光抑制作用，继而导致该叶片在此光强下只能实现很低的电子传递速率。除了最高光强处理的第 2 片叶，所有无糖处理试管苗测试叶片的电子传递速率均高于有糖对照组，并表现出随光强升高而升高的趋势（图 8-30）。

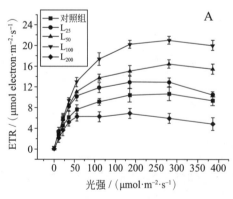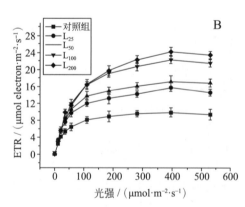

图 8-30 培养 24 d 后的罗汉果试管苗在不同光照强度下的快速光曲线。A：为从顶端数第二片叶，B：为第三片叶。L25，L50，L100，L200 对应无糖培养的四个不同光强：25、50、100、200 μmol·m⁻²·s⁻¹。对照组为有糖培养，光强 25 μmol·m⁻²·s⁻¹，培养基含 2.7mg·L⁻¹ NAA（张美君，2009）

5. 光强对移栽成活率的影响

张美君（2009）试验发现，所有光强处理的无糖培养罗汉果试管苗移栽成活率均达到了 95% 以上，其中光强 100 和 200 $\mu mol \cdot m^{-2} \cdot s^{-1}$ 的处理移栽成活率达到 100%（表 8-33）。而有糖对照组试管苗的移栽成活率只有 65%。在驯化过程中，有糖对照组的试管苗，尤其是长得较弱小的，移栽到温室初期便萎蔫。约 85% 的萎蔫植株会慢慢恢复，但在驯化中期有些植株会因根部腐烂而死亡。与之相反，无糖处理的试管苗驯化初期萎蔫较少，萎蔫的植株在第二天便能恢复正常，移栽的试管苗后期成活率（第 20 天）达到了 95% 以上。这说明无糖培养有利于罗汉果试管苗生长。

8.6.3　光周期对罗汉果生长的影响

1. 光周期对罗汉果繁殖率的影响

张美君（2009）研究发现，不同光周期对无糖培养罗汉果试管苗生长及繁殖率有较大的影响，光照时间对茎长度，节间长度，叶片数量产生了显著影响。光照时间短，茎长、节间长度增加，但是叶片数量较少；随着光照时间的延长，茎长和节间长度缩短，叶片也随之增加。$12 \ h \cdot d^{-1}$ 和 $16 \ h \cdot d^{-1}$ 处理组表现出最高的可繁殖数。$24 \ h \cdot d^{-1}$ 处理组的植株虽然实际叶片数多，但由于节间过短，用于继代繁殖的叶片数目相应减少（表 8-34）。另外，$12 \ h \cdot d^{-1}$ 和 $16 \ h \cdot d^{-1}$ 处理组的叶面积也是所有处理组中最大的。

表 8-34　不同光周期对无糖培养 26 d 罗汉果试管苗茎长、节间长度、叶片数和叶面积的影响（张美君，2009）

处理号	光照时间 / ($h \cdot d^{-1}$)	茎长 / cm	节间长度 / mm	叶片数		叶面积 / mm^2
				实际数目	可繁殖数	
PD_8	8	54 ± 0.3 a	10.3 ± 0.2 a	5.0 ± 0.2 b	4.5 ± 0.3 b	2570.3 ± 143.5 b
PD_{12}	12	54 ± 0.2 a	8.8 ± 0.2 b	5.9 ± 0.2 a	5.3 ± 0.2 a	3489.8 ± 132.1 a
PD_{16}	16	51 ± 0.2 ab	7.9 ± 0.3 b	6.1 ± 0.2 a	5.4 ± 0.2 a	3492.1 ± 183.8 a
PD_{24}	24	44 ± 0.1 b	6.3 ± 0.1 c	6.2 ± 0.2 a	4.6 ± 0.3 b	2216.7 ± 118.7 b

注：同列数据后不同字母表示差异极显著（$p \leqslant 0.01$）。

2. 光周期对罗汉果生长量的影响

张美君（2009）研究发现，不同的光周期对罗汉果试管苗的生长有显著影响。在大部分给定的光照时间范围内，随着光照时间的延长，试管苗干重数、鲜重数以及干鲜重比值逐渐增大。试管苗在光照时间为 16 h·d^{-1} 时表现出最好的生长状态。过长的光照（24 h·d^{-1}）会抑制试管苗的生长，这可能与试管苗呼吸作用加强，同时暗反应受到抑制及产生光呼吸有关。不同的光周期处理下无糖培养罗汉果试管苗的生根率均达到 100%。试管苗的移栽成活率均在 85% 以上（表 8-35）。

表 8-35　不同光周期对无糖培养 26 d 罗汉果试管苗鲜重、干重、生根率和移栽 20 d 后
　　　　成活率的影响（张美君，2009）

处理号	光周期/(h·d^{-1})	茎叶			根			生根率/%	成活率/%
		鲜重/mg	干重/mg	干/鲜(%)	鲜重/mg	干重/mg	干/鲜(%)		
PD$_8$	8	382.5±21.7 b	49.8±6.0 c	13.0	38.5±2.5 d	1.7±0.2 c	4.4	100	85
PD$_{12}$	12	510.8±22.6 a	100.1±11.8 b	19.6	53.7±2.2 c	3.1±0.2 b	4.8	100	91
PD$_{16}$	16	591.5±25.1 a	129.2±8.4 a	21.8	76.2±3.7 a	4.3±0.4 a	5.6	100	95
PD$_{24}$	24	526.8±30.7 a	117.8±5.6 b	22.4	64.9±3.5 b	3.8±0.2 ab	5.9	100	94

注：同列数据后不同字母表示差异极显著（$p \leqslant 0.01$）。

3. 光周期对罗汉果叶绿素含量的影响

张美君（2009）研究发现，不同光周期对罗汉果无糖培养试管苗叶绿素含量影响显著（图 8-31）。随着日照时间的延长，叶绿素含量在 12 h·d^{-1} 处理时达到最高（与 16 h·d^{-1} 处理差异不显著），然后持续下降。光周期 24 h·d^{-1} 时，叶绿素含量最低。这种变化趋势可能是因为光照时间短，罗汉果试管苗叶绿素合成受阻，导致叶绿素积累少，或者光照时间太长，由于光合产物没有及时输送，叶绿体内光合产物浓度较高，抑制了叶绿素的合成和积累，从而抑制了组培苗生长。由此可见，光周期 12~16 h·d^{-1} 对罗汉果试管苗生长较为适宜。

4. 光周期对罗汉果光合能力的影响

张美君（2009）研究发现不同光周期对电子传递速率有显著的影响。随着日照时间的延长，电子传递速率逐渐升高，在 16 h·d^{-1} 处理时达到最高，然后下降（图 8-32）。高光周期下电子传递速率的降低可能是由于光照时间过长，光合产物不能及时输送，叶片中光合产物积累到一定水平后抑制了光合电子传递速率所致。同时，植物在光照条件下会

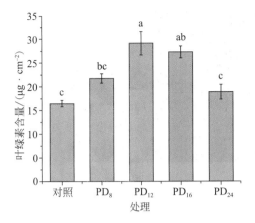

图 8-31　不同光周期 8，12，16 和 24 h·d⁻¹ 对罗汉果无糖培养试管苗叶绿素含量的影响（张美君，2009）

注：不同字母表示差异极显著（$p \leqslant 0.01$）。

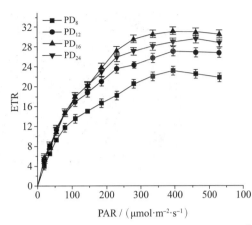

图 8-32　不同光周期 8，12，16 和 24 h·d⁻¹ 下罗汉果试管苗的快速光曲线（无糖培养 24d）（张美君，2009）

进行光呼吸，光照时间越长，光呼吸时间也越多。因此，光周期 16 h·d⁻¹ 有利于罗汉果试管苗无糖培养，光照时间过长反而会抑制其光合作用。

8.6.4　碳源和激素对罗汉果生长量的影响

张美君（2009）研究了不同碳源和激素对罗汉果试管苗生长的影响。试验设置不同激素水平的有糖培养和无糖培养 4 个处理组：PM（30 g·L⁻¹ 蔗糖）、PMN（30 g·L⁻¹ 蔗糖和 2.7 mg·L⁻¹ NAA）、PA（无糖）、PAN（无糖加 2.7 mg·L⁻¹ NAA），所有的处理组均在光照强度为 25 μmol·m⁻²·s⁻¹ 的条件下培养。

试验结果表明蔗糖和 NAA 均能导致愈伤组织的形成（图 8-33，表 8-36），添加 NAA 的处理组（PMN 和 PAN）形成的愈伤组织体积大，结构比较紧密；而无 NAA 的有糖处理组（PM）愈伤组织体积小，结构也比较松散。同时，NAA 的添加会诱导产生大量不定根，当 NAA 与蔗糖同时作用时诱导的不定根数目最多，NAA 单独作用时次之，但 NAA 诱导产生的不定根短，分枝少，根毛稀疏短小。

虽然培养基无 NAA 的无糖处理组（PA）和有糖处理组（PM）不定根数目最少，但无糖处理组（PA）根长显著高于其他所有处理，且基部没有愈伤组织，最终移栽成活率最高，为 100%。这说明 PA 处理根系活力较强，也说明罗汉果无糖培养时无需添加外源植物激素。

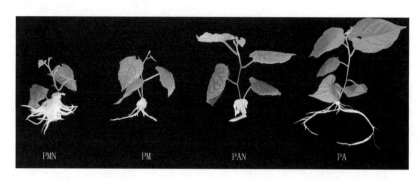

图 8-33　蔗糖和 NAA 对生长 26 d 罗汉果试管苗的影响

PM（30 g·L⁻¹ 蔗糖）、PMN（30 g·L⁻¹ 蔗糖＋2.7 mg·L⁻¹ NAA）、PA（无糖）、PAN
（无糖＋2.7 mg·L⁻¹ NAA）（张美君，2009）

表 8-36　糖和 NAA 对罗汉果试管苗培养 26 d 和移栽 20 d 后成活率的影响
（张美君，2009）

| 处理 | 愈伤组织 | | 根 | | | 芽 | 移栽成活率 / % |
	体积 / mm³	干重 / mg	数量	长度 / cm	干重 / mg	干重 / mg	
PMN	1300±200 a	40.2±5.2 a	20.6±5.6 a	1.2±0.5 c	5.7±5.1 a	21.2±3 b	67
PM	140±60 c	5.1±0.3 c	2.8±1.2 c	3.3±0.8 b	0.9±0.9 c	24.3±2 b	75
PAN	360±80 b	16.3±2.8 b	8.4±3.2 b	0.3±0.1 d	1.4±3.2 c	41.1±6 a	87
PA	0 d	0 d	3.6±0.8 c	6.8±0.9 a	4.2±0.4 b	48.7±4 a	100

注：同列数据后不同字母表示差异极显著（$p \leqslant 0.01$）。

8.6.5　罗汉果无糖培养案例

在上海离草科技有限公司的技术支持下，桂林莱茵生物科技股份有限公司开展了罗汉果无糖培养技术研究，并成功应用于规模化生产。

图 8-34　罗汉果无糖培养

A：刚刚接种的罗汉果试管苗；B：无糖培养末期的罗汉果试管苗（桂林莱茵生物科技股份有限公司）

8.7　栀子

8.7.1　栀子简介

栀子又名水横枝、黄果子（广东），黄叶下（福建），山黄枝（台湾），黄栀子等，为茜草科栀子属植物栀子（*Gardenia jasminoides* Ellis）的干燥成熟果实。栀子为常绿灌木，高 0.3~3 m，花期 3~7 月，果期 5 月至翌年 2 月，原产地位于我国长江流域以南的地区。栀子适宜生长在温暖湿润的环境，不耐寒，是亚热带气候适生花木，花朵大而洁白，具有馥郁的香味，位列我国九大香花之一，所以国内常用栀子作为绿化、美化、香化的树种以供观赏。同时，栀子也被传统医学应用于泻火凉血等用途。现代研究发现，栀子生物活性成分复杂，其中有环烯醚萜类、二萜类、黄酮类和有机酸酯类等。通过动物实验和体外实验，研究人员也发现了栀子苷等成分具有抗感染、免疫调节和抗氧化等多种药理作用（卜妍红等，2020），具有广阔的开发前景。

随着人们生活水平的提高，除了园艺需求外，作为传统药材，市场对栀子的需求量和品质提出了更高的要求，因此优质种苗的筛选培育就显得尤为重要。而植物组织培养辅助育种、育苗可以起到事半功倍的效果，相关研究也逐步开展。随着植物无糖培养技术的普及，科研人员也开展了栀子的无糖培养技术研究。

8.7.2　环境条件对栀子碳代谢途径的影响

Serret 等（1997）通过碳同位素的变化研究了光强、培养基糖含量、通气量变化对栀子组培和驯化移栽的影响。试验设置 50、110 $\mu mol \cdot m^{-2} \cdot s^{-1}$ 两个高、低光强处理水平；0、1.5%、3% 3 种培养基糖含量处理水平；"密封"（容器盖拧紧）、"透气"（容器盖松弛）两个通气方式。培养环境 CO_2 浓度 750 $\mu mol \cdot mol^{-1}$，光周期 12 $h \cdot d^{-1}$，温度（22±2）℃。试管苗增殖用外植体带 2~3 片叶，重（74±6）mg，培养基为 MS+1.0 mg $\cdot L^{-1}$ BA，培养 4 周后，外植体重量达到约（171±15）mg，此时将其转入生根培养基（1/2 MS+2.0 mg $\cdot L^{-1}$ IAA）同样培养 4 周。生根结束后，在同一个温室驯化 4 周。

对于传统有糖培养这种兼养方式来说，可以利用碳源在自然同位素组份上的细微差异来追踪叶片中碳的代谢来源。因此，光自养和异养两种来源的碳各自有多少参与了植株生长可以通过同位素测定分析出来。^{13}C 相对丰度比（以下用"$\delta^{13}C$"）较高则表明对培养基中的蔗糖利用更多，$\delta^{13}C$ 较低则说明植物从环境气体中固定了更多的 CO_2（Farquhar et al.，1989）。为减化数据计算和便于比较，研究人员采用了"$\delta^{13}C$ 蔗糖 -$\delta^{13}C$ 叶片"（以下简称"$\Delta\delta^{13}C$"）这一数据。在绝对值上，这个差值与光合作用对叶片碳的相对贡献成正比，差值越小说明光合碳同化比例越小，差值越大则说明光合碳同化比例越高。

试验发现，新生叶片的碳同位素组成因生长条件和培养阶段的不同而有很大差异。

1. 透气条件的影响

Serret 等（1997）发现在增殖和生根阶段，除了 1 组透气处理组及其密封对照组（增殖苗、0% 糖、110 $\mu mol \cdot m^{-2} \cdot s^{-1}$ 光强）数据差异不显著，其余可测的 9 组透气处理组的 $\delta^{13}C$ 全部低于对应糖浓度、光强下的密封处理组（表 8-37）。这说明，透气处理可以提高气体交换，促进光合碳同化。

表 8-37　通气量、光强、培养基糖浓度对栀子增殖苗和生根阶段叶片中 $\delta^{13}C$ 值的影响（Serret et al.，1997）

叶片位置	光强 / ($\mu mol \cdot m^{-2} \cdot s^{-1}$)	培养基糖含量及透气条件					
		3.0%		0.5%		0.0%	
		透气	密封	透气	密封	透气	密封
增殖	110	-21.73 ± 0.50 c	-15.68 ± 0.21 ab	-26.24 ± 1.99 d	-19.05 ± 1.21 bc	-31.22 ± 0.57 ef	-32.00 ef
	50	-25.44 ± 1.78 d	-15.26 ± 1.02 a	-28.27 ± 1.24 de	-20.26 ± 0.52 c	-33.11 ± 1.35 f	-26.98 d
生根	110	-26.53 ± 0.69 b	-15.57 ± 1.18 a	-30.26 ± 1.79 bc	-16.61 ± 0.62 a	-34.35 ± 1.19 cd	$-$
	50	-34.85 ± 0.72 d	-17.35 ± 0.98 a	-33.97 ± 2.60 cd	-17.42 ± 1.49 a	-32.90 ± 0.53 cd	$-$

注：对于每个生长时期，同列数据后不同字母表示方差分析和邓肯比较检验同时差异显著（$p \leqslant 0.05$）。无数据项目为植株生长太差放弃测量。

2. 培养基糖含量的影响

Serret 等（1997）研究发现，在增殖阶段，低光强透气组、高光强透气组、低光强密封组、高光强密封组的组内 $\Delta\delta^{13}C$ 均随培养基中糖含量的降低而显著提高，这表明这些处理组内的光合碳同化均与培养基中糖含量的变化呈负相关（图 8-35）。这也说明降低或取消培养基中的糖可以显著增加试管苗的光合碳同化。

生根阶段，上述分组中的光合碳同化变化趋势不尽相同。虽然高光强透气组的

Δδ¹³C 也随培养基中糖含量的降低而显著增高，但低光强透气组内不同培养基糖含量对应的 Δδ¹³C 并无显著差异。而在密封组中，无论光强高低，培养基中有糖的处理组 Δδ¹³C 都极低，且无显著差异。说明这些处理组的碳源主要来源于培养基中的糖。而培养基中无糖的处理则因密封而导致缺乏气体交换，无法从空气中光合同化碳源，后期生长极差而无法获取试验数据。

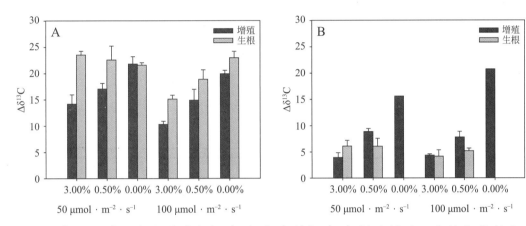

图 8-35　光强和蔗糖水平对透气组（A）和密封组（B）栀子增殖、生根阶段新生叶 Δδ¹³C 的影响（Serret et al., 1997）

3. 生长阶段的影响

透气处理组中，除低光强无糖组内增殖和生根阶段 Δδ¹³C 变化不显著，其他 5 个光强 × 糖浓度组内均呈现生根阶段 Δδ¹³C 高于增殖阶段的结果（图 8-35）。这表明根系诱导阶段的光合碳同化比之前增殖阶段更旺盛。

4. 增殖阶段新叶的碳来源

因为透气条件是试管苗光合作用的最大影响因子（图 8-35），试验同时开展了甜菜糖（对比蔗糖）的透气、密封实验，以便更加精确地检验其对光合作用的影响。结果表明，在 3% 蔗糖和 50 μmol·m⁻²·s⁻¹ 光强条件下的增殖培养中，密封处理中光合产物对叶片总碳含量的相对贡献为 36.3%，而透气处理组则增加到 92.7%。

5. 驯化阶段新叶的碳来源

为了评价植株在驯化过程中对不同碳源的反应差异，Serret 等（1997）对驯化过程中发育的前两片叶片的碳同位素组成进行了分析。结果发现，部分增殖阶段密封处理组试管苗，驯化阶段发育的第一叶 $\delta^{13}C$ 值显著高于增殖阶段相同光强和糖含量的透气驯化组（表 8-38）。通过测定在驯化过程中发育叶片的 $\delta^{13}C$，可以推断出水分胁迫发生期。数据表明，增殖阶段密封处理组的试管苗在驯化初期遭受了水分胁迫，而增殖阶段透气处理组在更适合于光自养生长的条件下（包括容器内更高浓度的 CO_2）经过适应性培养，具备了更加发达的根系、角质层和表皮蜡质，以及更好的气孔功能，可以防止其在驯化阶段进一步发生水分胁迫，更快地适应环境进行光合碳同化。第二叶中 $\delta^{13}C$ 含量没有差异，表明所有植株在该叶片发育时已经适应了外界环境条件。

表 8-38　通气量、光强、培养基糖浓度对栀子试管苗驯化阶段叶片中 $\delta^{13}C$ 值的影响
（Serret et al., 1997）

叶片位置	光强 / ($\mu mol \cdot m^{-2} \cdot s^{-1}$)	培养基糖含量及透气条件					
		3.0%		0.5%		0.0%	
		透气	密封	透气	密封	透气	密封
第一叶	110	-28.36 ± 0.65 b	-24.17 ± 0.98 a	-29.18 ± 0.23 b	-29.37 b	-29.87 ± 0.57 b	—
	50	-28.28 ± 0.69 b	—	-30.71 ± 1.25 b	-24.60 ± 1.12 a	-30.75 ± 0.31 b	—
第二叶	110	-29.20 ± 0.44 a	-28.44 ± 0.18 a	-28.68 ± 0.35 a	-28.77 a	-29.17 ± 0.48 a	—
	50	-28.78 ± 0.54 a	—	-29.44 ± 0.35 a	-29.10 ± 0.65 a	-29.06 ± 0.17 a	—

注：对于每个叶位，同行数据后不同字母表示方差分析和邓肯比较检验同时差异显著（$p \leqslant 0.05$）。无数据项目为植株生长太差放弃测量。

8.7.3　环境条件对栀子生长量的影响

Serret 等（1997）研究发现，在栀子试管苗增殖阶段，一定的光强、有蔗糖存在的条件下，密封培养的植株最终鲜重高于透气培养的植株（表 8-39），而无糖培养增殖条件下，透气培养的植株虽然最终鲜重高于密封培养对照组，但仍没能高过培养基含糖处理组。这可能与环境条件并不完全适宜试管苗光自养、有糖处理密封培养方式下试管苗理论含水率比透气组高造成的鲜重更高有关，遗憾的是，试验并未测定增殖苗干重来验证这种可能性。

生根阶段，试管苗对透气条件的反应是相反的。对于给定的光强和蔗糖水平，透气培养的植株比密封培养的植株鲜重更高（表 8-39），高光强植株的鲜重也高于低光强植株。虽然几乎所有透气处理试管苗干重 / 鲜重比与密封组无显著差异（甚至其中一组显著低于密

封组），但根据文献提供的数据计算得到的试管苗总干重仍然是透气处理全部高于密封处理。

表 8-39　通气量、光强、培养基糖浓度对栀子增殖苗和生根阶段瓶苗和试管外移栽苗总鲜重、干鲜重比的影响（Serret et al., 1997）

项目	光强 / (μmol· m^{-2}· s^{-1})	培养基含糖量及透气条件					
		3.0%		0.5%		0.0%	
		透气	密封	透气	密封	透气	密封
增殖阶段	110	289±38 cd	448±68 e	244±37 bcd	308±18 d	188±18 abc	113±17 a
（地上鲜重）	50	248±37 bcd	257±31 bcd	177±21 ab	236±19 bcd	234±33 bcd	98±09 a
生根阶段	110	252±33	253±32	356±67	295±18	292±37	—
（地上鲜重）	50	283±11	154±31	223±37	218±51	299±28	—
生根阶段	110	129±12 c	115±18 c	64±13 ab	49±3 a	94±11 bc	—
（根鲜重）	50	92±08 bc	63±15 ab	106±13 c	63±9 ab	125±15 c	—
生根阶段	110	382±45	369±40	420±80	345±20	386±41	—
（总鲜重）	50	374±19	218±36	348±43	281±59	424±25	—
生根阶段	110	21.2±0.3 c	20.8±0.7 c	17.5±0.3 ab	17.4±0.4 ab	16.3±1.0 ab	—
（干重/鲜重）	50	18.1±1.8 abc	27.8±1.5 d	21.0±1.1 c	19.2±0.9 bc	15.9±0.7 a	—
生根阶段	110	81.0	76.8	73.5	60.0	62.9	—
（干重）	50	67.7	60.6	73.1	54.0	67.4	—

　　注：同列数据后不同字母表示差异显著（$p \leqslant 0.05$）。"生根阶段（干重）"数据根据文献提供数据计算得到。

8.8　贯叶连翘

8.8.1　贯叶连翘简介

　　贯叶连翘（*Hypericum perforatum* L.）为藤黄科金丝桃属多年生草本植物，又名贯叶金丝桃、小金丝桃、小叶金丝桃等。株高 20~60 cm，花期 7~8 月，果期 9~10 月，产于河北、山西、陕西、甘肃、新疆、山东、江苏、江西、河南、湖北、湖南、四川及贵州等地，常见于海拔 500~2100 m 范围内，国外也有分布。其药用部分为植物的干燥地上部分。

　　贯叶连翘提取物包含有多种具有生物活性的复杂化合物，包括萘二酮类化合物（金丝桃素和伪金丝桃素）、间苯三酚衍生物（肾上腺素和肾上腺素）、黄酮类化合物（芦丁、金丝桃苷、异槲皮苷、槲皮苷、槲皮素）、双黄酮类化合物、原花青素和氯原酸等。其中金丝桃苷和金丝桃素为主要药理成分，其临床应用包括抗菌、抗病毒、抗炎等，用于治疗表面伤口、烧伤、细菌及病毒感染、胃部疾病，具有降血脂活性、抗癌特性、抗氧化和神经保护特性。但是，贯叶连翘最广为人知的还是它的抗抑郁功能，大量的临床研究证明了贯叶连翘治疗抑郁症等各类精神疾病的有效性和安全性（刘宏等，2021）。

随着现代医学研究的不断深入，世界各地掀起了金丝桃素提取热潮，野生贯叶连翘资源经过不断采挖已经日渐稀少，随着人工繁殖研究工作的逐渐深入，贯叶连翘无糖培养相关研究的报道也越来越多。

8.8.2　不同培养类型对贯叶连翘生长的影响

Couceiro 等（2005）采用贯叶连翘试管苗进行无糖培养试验，其无糖培养处理组培养基不含糖，换气速率 3.9 h^{-1}，光强 150 $\mu mol \cdot m^{-2} \cdot s^{-1}$，$CO_2$ 浓度 1000 $\mu mol \cdot mol^{-1}$；有糖培养对照组培养基含糖 30 $g \cdot L^{-1}$，换气速率 0.3 h^{-1}，光强 70 $\mu mol \cdot m^{-2} \cdot s^{-1}$，$CO_2$ 浓度 400 $\mu mol \cdot mol^{-1}$。

经过 21 d 培养后，测量植物叶片数、叶面积、净光合速率、生根比例及干鲜重数据，发现无糖培养处理叶片数是有糖对照组的 2 倍，叶面积是有糖对照组的 4 倍，净光合速率是有糖对照组的 16 倍，鲜重是有糖对照组的 8 倍，干重是有糖对照组的 4 倍，生根率为100%，也高于有糖对照组的 73%（图 8-36，图 8-37）。

Couceiro 等（2006）研究了有糖和无糖条件下贯叶连翘种苗培育及驯化的差异。无糖处理组换气速率 3.9 h^{-1}，光强 150 $\mu mol \cdot m^{-2} \cdot s^{-1}$，$CO_2$ 浓度 1000 $\mu mol \cdot mol^{-1}$，Florialite 基质（蛭石、纤维素等复配商品）。有糖处理组使用含蔗糖 3%、琼脂 0.8% 的 MS 培养基，换气次数 0.3 h^{-1}，光强 70 $\mu mol \cdot m^{-2} \cdot s^{-1}$，$CO_2$ 浓度（400 ± 50）$\mu mol \cdot mol^{-1}$。两个处理组光周期均为 16 $h \cdot d^{-1}$，培养温度（25 ± 2）℃。培养 21 d 后移栽进入人工控制环境的温室驯化 14 d。培养温度（25 ± 2）℃，光周期 16 $h \cdot d^{-1}$，光强 150 $\mu mol \cdot m^{-2} \cdot s^{-1}$，相对湿度 65%，空气流速 1.25 $m \cdot s^{-1}$，CO_2 浓度（1000 ± 50）$\mu mol \cdot mol^{-1}$，半量 Hyponex（6-10-5 NPK）肥。

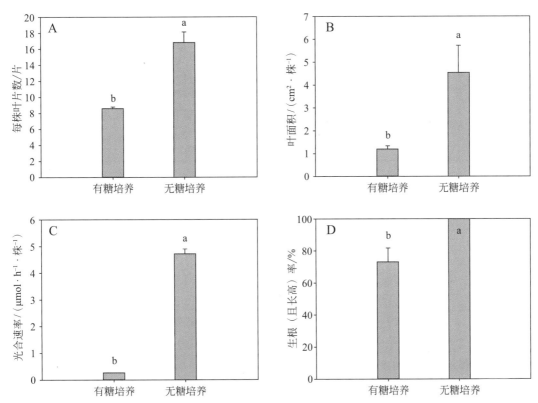

图 8-36 贯叶连翘试管苗有糖、无糖培养 21 d 后单株叶片数（A）、叶面积（B）、光合速率（C）、生根率（D）（至少 4 cm 高、无畸形）（Couceiro et al., 2005）

注：不同字母表示 t 检验差异显著（$p \leqslant 0.05$）。

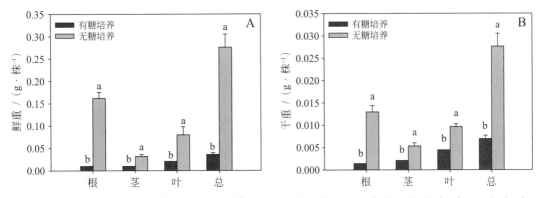

图 8-37 贯叶连翘试管苗有糖、无糖培养 21 d 后根、茎、叶及总重 [鲜重（A）、干重（B）] （Couceiro et al., 2005）

注：不同字母表示 t 检验差异显著（$p \leqslant 0.05$）

结果显示，无糖处理条件提高了贯叶连翘试管苗的生长和品质，与有糖处理条件相比，试管苗移栽后生长较快。无糖处理组所有指标测量结果都显著高于有糖处理组，其中，试管苗根、茎鲜重分别为有糖处理组的 17 倍和 5 倍，根、茎干重分别为有糖处理组的 13 倍和 3 倍。叶片数为 2 倍，叶面积为 4 倍，净光合速率为有糖处理组的 16 倍，无糖处理组的生根率为 100%，也显著高于有糖处理组的 73%（表 8-40）。

表 8-40　有糖、无糖培养 21 d 贯叶连翘试管苗生长状况对比

（Couceiro et al., 2006）

测量指标	处理	
	无糖培养	有糖培养
根鲜重 /（mg·株$^{-1}$）	163.7±14.1 a	9.36±0.9 b
芽鲜重 /（mg·株$^{-1}$）	119.9±20.5 a	24.5±3.6 b
根干重 /（mg·株$^{-1}$）	13.1±1.4 a	1.0±0.1 b
芽干重 /（mg·株$^{-1}$）	14.8±1.3 a	5.8±0.8 b
叶片数 /（片·株$^{-1}$）	16±1 a	8±1 b
叶面积 / cm^2	4.5±0.3 a	1.2±0.1 b
P_n /（μmol·h^{-1}·株$^{-1}$）	4.7±0.2 a	0.3±0.1 b
生根和伸长植株的百分比 / %	100±0 a	73±8 b
气孔密度 /（个·mm^{-2} 叶面积）	305±12 a	232±10 b
叶绿素含量 /（mg·g^{-1} 鲜重）	691±40 a	463±63 b

注：不同字母表示 t 检验差异显著（$p \leqslant 0.05$）。

无糖处理组生长速率显著高于有糖处理组（图 8-38）。培养 21 d，无糖处理组生长速率为 12 mg·d^{-1} 鲜重和 1.23 mg·d^{-1} 干重，而有糖处理组则为 1 mg·d^{-1} 鲜重和 0.23 mg·d^{-1} 干重。

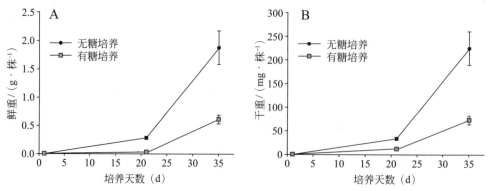

图 8-38　贯叶连翘无糖或有糖培养 21 d 后驯化移栽 14 d 的鲜重（A）和干重（B）变化

（Couceiro et al., 2006）

驯化过程中（培养 22~35 d），无糖培养处理组的植株显示出比有糖处理组更高的生长速率（图 8-38）。从培养的第 22 d 到第 35 d，无糖处理的生长速率为鲜重 120 g·d^{-1}、干重 14 mg·d^{-1}，而有糖处理组则只有 0.04 g·d^{-1} 鲜重和 4.4 mg·d^{-1} 干重。两个处理组驯化存活率均为 100%。

Lucchesini 等（2006）进行了贯叶连翘试管苗无糖培养研究，试验的培养基为添加 0.5 mg·L^{-1} IBA 的 1/2 MS 溶液浸泡珍珠岩。培养基中蔗糖含量为 0 或 15 g·L^{-1}，通气类型分为通气（换气速率 1.4 次·h^{-1}）或密封（换气速率 0.3 次·h^{-1}），正交形成 4 个处理：通气含糖（V+）、密封含糖（C+）、通气无糖（V-）、密封无糖（C-）。生根期 30 d，培养温度（23±1）℃，光周期 16 h·d^{-1}，光强 100 μmol·m^{-2}·s^{-1}。

试验发现，贯叶连翘微扦插生根阶段的通气类型对植株发育有明显的影响。培养期结束时（第 30 d），通气条件下无论培养基是否含糖，植株都达到了所有处理组最高的干重、株高和生根率，而含水率都是最低。培养基中糖分的差异并未在这些测量指标上体现出来。这可能与环境条件（尤其是通气量）仍然较低，未能提供足够的 CO_2 给无糖培养处理进行光合碳同化有关。所有处理中长势最差的是密封无糖处理组，培养基中没有可供利用的碳源，环境当中又不能补充足够的 CO_2，因此该组生根率最低（表 8-41）。

表 8–41　不同条培养 30 d 贯叶连翘试管苗生理指标对比
（Lucchesini et al., 2006）

培养条件	干重 / mg	含水率 / %	株高 / cm	生根率 / %
通气无糖 V-	16.29 ab	62.41 bc	3.53 a	56.95 a
通气有糖 V+	16.86 a	59.24 c	3.01 ab	68.41 a
密封无糖 C-	8.02 c	68.61 a	2.01 b	9.20 b
密封有糖 C+	11.33 bc	63.56 b	2.02 b	59.20 a

注：同列数据后不同字母表示差异显著（$p \leqslant 0.05$）。

8.8.3　不同培养类型对贯叶连翘解剖结构的影响

Couceiro 等（2006）研究了有糖培养和无糖培养贯叶连翘种苗培育及驯化显微结构的差异。

培养 21 d 后，无糖处理组气孔密度是有糖处理组的 1.3 倍，叶绿素含量为有糖处理组的 1.5 倍，无糖处理组气孔功能正常，而有糖处理组气孔功能异常，在暗期仍保持常开（图 8-39）。这说明在无糖培养的光自养方式中，试管苗光合能力比有糖培养的兼养方式强，气孔功能正常则表明无糖培养试管苗可以通过开闭气孔调节蒸腾，更加容易适应外界环境。

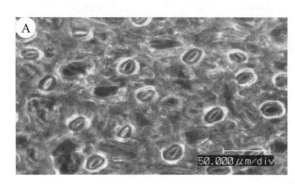
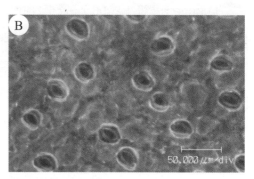

图 8-39　无糖培养（A）或有糖培养（B）培养 21 d 贯叶连翘暗期第二或第三片叶尖下表皮气孔（Couceiro et al., 2006）

8.8.4　不同培养类型对贯叶连翘光合的影响

Lucchesini 等（2006）将贯叶连翘试管苗分为通气有糖（V+）、通气无糖（V–）、密封有糖（C+）和密封无糖（C–）4 个处理组，培养 30 d 后发现，在整个培养期间，无糖处理组不论通气状况如何，其净光合速率（Pn）始终高于有糖对照组（图 8-40）。这说明蔗糖的存在会降低试管苗的光合能力。

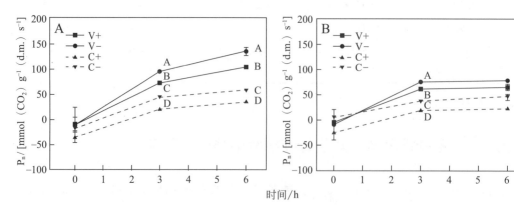

图 8-40　通气含糖（V+）、通气无糖（V–）、密封含糖（C+）、密封无糖（C–）处理贯叶连翘试管苗培养第 15（A）和第 30（B）天时净光合速率（Pn）。（Lucchesini et al., 2006）

注：不同字母表示差异显著（$p \leqslant 0.05$）

对比通气状况可以发现，所有处理通气条件下的 Pn 全部高于密封对照组。即使同样通气的处理条件下，培养第 15 d 时无糖处理组 Pn 也显著高于有糖对照组，直到第 30 d 测定到第 6 h 才表现为差异不显著。这说明通气有利于提高试管苗的净光合速率。

叶绿素和淀粉：培养基中缺乏蔗糖、容器密闭换气不畅导致密封无糖处理组叶绿素 b 含量降低，与密封含糖、通气含糖、通气无糖试管苗的叶绿素 b 含量差异显著。这可能与环境条件不适宜造成的植物叶片过早衰老、叶绿素 b 降解有关。由于叶绿素 a 含量在 4 种条件下没有变化，密封无糖处理组的叶绿素 a/b 比值就显得很高（表 8-42）。培养期结束时的淀粉含量分析表明，通气有糖处理组贯叶连翘试管苗淀粉含量比通气无糖处理组高 4 倍，比两个密封处理组高近 10 倍（表 8-42）。研究人员认为这是由于少量的糖（兼养）可以改善培养，微繁殖最后阶段的含糖量对于试管苗克服离体驯化具有积极作用。但笔者认为，这很可能与试管苗通气量有限（实验最高换气速率仅 1.4 次·h^{-1}），难以满足无糖培养试管苗光合自养需求导致光合效率不高、碳同化积累太少有关。如果尝试提高 10 倍以上换气速率，同期无糖处理很可能表现出极高的光合效率和干物质积累。这种猜测有待于进一步试验验证。

表 8-42　不同条件培养 30 d 贯叶连翘试管苗叶绿素和淀粉含量
（Lucchesini et al., 2006）

培养条件	叶绿素 a / [mg·g^{-1}（鲜重）]	叶绿素 b / [mg·g^{-1}（鲜重）]	叶绿素 a/b	淀粉 / [mg·g^{-1}（干重）]
通气无糖 V–	1.15 a	0.41 ab	2.82 b	2.21 b
通气有糖 V+	1.43 a	0.55 a	2.57 b	8.84 a
密封无糖 C–	1.38 a	0.27 b	4.67 a	0.95 b
密封有糖 C+	1.33 a	0.57 a	2.45 b	0.94 b

注：同列数据后不同字母表示差异显著（$p \leqslant 0.05$）。

8.9　巴西人参

8.9.1　巴西人参简介

巴西人参 [*Pfaffia glomerata* (Spreng.) Pedersen] 属苋科无柱苋属多年生的草本植物，原产于地中海、南美洲，主要分布于巴西、巴拉圭和巴拿马等热带雨林地区，在当地民间作为药用已有 300 多年历史，主要用于壮阳、镇静、抗肿瘤、治疗溃疡、风湿性关节炎和降血糖等。研究表明，巴西人参的化学成分主要包括三萜及三萜皂苷类、甾体类及其皂苷类化合物。动物实验发现，巴西人参对小（大）鼠有多种药理作用（路娟等，2018），如抗肿瘤、抗炎、壮阳、镇静、保护胃黏膜和抗疲劳等。由于其潜在的独特功效及广阔的应用前景，国内已在广西、四川、北京、上海等地进行引种栽培并开展了研究工作。在国际市场上，巴西人参作为保健品原料更是供不应求，超强度开发导致其野生资源日益匮乏，而巴西人参结实较少、种子发芽率极低的生物学特性更是加剧了这种资源的紧缺程度。

在此背景下，植物组织培养和无糖培养技术先后被应用于巴西人参种苗培育技术研究中，研究人员尝试研究了不同茎段类型、培养容器大小、营养元素浓度、碳源类型等因素对巴西人参试管苗培育的影响，取得了丰硕的研究成果。

8.9.2　不同培养类型对巴西人参生长的影响

Iarema 等（2012）对比了有糖（30 g·L^{-1}）培养和无糖培养条件下巴西人参生长的差异。实验设置双层聚氯乙烯膜（PVC）、聚丙烯盖（RP）、带单透气膜的聚丙烯盖（RP1）和带双透气膜的聚丙烯盖（RP2）4 种封口方法，分别对应容器内气体与外界交换速率 0、0.03、0.37、0.86 次·h^{-1}。培养温度（25±2）℃，光周期 16 h·d^{-1}，光强 70 μmol·m^{-2}·s^{-1}。

经过 30 d 培养，研究人员发现有糖处理组根系比无糖处理组更发达（图 8-41 A-E）。结构和生理分析证实了这种变化。所有有糖处理组生物量的测量值都是最高的，这与组培瓶封口方式（通气量）无关。无糖培养处理组的 4 种不同容器中，植物生长差异极显著。PVC 处理缺乏蔗糖和通气，既没有可用于异养的碳源，也很难在环境中获得足够用于光自养生长的 CO_2，因而生长量最低，发育受到严重影响（图 8-41 F1），死亡率高达 80%。缺乏通气也造成 PVC 组、RP 组叶面积在所有处理中最小。随着透气膜的使用，通气量增加，可以观察到植株能够正常生长（图 8-41 F3 和 F4）。RP1、RP2 处理呈现出试验中最高的叶面积（图 8-41 F；表 8-43）。无糖 RP、RP1 和 RP2 处理组根系干重、鲜重均低于有糖处理组。研究人员认为这可能是由于无糖处理组需要构建光合途径，因此降低了代谢（因为光合作用是碳吸收的唯一途径）。但笔者根据供职单位上海离草科技有限公司开展的巴西人参无糖培养研究成果（图 8-44）分析认为，出现这种情况很可能是因为该实验设定的无糖培养最大通气量仍然严重不足或环境 CO_2 浓度长期过低，无法满足瓶内植株光合碳同化需求，从而制约了试管苗光自养生长发育。

图 8-41　不同封闭体系下的巴西人参试管苗，培养 32 d：从左到右为双层聚氯乙烯膜（PVC）、聚丙烯盖（RP）、带单透气膜的聚丙烯盖（RP1）和带双透气膜的聚丙烯盖（RP2）；培养基添加 30 g·L^{-1} 蔗糖（A），有糖培养基上生根（B-E），植株在无糖培养基上生长（F），无糖培养基上生根（G-J）。箭头（G、H）示意正在发育的根（Iarema et al., 2012）

表 8–43 不同密闭方式及糖含量培养条件下巴西人参试管苗生长对比

（Iarema et al., 2012）

项目	蔗糖浓度 / (g·L⁻¹)	处理			
		PVC	RP	RP1	RP2
叶面积 / cm²	0	0.77 Bb	0.97 Bb	3.03 Aa	3.21 Aa
	30	1.51 Aa	1.49 Aa	2.04 Ab	2.29 Ab
株高 / cm	0	3.30 Bb	3.78 Bb	13.29 Aa	14.21 Aa
	30	14.10 Aa	15.24 Aa	13.47 Aa	11.12 Ab
叶片数 / 片	0	1.73 Bb	2.25 Bb	10.73 Aa	11.87 Aa
	30	13.87 Aa	14.47 Aa	12.40 Aa	9.80 Aa
茎段数 / 段	0	2.17 Ab	2.83 Ab	4.73 Aa	4.77 Aa
	30	6.90 Aa	6.80 Aa	5.27 Aa	4.57 Aa
地上鲜重 / g	0	0.160 Bb	0.205 Bb	2.364 Aa	2.868 Aa
	30	2.291 Aa	2.846 Aa	2.756 Aa	2.432 Aa
根鲜重 / g	0	0.053 Bb	0.095 Bb	0.314 Ab	0.319 Ab
	30	1.027 Aa	1.122 Aa	1.280 Aa	1.586 Aa
地上干重 / g	0	0.004 Bb	0.005 Bb	0.045 Ab	0.058 Ab
	30	0.062 Aa	0.068 Aa	0.091 Aa	0.126 Aa
根干重 / g	0	0.006 Bb	0.014 Bb	0.049 Ab	0.051 Ab
	30	0.175 Aa	0.167 Aa	0.200 Aa	0.194 Aa

注：同行数据后不同大写字母和同列数据后不同小写字母表示 t 检验差异显著（ $p \leqslant 0.05$ ）。

8.9.3 不同培养类型对巴西人参光合的影响

Iarema 等（2012）研究了有糖和无糖培养条件下双层聚氯乙烯膜（PVC）、聚丙烯盖（RP）、带单透气膜的聚丙烯盖（RP1）和带双透气膜的聚丙烯盖（RP2）4 种封口处理组的光合色素发现，不同处理中只有叶绿素 a 和总叶绿素存在显著差异，而叶绿素 b 和类胡萝卜素无显著性差异（表 8-44）。在所有处理组中，有糖处理的光合色素全部高于无糖对照组，但却并未发挥更大的作用，反而是低光合色素含量的无糖处理组 RP1 和 RP2 表现出显著高于有糖处理组的光合速率。研究人员认为，这是因为当蔗糖存在于培养基中时，会优先作为碳水化合物来源而被植物吸收，这种兼养的情况下即使通气增加也会抑制光合活性。无糖处理组在高换气速率（2.5 次·h⁻¹ 或 4.4 次·h⁻¹）支持下会有较高的光合速率，因为这是碳固定的唯一途径。

密封处理组光合色素含量最低。在这个封闭系统中，由于缺乏环境 CO_2 碳源，蔗糖作为唯一碳源对巴西人参试管苗的发育至关重要。因此密封条件下的无糖培养试管苗几乎无法生存，而有糖培养植株可以正常发育（表 8-44）。

表 8-44 不同密闭方式及糖含量培养条件下巴西人参试管苗光合相关参数

（Iarema et al., 2012）

项目	蔗糖 / (g·L⁻¹)	处理			
		PVC	RP	RP1	RP2
光合速率 / (μmol CO₂ · kg⁻¹ · s⁻¹)	0	—	—	65.39 Aab	60.94 Aa
	30	32.25 Ab	20.14 Ab	30.17 Ab	24.14 Ab
叶绿素 a / (μg · cm⁻²)	0	7.11 Bb	6.13 Bb	15.80 Ab	20.47 Ab
	30	20.26 Ba	18.99 Ba	38.01 Aa	44.51 Aa
叶绿素 b / (μg · cm⁻²)	0	2.50 Ab	2.30 Ab	4.78 Ab	6.50 Ab
	30	6.48 Aa	5.86 Aa	12.39 Aa	14.65 Aa
总叶绿素 / (μg · cm⁻²)	0	9.61 Bb	8.43 Bb	20.58 Ab	26.97 Ab
	30	26.74 Ba	24.86 Ba	50.40 Aa	59.16 Aa
类胡萝卜素 / (μg · cm⁻²)	0	1.76 Ab	1.49 Ab	3.01 Ab	3.89 Ab
	30	3.87 Aa	3.65 Aa	6.69 Aa	7.78 Aa

注：表格中 "—" 表示在此条件下植物没有生长，因此无数据可供分析。

同行数据后不同大写字母和同列数据后不同小写字母表示 t 检验差异显著（$p \leqslant 0.05$）。

8.9.4 不同培养类型对巴西人参成分的影响

Iarema 等（2012）研究了有糖和无糖培养条件下双层聚氯乙烯膜（PVC）、聚丙烯盖（RP）、带单透气膜的聚丙烯盖（RP1）和带双透气膜的聚丙烯盖（RP2）4 种封口处理发现，无糖培养条件诱导了更高水平的 20- 羟基蜕皮激素，单透气膜和双透气膜差异不显著，但培养基中加入蔗糖培养后，20- 羟基蜕皮激素含量显著降低，且有糖培养各处理组间无显著差异（表 8-45）。

表 8-45　不同密闭方式和蔗糖浓度下巴西人参试管苗（30 d）地上部分 20- 羟基蜕皮激素含量（Iarema et al., 2012）

项目	蔗糖 / (g·L⁻¹)	处理			
		PVC	RP	RP1	RP2
20- 羟基蜕皮激素含量 (%)	0	—	—	0.035 Aa	0.031 Aa
	30	0.017 A	0.018 A	0.019 Ab	0.017 Ab

注：表格中"—"表示在此条件下植物没有生长，因此无数据可供分析。

同行数据后不同大写字母和同列数据后不同小写字母表示 t 检验差异显著（$p \leq 0.05$）。

Batista 等（2019）研究也发现了相同的情况：在密封无糖、密封有糖、透气无糖、透气有糖 4 种不同条件下培养 40d 后，透气无糖处理的巴西人参试管苗中 20- 羟基蜕皮激素的含量显著高于其他对照组（图 8-42）。试验的透气或密封条件通过培养容器上有无两个微孔滤膜（CO_2 交换速率 25 μL·L⁻¹·s⁻¹）来区分。

Saldanha 等（2013）研究了通气条件和有糖、无糖培养对巴西人参试管苗 20- 羟基蜕皮激素含量的影响。实验对比了密封含糖培养（SF30）、双透气膜含糖培养（MF30）、双透气膜无糖培养（MF0）3 种不同处理方法，结果发现，虽然双透气膜对照组气体交换次数仅为 0.36 次·h⁻¹，但经过 35 d 的培养，所有通气组 20-E 含量均高于密封组，并且通气无糖培养处理组 20-E 含量最高。（图 8-43）

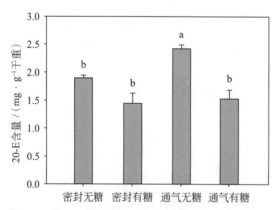

图 8-42　巴西人参试管苗在不同条件下培养 40 d 后 20- 羟基蜕皮激素含量（Batista et al., 2019）

注：不同字母表示 t 检验差异显著（$p < 0.05$）

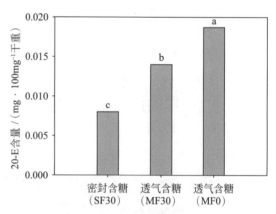

图 8-43　不同条件培养 35 d 巴西人参地上部分 20-E 含量（Saldanha et al., 2013）

注：不同字母表示 t 检验差异显著（$p \leq 0.05$）。

8.9.5　巴西人参无糖培养案例

上海离草科技有限公司于 2020 年开展了巴西人参无糖培养研究。目前已完成技术研发和小试，建立了规模化生产技术体系。无糖培养巴西人参种苗的增殖周期为 25 d，增殖系数 4.0，生根率 > 95%。

图 8-44　巴西人参无糖培养

8.10　大麻

8.10.1　大麻简介

药用大麻为大麻科大麻属植物大麻（*Cannabis sativa* L.）的干燥成熟果实，俗称火麻、野麻、胡麻、线麻、山丝苗、汉麻，一年生直立草本，高 1~3 m，分雌雄株，原产南亚和中亚地区，现各国均有野生或栽培。我国各地也有栽培或沦为野生的种群，新疆常见野生种。大麻花期为 5~6 月，果期 7 月，除可用于生产纤维和榨油外，传统医药还将其用于润肠通便，用途广泛。

由于大麻分布广泛、具有复杂的遗传多样性，且产地不同生物活性成分含量差异悬殊，因此其植物学分类归属出现了多次变动，种名也出现过多个异名，直到 20 世纪 70 年代，Small 和 Cronquist（1976）首次发表观点认为大麻属仅一种 *Cannabis Sativa* L., 在这个种内，根据分布差异和毒性大小，又区分为两个亚种：其中植株毒性较低，成熟植株上部幼叶中 Δ-9- 四氢大麻酚含量低于 0.3%（干重）、多分布于北纬 30° 以北地区、传统栽培作纤维或油料作物的为火麻（ssp. *sativa*）；植株毒性较大，Δ-9- 四氢大麻酚含量高于 0.3%、多分布于北纬 30° 以南地区、传统上栽培做致幻药用的为印度大麻（ssp. *indica*）。每个亚种根据生活习性和果实特征又划分为两个变种（Var. *Sativa*、Var. *Spontanea*；Var. *Indica*、Var. *kafiristanica*）。此后，多位科学家先后通过植物解剖学、胚胎学和形态学特征研究进一步支持了这种观点（张桂琳等，1991）。在商业上，四氢大麻酚含量低于 0.3% 的株系又被称为工业大麻或汉麻。

大麻素是大麻发挥药理活性的主要成分，目前已被分离并鉴定出的大麻素类化合物已有 100 多种，其中以 Δ-9- 四氢大麻酚（Δ-9-Tetrahydrocannabinol，Δ-9-THC）和大麻二酚（Cannabidiol，CBD）最为重要。THC 是一种精神活性大麻素，在被吸收入血后，经血液循环快速进入脑、肺、肝、肾、脊髓、脂肪、皮肤等组织器官中，与大麻素受体特异性结合，从而发挥镇痛、抗炎、抗惊厥、刺激食欲、免疫调节、止吐等作用。但 THC 的高精神活性也会引发一系列严重的不良反应，包括致幻性和成瘾性。CBD 是一种脂溶性非精神活性大麻素，能够与 CB1R、大麻素受体 2、瞬时受体电位香草素 1、G 蛋白偶联受体 -55 和过氧化物酶增殖物激活受体 -γ 等多靶点相互作用，可用于治疗帕金森、阿尔茨海默病、癫痫等多种疾病，且具有良好的耐受性和较高的安全性。因此，CBD 在医疗领域的研究与应用得到了广泛关注。（王秋月等，2020）

近年来，随着一些国家将印度大麻生产全面合法开放，加之医用大麻需求量不断增长，大麻种苗的市场需求暴增。但大麻的扦插育苗方法繁殖效率低、生产周期长、受环境因素影响大；传统有糖组培种苗生根、驯化成活率有待进一步提高，都难满足市场需求。因此科研人员开展了大麻种苗的无糖培养技术研究工作。

8.10.2　pH 值和营养液量对大麻生根的影响

Zarei 等（2021）评估了岩棉基质 pH、基质含水量、扦插长度、基础处理方法、光照强度和培养容器气体交换能力对大麻无糖培养微繁殖的作用。试验培养条件为温度（22±3）℃，CO_2 浓度 900~1100 μmol·mol^{-1}，相对湿度 60%±5%，光周期 18 h·d^{-1}，光强 150 μmol·m^{-2}·s^{-1}。所有无糖培养大麻全部扦插于灭菌岩棉基质上之后，放入方形容器无菌培养，每个培养容器上有 4 个透气条带保证气体交换。由于岩棉生产过程中会残留石灰呈碱性，故使用前需调整 pH 值。因此，实验设置每 300 mL Safari Flower 营养液分别加入 0、2.5、5 和 10 mmol·L^{-1} MES（2- 吗啉乙磺酸）缓冲液调整 pH 值，同时，营养液的数量也设置了 300、400、600 mL（岩棉饱和状况下最大液体吸收量）的不同对照，将大麻试管苗在容器内培养 2 周。

试验发现，随着营养液中 MES 缓冲液浓度的升高，岩棉基质 pH 值逐渐降低，直至稳定到 5.8 左右。5 mmol/L 和 10 mmol/L MES 均可达到理想效果（图 8-45A）。这两个 MES 缓冲液浓度条件下，不论营养液用量如何，均未表现出植株生根率的差异（图 8-45B），大麻试管苗生根率和根长均显著高于空白对照组（图 8-45B、C、E）。因此实际生产应用

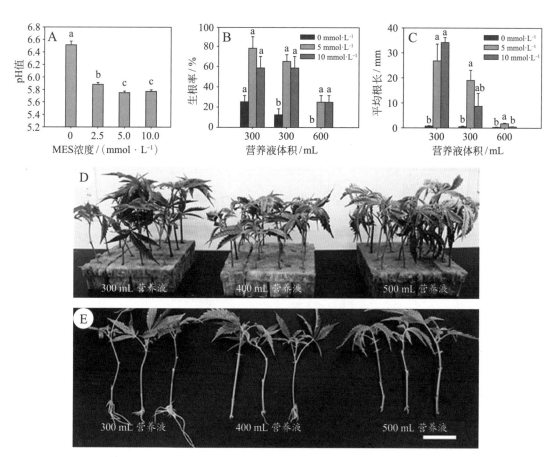

图 8-45　控制岩棉 pH 值和含水量对大麻无糖微扦插苗生根的影响。A：不同浓度的 MES
　　　　缓冲液控制岩棉培养基的 pH 值。B：不同处理生根率。C：不同处理平均根长。
　　　　D~E：在含 5 mmol·L⁻¹ MES 缓冲液的 300、400 和 600mL 营养液中生长的试管
　　　　苗代表性样本（Zarei et al., 2021）
　　　　注：柱状图上不同字母表示差异显著。

推荐 5 mmol·L⁻¹ MES 缓冲液调整 pH 值。

　　从生根率和平均根长两个参数来看，不同营养液体积影响极大。随着系统内营养液体积
的增多，大麻试管苗生根率和平均根长均显著下降（图 8-45B、C、E）。这可能与根际液
体过多，溶解氧不足有关。因此生产中可以考虑通过提高根际通气量来提升生根率及根长。

8.10.3　光强对大麻生根的影响

　　Zarei 等（2021）采用 CD13 和 BCN Power Plant 两个大麻株系，设置 50、100、
150 μmol·m⁻²·s⁻¹ 3 个光强梯度培养两周后发现，不同光强条件下，BCN Power

Plant 株系大麻试管苗生根率、根长、根系伸出岩棉基质比例差异显著。高光强处理（150 μmol·m^{-2}·s^{-1}）生根率、根长、根系伸出岩棉基质比例最高。分别为低光强处理（50 μmol·m^{-2}·s^{-1}）的 2.5 倍、9 倍和 6 倍（图 8-46A、B、C）。虽然 150 μmol·m^{-2}·s^{-1} 处理比 100 μmol·m^{-2}·s^{-1} 处理的生根率、根长高，但差异并不显著。CD13 株系的实验结果相同。

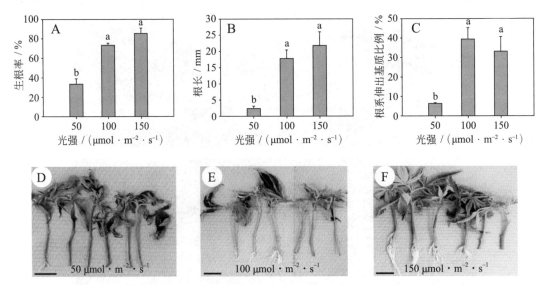

图 8-46　不同光强对大麻试管苗生根的影响。A：生根率；B：平均根长；C：根系伸出岩棉块的比例；D、E 和 F 显示了在不同光强条件下生长的小植株的代表性样品（Zarei et al., 2021）

注：柱形图上不同小写字母表示差异显著。比例尺 1 : 2 cm

这说明，由于高 CO_2 浓度和足够尺寸的透气膜存在，培养体系内的 CO_2 浓度并未成为无糖培养的限制性因素，因此随着光强的增加，大麻试管苗表现出更好的培养结果。但光强高到一定程度之后，试管苗的生根率、根长、根系伸出岩棉基质比例提升就不再显著，过高的光照除了消耗能源以外并不能带来更优的培养结果。

8.10.4　通气量对大麻生根的影响

Zarei 等（2021）采用 CD13 和 BCN Power Plant 两个大麻株系，设置白色（低换气速率：1 次·h^{-1}）、绿色（高换气速率：3.76 次·h^{-1}）透气条带作为对照，同时设置 3 种强制换气频率：0 次·d^{-1}、1/3 次·d^{-1}（实际 3 d 换气 1 次）、1 次·d^{-1}。强制换气方

法为：在无菌条件下打开培养容器的盖子 10 min，使幼苗暴露在富含二氧化碳的空气中。生长 2 周后测定生根率、根长、根系伸出岩棉基质比例（图 8-47）。

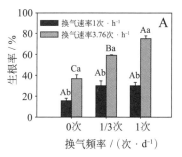
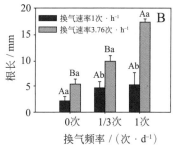
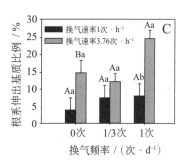

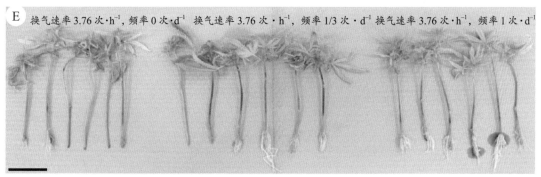

图 8-47　不同滤膜及强制换气频率对 CD13 大麻株系生根的影响。A：生根率；B：平均根长；C：根系伸出岩棉块的比例；D 和 E：在特定过滤器和通风条件下生长的代表性小植株（Zarei et al., 2021）

　　注：柱形图上不同大写字母表示换气频率之间差异显著，不同小写字母表示换气速率之间的差异显著。比例尺 1∶3 cm

　　CD13 株系培养结果显示，高换气速率处理组（3.76 次·h⁻¹）生根率、根长、根系伸出岩棉基质比例均高于低换气速率处理组（1 次·h⁻¹），即使部分数据差异性不显著。高换气速率处理组随着培养过程中强制换气频率的增加，生根率和平均根长均显著增加，这说明辅助添加的少量强制换气对大麻试管苗生长产生了积极作用，而低换气速率处理虽然在数值上有同样的变化趋势，但数据并无显著差异。这提示低换气速率（1 次·h⁻¹）限制了大麻试管苗的生长，这种限制并不能通过少量增加的强制换气来打破。因此实际生产当中，如果透气条带换气效率不高，可考虑增加更高的强制换气频率来解决这个问题。BCN Power Plant 株系的实验结果呈同样趋势。

第 9 章　技术的发展历程和已培养成功的植物

肖玉兰　姜仕豪

植物无糖微繁殖技术从提出这一理论发展到今天，已有 20 多年的时间，这一技术是如何形成和发展的？又是如何在生产上得以应用的？下面笔者就所查阅到的文献和了解到的情况，和大家一起回顾植物无糖培养的发展历程。其中难免有遗漏的人和事，还请包容谅解。

9.1　问题的提出和探究

微繁殖是一种在人工营养培养基上、在无菌条件下进行的大规模植物营养繁殖技术。自 20 世纪初细胞全能性理论发展以来，人们认识到微繁殖技术在植物组织培养中起着至关重要的作用。自从乔治·莫雷尔首次提出将植物组织培养应用于兰花的商业克隆繁殖以来已经过去了 70 多年。然而，与许多新技术一样，微繁殖的进展并不像许多人预期的那样迅速，即使是现在，由于生产成本的原因，其商业化进展还是较为缓慢。主要原因是：①微生物污染导致的植物损失；②离体植物生长发育不良；③微繁殖植物的形态和生理失调；④植物在补充外源碳水化合物的培养基上生长而导致净光合速率低；⑤植物质量差而导致离体建立和生长缓慢；⑥移栽到温室或田地后植物的过度损失。长期以来，人们认为离体植物的生长在很大程度上取决于培养基的组成，因此主要致力于改善培养基的营养成分。

在本书的第 1 章就已谈到，日本千叶大学的古在丰树教授是植物无糖培养微繁殖技术的发明人，他原来一直是从事温室环境的研究，在接触植物组织培养后，提出了以下问题：

（1）人们经常使用封闭的结构来繁殖植物和进行植物栽培，如组织培养容器、培养室、植物生长室、室内植物工厂和温室等。采用这种封闭结构的主要原因是：①植物生长所需的环境可控性更高；②更容易保护植物免受恶劣环境、病原菌、昆虫、动物等的损害；③更容易减少环境控制和保护的资源消耗；④与雨棚、风棚、日光棚、露地等条件下的植物繁殖和栽培生产相比，更容易劳作并可获得较高的产量、品质和生产效率。因此，无论封闭结构的类型和大小，在植物繁殖和栽培生产上都应该有一些共同的知识、学科、方法、技术和需要解决的问题。

（2）培养容器是小植物在无菌条件下生长的场所。一般来说，培养容器是由玻璃或透明塑料制成的，适合将光传送到容器中。从这个意义上说，培养容器可以被看作是微型温室。植物组培容器和作为植物生产系统的温室之间的区别在于，温室配备有控制环境（温度、太阳辐射、光周期、湿度等）的系统，而传统上组织培养容器没有环境控制系统。因此，植物培养容器必须放置在具有环境控制系统的培养室中。然而，组培苗生长周围的环境条件并不是直接控制的。相对于温室作物生产环境控制的研究，离体植物环境控制的研究较少。温室环境控制有助于提高植物的生长和质量，那么离体环境控制能否同样提高小植株的生长和质量？在自然界中，植物利用太阳光和空气中的 CO_2 进行光合作用合成碳水化合物，试管苗可以在没有糖的培养基中生长吗？

（3）在植物组织培养和微繁殖中，向培养基中添加糖、维生素和氨基酸，外植体和植物在容器中进行异养或光混合培养。荧光灯被用作主要光源，最大光强约为 $100\ \mu mol \cdot m^{-2} \cdot s^{-1}$。外植体的叶状部分通常在转接到培养基上之前被剪去，因为它对其进一步的生长发育不起重要作用。植物组织培养的研究大多涉及植物生长调节剂和有机营养元素，在培养基中的不同组合对植物离体生长发育的影响。另一方面，在温室、苗圃和植物工厂的植物生产中，只需向土壤或基质中添加无机营养、水，植物通过光自养（或光合作用）生长；太阳光是主要光源，最大光强约为 $1000\ \mu mol \cdot m^{-2} \cdot s^{-1}$；叶片是植株光合作用和生长的重要部分；在土壤或基质中很少添加植物生长调节剂。为什么温室作物研究的材料和方法与植物组织培养和微繁殖研究的材料和方法如此不同？

（4）与温室环境相比，试管环境的独特特征是培养基中含有糖。传统的微繁殖需要对培养物、培养基和培养容器进行无菌处理，其原因有二：一是获得无病原菌的试管苗；

二是防止包括非病原菌在内的微生物在含糖培养基中快速生长，从而破坏或杀死培养物。因此，培养容器必须保持密封，以防止微生物进入。这种使用含糖的培养基和密闭的小容器是常规微繁殖的典型特征。如果人们能在通风的容器中、在无糖培养基上进行离体植物生长，则由于微生物污染和生理／形态障碍造成的植物损失将大大减少（在大多数情况下，微生物的快速繁殖只发生在含糖培养基上）。

　　基于上述问题的思考，古在教授开始了微繁殖项目的研究。他在《光自养（无糖培养基）微繁殖作为一种新的微繁殖和移植苗生产系统》一书中写道，"当开始微繁殖研究时，我想知道为什么所有的组织培养者都使用含糖和有机营养物质的培养基，即使培养的是带绿色叶片的植物。因为，这些植物非常近似于在温室中生长的插条或幼苗。令我惊讶的是，大多数植物组织培养者对温室环境控制中最重要的环境因子：光照强度、相对湿度、CO_2浓度和空气流动并不感兴趣。我们开始寻找限制植物在无糖培养基上生长的环境因素，结果发现，光周期试管内CO_2浓度低是限制小植株光合作用的主要因素。紧接着通过逐步提高容器内的CO_2浓度、光照强度、空气流动速率等，发现可以促进植物生长，增强植物活力。于是，我有了信心相信，通过适当调控容器内的环境以促进光合作用，我们可以在无糖培养基上培养出绿色的植物。最后，我们开发了一个光自养微繁殖系统，使用一种大型的培养容器和强制换气，补充CO_2，使用无糖和无机培养基。它看起来像一个微型温室，但是在无病原菌和人工光照条件下进行植物的培养。"

　　在研究过程中，古在教授带领团队还开发了一个密闭的种苗生产系统。这个系统是一个用不透明隔热材料覆盖的仓库状结构，其中通风保持在最低限度，人工光被用作植物生长的唯一光源。密闭系统是在无病原菌体和优化的环境条件下，使用最少的资源（包括化石燃料、水、劳动力、时间和空间）的植物生产系统（详情见第5章）。

9.2　植物无糖培养微繁殖研究进展

　　光自养微繁殖的概念来源于叶状外植体、子叶期体细胞胚和试管苗等叶绿素培养物具有的较高光合能力。许多研究发现，在含有叶绿素培养物（嫩枝、叶状茎、插条、植株等）的相对密闭容器中，CO_2浓度通常在光周期开始后的几个小时内急剧降低到低于100 $\mu mol \cdot mol^{-1}$（图9-1）。光周期开始后容器内CO_2浓度的降低，表明叶绿素培养物是具有光合能力的，同时光周期内 CO_2 浓度的降低，也表明叶绿素培养物的光合作用主要受到低 CO_2 浓度的限制。根据植物的生理活动可知，即使在其他环境因素有利于试管苗光合作用的情况下，在 CO_2 补偿点，试管苗的净光合速率为零。

从图 9-1 可以看出，光照期间的 CO_2 浓度比大气 CO_2 浓度（370~380 μmol·mol^{-1}）低 270~330 μmol·mol^{-1}，并且低至试管苗的 CO_2 补偿点（50~100 μmol·mol^{-1}），并一直保持至到暗期开始。暗期开始后，CO_2 浓度随时间延长逐渐增加，直至 5000~7000 μmol·mol^{-1}。Afreen 等（2002）研究还发现，在光周期开始后，在含有咖啡（*Coffea*

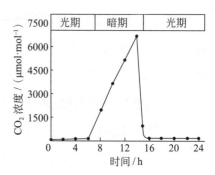

图 9-1　含有白榕树植株的培养容器中 CO_2 浓度的日变化（Fujiwara et al.，1987）。暗期为 6~14 h，光期为 0~6 h，14~24 h，PPF 为 65 μmol·m^{-2}·s^{-1}，培养室内空气温度为 25℃

arabusta）体细胞胚（子叶期）的培养皿中的 CO_2 浓度随时间显著降低，并且 CO_2 浓度的变化速率受 PPF 的影响。由此说明子叶期的体细胞胚就已具备了光合能力。

通过研究培养容器中生长的肖竹芋（*Calathea*）、猪笼草（*Nepenthes*）、龙血树（*Dracaena*）、兰花（*Cymbidium*）、补血草（*Limonium*）、合果芋（*Syngonium*）、朱蕉（*Cordyline*）、白榕（*Ficus lyrate*）等试管苗的环境条件，Fujiwara 等（1987）发现试管苗在光照条件下，不能充分发挥其光合能力的原因是封闭容器中的 CO_2 浓度太低。因此，他们得出结论，通过改善培养容器中的 CO_2 和光环境，试管苗可以进行光自养生长。

在随后的 1988 年中，一些研究报道了光自养微繁殖，即在无糖培养基中实现试管苗生长。首先，Kozai 等（1988）在无糖培养基中成功地培养了马铃薯（*Solanum tuberosum* L.）植株。紧接着也是在同一年时间，Kozai 和他的团队在光自养条件下成功培育了草莓（*Fragaria x ananassa*）、康乃馨（*Dianthus caryophyllus* L.）和烟草（*Nicotiana tabacum* L.）。从那时起，植物在光自养条件下离体生长技术的发展趋势已经开始并一直在持续。到目前为止，已有 130 多种不同的植物在光自养条件下成功生长（见表 9-1 已成功培养的植物种类）。

在这些研究中，关于马铃薯的研究最多（Kozai et al.，1988；Takazawa et al.，1992；Kozai et al.，1992，1995b；Tanaka et al.，1992；Miyashita et al.，1997；Kitaya et al.，

1995c；Kitaya et al.，1997a；Fujiwara et al.，1995；Hayashi et al.，1995；Miyashita et al.，1995，1996；Roche et al.，1996；Niu et al.，1997；Niu et al.，1997；Zobayed et al.，1999a；Kim et al.，1999；Xiao et al.，2000；Pruski et al.，2002），其次是甘薯（Nagatome et al.，2000，Kozai et al.，1996；Ohyama et al.，1997；Niu et al.，1998；Afreen et al.，1999；Zobayed et al.，1999；Afreen et al.，2000；Zobayed et al.，2000；Heo et al.，1999；Wilson et al.，2000；Kubota et al.，2002）。

　　植物离体光自养研究涉及植株的生长、形态与发育、生理解剖学、生物化学和分子生物学、环境调控等多个领域。更具体地说，涉及植株根、茎、叶生物量积累，离体生长和存活，块茎产量，CO_2 和 C_2H_4 浓度，容器中 CO_2 浓度利用效率，增殖系数，低温贮藏，培养基中营养成分的变化，养分吸收，光合器官的发育，暗呼吸，净光合速率，胁迫反应，叶绿素荧光，光合能力，光抑制，碳水化合物积累，次生代谢产物积累，叶绿素和叶黄素含量，叶绿体超微结构，类囊体膜蛋白，脱落酸含量，酶活性（RuBPC、PEPC），叶片解剖特征，气孔密度，蒸腾作用，叶片水势，相对含水量，蜡质含量，基因表达等多方面研究（表 9-1）。

　　值得一提的是，利用光自养微繁殖进行药用植物次生代谢产物的研究。植物次生代谢产物的合成和环境息息相关，生长在不同环境中的药用植物其次生代谢产物的含量存在显著差异。植物无糖培养微繁殖的核心技术是环境调控，在温室和大田中，温度、光照和 CO_2 浓度这些环境因素不容易控制，易导致药用植物生物活性化合物和生物量的不同。然而，这些因素在光自养微繁殖中可以很好地得到调整和控制，因此，只要提出可行的策略，以提高特效药的产量为目标，就可以通过优化环境条件用光自养微繁殖技术来发展药用植物的商业化生产，并筛选生物活性化合物。例如，在高温光自养的条件下，贯叶连翘（*Hypericum perforatum* L.）的主要生物活性化合物，即贯叶金丝桃素（hyperforin）、假金丝桃素（pseudohypericin）和金丝桃素（hypericin）的含量增加（Zobayed et al.，2005；Couceiro et al.，2006）；黄花蒿（*Artemisia annua* L.）植株采用液体无糖培养基和高 CO_2 浓度的条件是提高青蒿素（artemisinin）产量的有效方法（Supaibulwattana et al.，2011）；Saldanha 等（2013）用组织培养的方法培养巴西人参（*Pfaffia glomerata*），采用无糖培养基，CO_2 浓度分别设置为 360 μmol·mol^{-1} 或 720 μmol·mol^{-1}，结果，不论是否增加 CO_2，无糖培养都显著增加了 20- 羟基蜕皮激素（20-Hydroxyecdysone）的水平；在另一项研究中，Pham 等 (2012) 报道了苦味叶下珠（*Phyllanthus amarus*）植株在无糖培养自然通风条件下培养了 45 d，高浓度 CO_2 (1200 μmol · mol^{-1}) 促进了两种主要的木脂素，叶下珠脂素（Phyllanthin）和珠子草素（Niranthin）的积累；在光自养条件下，光强和光周期也会影响叶下珠脂素、次叶下珠脂素（hypophyllanthin）和珠子草素的积累（Pham and Nguyen，2014）；Nguyen 等（2016）研究了越南人参（*Panax vietnamensis* Ha et Grushv）带两叶的离体嫩枝，当培养在有 2 个透气孔的 Magenta 容器中，采用蛭石和 MS 无糖培养基时，很易于产生根状茎和块茎根（图 9-2），培养 90 d 时，与不补充 CO_2 的处理相比，1100 μmol · mol^{-1} CO_2 显著促进了根部器官中皂苷和甘露糖苷 - R2 (MR2) 的积累（数据未发表）。

图 9-2　无糖培养的越南人参离体植株

A：第 60 d；B：第 180 d，块根形成；C：第 240 d（Nguyen et al.，2016）

9.2.1　小型培养容器的换气方式研究

在培养基中补充外源碳（如蔗糖）的方法最初源于试管植物太小、没有光合作用能力，因此必须在培养基中添加蔗糖。然而，研究证明离体植物和叶绿素培养物可以将辐射能转化为对生物有用的能量，并可以仅利用 CO_2 作为碳源合成碳水化合物。那么如何补充容器内的 CO_2、保障植物的光合作用和生长？在光自养微繁殖系统中，培养基不含外源糖，容器需要通风以提高 CO_2 浓度。随着光自养微繁殖系统的发展，培养容器的通风（换气）问题引起了研究人员的广泛关注。培养容器通风的主要目的是改善容器内气体环境，最大限度地减小容器内外气体环境的差异。与传统的密闭系统相比，对培养容器进行通风具有许多优点，植株生长快、根系发育好、净光合速率提高、品质好。光自养微繁殖的换气可以通过自然换气系统和强制换气系统进行。强制换气系统的发展具有新颖性，也是研究的热点。下面将回顾通风系统的发展历史及其在生物质生产、环境控制和植物生理等方面的优势。

为了改善空气交换、提高植物的生长和质量，培养容器需要通风。自然换气或自然通风是将外部新鲜空气引入培养容器并从培养容器中置换等量空气的节能过程，其通常通过容器和盖子之间的缝隙或通过附在盖子或容器壁上的透气微孔膜（孔径 0.2~0.5 μm）进行。在自然通风条件下，组织培养容器内气体交换的驱动力是：①内外环境之间的压力梯度；②内外环境之间的温度梯度；③容器周围空气的速度和流动模式。因此，容器的形状、盖子和通风口的位置和方向、气流和容器周围的环境都将影响自然通风容器的空气交换次数。实践证实，容器周围的气流速度可增强容器的空气交换，所以常用的自然换气方法是在容器的盖子或四周壁上贴上空气滤膜，通过空气的自然扩散作用进行培养容器内外环境气体的交换。

CO_2 通过透气膜的扩散速率与容器内外 CO_2 和水蒸气浓度的差异以及透气膜的气体电导率成正比。透气膜的扩散速率或容器的通风效率可以通过测量标记气体（如 C_2H_4 或 CO_2）注入标准样品的一半从容器中逸出所用的时间（T_{50}）来评估（Jackson et al.，1994）。图 9-3 显示了 120 mL 玻璃容器用不同透气材料作盖子后测量 T_{50} 的结果。在盖子上的孔（8 mm）上贴一个透气膜后（过滤孔径 0.45 μm，美国密理博公司）去除乙烯的 T_{50} 值仅为 10 min，而 Suncap closer（Sigma，美国）为 30 min，聚丙烯圆盘为 147 min，铝箔为 195 min，棉塞为 285 min。透气膜有不同的尺寸和孔径，通气率会随培养容器的大小和形状而变化，因此，比较不同类型容器或通风系统的关键参数是 Kozai 等（1986）提出的换气次数（见第 3 章）。例如，一个 25 mm 的试管可以通过一个 10 mm 直径的微孔过滤膜每小时进行 8~10 次的气体交换，而在一个品红容器（370 mL）上相同的过滤膜每小时只能进行 1~2 次的空气交换。通过增加容器上连接的过滤膜盘的数量，可以增强其空气交换的能力，而根据植物种类和植物数量的不同，在组培时可能需要增加或减少空气交换的次数。容器的换气次数对植物无糖培养生长发育的影响研究很多，例如：Kozai and Sekimoto，（1988）；Galzy and Compan（1992）；Niu et al.，（1996）；Serret et al.，（1997）；Ermayanti et al.，（1999）；Jeong et al.，（1999）；Nguyen et al.，（2000，2017）（图 9-4）；Seon et al.，（2000）；Xiao et al.，（2003）；Martins et al.，（2019）（详情见表 9-1）。

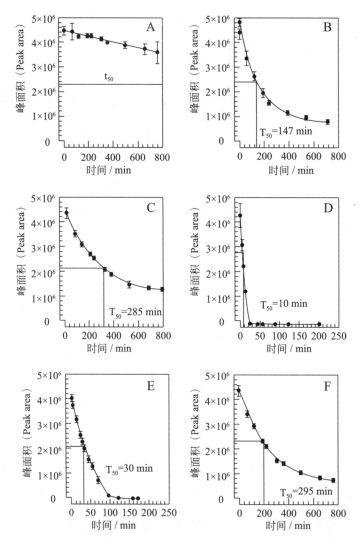

图 9-3 T_{50} 测量不同材料封口 120 mL 玻璃容器去除注入乙烯的时间

A：气密系统用硅橡胶塞密封；B：聚丙烯盘；C：棉塞；D：在盖子的孔（8 mm）上安装一个粘性微孔过滤盘（过滤孔径 0.45 μm；美国密理博公司）；E：遮阳帽闭合器（Sigma，美国）和 F：铝箔纸。

除自然换气外，小容器的强制换气也是当时研究的一个热点。Horn（1983）开发了一种强制换气系统用于大豆细胞的培养（容器 250 mL）。Fujiwara 等（1988）开发了一种强制输入 CO_2 的技术，在培养室中输入 CO_2，并对培养室中的 CO_2 浓度进行取样检测，把培养有植物的容器放进培养室，然后用气泵把培养室中富含 CO_2 的空气送入培养容器。Walker 等（1989）测试了强制换气对杜鹃植株在增殖阶段的影响，在过滤后的空气中，分别加入 0，300 和 1000 μmol·mol^{-1} 的 CO_2 供给植株培养，CO_2 分别来于自 3 个不同

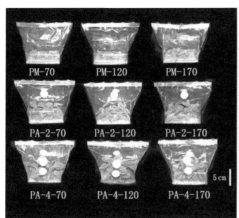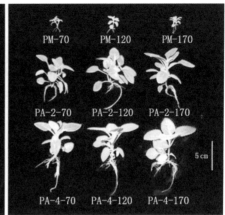

图 9-4　不同的透气状态和培养方式对香茶（*Plectranthus*）试管苗生长（45 d）的影响

PM 有糖培养（无透气孔）；PA 无糖培养，字母后第一个数字表示气孔数，第二个数字表示培养基体积（单位 mL）（Nguyen et al., 2017）

的容器，空气的混合也使用了气泵。Adkins 等（1989）开发了一种持续供气系统用于愈伤组织的培养。Kozai 等（1990）开发了一种强制换气系统，用于降低培养容器内的空气温度。Fujiwara 等（1993）开发了一种装置用于测试物理环境对植株生长发育的影响，这个装置长 70 cm、宽 45 cm、高 70 cm，主要部分由光源和一个装有培养容器的箱子组成，箱子的底部装有控制板，通过气体流量计调节来自钢瓶的纯净 CO_2，使 CO_2 浓度被保持在一定的水平。

9.2.2　大型培养容器和强制换气系统的研究

在植物培养期间，通过使用气流控制器可以很容易地控制强制通风率，而自然换气则很难做到。控制通风量是实现试管苗最佳生长条件的重要环节。培养容器的通风速率应根据容器内培养植株的净光合速率大小进行调整，以优化空气环境，从而使生长最大化。植物无糖快繁技术解决了传统培养中存在的污染率高、植株生理紊乱、种苗品质差、移栽成活率低等问题。但是如果还是采用小容器，则操作繁琐，人力资源消耗大，机械化程度低，难以实现植物组培快繁的工厂化生产。

Fujiwara 等（1988）首次成功实现了在光自养条件下用大容器和强制换气系统培育植株。他们采用 19 L（长 58 cm、宽 28 cm、高 12 cm）的容器，用空气泵把 CO_2 与空气混合后泵入大容器进行强制通风，以促进草莓（*Fragaria x ananassa* Duch.）外植体和

（或）植株在生根和驯化阶段的光自养生长，这是一个带有营养液控制系统的无菌微水培系统。

Kubota 和 Kozai（1992）研究表明，在 2.6 L 聚碳酸酯容器中无糖培养的马铃薯植株的净光合速率和生长比在小型容器中无糖培养的马铃薯植株好（大容器中装有岩棉立方体的多细胞托盘）。

Kitaya 和 Sakami（1993）设计了一个利用蘑菇呼吸产生的 CO_2 来供给叶绿素愈伤组织生长发育的系统，其微繁殖箱与蘑菇培养箱相连，采用半封闭管道（硅胶管）系统连接乙烯吸收剂、气泵、电磁阀等，这个系统的一个重要特点是，CO_2 的来源是免费的，不需要任何气瓶。

Heo 和 Kozai（1999）开发了一种强制通风微繁殖系统（图 9-5），该系统由 PP 膜和不锈钢骨架制成，容积 12.8 L，可以放入一个 220 穴的标准育苗穴盘，穴内充满消毒过的蛭石或纤维素塞。用该系统培养的甘薯 [（*Ipomoea batatas*）（L.）Lam., cv. Beniazuma] 植株的光自养生长比小容器自然通风有糖培养植株的生长快数倍。然而，在上述两种强制通风系统中，容器内的植株生长得并不均匀，靠近进气口的植物生长较快，靠近排气口的植物生长较慢。

随着对光自养微繁殖系统的研究不断深入，不同类型的具有强制通风装置的大型容器被开发出来。强制通风的优点之一是可以更好地控制大型容器内部的空气环境。然而，在具有强制通风系统的大型容器中，如果只有一个入口和一个出口，则容器中的 CO_2 浓度在进气口处最高，在出气口处最低。因此，入口和出口之间的二氧化碳浓度水平梯度较大。在光自养微繁殖系统中，CO_2 是唯一的碳源，大容器培养空间中 CO_2 浓度的均匀分布是实现内部植株均匀生长的重要因素。早期实验（Kubota and Kozai，1992；Heo and Kozai，1999）的结果表明，强制通风会导致在大型容器内产生了不均匀的环境条件（CO_2 浓度、相对湿度、气流速度以及温度），影响植物生长的均匀性。这种不均匀生长一般在植株生长后期，即单株净光合速率较高时更为明显。一般来说，容器体积越大，就越难实现容器中 CO_2 的均匀分布。

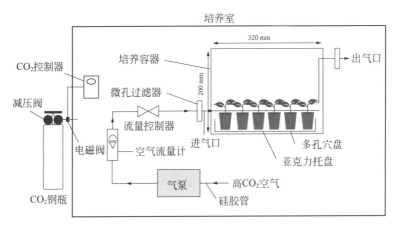

图 9-5　大型培养容器和强制换气系统示意图（Heo and Kozai, 1999）

为了改善大容器内的空气分布，使试管苗的生长和质量更加均匀，Zobayed 等（2000）设计使用了一个具有强制通风和空气分配室的大容器（体积 20 L，培养 500 株植物，图 9-6），这个大容器的底部有一个空气分配室，通过垂直管道分别将富含 CO_2 的空气分配到整个顶盘上，以使容器中的植株获得均匀的 CO_2 分布。容器内还装有空气分配管（水平方向），用于强制通风气流的均匀分配。

Heo 等（2001）也开发了带有空气分配管的大型培养容器（图 9-7）。该系统的主要目的同样是提供一种气流模式，使 CO_2 浓度和相对湿度以及气流速度分布得均匀，从而使植株生长均匀。

图 9-6　光自养条件下在带有强制通风系统的大型容器中生长的桉树试管苗。培养容器体积：20 L（长 610 mm，宽 310 mm，高 105 mm）（Zobayed et al., 2000a）

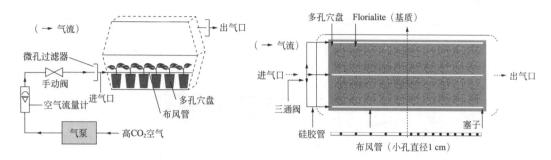

图 9-7　带有强制通风系统的大型培养容器（体积：13 L）（Heo et al., 2001）

Afreen 等（2002）尝试用光自养的方法培养小粒咖啡子叶期体细胞胚，进行大规模的胚 - 苗转化。他们设计了一个带有强制通风系统的大型培养容器（临时根区浸入式生物反应器），以实现子叶期咖啡体细胞胚的光自养规模繁殖（容积 9 L，图 9-8），在试验中几乎 84% 的咖啡体细胞胚形成了植株，且具有旺盛的芽和正常的根。在这个系统中，一个

图 9-8　光自养条件下在大容器中生长的由体细胞胚发育的咖啡植株（Afreen et al., 2002）

自动营养供应系统与容器相连，用于用营养液暂时浸泡植株的根区。这种临时浸泡系统确保了根系暴露在空气中，提高了根系质量。

新设计的生物反应器由两个主要腔室组成（图 9-9）：下部腔室用作营养液的贮存器，上部腔室用于培养胚胎，一个狭窄的空气分配室位于这两个室之间。两个进气管（内径 5 mm；长度 10 mm），直接连接到空气泵 (P)，通过一个过滤盘（孔径 0.45 μm；直径 45 mm；防止微生物进入培养容器。空气分配室的顶部有几个窄管，这些管垂直安装在带穴苗盘的行之间（苗盘可高压灭菌），并在培养室顶部空间中打开。进气管将富含 CO_2 的空气通过这些垂直管从空气分配室进入培养室；另一条进气管则将气泵连接到营养液贮存室的顶部空间，通过一个电动计时器操纵着泵。靠近储液罐底部有一根输液管延伸到培养室，为了向培养室供应营养液，可打开空气泵以提高储液罐顶部空间的压力，迫使营养液从储液罐进入培养室。营养液每 6 h 在根区临时浸泡 15 min。15 min 后空气泵关闭，多余的营养液在重力作用下流回储液罐。

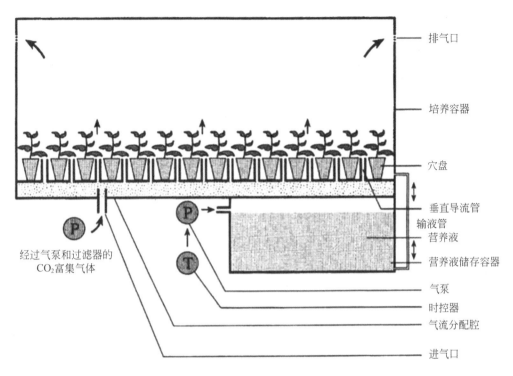

排气口

培养容器

穴盘

垂直导流管
输液管
营养液

营养液储存容器

气泵

时控器

气流分配腔

进气口

经过气泵和过滤器的
CO_2富集气体

图 9-9 带强制通风系统的临时根区浸泡（TRI）生物反应器示意图（Afreen et al., 2002）

Xiao 和 Kozai（2004）开发了一种光自养微繁殖系统（PA 系统，图 9-10），使用 5 个大型培养容器（每个容器的体积为 120 L）和一个强制通风装置，以此为彩色马蹄莲（*Zantedeschia elliottiana spreng*）植株的商业生产提供富集 CO_2 空气。与传统的小容器含糖培养基的光混合营养微繁殖系统（PM 系统）相比，PA 系统的大容器培养能显著提高植株的生长和质量，其培养的植株生长旺盛，根系发达，在离体培养中存活良好，同时培养周期缩短了 50%，试管苗成活率提高 30%，成本降低 40%，并且因种苗健壮、品质好而使销售价格提高了 25%。

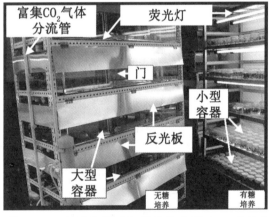

富集CO_2气体分流管

荧光灯

门

小型容器

反光板

大型容器

无糖培养

有糖培养

图 9-10 左侧是使用大型培养容器（PA 系统）的光自养微繁殖系统的培养模块，右侧是使用带有自然通风的小型容器（PM 系统）的光混合营养微繁殖系统的培养模块（Xiao and Kozai, 2004）

这个光自养微繁殖系统包括一个 220 cm 高的钢架，钢架支撑着一个 5 层的架子（130 cm×52 cm），每个架子可容纳一个培养容器。搁板之间的垂直距离为 40 cm；下面覆盖反光纸的隔热板为 2 cm，用于向下反射光线；培养容器高 20 cm；容器上表面和荧光灯管之间的间隙为 5 cm，目的是便于气体流动以除去荧光灯产生的热量；荧光灯占 3 cm，荧光灯和反光隔热板的距离是 10 cm，用于使气流通过荧光灯和上搁架底面之间的间隙。

培养容器用有机玻璃制成（115 cm 长 × 52 cm 宽 × 20 cm 高；容积 120 L；培养面积约 0.6 m²），带有两个进气口（直径 5 mm）和 6 个排气口（直径 20 mm），用于强制通风。两个强制向容器提供富集 CO_2 空气的进气口位于距离容器底部 8 cm 的侧壁上，每个进气口连接一个空气阀，用于控制容器的换气次数（换气次数的定义为容器的每小时通风量除以容器体积）。6 个排气口位于容器上表面的不同点，出风口的位置需要通过反复试验确定，以获得容器内均匀的空气分布。透气微孔过滤膜（直径：20 mm，孔径：0.5 μm）被安装在出风口上，以防止灰尘和微生物进入。在每个容器中放置 3 个苗盘（48 cm×36 cm×7 cm）。培养容器的正面有一个门（45 cm 宽，13 cm 高），用于放置或取出苗盘。

这种 PA 系统的供气系统形成回路后（图 9-11），也可应用于非洲菊（*Gerbera jamesonii*）植株的商业生产（Xiao et al.，2005）。比较 PA 系统和 PM 系统植株的生长情况可以发现，在 PA 系统中，植株的叶片数、叶面积、地上部和根系干重分别是在 PM

图 9-11 采用大型培养容器和强制换气的光自养微繁殖系统应用于非洲菊植株的商业化生产（Xiao et al., 2005）

系统中植株的 1.7 倍、5.2 倍、4.6 倍和 3.8 倍；PA 处理的植株净光合速率和叶绿素浓度

分别是 PM 处理植株的 9.2 倍和 2.2 倍；PA 植株的离体生根率和离体存活率分别为 98%

和 95%，PM 植株的离体生根率和离体存活率分别为 62% 和 57%；PA 系统的总生产率是

PM 系统的 6.9 倍。因此，PA 系统可用于生产大量高质量的试管苗，其占地面积小、操作

简单、生产效率高。

　　Nguyen 等（2016）也开发了一种大型培养容器和强制换气系统（图 9-12、图 9-13）。

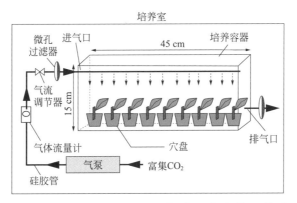

图 9-12　聚碳酸酯容器（45 cm×25 cm×15 cm）进行光自养微繁殖的强制通风系统示意
　　　　　图（Nguyen et al.，2016）

图 9-13　大型培养容器和强制换气系统用于葡萄试管苗培养（50 株生长了 35 d）（Nguyen
　　　　　et al.，2016）

　　光自养微繁殖（使用无糖培养基）的一个主要优点是微生物污染风险小，故可以使

用的大型培养容器。因此，迄今为止，人们设计的几乎所有大型容器都是基于光自养微繁

殖的。总而言之，大型培养容器强制通风系统的组成主要包括：①用于繁殖植物的培养箱

和可高压灭菌的带穴苗盘；② CO_2 供给和浓度检测系统；③ 位于容器外部的空气泵、气体

流量计；④位于培养容器内部的特别设计的空气分配管，以利于 CO_2 在容器中均匀分布；⑤装在培养容器盖或壁上空气入口和出口处的微孔过滤膜，孔径最好为 0.2~0.45 μm，最大不应超过 0.45 μm，以保护系统免受微生物污染。

大型培养容器的灭菌是成功建立无菌繁殖体系的重要步骤。对于灭菌方式，可在 121~123℃和 1.4 kg·cm⁻¹ 条件下对容器进行高压灭菌 20~40 min。当容器太大而无法装入高压灭菌器时，Xiao 等（2000，2004，2005）选择使用 120 L 容器，或当容器由非高压灭菌材料制成时，替代的灭菌程序是使用消毒剂（如次氯酸钠溶液、高锰酸钾、甲醛等）进行表面灭菌。Xiao 等（2000）描述的对 120 L 容器的分步灭菌程序如下：①用清水冲洗培养容器；②用 0.2% 二氯异氰尿酸钠（$C_3O_3N_3Cl_2Na$）擦拭培养容器；③用高锰酸钾（5 g·m⁻³）、甲醛（10 mL·m⁻³）闷压培养容器 10 h；④转接外植体前用 70% 乙醇喷洒容器。苗盘可先用水清洗，并用 0.2% 二氯异氰尿酸钠消毒液浸泡 20 min 进行消毒。

种植密度是商业规模化微繁殖成功的重要因素。使用大容器，可以显著增加种植密度，而不降低植株的干重。此外，大型培养容器的设计还应考虑通过调控养分供应系统、选择合适的基质、光照系统和均匀的 CO_2 供应来提高种植密度。多年来大量研究表明，在光自养条件下，大容器可以显著提高种植密度。以每平方米 4600 株马铃薯（Xiao et al., 2000）、3000 株宽叶补血草（Xiao et al., 2000）和 2644 株桉树（Zobayed et al., 1999）为例，在大容器中进行了培养。这些系统的种植密度明显高于传统的小容器繁殖系统。

对于大型容器中的光自养微繁殖，选择合适的支撑材料（培养基质）是另一个重要的标准，其不仅是为了获得最佳生长、易于繁殖和离体移植，而且是为了使系统方便操作和灭菌。有证据表明，在琼脂培养基中生长的植株根系易表现出组织的结构异常（Kataoka,1994），通常缺乏根毛，移植后不久死亡，或导致植株停止生长（Afreen et al., 1999；Debergh and Maene, 1984）。珍珠岩（Xiao et al., 2000）和蛭石（Heo and Kozai,1999，Xiao et al., 2004，2005）已用于在大型培养容器中繁殖植株。然而，这些基质是由细颗粒组成的，使用不是很方便。聚酯纤维立方体（Fujiwara et al., 1988）、纤维素塞（Heo and Kozai, 1999）、岩棉立方体（Kubota and Kozai, 1992）和 Florialite（Zobayed et al., 1999c；Wilson et al., 2001；Afreen et al., 2002；Xiao et al., 2003）均以不同尺寸的块状形式提供，因此易于在大型容器中搬运。然而，与纤维素塞甚至蛭石和琼脂培养基相比，Florialite 基质的植株根系生长和形态以及离体存活率更优（Afreen et al., 1999）。

9.3 植物无糖培养微繁殖的商业化应用

从本书的介绍中可以看出，植物无糖培养的研究已有许多报道，这些研究报道来自于许多国家的大学和研究所。由此说明，植物无糖培养技术已传播到很多国家，但大多数都是处于研究阶段，商业化或规模化生产应用的还不多见。中国是到目前为止，无糖培养商业化推广应用走在前列的。据不完全统计，中国已有近 50 多种植物的无糖培养进入商业化的生产应用中（表 9-2）。其间，中国的许多研究者、科研机构以及生产企业都在植物无糖培养的商业化应用方面做过许多工作。但在此，笔者只能就直接参与或了解到的国内几个单位所做的植物无糖培养商业化应用方面的工作做一个简单的介绍。

9.3.1 昆明市环境科学研究所

中国国家外国专家局和昆明市科技局于 1996 年邀请古在丰树教授到昆明等地进行学术讲座，将植物无糖培养微繁殖技术传播到中国。当时昆明的花卉产业正如火如荼地发展，急需先进的种苗生产技术，以扩大花卉种植面积和满足市场对花卉新品种的需求，古在先生的到来无疑是雪中送炭。很快，1997 年起植物无糖培养技术被列入昆明市重点科技计划，昆明市环境科学研究所受中国国家外国专家局和昆明市科技局委托承担了该项技术的引进、研究、试验、示范和推广任务。课题组在古在先生的亲自指导下，开展了植物无糖培养快繁商业化应用的研究和开发工作。通过几年的试验研究和生产示范，该研究所在引进消化吸收国外先进技术的基础上，结合国情开发了初代与无糖培养微繁殖生产相配套的设备和设施。在生产初期，采用小容器（瓶子）和自然换气的方式进行了满天星、非洲菊、情人草、勿忘我、彩色马蹄莲等植物的无糖培养生产（图 9-14）。但由于小容器操作繁琐，人力资源消耗大，机械化程度低，难以实现植物快繁的工厂化生产。因此，在实际生产推广中，技术方案主要采用大型培养容器和强制性换气系统。

图 9-14　小容器带自然换气方式的光自养微繁殖，A：满天星；B：彩星；C：彩色马蹄莲；D：情人草（昆明市环境科学研究所，1997—1999 年）

1. 商业化应用的大型培养容器和强制换气系统

植物无糖培养快繁技术的优势之一，就是在培养基中的糖除去以后，微生物的污染率可以大幅度降低，能够使用大型的培养容器。并且自然换气和强制换气两种方法相比较，在强制换气的条件下，植株的生长比自然换气条件下好得多。因此大型的培养容器和强制换气相结合，无疑是一种植物培养的优化组合配置。昆明市环境科学研究所开发的用于生产的大型培养容器和强制换气的组合装置，获得两项新型专利发明，并在 2001 年获第十三届全国发明展览会金奖。

2. 组合式无糖培养快繁装置

组合式无糖培养快繁装置如图 9-15 所示，该系统包括一个密闭培养室，培养室中配有若干个培养架，每个架子上装有 5 个培养容器，每层 1 个。每个培养容器（115 cm 长 × 52 cm 宽 × 20 cm 高；体积 120 L；培养面积约 0.6 m²），带有两个进气口（直径 5 mm）和 6 个排气口（直径 20 mm）用于强制通风。每个进气口连接一个空气阀，用于控制容器的空气交换次数。透气微孔过滤器（直径：20 mm，孔径：0.5 μm）被安装在每个排气口上。在每个培养容器中可放置 3 个苗盘（48 cm×36 cm×7 cm）。

组合式无糖培养快繁装置的供气系统由 CO_2 钢瓶、压力计、气流表、空气泵、配气箱、空气消毒箱、干燥箱以及 CO_2 浓度检测表组成。当时，国内买不到 CO_2 浓度控制检测仪器，课题组成员只得根据多次检测的经验值来确定 CO_2 钢瓶的释放量。来自钢瓶的纯 CO_2 通过带有压力表和流量计的气管进入配气箱，同时，带有粗过滤器的气泵把培养室的空气通过气管送入配气箱，以稀释纯 CO_2，混合空气中的 CO_2 浓度由检测仪进行测量。富集 CO_2 的气体进入含有 2%$NaClO_3$（W/V）溶液的消毒罐，然后经含有硅胶的干燥箱后通过带有空气流量计和阀门的气管，由进气口进入培养容器，经植物吸收利用后，再由顶部的出气口排出至培养室（图 9-16）。

光照系统以白色荧光灯作为光源，安装在容器的上方，每层 4~6 盏 36 W 荧光灯，每支荧光灯带有一个开关，根据植物生长的需要将架子上的 PPF 调节在 50~150 $\mu mol \cdot m^{-2}\ s^{-1}$ 范围内。为了增加培养架上 PPF 分布的均匀性以及提高光能的利用率，不但光源的上方装有反光设施，容器侧面的上方也安装了反光板（120 cm×13 cm），反光板通过铰链与培养架相连（图 9-15）。

图 9-15　大型培养容器和强制换气无糖培养组合装置（昆明市环境科学研究所，2000 年）

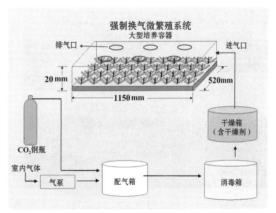

图 9-16　大型培养容器和强制换气微繁殖系统示意图（昆明市环境科学研究所，2000 年）

植物无糖快繁组合装置分固定式和移动式两种，固定式是多个培养架共用一套供气系统，不可移动；移动式是每个架子与供气系统自成一个整体，培养架的底部装有轮子，可以移动到培养室的任何地方。

在实际生产中，每个培养容器一次可培养 1500~2000 株小植株，主要以蛭石和珍珠岩为支撑材料，使用改良 MS 营养液，不含糖、维生素和其他有机元素。与传统的小容器含糖光混合培养体系相比，大容器培养能显著提高植株的生长和质量。在光自养系统中培养的植株生长快、根系发达，在离体培养中存活率较高。而且，大容器强制换气培养系统不但可以缩短培养周期、生产出高品质的种苗，在生产成本和销售价格方面也比传统的微繁殖系统具有优势（图 9-17）。

图 9-17　大型培养容器和强制换气无糖培养组合装置
A：彩色马蹄莲；B：情人草（瓶子放入大容器中进行无糖培养）；C：勿忘我（昆明市环境科学研究所，2000 年）

3. 大型培养容器和闭合式管道强制换气系统无糖培养组合装置

为了使富集的 CO_2 气体得到充分利用，昆明市环境科学研究所课题组成员又对供气系统进行了改进（图 9-18）。

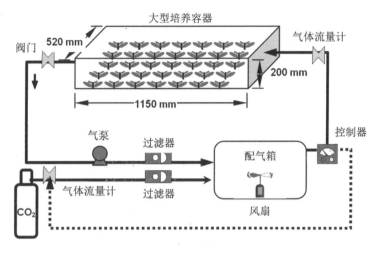

图 9-18　改进后的大型培养容器和强制换气系统示意图

改进后的强制性换气系统是一个闭合的回路，富集的 CO_2 气体可以被重复使用，其工艺流程是：①首先对高浓度的 CO_2 气体进行过滤；②进入配气装置；③根据植物生长的需求调配 CO_2 的浓度；④富集的 CO_2 空气通过管道、开关、流量计输入到每一个培养容器中。培养容器内装有空气分布管道，使 CO_2 浓度被均匀分配，输入到培养容器中的富集 CO_2 气体经植物吸收利用后，又从另一个出口

图 9-19　改进后的大型培养容器和闭合式强制换气无糖培养系统（昆明市环境科学研究所，2002 年）

经过滤后被泵回配气装置中，再次供给植株生长所用。在进行无糖组织培养时可根据培养的植物种类及其生长状况、培养时期来确定输入的 CO_2 浓度、流速及时间（图 9-18、9-19）。这种新装置对 CO_2 浓度、混配气体的构成、气体的流速、气体的灭菌都较容易实现控制（图 9-20）。

昆明市环境科学研究所的实践证明：大型培养容器和强制性换气无糖培养系统改革了传统的用糖和瓶子作为碳源营养和生存空间的技术方法，增加了植物生长和生化反应所需的物质流交换和循环，促进了植株的生长和发育，实现了优质种苗的低成本生产（图 9-20）。在生产中显示出的优越性如下：

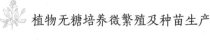

图 9-20 改进后的大型培养容器和闭合式强制换气无糖培养系统培养的植物。A、B：非洲菊；C：彩星；D：彩色马蹄莲（昆明市环境科学研究所，2002 年）

（1）CO_2 浓度、光照、湿度、温度等条件可以根据植株的生长进行控制。

（2）植株的净光合速率得到提高，促进了植株的生长发育，培养周期缩短 40%~50%。

（3）生根率提高，植株生理形态和遗传的紊乱减少，植株质量显著提高。

（4）过渡期间小植株的成活率得到大幅度提高。而且过渡过程变得简单，甚至可以除去。

（5）生产成本降低，与原有的有糖培养相比能降低生产成本 30% 左右。

9.3.2 浙江清华长三角研究院

2005 年，植物无糖培养微繁殖装备研发被列入浙江省重大科研攻关计划，浙江清华长三角研究院承担了这个项目。课题组在植物无糖培养微繁殖理论以及前人研究和工作的基础上，通过对植株生长各阶段与光照、CO_2 浓度、温度、湿度、植物营养等环境因素多元相构关系的分析研究，开发出了智能调节这些环境因子的控制系统，并将其组合、集成，研制出智能化植物无糖培养系列装置。装置包括植物栽培系统、光照系统、通风控温系统、供液系统、消毒系统、CO_2 供给系统、环境控制系统等。可以用于水培，也可用于基质培。装置底部装有轮子，可自由移动。光照系统包括灯箱、LED 灯管、风扇，LED 置于灯箱内与风扇相联，安装在培养容器上方，自成一体，不与培养容器相通。在每个培养容器中安装有空气分布管道，以利 CO_2 的均匀分布。控制系统全部采用微型计算机控制、数字显示，同时配有 RS485 接口与计算机联接，实时采集各项环境因子数据，以便在研究和生产过程中对各环境因子进行监控、分析、存储和数据图表处理。

系列装置分为生产型和科研型：

生产型装置（图 9-21）长 1850 mm，宽 750 mm，高 2100 mm，其有 4 个培养层，每层培养空间为 225 L（1500 mm 长 ×600 mm 宽 ×220 mm 高），可放置 5 个苗盘，一次可培养 1500~2500 株小植株，每个装置每次可培养 6000~10000 株种苗。整个装置是一个培养空间，共用一套控制系统。

科研型装置（图 9-22）是为科学试验研究而设计的，主要用于植物生长环境控制方面的研究（图 9-23）。每个装置由 3 个独立的培养空间组成，每个培养空间各用一套控制系统，可以调控温度、湿度、CO_2 浓度、光照强度、光质、光周期等。

图 9-21　生产型植物无糖培养装置（浙江清华长三角研究院，2006 年）

图 9-22　科研型植物无糖培养装置（浙江清华长三角研究院，2006—2007 年）

图 9-23　植物无糖培养装置培养的植物

A：大花蕙兰；B：铁皮石斛；C：马铃薯（水培）；D：玉簪（*Gentiana andrewsii*）（浙江清华长三角研究院，2006 年）

9.3.3 中国农业科学院环境与可持续发展研究所

杨其长教授带领科研团队在植物无糖培养研究和生产应用方面做了很多工作，他们从密闭式洁净组培车间的开发、大型培养容器的设计、环境的精确控制、穴盘开放培养模式、光照强度与 CO_2 浓度相关性以及菌根促苗等关键技术入手，创建了以大型培养容器为核心的高品质种苗无糖培养技术体系。

密闭式洁净组培车间及其环境控制系统（图 9-24）通过洁净系统的引入，实现了组培车间空气的实时净化处理，使组培车间空气洁净度达到万级，为组培苗开放式工厂化生产提供了环境保障。系统采用触点控制与比例控制相结合以及空调感应并联电阻的方式，来模拟检测温度变化，实现对组培车间内温度、湿度和 CO_2 浓度的精确控制，精度分别达到 ±1℃、±5% 和 ±50 ppm。系统采用基于 PLC 的分布式控制方式，并与上位计算机连接，实现对无糖组培环境的自动调节和远程监控。

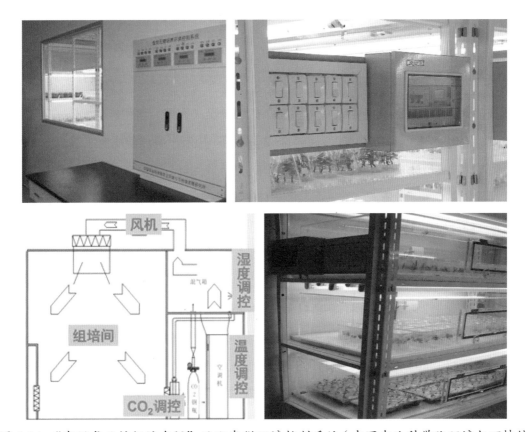

图 9-24 "密闭式无糖组培车间"及配套微环境控制系统（中国农业科学院环境与可持续发展研究所）

大型的培养容器 84 L（728 mm×328 mm×350 mm，培养面积均为 0.24 m²）的开发采用上下组合式，组合后箱体外壁和底板内缘之间留有间隙，构成密封槽。通过填入适当的密封剂，能很好地起到密封作用（图 9-25）。支承板可用来直接盛放培养基，也可在其上放置敞口容器进行组培。装置采用透光率高、紫外线通过能力强的 PMMA 有机玻璃作为箱体材料，平衡气孔和进气孔都与一个滤膜孔径为 0.2 μm 的空气过滤器相连，以保证组培期间容器内的无菌环境。

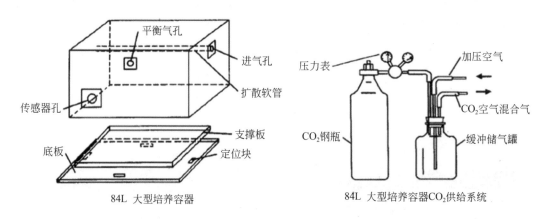

图 9-25　84 L 大型培养容器和 CO_2 供给系统（中国农业科学院环境与可持续发展研究所）

在该装置中，CO_2 气源组件（图 9-25）的设计至关重要，其组件由 CO_2 高压钢瓶、压力表、进出空气管路和缓冲储气瓶等构成。为便于控制，高压钢瓶出来的高浓度 CO_2 气体经过缓冲储气瓶减压和稀释后，再缓慢均匀地施放到培养容器内。

该装置的创新之处在于：①采用二位一体的构成模式，易于消毒和操作维护；②所设计的缓冲储气瓶和施放软管使箱体内 CO_2 扩散得更加快速均匀。

180 L 大型培养容器是在综合考虑穴盘的结构特点以及最大化利用组培空间的基础上设计的（管道平等，2007；图 9-26），其规格为 1.2 m×0.5 m×0.3 m，容积 180 L，采用透光率高的进口有机玻璃板（厚度 1 cm）制作而成，具有 1 个进气口（ϕ=5 mm）和 6 个出气口（ϕ=5 mm）用于强制通气。容器内设有 CO_2 气体均匀施放管，由 ϕ=2 mm 的有机玻璃管加工而成，其上设有开口方向与垂直面均呈 60° 的两排均匀送气孔，长度为 1.25 m。安装时一端露出 3 cm 连接气源为进气口；另一端封闭后安装在容器的内嵌小槽中固定。通过压力计、流量计、三通阀、精密电磁阀等装置的设计以及 PWM 控制模式，实现对装置内 CO_2 浓度的精确控制。该装置省去了消毒罐和加湿罐等附件，节约了空间与成本，突破了纯 CO_2 气体施放与控制的技术难题，其特点在于：大型化设计使穴盘进入无糖组培系统成为可能；CO_2 气体施放管的新颖设计和 PWM 控制模式提高了装置内 CO_2 气体释放的均匀性。

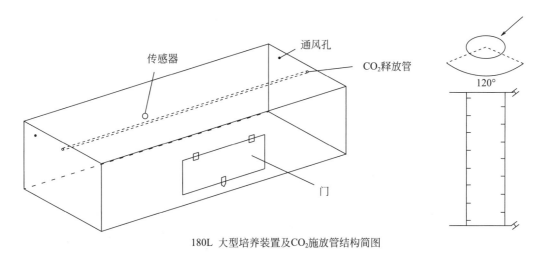

180L 大型培养装置及CO_2施放管结构简图

图 9-26　180 L 大型培养容器及 CO_2 均匀供气示意图（中国农业科学院农业环境与可持续发展研究所）

管道平等（2006）将有益微生物技术应用于植物无糖组培系统中，创立了生根阶段接种有益微生物（AMF）提高组培苗品质的方法。在无糖培养条件下，在海棠组培苗生根阶段接种 AM 真菌，*Glomus versiforme*（G.v），接种剂为玉米根段、AM 真菌和基质（土壤：细沙为 1:1）混合物以此建立丛枝菌根真菌与组培苗的共生关系，形成平衡的根际生物环境，促进组培苗的生长发育。其主要表现为：减少叶片的气孔阻力、增加叶绿素含量和 CO_2 的固定能力，提高寄主植物的光合速率，改善植株的生理状况及品质；而且，形成的菌根真菌与组培苗共生关系在移栽后将仍然存在，其根外菌丝可部分承担组培苗根系的吸收功能，弥补其在水分和养分吸收上的不足，增强了植株的抗逆性，加快驯化进程，使之移栽后生长更加旺盛。因此，将植物无糖培养技术和菌根生物技术两者有机结合，建立平衡的根际微生态环境和适宜的空间环境，能够极大地提高组培苗的生理状况、品质和移栽成活率（图 9-27）。

植物无糖培养的优势之一就是可以使植株和有益的微生物共生（病原菌除外），植物体的很多次生代谢产物都是植物和微生物相互作用的结果，植物的生长离不开微生物。所以，将有益的微生物引入无糖培养系统，为植物组织培养提供和创造了很多想象和应用空

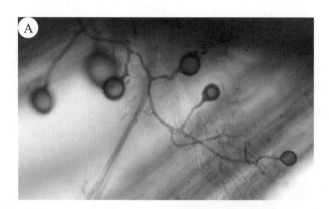

图 9-27　A：海棠根上浸染的菌根真菌的孢子和菌丝；B：接种菌根海棠；C：未接种菌根海棠（管道平等，2006 年；中国农业科学院环境与可持续发展研究所）

间，这可能是将来植物组织培养最值得研究和发展的一个方向。

9.3.4　上海离草科技有限公司

　　虽然植物无糖培养微繁殖的装置已经开发了许多，但在生产的应用中，还是存在各种各样的问题，一是操作还不够简单化；二是不能和原有的组培系统相匹配，需要重新建设新的组培体系，使其技术的推广受到限制。为了把植物无糖培养技术更好地应用于生产实践，上海离草科技有限公司于 2016 年起开始植物无糖培养商业化生产装备和技术的研发，考虑到和原有传统组培技术的对接以及操作的方便，新开发的无糖培养系统的培养容器体积是 7 L 或 12 L（用于植株较高的种苗），带有空气过滤、自然换气和强制换气系统。这套系统具有以下特点：①操作方便，便于消毒、接种、搬运；②制作成本低，可重复使用；③环控方便，植物生长好；④不需改变原有的组培架构，只需更换培养容器就可进行培养；

⑤不受种苗培养数量的限制，大小规模都可以生产；⑥既可用于组培苗生产，也可用于扦插苗生产（图 9-28）。

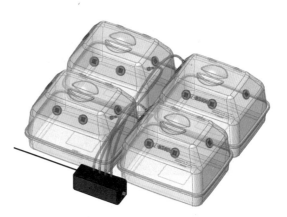

图 9-28　上海离草科技有限公司开发的植物无糖培养微繁殖生产装备（2016）

　　自 2017 年以来，上海离草科技有限公司开发的无糖培养设备及其培养技术已在近百家科研、教学单位和生产企业得到应用，生产植物种类达 50 多种，并取得了很好的培养效果。以下图片是部分生产企业生产应用情况，规模化生产的企业应用案例详情见第五章第 8 部分。

图 9-29　武功县海棠生态农林有限公司植物无糖快繁种苗生产车间

图 9-30　北京国康本草研究院植物无糖快繁种苗生产车间

图 9-31　植物种苗无糖培养快繁

　　A：铁皮石斛和金线莲（广东江门市新会林科院）；B：软枣猕猴桃（杭州创高农业开发有限公司）；C：地黄（山西省农科院棉花所）；D：芋和番木瓜（云南红河热带农业科学研究所）

图 9-32　罗汉果的无糖培养微繁殖（桂林莱茵生物股份有限公司）

图 9-33　杂交构树、北美冬青的无糖培养微繁殖（山东陌上源林生物科技有限公司）

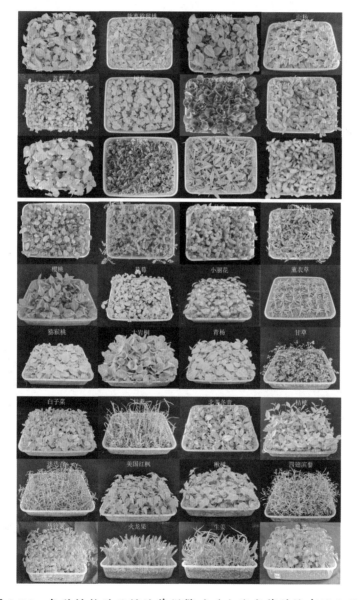

图 9-34　各种植物的无糖培养微繁殖（上海离草科技有限公司）

此外，上海离草科技有限公司的研发团队还在密闭式种苗工厂的研究应用方面做了大量工作（图9-35，图9-36），并将其密闭式种苗工厂生产技术和开发的设备推广应用到药用植物地黄和脱病毒甘薯种苗的生产中（图9-37，图9-38）。目前，上海离草科技有限公司的研发团队还在继续努力，不断进行产品更新和技术改进，力争做得更好。

图 9-35　上海离草科技有限公司利用密闭式种苗工厂生产铁皮石斛、金线莲等药用植物

图 9-36　上海离草科技有限公司利用密闭式种苗工厂进行功能性蔬菜生产研究

图 9-37　北京国康本草研究院人工光植物工厂种苗生产车间，生产种苗：地黄

图 9-38　河南华薯农业科技有限公司的密闭式种苗工厂正在生产脱病毒甘薯种苗

9.4　未来微繁殖系统的特点

在传统的植物微繁殖培养技术中，培养基配方（植物生长调节剂、维生素、氨基酸、糖和其他有机物质的组合和用量）是技术的关键。实际上，植物的生长与环境条件息息相关，但传统的植物组织培养系统不能直接控制植物小气候的环境条件，从而带来一系列的问题。例如：只能使用小的和密闭培养容器，因此，传统的微繁殖系统是劳动密集型的产业，而且自动化和机械化的实现是困难的。

相反，在光自养微繁殖技术中，基本只需在培养基中提供无机物、微量营养物质。因此，培养基成分对培养物生长发育的影响及其因果关系比传统的微繁殖更容易分析理解。光自养微繁殖技术的一个重要优点是它可以建立在一般植物生理生态学的基础上，涉及光合作用、呼吸、蒸腾等方面。因此，在光自养微繁殖中，控制培养容器中的物理环境因素比常规微繁殖更为重要。值得注意的是，光自养微繁殖是一种无病原菌条件下的营养繁殖，并为组培苗移植大田做好了生理和品质准备。

植物无糖培养微繁殖结合了植物组织培养和温室植物生产系统的优势，可以有效地调控培养的环境，包括物理环境：光照、温度、湿度、CO_2浓度、空气的流通等；也可调控化学环境，例如培养基的配方，为植物的生长提供最好的营养条件。在生产和实际需求中，人们都希望能够快速繁殖某些稀有植物或有较大经济价值的植物，特别是对于在短时期内需要达到一定数量，才能创造应有价值的植物，这种情况下时间就是效益。无糖培养繁殖植物的明显特点是快速，质优。特别是由于大型培养容器的使用，使环境控制变得容易，操作变得简单，生产的种苗不但质量好，而且生长均匀，为植物组培快繁的自动化和机械化奠定了基础。

为了使未来的微繁殖系统更加高效和创造出更好的经济效益，人们需要使用最少的资源、更低的环境污染生产出生理正常、质优价廉的植物。为了最大限度地减少环境污染物的排放量，必须通过有效利用资源来减少资源的消耗。这样，资源成本和污染物处理的成本就会自然降低。

在未来的微繁殖系统中，减少资源和污染物数量的关键是：①密闭的植物生产系统，使植物生长环境高度可控；②使用光自养（依赖光合作用）微繁殖系统；③使用多孔或透气的支持材料，可重复使用，并与组培苗一起移植。

随着经济的不断发展，园艺、农业、林业、中草药种植业和环境保护行业对种苗的需求也在不断增长。因此，植物无糖培养微繁殖是以尽可能大的产能，最少的资源消耗和最少的环境污染，在短时间内以低成本进行优质苗生产的植物快繁系统。光自养微繁殖的概念和方法为建立全自动化的微繁殖种苗生产系统奠定了基础，结合最新的技术和科学发展，结合计算机、机器人、表型测量、LED、节能、循环利用、环境保护等现代技术，新一代自动化的微繁殖生产系统可望在不久的将来应用于生产。

9.5　已成功培养的植物种类

随着植物无糖培养微繁殖研究的持续进展，生产上的推广应用也在不断扩大，用无糖培养技术成功培育的植物种类越来越多。在查阅大量国内外文献的基础上，笔者收集整理了无糖培养成功培育的植物种类，表 9-1 中列出了研究品种 129 个，表 9-2 列出了已投入商业化生产的品种 49 个，供读者查阅参考。

表 9-1　文献报道无糖培养研究的植物种类

拉丁名	植物名	试验因素	主要评价因子	作者
Abelmoschus Sagitifolius	箭叶秋葵	光周期，温度	生长，生根，净光合速率，叶绿素含量	Nguyen et al., 2017
Aechmea blanchetiana	彩叶光萼荷	蔗糖浓度，换气次数	解剖结构，光合特性	Martins et al., 2019
Acacia mangium	马占相思（Acacia）	支撑物、材料和蔗糖浓度	生长	Ermayanti et al., 1999
Acacia floribunda	多花相思	激素，支撑物，光照，CO_2 供气模式	生长，生根	陈本学等，2012
Acacia podalyriifolia	珍珠相思	营养液，基质，光照，CO_2	生根	陈本学，2008
Acer negundo 'Aureomarginatum'	金叶复叶槭	培养容器	生根，生长	李艳敏等，2011
Ananas comosus（Pineapple）	菠萝（Pineapple）	气体交换次数和蔗糖浓度	生长	Ermayanti et al., 1999
Anoectochilus formosanus	台湾金线莲	光强	生长，光合特性，总黄酮	Ma et al., 2010
Anoectochilus roxburghii	金线莲	CO_2 浓度，通气时间	生长，叶肉细胞形态，气孔开闭，酶活	王立和余翠婷，2020
Anthurium scherzerianum	红掌（Anthurium）	培养方式（有糖培养和无糖培养）	生根率，污染率	石兰英等，2012

植物无糖培养微繁殖及种苗生产

拉丁名	植物名	试验因素	主要评价因子	作者
Artemisia annua	黄花蒿（Sweet Wormwood Herb）	相对湿度，支撑物，CO_2 浓度	生长，叶绿素含量，存活率，青蒿素含量	Supaibulwattana et al., 2011
Azadirachta siamensis	泰楝	相对湿度	生长，净光合速率，叶绿素含量，气孔导度，蒸腾速率，光合特性，水利用效率	Cha-um et al., 2003
Billbergia zebrina	斑马水塔花	蔗糖浓度，换气次数	生长，生根，驯化阶段生长	Martins et al., 2015
Brassica rapa var. *oleifera*	油菜（Cole）	外植体材料和光照强度	生长，容器内 CO_2 浓度和光合作用	Kozai et al., 1991c
Brassica oleracea var. *italica*	西蓝花（Broccoli）	低温贮藏时的光照强度	低温贮藏时的生长抑制	Kubota and Kozai, 1994
Brassica oleracea var. *italica*	西蓝花（Broccoli）	低温贮藏时的光强和温度	低温贮藏时的生长抑制，叶绿素荧光	Kubota and Kozai, 1995
Brassica oleracea var. *italica*	西蓝花（Broccoli）	低温贮藏时的光质	生长，CO_2 和光合曲线，叶绿素含量	Kubota et al., 1996
Brassica oleracea var. *italica*	西蓝花（Broccoli）	低温贮藏时的光质	生长，碳源，叶绿素含量	Kubota et al., 1997
Brassica oleracea var. *botrytis*	花椰菜（Cauliflower）	换气方式	生长，容器内乙烯含量，叶绿素含量	Zobayed et al., 1999
Brassica oleracea var. *botrytis*	花椰菜（Cauliflower）	无糖和有糖培养	生根，移栽存活率	吴丽芳等，2009
Brassica oleracea var. *acephala*	羽衣甘蓝（Kale）	CO_2 浓度	生长	Tisserat et al., 1997

续表

拉丁名	植物名	试验因素	主要评价因子	作者
Calathea sp.	肖竹芋	CO_2 浓度	CO_2 浓度，光合曲线	Fujiwara et al., 1987
Caladium bicolor	彩叶芋	CO_2 浓度	离体和驯化阶段生长	Doi et al., 1992
Camellia oleifera	油茶（Oil Camellia）	光质，支撑物	叶绿素含量，根鲜重，成活率	贾敩成等，2020
Cannabis sativa	大麻（Hemp）	培养方式	生根率，存活率	Kodym and Leeb., 2019
Cannabis sativa	大麻（Hemp）	MES 浓度，营养液量，外植体大小，伤口，光照强度，过滤器类型，换气频率	生根	Zarei et al., 2021
Capsicum sp.	辣椒（Chili pepper）	培养方式，支撑物	生长，净光合作用	Tang et al., 2015
Chrysanthemum morifolium	菊花（Chrysanthemum）	O_2 浓度	生长，光合作用	Tanaka et al., 1991
Chrysanthemum morifolium	菊花（Chrysanthemum）	CO_2 浓度，气体交换次数	叶绿体超微结构	Cristea et al., 1998
Chrysanthemum morifolium	菊花（Chrysanthemum）	CO_2 浓度	生长，光合作用，叶绿素含量，酶活（RuBPC，PEPC）	Cristea et al., 1999
Chrysanthemum morifolium	菊花（Chrysanthemum）	CO_2 浓度	生长	宋越冬等，2009a
Chrysanthemum morifolium	菊花（Chrysanthemum）	光强	生长	宋越冬等，2009b
Citrus macrophylla	黄橙	CO_2 浓度	生长	Tisserat et al., 1997
Cocos nucifera	椰子（Coconut）	蔗糖浓度，苗龄	生长，气孔密度，叶绿素含量	Samosir and Adkins., 2014

续表

拉丁名	植物名	试验因素	主要评价因子	作者
Coffea arabusta	咖啡（Coffee）	蔗糖浓度，支撑物类型，接气次数	生长，愈伤形成，光合作用，容器内CO_2浓度	Nguyen et al., 1999a
Coffea arabusta	咖啡（Coffee）	光强，CO_2浓度	光强，CO_2浓度，光合作用	Nguyen et al., 1999b
Coffea arabusta	咖啡（Coffee）	光强，CO_2浓度	生长，光合作用	Nguyen et al., 2000
Coffea arabusta	咖啡（Coffee）	不同阶段的体胚，光强，CO_2浓度	光合能力，生长，NPR	Afreen et al., 2002a
Coffea arabusta	咖啡（Coffee）	设计生物反应器，光强，CO_2浓度	光合能力，生长，NPR，存活率	Afreen et al., 2002b
Coffea arabusta	咖啡（Coffee）	昼夜温度，茎段位置	生长，容器内CO_2浓度，净光合速率	Nguyen and Kozai, 2007
Coleus forskohlii	毛喉鞘蕊花（Indian Coleus）	支撑物	生长，毛喉素	Nguyen et al., 2015
Colocasia esculenta	芋	相对湿度	生长，过氧化物酶	崔瑾，2002
Cordyline sp.	朱蕉	CO_2浓度	光合-CO_2浓度曲线	Fujiwara et al., 1987
Cucumis melo	甜瓜（Melon）	光强，CO_2浓度	生长，生根，光合作用	Adelberg et al., 1999
Cunninghamia lanceolata	杉木（Chinese fir）	强制和自然换气，CO_2浓度	生长，形态，移栽存活率，生产成本	Xiao and Kozai, 2004
Cunninghamia lanceolata	杉木（Chinese fir）	激素，支撑物，培养基，光强，CO_2浓度	生根，根系活力，叶绿素含量，叶绿素荧光	仇全维，2012
Cyclamen persicum	仙客来（Florist's Cyclamen）	品种	生根率	祁永琼等，2008

续表

拉丁名	植物名	试验因素	主要评价因子	作者
Cymbidium 'Reporsa'	兰花（Cymbidium）	光强，CO_2 浓度	生长，容器内 CO_2 浓度	Kozai et al., 1987c
Cymbidium 'Reporsa'	兰花（Cymbidium）	光强，CO_2 浓度	CO_2 浓度 - 光强 - 光合曲线	Kozai et al., 1990b
Cymbidium 'Lisa rose No.1'	兰花（Cymbidium）	换气次数，蔗糖浓度	生长，气孔密度，叶绿素含量，光合作用	Kirdmanee et al., 1992
Cymbidium sp.	兰花（Cymbidium）	光强，CO_2 浓度	光合作用，容器内 CO_2 浓度	Niu et al., 1995
Cymbidium 'Marilyn Monroe'	兰花（Cymbidium）	光强，CO_2 浓度，蔗糖浓度	生长，光合作用	Heo et al., 1996
Cymbidium sp.	兰花（Cymbidium）	光强，CO_2 浓度，温度，换气次数	光合作用，容器内 CO_2 浓度	Niu et al., 1996
Cymbidium 'Christmas Kiss'	兰花（Cymbidium）	光质，CO_2 浓度	生长，SPAD	Tanaka et al., 1998
Cymbidium 'Christmas Kiss'	兰花（Cymbidium）	蔗糖浓度，CO_2 浓度	生长，光合，酶活	Tanaka et al., 1999
Cymbidium kanran	寒兰	培养方式	生长，净光合速率	hahn et al., 2001
Cymbidium goeringii	春兰	培养方式	生长，净光合速率	hahn et al., 2001
Daucus carota	胡萝卜（Carrot）	CO_2 浓度	生长	Tisserat et al., 1997
Daucus carota	胡萝卜（Carrot）	蔗糖浓度	光合特性，叶绿素含量，呼吸速率，Chl a/Chl b，叶绿体超微结构	曾小美等，2003
Dendrobium sp.	石斛（Dendrobium）	CO_2 浓度	生长	Mitra et al., 1998

443

拉丁名	植物名	试验因素	主要评价因子	作者
Dendrobium moniliforme	细茎石斛	换气次数、蔗糖浓度、CO₂ 浓度、光强	生长、每小时 CO_2 交换率、叶绿素含量、气孔密度、气孔显微结构	Xiao et al., 2007
Dendrobium 'Burana white'	石斛（Dendrobium）	换气方式、换气次数、光强	生长、净光合速率、叶绿素含量	Nguyen et al., 2010
Dendrobium sp.	石斛（Dendrobium）	光强、支撑物、蔗糖浓度	生长	Pao et al., 2011
Dendrobium moniliforme	细茎石斛	CO₂浓度、通气时间	生长、叶肉细胞形态、气孔开闭、酶活	王立和余翠婷，2020
Dianthus caryophyllus	康乃馨（Carnation）	CO₂浓度、蔗糖浓度	生长、CO_2 和光合曲线	Kozai and Iwanami, 1988
Dianthus caryophyllus	康乃馨（Carnation）	培养基浓度及成分	生长、容器内 CO_2 浓度	Kozai et al., 1990a
Dianthus caryophyllus	康乃馨（Carnation）	蔗糖浓度、光强、CO₂浓度	生长、总叶绿素含量	Park et al., 2018
Dianthus spiculifolius	尖叶石竹	培养方式	生长、增殖	Cristea et al., 2002
Dioscorea alata	山药（Yam）	无糖和有糖培养	生长	Nguyen et al., 2000
Doritaenopsis hybrid	朵丽蝶兰	培养方式、光强、CO₂浓度	驯化阶段生长、光合特性、可溶性糖、酶活	Shin et al., 2014
Dracaena sp.	龙血树	CO₂浓度	光合 -CO₂浓度曲线	Fujiwara et al., 1987
Elaeis guineensis	油棕（Oil Palm）	氯化钠浓度、光强、CO₂浓度	生长、气孔导度、色素含量	Pascual et al., 2012
Erigeron breviscapus	灯盏花（Herba Erigerontis）	培养方式	根、叶片显微结构	陈疏影等，2007
Erigeron breviscapus	灯盏花（Herba Erigerontis）	光照强度、激素、光周期和支撑物	生根	杨凯等，2007

续表

拉丁名	植物名	试验因素	主要评价因子	作者
Erigeron breviscapus	灯盏花（Herba Erigerontis）	光强	生长，生根率	杨艳琼等，2007
Eryngium foetidum	刺芹	培养基	生长，外植体类型	Martin K P., 2004
Eucalyptus camaldulensis	赤桉	支撑物类型，CO_2 浓度	叶片解剖特征，移栽存活率	Kirdmanee et al., 1995a
Eucalyptus camaldulensis	赤桉	支撑物类型，CO_2 浓度	生长，光合作用，蒸腾作用，移栽存活率	Kirdmanee et al., 1995b
Eucalyptus camaldulensis	赤桉	支撑物类型，CO_2 浓度	生长，光合作用，蒸腾作用，叶片水势，生根率	Kirdmanee et al., 1995c
Eucalyptus camaldulensis	赤桉	光强，相对湿度	生长，光合作用，叶绿素荧光，蒸腾速率	Kirdmanee et al., 1995d
Eucalyptus camaldulensis	赤桉	相对湿度	生长，蒸腾速率，净光合速率，存活率	Kirdmanee et al., 1996
Eucalyptus camaldulensis	赤桉	自然和强制换气（CO_2 加富气体）	生长，CO_2 和乙烯浓度，光合作用，移栽存活率	Zobayed et al., 2000
Eucalyptus camaldulensis	赤桉	培养容器	生长，叶片解剖结构，失水率	Zobayed et al., 2001
Eucalyptus tereticornis	细叶桉	CO_2 浓度，蔗糖浓度，光强，支撑物	生长，光合作用，增殖系数	Sha Valli Khan P S et al., 2002
Eucalyptus urograndis(urophylla × grandis)	尾巨桉	培养容器，CO_2 浓度，光周期	生长，驯化阶段生长	Tanaka et al., 2005

植物无糖培养微繁殖及种苗生产

拉丁名	植物名	试验因素	主要评价因子	作者
Eucalyptus camaldulensis	赤桉	氯化钠浓度	生长，叶绿素含量，光合特性，脯氨酸含量	Cha-um et al., 2013
E. camaldulensis × E. urophylla	桉树（Eucalyptus）	氯化钠浓度	生长，叶绿素含量，光合特性，脯氨酸含量	Cha-um et al., 2013
Eucommia ulmoides	杜仲	CO_2浓度，通气量	生长，生根	王立等，2020
Eutrema wasabi	山葵（Wasabi）	无糖和有糖培养	生长，气孔密度，冠根比，培养基含水率和溶解氧，净光合速率	Hoang et al., 2017a
Eutrema wasabi	山葵（Wasabi）	温度	生长，比叶面积，叶面积比率，净同化率，叶质量比	Hoang et al., 2017b
Eutrema wasabi	山葵（Wasabi）	培养基浓度，支撑物	生长，净光合速率，含水量，溶氧量，叶片和根的含氮量，叶绿素含量，冠根比	Hoang et al., 2019
Eutrema wasabi	山葵（Wasabi）	昼夜温度	生长，净光合速率，比叶面积，比叶质量，叶含氮量	Hoang et al., 2020
Festuca arundinacea	苇状羊茅（Tall fescue，Turfgrass）	CO_2浓度，蔗糖浓度	生长，移栽存活率	Seko and Kozai, 1996
Fragaria × ananassa	草莓（Strawberry）	强制和自然换气	生长，光合作用	Fujiwara et al., 1988
Fragaria × ananassa	草莓（Strawberry）	气体交换次数	生长，容器内CO_2浓度，叶绿素含量	Kozai and Sekimoto., 1988
Fragaria × ananassa	草莓（Strawberry）	蔗糖浓度	生长，培养基配比，净光合速率	Kozai et al., 1991a

446

续表

拉丁名	植物名	试验因素	主要评价因子	作者
Fragaria × ananassa	草莓（Strawberry）	培养基成分和浓度	生长，光合作用	Yang et al., 1995
Fragaria × ananassa	草莓（Strawberry）	支撑物，换气次数，pH	生长	Jeong et al., 1999
Fragaria × ananassa	草莓（Strawberry）	光强，CO_2浓度	生长	Nguyen et al., 2008
Fragaria × ananassa	草莓（Strawberry）	糖，支撑物类型，换气次数	生长，叶绿素含量，净光合速率，移栽存活率	Nguyen and Nguyen, 2008
Garcinia mangostana	山竹（Mangosteen）	气体交换次数，蔗糖浓度	生长	Ermayanti et al, 1999
Gardenia jasminoides	栀子（Gardenia）	光强，换气次数	生长，碳同位素组成	Serret et al., 1997
Gardenia jasminoides	栀子（Gardenia）	光强，蔗糖浓度	解剖，光合器官发育，光合作用，暗呼吸	Serret and Trillas., 2000
Gerbera jamesonii	非洲菊（Gerberas）	培养基，换气次数，光强和CO_2浓度	生长，生根率	肖玉兰等，1998
Gerbera jamesonii	非洲菊（Gerberas）	蔗糖浓度，换气次数	生长，生根，存活率，增殖率	廖飞雄等，2004
Gerbera jamesonii	非洲菊（Gerberas）	培养容器	生长，净光合速率，叶绿素含量，生根率，生产效率	Xiao et al., 2005
Glycine max	大豆（Soybean）	无糖和有糖培养	生长，根系活力	刘水丽和杨其长，2007
Glycine max	大豆（Soybean）	水势	生长，叶片叶绿素，脯氨酸，可溶性糖含量	Tong and He et al., 2010
Gynura pseudochina	紫背天葵	换气次数，蔗糖浓度	生长	Ermayanti et al., 1999
Gypsophila paniculata	满天星（Baby's breath）	培养基，培养方法	生长	李宗菊等，1999
Hevea brasiliensis	橡胶（Rubber）	CO_2浓度	生长，生长特性，净光合速率，SPAD，存活率	Tisarum et al., 2018

植物无糖培养微繁殖及种苗生产

拉丁名	植物名	试验因素	主要评价因子	作者
Hydrangea macrophylla 'Glowing Embers'	绣球	培养方式	生长，净光合作用	Thi et al., 2020
Hypericum perforatum	贯叶连翘（St. John's wort）	培养方式	生长，气孔	Couceiro et al., 2006a
Hypericum perforatum	贯叶连翘（St. John's wort）	湿度，培养方式	生长，生根	Couceiro et al., 2006b
Ilex chinensis	冬青（Holly）	光周期	生长和光合特性	刘文芳，2012
Ipomoea aquatica	空心菜（Pak-bung）	蔗糖浓度	生长，毛状根光合潜力	Nagatome et al., 2000
Ipomoea batatas	甘薯（Sweet potato）	温度	生长，容器内 CO_2 浓度，光合作用	Kozai et al., 1997a
Ipomoea batatas	甘薯（Sweet potato）	光强，CO_2 浓度	容器内 CO_2 浓度垂直分布	Ohyama and Kozai, 1997
Ipomoea batatas	甘薯（Sweet potato）	光强，CO_2 浓度	CO_2 浓度 - 光强 - 光合曲线	Niu et al., 1998
Ipomoea batatas	甘薯（Sweet potato）	支撑物类型	生长，生根，光合作用，存活率	Afreen et al., 1999
Ipomoea batatas	甘薯（Sweet potato）	强制和自然换气，循环和不循环营养液，光强，CO_2 浓度	生长，光合作用，干物质含量	Zobayed et al., 1999
Ipomoea batatas	甘薯（Sweet potato）	强制和自然换气	生长，光合作用	Heo and Kozai, 1999
Ipomoea batatas	甘薯（Sweet potato）	支撑物类型	生长，光合作用，移栽存活率和生长	Afreen et al., 2000
Ipomoea batatas	甘薯（Sweet potato）	蔗糖浓度	生长，碳源	Wilson et al., 2001

续表

拉丁名	植物名	试验因素	主要评价因子	作者
Ipomoea batatas	甘薯（Sweet potato）	蔗糖浓度	生长	Heo et al., 2001
Ipomoea batatas	甘薯（Sweet potato）	蔗糖浓度，光强，CO_2浓度	生长，干重，光合作用，碳平衡	Kubota et al., 2002
Ipomoea batatas	甘薯（Sweet potato）	光强，CO_2浓度	生长，过氧化物酶活，净光合速率	崔瑾等，2003
Ipomoea batatas	甘薯（Sweet potato）	光强，CO_2浓度，支撑物类型	生长，净光合速率	Saiful Islam et al., 2004
Ipomoea batatas	甘薯（Sweet potato）	光强，CO_2浓度	光合特性	徐志刚等，2004
Ipomoea batatas.	甘薯（Sweet potato）	光强，CO_2浓度，糖浓度	生长，叶片超微结构	崔瑾等，2004
Ipomoea batatas	甘薯（Sweet potato）	无糖和有糖培养	生长和生根	肖平等，2006
Ipsea malabarica	兰花[Malabar（daffodil orchid）]	蔗糖浓度	离体保存	Martin and Pradeep., 2003
Iris pseudacorus	黄菖蒲	培养容器，基质，CO_2浓度	生长	张婕和高亦珂，2010
Jasminum sambac	茉莉花（Jasmine）	激素浓度，CO_2浓度，换气次数	生长，生根	蔡汉等，2007
Juglans regia	核桃（walnut）	无糖和有糖培养	生长	肖平等，2013
Juglans regia	波斯核桃（Persian walnut）	换气次数，蔗糖浓度	生长，生根，气孔，叶绿素含量，茎解剖结构	Hassankhah et al., 2014
Lactuca sativa	生菜（Lettuce）	CO_2浓度	生长	Tisserat et al., 1997
Lagerstroemia speciosa	大花紫薇（Queen's Crape Myrtle）	培养基成分，封盖系统，换气次数	芽增殖和根诱导，CO_2和乙烯浓度，栽存活率，生长，移	Zobayed, 2000
Lagerstroemia thorellii	巴西紫薇	培养基成分，封盖系统，换气次数	芽增殖和根诱导，CO_2和乙烯浓度，栽存活率，生长，移	Zobayed, 2000

续表

拉丁名	植物名	试验因素	主要评价因子	作者
Lavandula angustifolia	薰衣草（Lavender）	培养基成分	生长，净光合速率	Le et al., 2015
Lilium Asiatic hybrid 'Mona'	亚洲百合（Lily）	CO_2 浓度，蔗糖浓度	生长，净光合速率	Lian et al., 2003
Limonium hybrid	补血草（Statice）	CO_2 浓度，蔗糖浓度	生长，容器内 CO_2 浓度	Kozai et al., 1987a
Limonium spp.	补血草（Statice）	换气次数，光强，CO_2 浓度，$H_2PO_4^-$ 浓度	生长，叶绿素含量	Lee and Jeong, 1999
Limonium gerberi	补血草（Statice）	自然或强制换气	生长，存活率，成本	Xiao et al., 2000
Limonium spp.	补血草（Statice）	光强，CO_2 浓度，蔗糖浓度	生长，地上干物质含量，叶片叶绿素和糖含量，气孔，光合作用，移栽存活率	Lian et al., 2002
Limonium belt	补血草（Statice）	支撑物	生长，生根	屈云慧等，2004b
Limonium gerberi	补血草（Statice）	支撑物，激素	生长，增殖，CO_2 浓度，净光合速率，叶绿素含量	Xiao and Kozai, 2006
Macadamia tetraphylla 'Keaau'	四叶澳洲坚果（Macadamia）	CO_2 浓度，蔗糖浓度	生长，光合特性，叶绿素含量	Cha-um et al., 2011
Malus pumila var. ringo	圆叶海棠	培养方式，光强，CO_2 浓度，丛枝菌根	生根，根系活力，净光合速率，气孔导度，蒸腾速率，叶绿素含量	管道平，2007
Malus pumila 'M9'	苹果（Apple）	光强，CO_2 浓度	生长，叶绿素含量，存活率	Li et al., 2001

续表

拉丁名	植物名	试验因素	主要评价因子	作者
Malus pumila hybrid MM 106 *paradisiaca* × Northern Spy	苹果（Apple）	光强，CO_2 浓度，蔗糖浓度	生长，干重	Morini and melai., 2003
Mentha × piperita	辣薄荷	换气次数，蔗糖浓度	生长	Ermayanti et al., 1999
Mentha × rotundifolia	圆叶薄荷（Apple mint）	光周期，光强，昼夜温差	生长，株高	Jeong et al., 1996
Mokara 'White'	莫氏兰	光强，CO_2 浓度	生长，夜间酸度，叶绿素含量，容器顶部气体成分，氮吸收	Hew et al., 1995
Mouriri elliptica	-	光强	生长叶片解剖结构	Silva de Assis et al., 2016
Musa spp.	香蕉（Banana）	CO_2 浓度	光合作用，酶活，基因表达	Regev et al., 1997
Musa spp.	香蕉（Banana）	光强，换气次数	生长	Nguyen et al., 2000
Musa spp.	香蕉（Banana）	光强，CO_2 浓度	生长，增殖，净光合作用	Nguyen and Kozai, 2001
Myrtus communis	香桃木（Myrtle）	换气次数，蔗糖浓度	净光合作用，叶绿素含量，淀粉含量，叶绿体超微结构	Lucchesini et al., 2006
Neofinetia falcata	风兰	培养方式	生长，净光合速率	hahn et al., 2001
Nepenthes	猪笼草（Pitcher Plant）	CO_2 浓度	光合 -CO_2 浓度曲线	Fujiwara et al., 1987
Nicotiana tabacum	烟草（Tobacco）	蔗糖浓度	叶片水势，相对含水量，光合作用	Pospisilova et al., 1988

拉丁名	植物名	试验因素	主要评价因子	作者
Nicotiana tabacum	烟草（Tobacco）	光强，CO_2浓度，盖，蔗糖浓度	生长，容器内CO_2浓度	Kozai et al., 1990c
Nicotiana tabacum	烟草（Tobacco）	气体交换次数，CO_2浓度	生长	Ticha, 1996
Nicotiana tabacum 'Samsun'	烟草（Tobacco）	光强，蔗糖浓度	应激反应，叶绿素和叶黄素含量，类囊体膜蛋白，脱落酸含量	Hofman et al., 2002
Nicotiana tabacum	烟草（Tobacco）	光强，蔗糖浓度	光合参数和防止过度激发能的保护系统	Kadlecek et al., 2003
Nicotiana tabacum	烟草（Tobacco）	光强	生长，光合特性，叶绿素含量	Radochova and Ticha, 2008
Oplopanax elatus	刺参	换气方式，培养基	存活率，生长，叶绿素含量，净光合作用，气孔	Park et al., 2011
Ornithogalum dubium	杜鹃虎眼万年青	激素	生根	屈云慧等，2003
Oryza sativa	水稻（Rice）	光强，CO_2浓度	生长，存活率	Seko and Nishimura, 1996
Oryza sativa	水稻（Rice）	pH，相对湿度，氯化钠浓度	生长，净光合速率，各种色素含量	Cha-um et al., 2005a
Oryza sativa	水稻（Rice）	氯化钠浓度	脯氨酸含量，叶面积	Pongprayoon et al., 2008
Panax vietnamensis	越南参	培养基类型	生长	Ngo et al., 2014
Paulownia fortunei	泡桐（Paulownia）	光周期，换气次数	生长	Nguyen et al., 2000
Paulownia fortunei	泡桐（Paulownia）	培养容器	生长	Nguyen and Kozai, 2001
Paulownia fortunei	泡桐（Paulownia）	CO_2浓度，培养基类型，光强	生长，气孔，失水	Sha Valli Khan P S et al., 2003

续表

拉丁名	植物名	试验因素	主要评价因子	作者
Pfaffia glomerata	巴西人参（Brazilian ginseng）	培养容器，蔗糖浓度	生长，生根，光合作用，叶绿素含量，叶片和茎解剖结构，叶片显微结构，代谢产物	Iarema et al., 2012
Pfaffia glomerata	巴西人参（Brazilian ginseng）	CO_2 浓度	生长，叶片含水量，失水率，光合色素，气孔密度，叶片解剖结构	Saldanha et al., 2013
Pfaffia glomerata	巴西人参（Brazilian ginseng）	CO_2 浓度，支撑物	生长，叶片解剖结构，初级代谢产物，总糖，脱皮激素	Ferreira et al., 2019
Pfaffia glomerata	巴西人参（Brazilian ginseng）	蔗糖浓度，培养基类型	生长，叶片解剖结构，叶绿素含量，内源糖，次生代谢产物，水和营养的运输	Silva et al., 2019
Phalaenopsis 'Happy Valentine'	蝴蝶兰（Phalaenopsis）	培养方式	生长，净光合速率	Hahn et al., 2001
Phalaenopsis sp.	蝴蝶兰（Phalaenopsis）	烯效唑浓度	生长，叶绿素含量，光合特性，脯氨酸，驯化	Cha-um et al., 2009
Phalaenopsis sp.	蝴蝶兰（Phalaenopsis）	培养方式，CO_2 浓度	生长，光合特性，气孔导度，酶活，糖和淀粉浓度	Yoon et al., 2009
Phalaenopsis sp.	蝴蝶兰（Phalaenopsis）	相对湿度，温度	叶绿素，光合特性，生长	Cha-um et al., 2010

植物无糖培养微繁殖及种苗生产

续表

拉丁名	植物名	试验因素	主要评价因子	作者
Phirodendron Imbe	喜林芋	CO_2浓度	光合-CO_2浓度曲线	Fujiwara et al., 1987
Phyllanthus amarus	苦味叶下珠	CO_2浓度	生长，次生代谢物	Pham et al., 2012
Phyllanthus amarus	苦味叶下珠	光强，光周期	生长，次生代谢物	Pham and Nguyen., 2014
Pinellia ternata	半夏（Pinelliae Rhizom）	CO_2浓度	生长，光合生理	和世平等，2009
Pinellia ternata	半夏（Pinelliae Rhizom）	光强，光周期	光合生理	占艳等，2009a
Pinellia ternata	半夏（Pinelliae Rhizom）	培养方式（无糖和有糖培养）	根、叶片显微结构	占艳等，2009b
Pinellia ternata	半夏（Pinelliae Rhizom）	支撑物，营养液	生根率	和世平等，2011
Pinus radiate	辐射松（Radiata pine）	培养基成分和蔗糖浓度	生长，叶绿素荧光	Aitken-Christie et al., 1992
Plectranthus amboinicus	到手香（Country Borage）	培养时间	生长，碳水化合物，精油	Nguyen et al., 2011
Pleioblastus fortunei	翠竹（Sasa）	蔗糖浓度，支撑物	生长，光合作用	Watanabe et al., 2000
Pogostemon cablin	广藿香（Herba pogostemonis）	换气次数，蔗糖浓度，外植体大小	生长	Ermayanti et al., 1999
Protea cynaroides	帝王花（King Protea）	CO_2浓度	生长，移栽生根率	Wu and Lin, 2013
Prunus cerasifera	樱桃李（Myrobalan plum）	培养容器，蜜环菌	生根，存活率，死亡率	Adelberg et al., 2021
Prunus humilis	欧李（Chinese dwarf cherry）	支撑物，营养液	生根	袁振等，2020

454

拉丁名	植物名	试验因素	主要评价因子	作者
Prunus persica × *Prunus.umbellata*	Peach plum hybrid	培养容器，蜜环菌	生根，存活率，死亡率	Adelberg et al., 2021
Prunus munsoniana	Wild goose plum	培养容器，蜜环菌	生根，存活率，死亡率	Adelberg et al., 2021
Prunus persica	桃（Peach）	培养容器，蜜环菌	生根，存活率，死亡率	Adelberg et al., 2021
Prunus maackii	斑叶稠李（Chokecherry）	培养容器，蜜环菌	生根，存活率，死亡率	Adelberg et al., 2021
Prunus salicina 'Methley'	日本李（Japanese plum）	继代次数、支撑物	生根，驯化，叶绿素含量	Pawan et al., 2008
Raphanus sativus	萝卜（Radish）	CO_2 浓度	生长	Tisserat et al., 1997
Rehmannia glutinosa	地黄（Rehmanniae Radix）	光强，CO_2 浓度，换气次数	生长，叶绿素含量，移栽存活率，气孔阻力，蒸腾速率	Seon et al., 1999
Rehmannia glutinosa	地黄（Rehmanniae Radix）	光质，蔗糖浓度，换气次数	生长，净光合速率	Hahn et al., 2000
Rehmannia glutinosa	地黄（Rehmanniae Radix）	光强，CO_2 浓度，换气次数	光合作用，气孔导度，蒸腾作用，叶绿素荧光，叶绿素含量，碳水化合物浓度，存活率，移栽存活率	Seon et al., 2000
Rehmannia glutinosa	地黄（Rehmanniae Radix）	换气次数，蔗糖浓度，昼夜温度，光强	生长，总糖，可溶性糖，淀粉含量，光合作用，移栽存活率	Cui et al., 2000
Rhododendron 'Hatsuyuki'	杜鹃（Azalea）	培养基浓度	生长，光合作用	Valero-Aracama et al., 2000

续表

拉丁名	植物名	试验因素	主要评价因子	作者
Rhododendron 'Hatsuyuki'	杜鹃（Azalea）	光照强度，CO_2浓度，激素浓度，培养基材料	生长，净光合作用，生根	Valero-Aracama et al., 2001
Rosa hydrida	月季	换气次数	生长，容器内CO_2浓度，光合作用	Hayashi et al., 1993
Rosa hydrida	月季	光强，换气次数，纤维支撑材料	生长，移栽存活率	Horan et al., 1995
Rosa hydrida	月季	光强，CO_2浓度，支撑物	生长，碳源，酶活	Genoud-Gourichon et al., 1996
Rosa hydrida	月季	渗透压	生长，叶绿素含量，脯氨酸含量，光合特性	Cha-um and Kirdmanee C., 2010a
Rosa hydrida	月季	氯化钠浓度	生长，光合特性，叶绿素含量，脯氨酸含量，开花	Cha-um and Kirdmanee C., 2010b
Rubus idaeus	红树莓（Red raspberry）	CO_2浓度，相对湿度	生长，失水率，气孔开度，驯化阶段生长	Deng and Donnelly, 1993a
Rubus idaeus	红树莓（Red raspberry）	CO_2浓度	生长，光合作用	Deng and Donnelly, 1993b
Saccharum spp.	甘蔗（Sugarcane）	CO_2浓度，光照水平，激素浓度	植株生长，干重	Erturk and Walker, 2000a
Saccharum spp.	甘蔗（Sugarcane）	生根阶段，外植体大小，培养基类型	生长	Erturk and Walker, 2000b
Saccharum spp.	甘蔗（Sugarcane）	光照水平，支撑物	生长	Xiao et al., 2002
Saccharum spp.	甘蔗（Sugarcane）	除草剂	植株生长	Erturk and Walker, 2003

续表

拉丁名	植物名	试验因素	主要评价因子	作者
Saccharum spp.	甘蔗（Sugarcane）	CO_2 浓度，抑菌剂	生长，污染率，生根率，增殖率，存活率，光合作用	Lu et al., 2020
Samanea saman	雨树（Rain tree）	蔗糖浓度	生长，净光合速率，容器内 CO_2 浓度，叶绿素含量	Mosaleeyanon et al., 2004
Siraitia grosvenorii	罗汉果（Corsvenor Momordica Fruit）	光强	生长，生根率，光合特性	Zhang et al., 2009
Solanum lycopersicon	番茄（Tomato）	CO_2 浓度	生长	Tisserat et al., 1997
Solanum lycopersicon	番茄（Tomato）	光强，CO_2 浓度	CO_2 浓度 - 光强 - 光合曲线	Niu et al., 1998
Solanum lycopersicon	番茄（Tomato）	培养基成分，光强，CO_2 浓度	生长，干重，真菌生长	Kubota and Tadokoro., 1999
Solanum lycopersicon	番茄（Tomato）	蔗糖浓度	生长，碳菌源	Wilson et al., 2000
Solanum lycopersicon	番茄（Tomato）	光强，CO_2 浓度，蔗糖浓度	生长，干重，光合作用，碳平衡	Kubota et al., 2002
Solanum tuberosum	马铃薯（Potato）	光强，CO_2 浓度	生长，容器内 CO_2 浓度，光合作用，呼吸作用	Kozai et al., 1988c
Solanum tuberosum	马铃薯（Potato）	光照方向，蔗糖浓度	生长，容器内 CO_2 浓度，光合作用	Kozai et al., 1992a
Solanum tuberosum	马铃薯（Potato）	容器类型	生长，容器内 CO_2 浓度	Takazawa and Kozai., 1992
Solanum tuberosum	马铃薯（Potato）	相对湿度	蒸腾作用，光合作用，叶片抗性	Tanaka et al., 1992

拉丁名	植物名	试验因素	主要评价因子	作者
Solanum tuberosum	马铃薯（Potato）	CO_2浓度	生长，糖吸收量，碳平衡	Fujiwara et al., 1995b
Solanum tuberosum	马铃薯（Potato）	光强，光照方向	生长，株高，容器内CO_2浓度	Kitaya et al., 1995
Solanum tuberosum	马铃薯（Potato）	培养基强度，培养基容量，接种数	生长，光合作用，元素吸收量	Kozai et al., 1995b
Solanum tuberosum	马铃薯（Potato）	昼夜温差，光强，光周期	生长	Kozai et al., 1995c
Solanum tuberosum	马铃薯（Potato）	红光，远红光	生长，株高，光合作用	Miyashita et al., 1995
Solanum tuberosum	马铃薯（Potato）	外植体叶面积，鲜重，株高	生长	Miyashita et al., 1996
Solanum tuberosum	马铃薯（Potato）	光强，CO_2浓度，支撑材料	生长	Roche et al., 1996
Solanum tuberosum	马铃薯（Potato）	红光比例	生长，叶绿素含量，光合作用	Miyashita et al., 1997
Solanum tuberosum	马铃薯（Potato）	光周期，蔗糖浓度	生长，容器内CO_2浓度，光合特性	Niu et al., 1997
Solanum tuberosum	马铃薯（Potato）	光强，接气次数	生长，容器内CO_2浓度，光合作用	Niu and Kozai, 1997
Solanum tuberosum	马铃薯（Potato）	光强，CO_2浓度，光照方向	生长，块茎产量	Kim et al., 1999
Solanum tuberosum	马铃薯（Potato）	自然和强制换气，蔗糖浓度	气孔特性，蒸腾作用，蜡质含量	Zobayed et al., 1999
Solanum tuberosum	马铃薯（Potato）	自然和强制换气	生长，存活率，成本	Xiao et al., 2000
Solanum tuberosum	马铃薯 cv. russet burbank（Potato cv. russet burbank）	CO_2浓度，糖浓度	株高	Pruski et al., 2002
Solanum tuberosum	马铃薯（Potato）	空气流动	气流速度，净光合速率	Kitaya et al., 2005

续表

拉丁名	植物名	试验因素	主要评价因子	作者
Solanum tuberosum	马铃薯（Potato）	培养方式（无糖和有糖培养）	生长，光合，气孔导度，代谢产物	Badr et al., 2011
Solanum tuberosum	马铃薯（Potato）	支撑物，阳离子交换量，含水率	生长	Oh et al., 2012
Solanum tuberosum	马铃薯（Potato）	培养基种类，支撑物，接种方式	生长，结薯	冯洁等，2019
Solanum tuberosum	马铃薯（Potato）	无糖和有糖培养	生长，叶片解剖结构，叶绿体超微结构，转录组学分析，qRT-PCR	Chen et al., 2020
Spatihphyllum 'Mini Merry'	白鹤芋（Spathe flower）	CO_2 浓度	光合 -CO_2 浓度曲线	Fujiwara et al., 1987
Spatihphyllum floribundum 'Hawaii'	白鹤芋（Spathe flower）	CO_2 浓度	光合 -CO_2 浓度曲线	Fujiwara et al., 1987
Spatihphyllum clevelandii 'New Merry'	白鹤芋（Spathe flower）	CO_2 浓度	光合 -CO_2 浓度曲线	Fujiwara et al., 1987
Spatihphyllum 'Merry'	白鹤芋（Spathe flower）	培养容器，CO_2 浓度，光照强度和培养基	生长	Tanaka et al., 1992
Spatihphyllum 'Merry'	白鹤芋（Spathe flower）	蔗糖浓度、CO_2 浓度和光照强度	生长	Teixeira Da Silva et al., 2006
Syngonium sp.	合果芋	CO_2 浓度	光合 -CO_2 浓度曲线	Fujiwara et al., 1987
Thymus vulgaris	百里香	光照强度、蔗糖浓度	生长、净光合作用	Nguyen et al., 2012

续表

拉丁名	植物名	试验因素	主要评价因子	作者
Uniola paniculata	海燕麦（Sea oats）	光强，换气次数，CO_2浓度	生长，存活率，净光合速率	Valero-Aracama et al., 2007
Vitis rupestris	葡萄（Grapevine）	换气次数	生长，CO_2和光合曲线，CO_2交换的每日差额	Galzy and Compan., 1992
Vitis vinifera	葡萄（Grapevine）	换气次数	生长，CO_2和光合曲线，CO_2交换的每日差额	Galzy and Compan., 1992
Vitis vinifera	葡萄（Grapevine）	CO_2浓度	生长，形态学	Fournioux and Bessis., 1993
Wrightia arborea	胭木	CO_2浓度，激素，蔗糖	生长	Vyas and Purohit., 2003
Zantedeschia 'Black Magic'	彩色马蹄莲（Calla lily）	NAA浓度，初始通气时间，CO_2浓度	生长，生根	屈云慧等，2004a
Zantedeschia elliottiana	黄花马蹄莲	强制和自然换气，CO_2浓度	生长，形态学，移栽存活率，生产成本	Xiao and Kozai, 2004
Zingiber officinale	生姜（Ginger）	CO_2浓度，相对湿度	生长，光合特性	Cha-um et al., 2005b
Zoysia japonica	结缕草（Zoysiagrass）	CO_2浓度，蔗糖浓度	生长，移栽存活率	Seko and Kozai, 1996

表 9-2　已投入商业化生产的无糖培养植物种类

拉丁名	植物名	优势	单位
Acer rubrum	美国红枫（Red maple）	生长快，生根率高，增殖生根驯化一步完成，存活率高	上海离草科技有限公司
Actinidia arguta	软枣猕猴桃	生长快，生根率高，增殖生根驯化一步完成，存活率高	杭州创高农业开发有限公司、上海离草科技有限公司
Actinidia chinensis	猕猴桃（Kiwi fruit）	生长快，生根率高，增殖生根驯化一步完成，存活率高	陕西青美生物科技有限公司、上海离草科技有限公司
Anoectochilus roxburghii	金线莲	生根率高，生根驯化一步完成，存活率高	浙江清华长三角研究院、上海离草科技有限公司
Atriplex canescens	四翅滨藜（Fourwing Saltbush）	生长快，生根率高，增殖生根驯化一步完成，存活率高	上海离草科技有限公司
Begonia cucullata	四季海棠（Begonia semperflorens）	生长快，生根率高，增殖生根驯化一步完成，存活率高	上海离草科技有限公司
Broussonetia papyrifera	构树（Paper mulberry）	生长快，生根率高，增殖生根驯化一步完成，存活率高	贵州务川科华生物科技有限公司、上海离草科技有限公司
Camellia sinensis	茶（Tea）	生根率高，生根驯化一步完成，存活率高	上海离草科技有限公司
Capsicum annuum	辣椒（Chili pepper）	生长快，生根率高，增殖生根驯化一步完成，存活率高	上海离草科技有限公司
Carica papaya	番木瓜（Papaya）	生根率高，生根驯化一步完成，存活率高	云南省红河热带农业科学研究所
Catalpa bungei	楸树（Manchurian catalpa）	生长快，生根率高，增殖生根驯化一步完成，存活率高	上海离草科技有限公司
Coffea arabusta	咖啡（Coffee）	生长快，生根率高，生根驯化一步完成，存活率高	昆明市环境科学研究院

续表

拉丁名	植物名	优势	单位
Colocasia esculenta	芋	生长快，生根块，生根率高，存活率高，根驯化一步完成	云南省红河热带农业科学研究所
Dahlia pinnate	小丽花（Dwarf Dahlia）	生长快，生根块，生根率高，增殖生根驯化一步完成，存活率高	上海离草科技有限公司
Dendrobium officinale	铁皮石斛	生长块，生根率高，生根驯化一步完成，存活率高	浙江清华长三角研究、上海离草科技有限公司
Dianthus caryophyllus	康乃馨（Carnation）	生长块，生根率高，增殖生根驯化一步完成，存活率高	昆明市环境科学研究院
Ipomoea batatas	甘薯（Sweetpotato）	生长块，生根块，生根率高，增殖生根驯化一步完成，存活率高	河南华薯农业科技有限公司、邯郸市禾下土种业有限公司、山西省农科院棉花研究所、广州甘蔗糖业研究所湛江甘蔗研究中心、昆明市环境科学研究院、上海离草科技有限公司
Eucalyptus camaldulensis	桉树（Eucalyptus）	生长块，生根块，增殖生根驯化一步完成，存活率高	昆明市环境科学研究院
Fragaria × ananassa	草莓（Strawberry）	生长块，生根率高，生根驯化一步完成，存活率高	陕西青美生物科技有限公司、昆明市环境科学研究院、上海离草科技有限公司
Gerbera jamesonii	非洲菊（Gerbera）	生长块，生根块，生根驯化一步完成，存活率高	昆明市环境科学研究院
Gynura divaricata	白背三七	生长块，生根块，增殖生根驯化一步完成，存活率高	上海离草科技有限公司
Gypsophila paniculata	满天星（Baby's breath）	生长块，生根块，增殖生根驯化一步完成，存活率高	昆明市环境科学研究院
Hylocereus undatus	火龙果（Dragon fruit）	生长块，生根率高，增殖生根驯化一步完成，存活率高	上海离草科技有限公司

续表

拉丁名	植物名	优势	单位
Ilex verticillata	北美冬青	生根快、生根率高、增殖生根驯化一步完成、存活率高	山东陌上园林生物科技有限公司、上海离草科技有限公司
Limonium gerberi	情人草（Statice）	生长快、生根率高、生根驯化一步完成、存活率高	昆明市环境科学研究院
Malus pumila	苹果（Apple）	生长快、生根率高、生根驯化一步完成、存活率高	陕西青美生物科技有限公司、武功县海棠生态农林有限公司、杨凌秦华设施农业科技有限公司
Manihot esculenta	木薯（Cassava）	生长快、生根率高、生根驯化一步完成、存活率高	中科院上海植物生理生态研究所
Ocimum basilicum	罗勒（Basil）	生长快、生根率高、增殖生根驯化一步完成、存活率高	上海离草科技有限公司
Pfaffia glomerata	巴西人参（Brazilian ginseng）	生长快、生根率高、增殖生根驯化一步完成、存活率高	上海离草科技有限公司
Pinellia ternata	半夏（Pinelliae Rhizom）	生长快、生根率高、生根驯化一步完成、存活率高	甘肃源宜生物科技有限公司、上海离草科技有限公司
Platycodon grandiflorus	桔梗（Radix Platycodonis）	生长快、生根率高、增殖生根驯化一步完成、存活率高	上海离草科技有限公司
Populus spp.	杨树（Poplar）	生长快、生根率高、增殖生根驯化一步完成、存活率高	上海离草科技有限公司
Prunus humilis	欧李（Chinese dwarf cherry）	生长快、生根率高、生根驯化一步完成、存活率高	上海离草科技有限公司
Prunus persica	桃树（Peach）	生长快、生根率高、生根驯化一步完成、存活率高	上海离草科技有限公司
Rehmannia glutinosa	地黄（Rehmanniae Radix）	生长快、生根率高、生根驯化一步完成、存活率高	北京国康本草物种生物科学技术研究院有限公司、山西省农科院棉花研究所

续表

拉丁名	植物名	优势	单位
Rosa chinensis	月季（Rose）	生长快，生根率高，增殖生根驯化一步完成，存活率高	陕西青美生物科技有限公司
Rosmarinus officinalis	迷迭香（Rosemary）	生长快，生根率高，增殖生根驯化一步完成，存活率高	上海离草科技有限公司
Rubus spp.	树莓（Raspberry）	生长快，生根率高，增殖生根驯化一步完成，存活率高	上海离草科技有限公司
Saccharum officinarum	甘蔗（Sugarcane）	生长快，生根率高，生根驯化一步完成，存活率高	广西农业科学院甘蔗研究所、上海离草科技有限公司
Phedimus aizoon	费菜	生长快，生根率高，增殖生根驯化一步完成，存活率高	上海离草科技有限公司
Sinningia speciosa	大岩桐（Brazilian Gloxinia）	生长快，生根率高，增殖生根驯化一步完成，存活率高	上海离草科技有限公司
Siraitia grosvenorii	罗汉果（Corsvenor Momordica Fruit）	生长快，生根率高，增殖生根驯化一步完成，存活率高	桂林莱茵生物科技股份有限公司、浙江清华长三角研究院
Solanum tuberosum	马铃薯（Tobato）	生长快，生根率高，增殖生根驯化一步完成，存活率高	昆明市环境科学研究院、浙江清华长三角研究院、上海离草科技有限公司
Vaccinium spp.	蓝莓（Blueberry）	生长快，生根率高，增殖生根驯化一步完成，存活率高	上海离草科技有限公司
Yucca filamentosa	丝兰（Yucca）	生长快，生根率高，生根驯化一步完成，存活率高	浙江清华长三角研究院
Zantedeschia elliottiana	马蹄莲（Calla lily）	生长快，生根率高，生根驯化一步完成，存活率高	昆明市环境科学研究院
Zingiber officinale	生姜（Ginger）	生长快，生根率高，生根驯化一步完成，存活率高	上海离草科技有限公司

主要参考文献

ADELBERG J, FUJIWARA K, KIRDMANEE C, et al, 1999. Photoautotrophic shoot and root development for triploid melon[J]. Plant Cell, Tiss. Org. Cult, 57: 95-104.

ADELBERG J, NAYLOR-ADELBERG J, MILLER S, et al, 2021. *In vitro* co-culture system for *Prunus* spp. and *Armillaria mellea* in phenolic foam rooting matric[J]. In Vitro Cell. Dev. Biol. - Plant, 57: 387-397.

AFREEN F, ZOBAYED S M A, KOZAI T, 2001. Mass-propagation of coffee from photoautotrophic somatic embryos[C]//MOROHOSHI N, KOMAMINE A(Eds.). Progress in Biotechnology. Narita, Chiba, Japan: Elsevier, 18: 355-364.

AFREEN F, ZOBAYED S M A, KOZAI T, 2002a. Photoautotrophic culture of *Coffea arabusta* somatic embryos: Photosynthetic ability and growth of different stage embryos[J]. Ann. Bot, 90: 11-19.

AFREEN F, ZOBAYED S M A, KOZAI T, 2002b. Photoautotrophic culture of *Coffea arabusta* somatic embryos: Development of a bioreactor for the large-scale plantlet conversion from cotyledonary embryos[J]. Ann. Bot, 90: 21-29.

AFREEN F, ZOBAYED S M A, KOZAI T, 2006. Mass propagation of coffee transplants under scaled-up photoautotrophic micropropagation system[C]. Acta Horticulturae, 725(725): 571-578.

AFREEN-ZOBAYED F, ZOBAYED S M A, KUBOTA C, et al, 1999. Supporting material affects the growth and development of *in vitro* sweet potato plantlets cultured photoautotrophically[J]. In Vitro Cell. Dev. Biol. - Plant, 35: 470-474.

AFREEN-ZOBAYED F, ZOBAYED S M A, KUBOTA C, et al, 2000. A combination of vermiculite and paper pulp supporting material for the photoautotrophic micropropagation of sweet potato[J]. Plant Sci, 157: 225-231.

AITKEN- CHRISTIE J, JONES C, 1987. Towards automation: Radiata pine shoot hedges *in vitro*[J]. Plant Cell, Tiss.Org.Cult, 8: 185-196.

AITKEN-CHRISITI J, DAVIES H E, HOLLAND L, et al, 1992. Effect of nutrient media composition on sugar-free growth and chlorophyll fluorescence of *Pinus radiata* shoots *in vitro*[C]. Acta. Horticulturae, 319, 125-130.

AITKEN-CHRISTIE J, KOZAI T, SMITH M A L, 1995. Automation and environmental control in plant tissue culture[M]. Dordrecht: Kluwer Academic Publishers.

BADR A, ANGERS P, DESJARDINS Y, 2011. Metabolic profifiling of photoautotrophic and photomixotrophic potato plantlets (*Solanum tuberosum*) provides new insights into acclimatization[J]. Plant Cell, Tiss. Org. Cult, 107: 13-24.

BAE J H, PARK S Y, OH M M, 2017. Supplemental Irradiation with Far-red Light-emitting Diodes Improves Growth and Phenolic Contents in Crepidiastrum denticulatum in a Plant Factory with Artificial Lighting[J]. Hortic. Environ. Biotechnol, 58(4): 357-366.

BATISTA D S, KOEHLER A D, ROMANEL E, et al, 2019. De novo assembly and transcriptome of *Pfaffia glomerata* uncovers the role of photoautotrophy and the P450 family genes in 20-hydroxyecdysone production[J]. Protoplasma, 256: 601-614.

BAUBAULT C, LANOY V, BAUDIER F, et al, 1991. *In vitro* preservation of *Rhododendron* during multiplication stage[C]. Acta Horticulturae, 298: 355-358.

BJORKMAN O, DEMMIG B, 1987. Photon yield of O_2 evolution and chlorophyll fluorescence characteristics at 77K among vascular plants of diverse origins[J]. Planta, 170: 489-504.

BROWN C S, SCHUERGER A C, SAGER J C, 1995. Growth and photomorphogenesis of pepper plants under red light-emitting diodes with supplemental blue or far-red light[J]. J. Amer. Soc. Hort. Sci, 120: 808-813.

BULA R J, MORROW T W, TIBBITTS T W, et al, 1991. Light-emitting diodes as a radiation source for plants[J]. Hortscience, 26: 203-205.

CHA-UM S, MOSALEEYANON K, SUPAIBULWATANAB K, et al, 2003. A more efficient transplanting system for Thai Neem (*Azadirachta siamensis* Val.) by reducing relative humidity[J]. ScienceAsia, 29: 189-196.

CHA-UM S, NGUYEN M T, PHIMMAKONG K, et al, 2005a. The *ex vitro* survival and growth of ginger (*Zingiber officinale* Rocs.) influence by *in vitro* acclimatization under high relative humidity and CO_2 enrichment conditions[J]. Asian Journal of Plant Sciences, 4 (2): 109-116.

CHA-UM S, SUPAIBULWATTANA K, KIRDMANEE C, 2005b. Phenotypic responses of *thai jasmine* rice to salt-stress under environmental control of *in vitro* photoautotrophic system[J]. Asian Journal of Plant Sciences, 4(2): 85-89.

CHA-UM S, PUTHEA O, KIRDMANEE C, 2009. An effective *in-vitro* acclimatization using uniconazole treatments and *ex-vitro* adaptation of *Phalaenopsis* orchid[J]. Scientia Horticulturae, 121: 468-473.

CHA-UM S, KIRDMANEE C, 2010a. Acclimatisation to mannitol-induced water deficit in miniature rose (*Rosa × hybrida*) plantlets cultivated *in vitro* under autotrophic conditions[J]. Journal of Horticultural Science & Biotechnology, 85 (6): 533-538.

CHA-UM S, KIRDMANEE C, 2010b. *In vitro* flowering of miniature roses (*Rosa×hybrida* L. 'Red Imp') in response to salt stress[J]. Europ.J.Hort.Sci, 75 (6): 239-245.

CHA-UM S, ULZIIBAT B, KIRDMANEE C, 2010. Effects of temperature and relative humidity during *in vitro* acclimatization, on physiological changes and growth characters of *Phalaenopsis* adapted to *in vivo*[J]. AJCS, 4(9): 750-756.

CHA-UM S, CHANSEETIS C, CHINTAKOVID W, et al, 2011. Promoting root induction and growth of *in vitro* macadamia (*Macadamia tetraphylla* L. 'Keaau') plantlets using CO_2-enriched photoautotrophic conditions[J]. Plant Cell, Tiss. Org. Cult, 106: 435-444.

CHA-UM S, SOMSUEB S, SAMPHUMPHUANG T, et al, 2013. Salt tolerant screening in eucalypt genotypes (*Eucalyptus* spp.) using photosynthetic abilities, proline accumulation, and growth characteristics as effective indices[J]. In Vitro Cell. Dev. Biol.-Plant, 49: 611-619.

CHEN L, LU Y, HU Y, et al, 2020. RNA-Seq reveals that sucrose-free medium improves the growth of potato (*Solanum tuberosum* L.) plantlets cultured *in vitro*[J]. Plant Cell, Tiss. Org. Cult, 140: 505-521.

CHEN Y, LI T, YANG Q, et al, 2019. UVA radiation is beneficial for yield and quality of indoor cultivated lettuce[J]. Frontiers in Plant Science, 10: 1-10.

CHRISTOPH L, 2002. Air humidity as an ecological factor for woodland herbs: leaf water status, nutrient uptake, leaf anatomy, and productivity of eight species grown at low or high vpd levels[J]. Flora, 197: 262-274.

CHUN C, KOZAI T, 2000. Closed transplant production system at Chiba University[C]// KUBOTA C, CHUN C(EDS.). Transplant Production in the 21st Century. Dordrecht, The Netherlands: Kluwer academic publishers, 20-27.

COUCEIRO M A, ZOBAYED S M A, KOZAI T, 2005. Enhanced *in vitro* growth and rooting of St. John's Wort (*Hypericum perforatum* L. cv. standart) shoot cuttings under photoautotrophic conditons[C]//Proc. of International Congress on Biotechnology and Agriculture, Bioveg. Cuba.

COUCEIRO M A, AFREEN F, ZOBAYED S M A, et al, 2006a. Enhanced growth and quality of St. John's wort (*Hyopericum perforatum* L.) under photoautotrophic *in vitro* conditions[J]. In Vitro Cell. Dev. Biol.-Plant, 2: 278-282.

COUCEIRO M A, ZOBAYED S M A, AFREEN F, et al, 2006b. Optimizing the duration of acclimatization under artificial light for St.John's wort plantlets grown photoautotrophically and photomixotrophically *in vitro*[J]. Environ. Control Biol, 44(1): 63-70.

COURNAC L, DIMON B, CARRIER P, et al, 1991. Growth and photosynthetic characteristics of *Solanum tuberosum* plantlets cultivated *in vitro* in different conditions of aeration, sucrose supply, and CO_2 enrichment[J]. Plant Physiol, 97: 112-117.

CRISTEA V, VECCHIA F.D, CRĂCIUN C, et al, 1998. Ultrastructural aspects of photoautotrophic *Chrysanthemum* culture[C]//GARAB G(EDS). Photosynthesis: Mechanisms and Effects. Dordrecht, The Netherlands: Springer. pp 4175-4178.

CRISTEA V, DALLA VECCHIA F, LA ROCCA N, 1999. Development and photosynthetic characteristics of a photoautotrophic *Chrysanthemum* culture[J]. Photosyn, 37: 53-59.

CRISTEA V, MICLĂUŞ M, PUŞCAŞ M, et al, 2002. Influence of hormone balance and *in vitro* photoautotrophy on *Dianthus spiculifolius* Schur micropropagation[J]. Contributii Botanice, 37: 145-153.

CUI Y, HAHN E, KOZAI T, et al, 2000. Number of air exchanges, sucrose concentration, photosynthetic photon flux, and differences in photoperiod and dark period temperatures affect growth of *Rehmannia glutinosa* plantlets *in vitro*[J]. Plant Cell, Tiss. Org. Cult, 62: 219-226.

DE LA VINA G, PLIEGO-ALFARO F, DRISCOLL S P, et al, 1999. Effects of CO_2 and sugars on photosynthesis and composition of avocado leaves grown *in vitro*[J]. Plant Physiol. Biochem, 37: 587-595.

DE RICK J, VAN CLEEMPUT O, DEBERGH P, 1991. Carbon metabolism of micropropagated *Rosa multiflora* L[J]. In vitro Cell. Dev. Biol. - Plant, 27: 57-63.

DE Y, DESJARDINS Y, LAMARRE M, et al, 1992. Photosynthesis and transpiration of *in vitro* cultured asparagus plantlets[J]. Sci. Hort, 49: 9-16.

DE Y, GOSSELIN A, DESJARDINS Y, 1993a. Effects of forced ventilation at different relative humidities on growth, photosynthesis and transpiration of geranium plantlets *in vitro*[J]. Can. J. Plant Sci, 73: 249-256.

DE Y, GOSSELIN A, DESJARDINS Y, 1993b. Re-examination of photosynthetic capacity of *in vitro*-cultured strawberry plantlets[J]. J. Amer. Soc. Hort. Sci, 118: 419-424.

DENG R, DONNELLY D J, 1993a. *In vitro* hardening of red raspberry by CO_2 enrichment and reduced medium sucrose concentration[J]. HortScience, 28: 1048-1051.

DENG R, DONNELLY D J, 1993b. *In vitro* hardening of red raspberry through CO_2 enrichment and relative humidity reduction on sugar-free medium[J]. Can. J. Plant Sci, 73: 1105-1113.

DESJARDINS Y, HDIDER C, DERICK J, 1995a. Carbon nutrition *in vitro*-regulation and manipulation of carbon assimilation in micropropagated systems[M]//AITKEN-CHRISTIE J, KOZAI T, LILA M(EDS.). Automation and environmental control in plant tissue culture. The Netherlands:

Kluwer Academic Publishers, 441-471.

DESJARDINS Y, 1995b. Factors affecting CO_2 fixation in striving to optimize photoautotrophy in micropropagated plantlets[J]. Plant Tissue Culture and Biotechnology, 1(1): 13-25.

DOBRANSZKI J, TEIXEIRA DA SILVA J A, 2010. Micropropagation of apple-A review[J]. Biotechnology Advances, 28: 462-488.

DOI M, ODA H, OGASAWARA N, et al, 1992. Effects of CO_2 enrichment on the growth and development of in vitro cultured plantlets[J]. J. Japan. Soc. Hort. Sci, 60: 963-970 (in Japanese).

DONNELLY D J, VIDAVER W E, 1984. Pigment content and gas exchange of red raspberry in vitro and ex vitro[J]. J. Amer. Soc. Hort. Sci, 109: 177-181.

DORION N, KADRI M, BIGOT C, 1991. In vitro preservation at low temperatures of rose plantlets[C]. Acta Horticulturae, 298: 335-347.

ERMAYANTI T M, IMELDA M, TAJUDDIN T, et al, 1999. Growth promotion by controlling the in vitro environment in the micropropagation of tropical plant species[C]//Proc. of Intl. Workshop on Conservation and Sustainable Use of Tropical Bioresources: pp 10-25.

ERTURK H, WALKER P N, 2000a. Effects of light, carbon dioxide, and hormone levels on transformation to photoautotrophy of sugarcane shoots in micropropagation[J]. Transactions of the ASAE, 43: 147-151.

ERTURK H, WALKER P N, 2000b. Effects of rooting period, clump size, and growth medium on sugarcane plantlets in micropropagation during and after transformation to photoautotrophy[J]. Transactions of the ASAE, 43: 499-504.

ERTURK H, WALKER P N, 2003. Effect of atrazine on algal contamination and sugarcane shoots during photoautotrophic micropropagation[J]. Transactions of the ASAE, 46: 189-191.

Fang W, 2016. Status of PFAL in Taiwan[M]//KOZAI T, NIU G, TAKAGAKI M(EDS.). Plant factory: An indoor vertical farming system for quality food production. Salt Lake City: Academic press, 40-43.

FARQUHAR G D, EHLERINGER J R, HUBICK K T, 1989. Carbon isotope discrimination and photosynthesis[J]. Annu. Rev. Plant Physiol. Plant Mol. Biol. 40: 503-537.

FIGUEIRA A, JANICK J, 1993. Development of nucellar somatic embryos of Theobroma cacao[C]. Acta Horticulturae, 336: 231-238.

FOURNIOUX J C, BESSIS R, 1993. Use of carbon dioxide enrichment to obtain adult morphology of grapevine in vitro[J]. Plant Cell, Tiss. Org. Cult, 33: 51-57.

FUJIWARA K, KOZAI T, WATANABE I, 1987. Fundamental studies on environments in plant tissue culture vessels. (3) Measurements of carbon dioxide gas concentration in closed vessels

植物无糖培养微繁殖及种苗生产

containing tissue cultured plantlets and estimates of net photosynthetic rates of the plantlets[J]. J. Agr. Meteorol, 43: 21-30 (in Japanese).

FUJIWARA K, KOZAI T, WATANBE I, 1988. Development of a photoautotrophic tissue culture system for shoot and/or plantlets at rooting and acclimatization stages[C]. Acta Horticulturae, 230: 153-158.

FUJIWARA K, KOZAI T, 1995a. Physical microenvironment and its effects[M]//AITKEN-CHRISTIE J, KOZAI T, SMITH M L (EDS.). Automation and Environmental Control in Plant Tissue Culture. Dordrecht, The Netherlands: Springer, 319-369.

FUJIWARA K, KIRA S, KOZAI T, 1995b. Contribution of photosynthesis to dry weight increase of *in vitro* potato cultures under different CO_2 concentrations[C]. Acta Horticulturae, 393: 119-126.

FUJIWARA K, ISOBE S, Iimoto M, 1999a. Effects of controlled atmosphere and low light irradiation using red light emitting diodes during low temperature storage on the visual quality of grafted tomato plug seedlings[J]. Environ. Cont. Biol, 37: 185-190. (in Japanese)

FUJIWARA K, TAKAKU K, IIMOTO M, 1999b. Availabilities of red light-emitting diodes as light source for low light irradiation and mineral nutrient supply using nutrient gel during low temperature storage of postharvest chervil (*Anthriscus cerefolium* L.)[J]. Environ. Cont. Biol, 37: 137-141.(in Japanese)

FUJIWARA K, TAKAKU K, IIMOTO M, 1999c. Optimum conditions of low light irradiation-CA storage for preservation of the visual quality of postharvest whole chervil (*Anthriscus cerefolium* L.) [J]. Environ. Cont. Biol, 37: 203-210. (in Japanese)

FUJIWARA K, ISOBE S, IIMOTO M, 2001. Optimum conditions of low light irradiation-CA storage for quality preservation of grafted tomato plug seedlings[J]. Environ. Cont. Biol, 39: 111-120. (in Japanese)

GALZY R, COMPAN D, 1992. Remarks on mixotrophic and autotrophic carbon nutrition of *Vitis* plantlets cultured *in vitro*[J]. Plant Cell, Tiss. Org. Cult, 31: 239-244.

GAVINLERTVATANA P, READ P E, WILKINS H F, et al, 1979. Influence of photoperiod and daminozide stock plant pretreatments on ethylene and CO_2 levels and callus formation from dahlia leaf segment cultures[J]. J. Amer. Soc. Hort. Sci, 104(6): 849-852.

GENOUD-GOURICHON C, SALLANON H, COUDRET A, 1996. Effects of sucrose, agar, irradiance and CO_2 concentration during the rooting phase on the acclimation of *Rosa hybrida* plantlets to *ex vitro* conditions[J]. Photosyn, 32: 263-270.

Genty B, Briantais J M, Baker N R, 1989. The relationship between the quantum yield of photosynthetic electron transport and quenching of chlorophyll fluorescence[J]. Biochimica et

Biophysica Acta (BBA) - General Subjects, 990: 87-92.

GEORGE E F, HALL M A, DE KLERK G J, 2015, 植物组培快繁（第三版）[M]. 莽克强 , 译 . 北京： 化学工业出版社 .

GROUT B W W, 1975. Wax development on leaf surfaces on *Brassica oleracea* var. Currawong regenerated from meristem culture[J]. Plant Sci. Lett: 401-405.

GROUT B W W, ASTON M J, 1978. Transplanting cauliflower plants regenerated from meristem culture. II. Carbon dioxide fixation and the development of photosynthetic ability[J]. Hort. Res, 17: 65-71.

HAHN E J, KOZAI T, PAEK K Y, 2000. Blue and red light-emitting diodes with or without sucrose and ventilation affect *in vitro* growth of *Rehmannia glutinosa* plantlets[J]. Journal of Plant Biology, 43(4) : 247-250.

HAHN E, PAEK K, 2001. High photosynthetic photon flux and high CO_2 concentration under increased number of air exchanges promote growth and photosynthesis of four kings of orchid plantlets *in vitro*[J]. In Vitro Cell. Dev. Biol.-Plant, 37: 678-682.

HASSANKHAH A, VAHDATI K, LOTFI M, et al, 2014. Effects of ventilation and sucrose concentrations on the growth and plantlet anatomy of micropropagated persian walnut plants[J]. International Journal of Horticultural Science and Technology, 1(2): 111-120.

HAVAUX M, STRASSER R J, GREPPIN H, 1991. A theoretical and experimental analysis of the q_P and q_N coefficients of chlorophyll fluorescence quenching and their relation to photochemical and nonphotochemical events[J]. Photosyn. Res, 27: 41-55.

HAYASHI M, LEE H, KOZAI T, 1993. Photoautotrophic micropropagation of rose plantlets under CO_2 enriched conditions[J]. SHITA Journal, 4: 107-110 (in Japanese).

HAYASHI M, KOZAI T, OCHIAI M, 1994. Effect of sidewards lighting on the growth and morphology of potato plantlets *in vitro*[J]. SHITA Journal, 5(2)/6(1): 1-7.

HAYASHI M, FUJIWARA K, KOZAI T, et al, 1995. Effects of lighting cycle on daily CO_2 exchange and dry weight increase of potato plantlets cultured *in vitro* photoautotrophically[C]. Acta Horticulturae, 393: 213-218.

HEIDE-JORGENSEN H S, 1980. The xeromorphic leaves of Hakea suaveolens R. Br. III. Ontogeny, structure and function of the T-shaped trichomes[J]. Bot. Tidsskrift, 75: 181-198.

HEINS R D, ERWIN J, BERGHAGE R, et al, 1988. Use temperature to control plant height[J]. Greenhouse Grower, 6: 32-34.

HEINS R D, LANGE N, WALLACE T F, 1992. Low-temperature storage of bedding-plant plugs[M]// KURATA K, KOZAI T (EDS). Transplant Production Systems. Dordrecht, The

Netherlands: Springer, pp 45-64.

HEINS R D, LANGE N, WALLACE JR, et al, 1994. Plug storage: cold storage of plug seedlings[C]. Greenhouse Grower, Willoughby, OH, U.S.A.

HEO J, KUBOTA C, KOZAI T, 1996. Effects of CO_2 concentration, PPFD and sucrose concentration on *Cymbidium* plantlets grown *in vitro*[C]. Acta Horticulturae, 440: 560-565.

HEO J, KOZAI T, 1999. Forced ventilation micropropagation system for enhancing photosynthesis, growth and development of sweet potato plantlets[J]. Environ. Cont. Biol, 37: 83-92.

HEO J, WILSON S B, KOZAI T, 2001. A forced ventilation micropropagation system for photoautotrophic production of sweet potato plug plantlets in a scale-up culture vessel: I. growth and uniformity[J]. HortTech, 11: 90-94.

HEW C S, HIN S E, YONG J W H, et al, 1995. *In vitro* CO_2 enrichment of CAM orchid plantlets[J]. Journal of Horticultural Science and Biotechnology, 70: 721-736.

HOANG N N, KITAYA Y, MORISHITA T, et al, 2017a. A comparative study on growth and morphology of wasabi plantlets under the influence of the micro-environment in shoot and root zones during photoautotrophic and photomixotrophic micropropagation[J]. Plant Cell, Tiss. Org. Cult, 130: 255-263.

HOANG N N, SHIBUYA T, ENDO R, et al, 2017b. Growth responses of wasabi plantlets under different temperature regimes during photoautotrophic micropropagation[J]. Eco-Engineering, 29(4): 125-129.

HOANG N N, KITAYA Y, SHIBUYA T, et al, 2019. Development of an *in vitro* hydroponic culture system for wasabi nursery plant production-Effects of nutrient concentration and supporting material on plantlet growth[J]. Scientia Horticulturae, 245: 237-243.

HOANG N N, KITAYA Y, SHIBUYA T, et al, 2020. Growth and physiological characteristics of wasabi plantlets cultured by photoautotrophic micropropagation at different temperatures[J]. Plant Cell, Tiss. Org. Cult, 143: 87-96.

HOFMAN P, HAISEL D, KOMENDA J, et al, 2002. Impact of a *in vitro* cultivation conditions on stress responses and on changes in thylakoid membrane proteins and pigments of tobacco during *ex vitro* acclimation[J]. Biologia. Plantarum, 45: 189-195.

HORAN I, WALKER S, ROBERTS A V, et al, 1995. Micropropagation of roses: The benefits of pruned mother-plants at Stage II and a greenhouse environment at Stage III[J]. Journal of Horticultural Science, 70: 799-806.

HORN M E, SHERRARD J H, WIDHOLM J M, 1983. Photoautotrophic growth of soybean cells in suspension culture I. Establishment of photoautotrophic cultures[J]. Plant Physiol, 72: 426-429.

IAREMA L, FERREIRA DA CRUZ A C, SALDANHA C W, et al, 2012. Photoautotrophic propagation of Brazilian ginseng [*Pfaffifia glomerata* (Spreng.) Pedersen][J]. Plant Cell, Tiss. Org. Cult, 110: 227-238.

ITO H, TANAKA Y, TSUJI H, et al, 1993. Conversion of chlorophyll b to chlorophyll a by isolated cucumber etioplast[J]. Archives of Biochemistry and Biophysics, 306(1): 148-151.

JACKSON M B, 2003. Aeration stress in plant tissue cultures[J]. Bulg. J. Plant Physiol. Special Issue: 96-109.

JEONG B R, KOZAI T, WATANABE K, 1996. Stem elongation and growth of *Mentha rotundifolla in vitro* as influenced by photoperiod, photosynthetic photon flux and difference between day and night temperatures[C]. Acta Horticulturae, 440: 539-544.

JEONG B R, IM M Y, HWANG S J, 1999. Development of a mechanizable micropropagation method for strawberry plants[J]. J. Kor. Soc. Hort. Sci, 40: 297-302. (in Korean)

JO M H, HAM I K, LEE A M, et al, 2002. Effects of sealing materials and photosynthetic photon flux of culture vessel on growth and vitrification in carnation plantlets *in vitro*[J]. J. Korean Soc. Hort. Sci, 43(2): 133-136.

KADLECEK P, RANK B, TICHA I, 2003. Photosynthesis and photoprotection in *Nicotiana tabacum* L. *in vitro* grown plantlets[J], J. Plant Physiol, 160: 1017-1024.

KIM H H, GOINS G, WHEELER R, et al, 2005. Green-light Supplementation for enhanced lettuce growth under red- and blue-light-emitting diodes[J]. HortScience, 39: 1617-1622.

KIM H S, LEE E M, LEE M A, et al, 1999. Production of high quality plantlets by autotrophic culture for aeroponics in potato[J]. J. Kor. Soc. Hort. Sci, 40: 26-30. (in Korean)

KIRDMANEE C, KUBOTA C, JEONG B R, et al, 1992. Photoautotrophic multiplication of *Cymbidium* protocorm-like bodies[C]. Acta Horticulturae, 319: 243-248.

KIRDMANEE C, KITAYA Y, KOZAI T, 1995a. Effects of CO_2 enrichment and supporting material *in vitro* on photoautotrophic growth of *Eucalyptus* plantlets *in vitro* and *ex vitro*: Anatomical comparisons[C]. Acta Horticulturae, 393: 111-118.

KIRDMANEE C, KITAYA Y, KOZAI T, 1995b. Effects of CO_2 enrichment and supporting material *in vitro* on photoautotrophic growth of *Eucalyptus* plantlets *in vitro* and *ex vitro*[J]. In Vitro Cell. Dev. Biol. - Plant, 31: 144-149.

KIRDMANEE C, KITAYA Y, KOZAI T, 1995c. Effects of CO_2 enrichment and supporting material on growth, photosynthesis and water potential of *Eucalyptus* shoots/plantlets cultured photoautotrophically *in vitro*[J]. Environ. Cont. Biol, 33: 133-141.

KIRDMANEE C, KITAYA Y, KOZAI T, 1995d. Rapid acclimatization of *Eucalyptus* plantlets by controlling photosynthetic photon flux density and relative humidity[J]. Environ. Control in Biol, 33(20): 123-132.

KIRDMANEE C, KOZAI T, ADELBERG J, 1996. Rapid acclimatization of *in-vitro Eucalyptus* plantlets by controlling relative humidity *ex vitro*[C]. Acta Horticulturae, 440: 616-621.

KITAJIMA M, BUTLER W L, 1975. Quenching of chlorophyll flourescence and primary photochemistry by dibromothymoquinone[J]. Biochim. biophys. Acta, 376: 105-111.

KITAYA Y, FUKUDA O, KOZAI T, et al, 1995. Effects of light intensity and lighting direction on the photoautotrophic growth and morphology of potato plantlets *in vitro*[J]. Sci. Hort, 62: 15-24.

KITAYA Y, OHMURA Y, KUBOTA C, et al, 2005. Manipulation of the culture environment on *in vitro* air movement and its impact on plantlets photosynthesis[J]. Plant Cell, Tiss. Org. Cult, 83: 251-257.

KODYM A, LEEB C J, 2019. Back to the roots: protocol for the photoautotrophic micropropagation of medicinal *Cannabis*[J]. Plant Cell, Tiss. Org. Cult, 138(2): 399-402.

KOZAI T, FUJIWARA K, WATANABE I, 1986. Fundamental studies on environments in plant tissue culture vessels (2) Effects of stoppers and vessels on gas exchange rates between inside and outside of vessels closed with stoppers[J]. Journal of Agricultural Meteorology, 42: 119-127.

KOZAI T, IWANAMI Y, FUJIWARA K, 1987a. Environment control for masspropagation of tissue cultured plantlets (1) Effects of CO_2 enrichment on the plantlet growth during the multiplication stage[J]. Plant tissue culture letters, 4: 22-26.

KOZAI T, HAYASHI M, HIROSAWA Y, et al, 1987b. Environmental control for acclimatization of *in vitro* cultured plantlets (1) Development of the acclimatization unit for accelerating the plantlet growth and the test cultivation[J]. Journal of Agricultural Meteorology, 42: 349-358.

KOZAI T, OKI H, FUJIWARA K, 1987c. Effects of CO_2 enrichment and sucrose concentration under high photosynthetic photon fluxes on growth of tissue-cultured *Cymbidium* plantlets during the preparation stage[Z]. Plant Micropropagtion in Horticultural Industries, pp 135-141.

KOZAI T, IWANAMI Y, 1988a. Effects of CO_2 enrichment and sucrose concentration under high photon flux on plantlet growth of carnation (*Dianthus caryophyllus* L.) in tissue culture during the preparation stage[J]. J. Jap. Soc. Hort. Sci, 57: 279-288.

KOZAI T, SEKIMOTO K, 1988b. Effects of the number of air exchanges per hour of the closed vessel and the photosynthetic photon flux on the carbon dioxide concentration inside the vessel and the growth of strawberry plantlets *in vitro*[J]. Environ. Cont. Biol, 26: 21-29 (in Japanese).

KOZAI T, KOYAMA Y, WATANABE I, 1988c. Multiplication of potato plantlets *in vitro* with sugar free medium under high photosynthetic photon flux[C]. Acta Horticulturae, 230: 121-127.

KOZAI T, KUBOTA C, WATANABE I, 1990a. The growth of carnation plantlets *in vitro* cultured photoautotrophically and photomixotrophically on different media[J]. Environ. Cont. Biol, 28: 21-27.

KOZAI T, OKI H, FUJIWARA K, 1990b. Photosynthetic characteristics of *Cymbidium* plantlet *in vitro*[J]. Plant Cell, Tiss. Org. Cult, 22: 205-211.

KOZAI T, TAKAZAWA A, WATANABE I, et al, 1990c. Growth of tobacco seedlings and plantlets *in vitro* as affected by *in vitro* environment[J]. Environ. Cont. Biol, 28: 31-39. (in Japanese)

KOZAI T, TANAKA K, WATANABE I, et al, 1990d. Effects of humidity and CO_2 environment on the growth of potato plantlets *in vivo*[J]. J. Japan. Soc. Hort. Sci. (Suppl. 1): 289-290.

KOZAI T, IWABUCHI K, WATANABE K, et al, 1991a. Photoautotrophic and photomixotrophic growth of strawberry plantlets *in vitro* and changes in nutrient composition of the medium[J]. Plant Cell, Tiss. Org. Cult, 25: 107-115.

KOZAI T, OHDE N, KUBOTA C, 1991b. Similarity of growth patterns between plantlets and seedlings of *Brassica campestris* L. under different *in vitro* environmental conditions[J]. Plant Cell, Tiss. Org. Cult, 24: 181-186.

KOZAI T, 1991c. Autotrophic micropropagation[M]//Bajaj Y P S(eds.). High-Tech and Micropropagation I. Biotechnology in Agriculture and Forestry, vol 17. Berlin, Heidelberg: Springer, pp 313-343.

KOZAI T, KINO S, JEONG B R, et al, 1992a. A sideward lighting system using diffusive optical fibers for production of vigorous micropropagated plantlets[C]. Acta Horticulturae, 319: 237-242.

KOZAI T, KUSHIHASHI S, KUBOTA C, et al, 1992b. Effect of the difference between photoperiod and dark period temperatures,and photosynthetic photon flux density on the shoot length and growth of potato plantlets *in vitro*[J]. J. Japan. Soc. Hort. Sci, 61(1): 93-98.

KOZAI T, TANAKA K, JEONG B R,et al, 1993. Effect of relative humidity in the culture vessel on the growth and shoot elongation of potato (*Solanum tuberosum* L.) plantlets *in vitro*[J]. J. Japan .Soc. Hort. Sci, 62(2): 413-417.

KOZAI T, FUJIWARA K, KITAYA Y, 1995a. Modeling, measurement and control in plant tissue culture[C]. Acta Horticulturaei, 393: 63-67.

KOZAI T, JEONG B R, KUBOTA C, et al, 1995b. Effects of volume and initial strength of medium on the growth, photosynthesis and ion uptake of potato (*Solanum tuberosum* L.) plantlets *in vitro*[J]. J. Japan. Soc. Hort. Sci, 64: 63-71.

KOZAI T, WATANABE K, JEONG B R, 1995c. Stem elongation and growth of *Solanum tuberosum* L. *in vitro* in response to photosynthetic photon flux, photoperiod and difference in photoperiod and dark period temperatures[J]. Scientia Hort, 64: 1-9.

KOZAI T, KITAYA Y, KUBOTA C, et al, 1996a. Optimization of photoautotrophic micropropagation conditions for sweet potato (*Ipomea Batatas* (L.) Lam.) plantets[C]. Acta Horticulturae, 440: 566-569.

KOZAI T, KUBOTA C, SAKAMI K, et al, 1996b. Growth suppression and quality preservation of eggplant plug seedlings by low temperature storage under dim light[J]. Environ. Cont. Biol, 34: 135-139. (in Japanese)

KOZAI T, KUBOTA C, KITAYA Y, 1997. Greenhouse technology for saving the earth in the 21st century[C]//Goto E, Kurata K, Hayashi M and Sase S (Eds.). Plant production in Closed Ecosystems[C]. Dordrecht, The Netherlands: Kluwer Academic Publishers, pp 139-152.

KOZAI T, KUBOTA C, HEO J, et al, 1998a. Towards efficient vegetative propagation and transplant production of sweetpotato (*Ipomoea batatas* (L.) Lam.) under artificial light in closed systems[C]//Proc.of intermational workshop on sweetpotato production system toward the 21st century. Miyazaki, Japan: 201-214.

KOZAI T, 1998b. Transplant production under artificial light in closed systems[C]//LU H Y, SUNG J M, KAO C H(Eds.). Asian Crop Science 1998(Proc.of the 3rd Asian Crop Science conference). Taichung, Taiwan: 296-308.

KOZAI T, KUBOTA C, ZOBAYED S, et al, 1999a. Developing a mass-propagation system of woody plants[C]//WATANABE K AND KOMAMINE A (EDS.). Proc. of the 12th Toyota Conference: Challenge of Plant and Agricultural Sciences to the Grisis of Biosphere on the Earth in the 21st Century. Landes Company: 293-307.

KOZAI T, 1999b. Development and application of closed-type transplant production system for solving the global issues[R]. Yokendo Co., Tokyo: 191.(in Japanese)

KOZAI T, ZOBAYED S M A, 2001. Acclimatization[C]//SPIER R(ED.). Encyclopaedia of Cell Technology, Section A. John Wiley, pp 1-12.

KOZAI T, NGUYEN Q T, 2003. Photoautotrophic micropropagation of woody and tropical plants[M]//JAIN S M, ISHII K(EDS). Micropropagation of Woody Trees and Fruits. Dordrecht, The Netherlands: Springer, 75, pp 757-781.

KOZAI T, AFREEN F, ZOBAYED S M A, 2005. Photoautotrophic (sugar-free medium) micropropagation as a new micropropagation and transplant production system[M]. Dordrecht, The Netherlands: Springer.

KOZAI T, KUBOTA C, 2005. Concepts, definitions, ventilation methods, advantages and disadvantages[M]//KOZAI T, AFREEN F, ZOBAYED SMA (EDS.). Photoautotrophic (sugar-free medium) micropropagation as a new propagation and transplant production system. Dordrecht, The

Netherlands: Springer, pp 7-18.

KOZAI T, NIU G, TAKAGAKI M, 2016. Plant factory: An indoor vertical farming system for quality food production [M]. Salt Lake City: Academic Press.

KUBOTA C, KOZAI T, 1994. Low-temperature storage for quality preservation and growth suppression of broccoli plantlets cultured *in vitro*[J]. Hortscience, 29: 1191-1194.

KUBOTA C, KOZAI T, 1992. Growth and net photosynthetic rate of solanum tuberosum *in vitro* under forced and natural ventilation[J]. Hortscience, 27(12): 1312-1314.

KUBOTA C, KOZAI T, 1995a. Low-temperature storage of transplants at the light compensation point: air temperature and light intensity for growth suppression and quality preservation[J]. Sci. Hortic, 61: 193-204.

KUBOTA C, NIU G, KOZAI T, 1995b. Low temperature storage for production management of *in vitro* plants: effects of air temperature and light intensity on preservation of plantlet dry weight and quality during storage[C]. Acta Horticulturae, 393: 103-110.

KUBOTA C, RAJAPAKSE N C, YOUNG R E, 1996. Low-temperature storage of micropropagated plantlets under selected light environments[J]. Hortscience, 31: 449-452.

KUBOTA C, RAJAPAKSE N C, YOUNG R E, 1997. Carbohydrate status and transplant quality of micropropagated broccoli plantlets stored under different light environments[J]. Postharvest Biol. and Tech, 12: 165-173.

KUBOTA C, KAKIZAKI N, KOZAI T, et al, 2001. Growth and net photosynthetic rate of tomato plantlets during photoautotrophic and photomixotrophic micropropagation[J]. Hortscience, 36: 49-52.

KUBOTA C, TADOKORO N, 1999. Control of microbial contamination for large-scale photoautotrophic micropropagation[J]. In Vitro Cell. Dev. Biol. - Plant, 35: 296-298.

KUBOTA C, EZAWA M, KOZAI T, et al, 2002. In situ estimation of carbon balance of *in vitro* sweet potato and tomato plantlets cultured with varying initial sucrose concentrations in the medium[J]. J. Amer. Soc. Hort. Sci, 127: 963-970.

KUBOTA C, SEIYAMA S, KOZAI T, 2002. Manipulation of photoperiod and light intensity in low-temperature storage of eggplant plug seedlings[J]. Sci. Hort, 94: 13-20.

KUBOTA C, 2003. Environmental control for growth suppression and quality preservation of transplants[J]. Environ. Cont. Biol, 41: 97-105.

KURATA K, KOZAI T, 1992. Transplant production systems[M]. Dordrecht, The Netherlands: Kluwer Academic Publishers.

LE L T, NGUYEN D T P, PHAM M D, et al, 2015.Effect of NH_4NO_3 and KNO_3 contents on the growth of Lavender plants cultured photoautotrophically[J]. Tạp chí Công nghệ Sinh học, 13(4A):

1313-1319.

LEE E J, JEONG B R, 1999. Effect of initial phosphorus level in the medium on the *in vitro* plantlet growth of *Limonium* spp. 'Misty Blue'[J]. J. Kor. Soc. Hort. Sci, 40: 253-256.

LI Q, KUBOTA C, 2009. Effects of supplemental light quality on growth and phytochemicals of baby leaf lettuce[J]. Environmental and experimental botany, 67: 59-64.

LI R Y, MURTHY H N, KIM S K, et al, 2001. CO_2-enrichment and photosynthetic photon flux affect the growth of *in vitro*-cultured apple plantlets[J]. Journal of Plant Biology, 44(2): 87-91.

LIAN M L, MURTHY H N, PAEK K Y, 2002. Culture method and photosynthetic photon flux affect photosynthesis, growth and survival of *Limonium* 'Misty Blue' *in vitro*[J]. Sci. Hort, 95: 239-249.

LIAN M L, MURTHY H N, PAEK K Y, 2003. Photoautotrophic culture conditions and photosynthetic a photon flux influence growth of *Lilium* bulblets *in vitro*[J]. In Vitro Cell. Dev. Biol. - Plant, 39: 532-535.

LONG R D, 1997. Photoautotrophic micropropagation - A strategy for contamination control?[M]//CASSELLS A C(ED.). Pathogen and Microbial Contamination Management in Micropropagation. Developments in Plant Pathology, vol 12. Dordrecht, The Netherlands: Springer, pp 267-278.

LU J J, ALI A, HE E Q, et al, 2020. Establishment of an open, sugar-free tissue culture system for sugarcane micropropagation[J]. Sugar Tech, 22: 8-14.

LUCCHESINI M, MONTEFORTI G, MENSUALI-SODI A, et al, 2006. Leaf ultrastructure, photosynthetic rate and growth of myrtle plantlets under different *in vitro* culture conditions[J]. Biologia plantarum, 50 (2): 161-168.

MA Z, LI S, ZHANG M, et al, 2010. Light intensity affects growth, photosynthetic capability, and total flavonoid accumulation of Anoectochilus plants[J]. Hortscience, 45(6): 863-867.

MARTIN K P, PRADEEP A K, 2003. Simple strategy for the *in vitro* conservation of *Ipsea malabarica* an endemic and endangered orchid of the Western Ghats of Kerala, India[J], Plant Cell, Tiss. Org. Cult, 74: 197-200.

MARTIN K P, 2004. *In vitro* propagation of the herbal spice *Eryngium foetidum* L. on sucrose-added and sucrose-free medium without growth regulators and CO_2 enrichment[J]. Scientia Horticulturae, 102: 277-282.

MARTINS J P R, VERDOODT V, PASQUAL M, et al, 2015. Impacts of photoautotrophic and photomixotrophic conditions on *in vitro* propagated *Billbergia zebrina* (Bromeliaceae)[J]. Plant Cell, Tiss. Org. Cult, 123: 121-132.

MARTINS J P R, RODRIGUES L C A, SANTOS E R, et al, 2020. Impacts of photoautotrophic, photomixotrophic, and heterotrophic conditions on the anatomy and photosystem II of *in vitro*-propagated *Aechmea blanchetiana* (Baker) L.B. Sm. (Bromeliaceae)[J]. In Vitro Cell. Dev. Biol. - Plant, 56(3): 350-361.

MCCLELLAND M T, SMITH M A L, 1990.Vessel type, closure and explant orientation influence *in vitro* performance of five woody species[J]. Hortscienceenceence, 1990, 25: 797-800.

MCCLENDON J H, 1984. The micro-optics of leaves. I. Patterns of reflection from the epidermis[J]. American Journal of Botany, 71(10): 1391-1397.

MITRA A, DEY S, SAWARKAR S K, 1998. Photoautotrophic *in vitro* multiplication of the orchid *Dendrobium* under CO_2 enrichment[J]. Biologia Planta, 41: 145-148.

MIYASHITA Y, KITAYA Y, KOZAI T, et al, 1995. Effects of red and far-red light on the growth and morphology of potato plantlets *in vitro*: Using light emitting diode as a light source for micropropagation[C]. Acta Horticulturae, 393: 189-194.

MIYASHITA Y, KITAYA Y, KUBOTA C, et al, 1996. Photoautotrophic growth of potato plantlets as affected by explant leaf area, fresh weight and stem length[J]. Scien. Hort, 65: 199-202.

MIYASHITA Y, KIMURA T, KITAYA Y, et al, 1997. Effects of red light on the growth and morphology of potato plantlets *in vitro*: Using light emitting diodes (LEDs) as a light source for micropropagation[C]. Acta Horticulturae, 418: 169-173.

MORINI S, FORTUNA P, SCIUTTI R, et al, 1990. Effect of different light-dark cycles on growth of fruit tree shoots cultured *in vitro*[J]. Advances Hort. Sci, 4: 163-166.

MORINI S, MELAI M, 2003. CO_2 dynamics and growth in photoautotrophic and photomixotrophic apple cultures[J]. Biologia Planta, 47: 167-172.

MOSALEEYANON K, CHA-UMA S, KIRDMANEE C, 2004. Enhanced growth and photosynthesis of rain tree (*Samanea saman* Merr.) plantlets *in vitro* under a CO_2-enriched condition with decreased sucrose concentrations in the medium[J]. Scientia Horticulturae, 103: 51-63.

NAGATOME H, TSUTSUMI M, KINO-OKA M, et al, 2000. Development and characterization of a photoautotrophic cell line of pak-bung hairy roots[J]. J. Biosci. Bioeng, 89: 151-156.

NAKAYAMA M, KOZAI T, WATANABE K, 1991. Effects of the presence/absence of sugar in the medium and natural/forced ventilation on the net photosynthetic rates of potato explants *in vitro*[J]. Plant Tiss. Cult. Lett, 8: 105-109. (in Japanese)

NGO H T N, DINH K V, NGUYEN Q T, 2015. Effect of mineral contents on the growth of Vietnamses ginseng (*Panax vietnamensis* Ha et Grushv.) cultured *in vitro* under photoautotrophic condition[J]. TẠP CHÍ SINH HỌC, 37(1): 96-102.

NGUYEN D T P, HOANG N N, NGUYEN Q T, 2012. A study on growth ability of *Thymus vulgaris* L. under impact of chemical and physical factors of culture medium[J]. TẠP CHÍ SINH HỌC, 34(3SE): 234-241.

NGUYEN D T P, HOANG N N, NGUYEN Q T, 2015. Studying the root growth of *Coleus forskohlii* cultured photoautotrophically on different supporting materials and identifying forskolin accumulated in roots by HPLC[J]. Tạp chí Công nghệ Sinh học, 13(3): 937-943. (in Vietnamese)

NGUYEN D T P, TRAN V T, NGUYEN M L T, et al, 2017. Effects of micro-environmental factors on the photoautotrophic growth of *Hibiscus sagittifolius* Kurz cultured *in vitro*[J]. TẠP CHÍ SINH HỌC, 39(4): 496-506.

NGUYEN H N, PHAM D M, NGUYEN A T H, et al, 2011.Study on plant growth, carbohydrate synthesis and essential oil accumulation of *Plectranthus amboinicus*(Lour.) Spreng cultured photoautotrophically under forced ventilation condition[J]. Tạp chí Công nghệ Sinh học, 9(4A): 605-610. (in Vietnamese)

NGUYEN M T, NGUYEN Q T, NGUYEN U V, 2008a. Effects of light intensityand CO_2 concentration on the *in vitro* and *ex vitro* growth of strawberry (*Fragaria ananassa* Duch.)[J]. J. Biotechnol. 6 (1): 233-239. (in Vietnamese)

NGUYEN M T, NGUYEN Q T, 2008b. Effects of sugar concentration, naturalventilation and supporting materials on the growth of *in vitro* strawberry plantlets (*Fragaria ananassa* Duch.) and on the survival rate of *ex vitro* plantlets[J]. Academia Journal of Biology, 30(2): 45-49. (in Vietnamese)

NGUYEN Q T, KOZAI T, NGUYEN K L, et al, 1999a.Photoautotrophic micropropagation of tropical plants[C]//ALTMAN A, ZIV M, IZHAR S(EDS.). Plant biotechnology and *in vitro* biology in the 21st Century. (Proc. The 9th Intl. Congr. of IAPTC, June 14-19, 1998. Jerusalem, Israel). Dordrecht, The Netherlands: Kluwer Academic Publishers, pp 659-662.

NGUYEN Q T, KOZAI T, NGUYEN U V, 1999b. Effects of sucroseconcentration, supporting material and number of air exchanges of the vessel on the growth of *in vitro* coffee plantlets[J]. Plant Cell, Tiss. Org. Cult, 58: 51-57.

NGUYEN Q T, KOZAI T, NIU G, et al, 1999c. Photosyntheticcharacteristics of coffee (*Coffea arabusta*) plantlets *in vitro* in response to different CO_2 concentrations and light intensities[J]. Plant Cell, Tiss. Org. Cult, 55: 133-139.

NGUYEN Q T, KOZAI T, HEO J, 2000a. Enhanced growth of *in vitro* plantsin photoautotrophic micropropagation with natural and forced ventilation systems[C]//KUBOTA C, CHUN C(EDS.). Proceedings for the International Symposium on Transplant Production in Closed System. Dordrecht, The Netherlands: Kluwer Academic Publishers, pp 246-251.

NGUYEN Q T, LE H T, THAI D X, et al, 2000b. Growth enhancement of *in vitro* yam (*Dioscorea alata*) plantlets under photoautotrophic condition using a forced ventilation system[C]//NAKATANI M, KOMAKI K(EDS.). The 12th Symposium of the International Society for Tropical Root Crops,Tsukuba, Ibaraki, Japan: 459-461.

NGUYEN Q T, NGUYEN L K, THAI D X, et al, 2000c. Growthpromotion of *in vitro Paulownia* plantlets under different sucrose concentration, supporting material, photoperiod and number of air exchange regimes[C]//Abstr. Intl. Symp. on transplant production in closed system for solving the global issues on environmental conservation, food, resource and energy: p38.

NGUYEN Q T, KOZAI T, 2001a. Growth of *in vitro* banana(*Musa* Spp.)shoots under photomixotrophic and photoautotrophic conditions[J]. In Vitro Cell. Dev. Biol.-Plant, 37: 824-829.

NGUYEN Q T, KOZAI T, 2001b. Photoautotrophic micropropagation of tropical and subtropical woody plants[C]//MOROHOSHI N, KOMAMINE A(EDS.). Progress in Biotechnology. Narita, Chiba, Japan: Elsevier, 18: 335-344.

NGUYEN Q T, KOZAI T, HEO J, et al, 2001c. Photoautotrophic growthresponse of *in vitro* cultured coffee plantlets to ventilation methods and photosynthetic photon fluxes under carbon dioxide enriched condition[J]. Plant Cell, Tiss. Org. Cult, 66: 217-225.

NGUYEN Q T, KOZAI T, 2005. Photoautotrophic micropropagation of woody species[M]//KOZAI T, AFREEN F, ZOBAYED S M A(EDS.). Photoautotrophic (sugar-free medium) micropropagation as a new micropropagation and transplant production system. Dordrecht, The Netherlands: Springer, pp 119-142.

NGUYEN Q T, KOZAI T, 2007. Effect of temperature and nodal cutting position on the growth of *in vitro* cultured coffee plants under photoautotrophic conditions[J]. Jpn. J. Trop. Agr, 51(1): 5-11.

NGUYEN Q T, HOANG T V, NGUYEN H N, et al, 2010. Photoautotrophic growth of *Dendrobium* 'burana white' under diffcrent light and ventilation conditions[J]. Propagation of Ornamental Plants, 10(4): 277-236.

NGUYEN Q T, XIAO Y, KOZAI T, 2016. Photoautotrophic micropropagation[M]//KOZAI T, NIU G, TAKAGAKI M(EDS.). Plant Factory-An indoor vertical farming system for efficient quality food production. United Kingdom: Academic Press, p271-280.

NHUT D T, TAKAMURA T, WATANABE H, et al, 2003. Efficiency of a novel culture system by using light-emitting diode (LED) on *in vitro* and subsequent growth of micropropagated banana plantlets[C]. Acta Horticulturae, 616: 121-127.

NIU G, KOZAI T, KITAYA Y, 1995. Simulation of the time courses of CO_2 concentration in the culture vessel and net photosynthetic rate of *Cymbidium* plantlets[C]. Intl. Ann. Meeting ASAE,

Chicago, Illinois. Paper No.957199.

NIU G, KOZAI T, KITAYA Y, 1996a. Simulation of the time courses of CO_2 concentration in the culture vessel and net photosynthetic rate of *Cymbidium* plantlets[J]. Transactions of the ASAE, 39: 1567-1573.

NIU G, KOZAI T, MIKAMI H, 1996b. Simulation of the effects of photoperiod and light intensity of the growth of potato plantlets cultured photoautotrophically *in vitro*[C]. Acta Horticulturae, 440: 216-221.

NIU G, KOZAI T, 1997a. Simulation of the growth of potato plantlets cultured photoautotrophically *in vitro*[J]. Transactions of the ASAE, 40: 255-260.

NIU G, KOZAI T, HAYASHI M, et al, 1997b. Time course simulations of CO_2 concentration and net photosynthetic rates of potato plantlets cultured under different lighting cycles[J]. Transactions of the ASAE, 40: 1711-1718.

NIU G, KOZAI T, KUBOTA C, 1998. A system for measuring the in situ CO_2 exchange rates of *in vitro* plantlets[J]. Hortscience, 33, 1076-1078.

OGAWA E, HIKOSAKA S, GOTO E, 2018. Effects of nutrient solution temperature on the concentration of major bioactive compounds in red perilla[J]. Journal of Agricultural Meteorology, 74(2): 71-78.

OH M-M , SEO J H, PARK J S, et al, 2012. Physicochemical Properties of Mixtures of Inorganic Supporting Materials Affect Growth of Potato (*Solanum tuberosum* L.) Plantlets Cultured Photoautotrophically in a Nutrient-circulated Micropropagation System[J]. Hort. Environ. Biotechnol, 53(6): 497-504.

OHYAMA K, KOZAI T, 1997. CO_2 concentration profiles in a plant tissue culture vessel[J]. Environ. Cont. Biol, 35: 197-202. (in Japanese)

OLMOS E, HELLIN E, 1998. Ultrastructural differences of hyperhydric and normal leaves from regenerated carnation plants[J]. Sci. Hort, 75: 91-101.

OHYAMA K, FUJIWARA M, KOZAI T, et al, 2000a. Water consumption and utilization efficiency of a closed-type transplant production system[C]//2000 ASAE Annual Intenational Meeting. Technical Papers: Engineering Solutions for a New Century: 2, 4441-4448.

OHYAMA K, YOSHINAGA K, KOZAI T, 2000b. Energy and mass balance of a closed-type transplant production system. (Part 2). Water Balance[J]. Shokubutsu Kojo Gakkaishi, 12(4): 217-224. (in Japanese)

PAO S, MOSALEEYANON K, KIRDMANEE C, 2011. Effect of photosynthetic photon flux and supporting material on the growth and development of *Dendrobium* sp. plantlets *in vitro*[J].

Cambodian JA, 10(1-2): 1-4.

PARK J E, YA L, JEONG B R, 2018. Sucrose concentration, light intensity, and CO_2 concentration affect growth and development of micropropagated carnation[J]. Flower Res.J, 26(2): 61-67.

PARK S W, JEON J H, KIM H S, et al, 2004. Effect of sealed and vented gaseous microenvironments on the hyperhydricity of potato shoots *in vitro*[J]. Sci. Hort, 99: 199-205.

PARK S Y, MOON H K , MURTHY H N, et al, 2011. Improved growth and acclimatization of somatic embryo-derived *Oplopanax elatus* plantlets by ventilated photoautotrophic culture[J]. Biologia plantarum, 55(3): 559-562.

PASCUAL P R, MOSALEEYANON K, ROMYANON K, et al, 2012. Response of *in vitro* cultured palm oil seedling under saline condition to elevated carbon dioxide and photosynthetic photon flux density[J]. Annals of Tropical Research, 34(1): 52-64.

PAWAN K J, KUMAR V A, SHAH S, et al, 2008. Photoautotrophic micropropagation for cost-effective and successful clonal multiplication of woody fruit crops[C]. Acta Horticulturae, 839: 93-98.

PHAM D M, NGUYEN H N, HOANG N N, et al, 2012. Growth promotion and secondary metabolite accumulation of *Phyllanthus amarus* cultured photoautotrophically under carbon dioxide enriched condition[J].TẠP CHÍ SINH HỌC, 34(3SE): 249-256. (in Vietnamese)

PHAM D M, NGUYEN Q T, 2014a. Growth and lignan accumulation of *Phyllanthus amarus* (Schum. & Thonn.) cultured *in vitro* photoautotrophically as affected by light intensity and photoperiod[J]. Academia Journal of Biology, 36(2): 203-209.

PHAM D M, NGUYEN Q T, 2014b. Growth and lignan accumulation of *Phyllanthus amarus* (Schum. & Thonn.) cultured *in vitro* photoautotrophically as affected by light intensity and photoperiod[J]. TAP CHI SINH HOC, 36(2): 203-209.

PONGPRAYOON W, CHA-UM S, PICHAKUM A, et al, 2008. Proline profiles in aromatic rice cultivars photoautotrophically grown in rresponses to salt stress[J]. International journal of botany, 4(3): 276-282.

POSPISILOVA J, SOLAROVA J, CATSKY J, et al, 1988. The photosynthetic characteristics during micropropagation of tobacco and potato plants[J]. Photosyn, 22: 205-213.

PREECE J E, SUTTER E G, 1991. Acclimatization of micropropagated plant to the greenhouse and field[M]//Debergh P C and Zimmerman R H(Eds.). Micropropagation: technology and application. Dordrech, The Netherlands: Springer, pp 71-93.

PRUSKI K, ASTATKIE T, MIRZA M, et al, 2002. Photoautotrophic micropropagation of Russet Burbank Potato[J]. Plant Cell, Tiss. Org. Cult, 69: 197-200.

RADOCHOVÁ B, TICHÁ I, 2008. Excess irradiance causes early symptoms of senescence during leaf expansion in photoautotrophically *in vitro* grown tobacco plants[J]. Photosyn, 46 (3): 471-475.

REED B M, 1993. Improved survival of *in vitro* stored *Rubus germplasm*[J]. J. Amer. Soc. Hort. Sci, 118: 890-895.

REED B M, 1999. *In vitro* storage conditions for mint germplasm[J]. Hortscience, 34: 350-352.

REGEV I, GEPSTEIN S, DUVDEVANI A, et al, 1997. Carbon assimilation, activities of carboxylating enzymes and changes in transcript level of genes encoding enzymes of the calvin cycle and carbon partitioning of banana plantlets during transition from heterotrophic to autotrophic existence[C]. Acta Horticulturae, 447: 561-567.

RIGHETTI B, 1996. Chlorophyll, ethylene and biomass determination in *Prunus avium* cv Victoria cultivated *in vitro* under different atmospheric conditions[J]. Journal of Horticultural Science and Biotechnology, 71: 249-255.

RIVAL A, BEULE T, LAVERGNE D, et al, 1997. Development of photosynthetic characteristics in oil palm during *in vitro* micropropagation[J]. J. Plant Physiol, 150: 520-527.

ROBERTS A V, SMITH E F, HORAN I, et al, 1994. Stage III techniques for improving water relations and autotrophy in micropropagated plants[M]//LUMSDEN P J , NICHOLAS J R, DAVIESW J(EDS.). Physiology, Growth and Development of Plants in Culture. The Netherlands: Springer, pp 314-322.

ROCHE T D, LONG R D, SAYEGH A J, et al, 1996. Commercial-scale photoautotrophic micropropagation: Application in Irish agriculture, horticulture and forestry[J]. Acta Horticulturae, 440: 515-520.

SAIFUL ISLAM1 A F M, ZOBAYED S M A, HOSSAIN K G et al, 2004. Photoautotrophic growth of sweet potato plantlets *in vitro* as affected by root supporting materials, CO_2 concentration, and photosynthetic photon flux[J]. Trop. Agric. (Trinidad) , 81(2): 80-86.

SALDANHA C W, OTONI C G, NOTINI M M, et al, 2013. A CO_2-enriched atmosphere improves *in vitro* growth of Brazilian ginseng [*Pfaffia glomerata* (Spreng.) Pedersen][J], In Vitro Cell. Dev.Biol.-Plant, 49: 433-444.

SALLANON H, MAZIERE Y, 1992. Influence of growth room and vessel humidity on the *in vitro* development of rose plants[J]. Plant Cell, Tiss. Org. Cult, 30: 121-125.

SAMOSIR Y M S, ADKINS S, 2014. Improving acclimatization through the photoautotrophic culture of coconut (*Cocos nucifera*) seedlings: an *in vitro* system for the efficient exchange of germplasm[J]. In Vitro Cell. Dev. Biol. - Plant, 50: 493-501.

SEKO Y, KOZAI T, 1996a. Effect of CO_2 enrichment and sugar-free medium on survival and growth of turfgrass regenerants grown *in vitro*[C]. Acta Horticulturae, 440: 600-605.

SEKO Y, NISHIMURA M, 1996b. Effect of CO_2 and light on survival and growth of rice regenerants grown *in vitro* on suger-free medium[J]. Plant Cell, Tiss. Org. Cult, 46: 257-264.

SEON J H, CUI C H, PAEK K Y, et al, 1999. Effects of air exchange, sucrose, and PPF on growth of *Rehmannia Glutinosa* under enriched CO_2 concentration *in vitro*[C]. Acta Horticulturae, 502: 313-318.

SEON J H, CUI Y Y, KOZAI T, et al., 2000. Influence of *in vitro* growth conditions on photosynthetic competence and survival rate of *Rehmannia glutinosa* plantlets during acclimatization period[J]. Plant Cell, Tiss. Org. Cult, 61: 135-142.

SERRET M D, TRILLAS M I, MATAS J, et al, 1997. The effect of different closure types, light, and sucrose concentrations on carbon isotope composition and growth of *Gardenia jasminoides* plantlets during micropropagation and subsequent acclimation *ex vitro*[J]. Plant Cell, Tiss. Org. Cult, 47: 217- 230.

Serret M D, Trillas M I, 2000. Effects of light and sucrose levels on the anatomy, ultrastructure and photosynthesis of *Gardenia jasminoides* Ellis leaflets cultured *in vitro*[J]. Int. I. Plant Sci, 116: 281-289.

SHA VALLI KHAN P S, KOZAI T, NGUYEN Q T, et al, 2002. Growth and net photosynthetic rates of *Eucalyptus tereticornis* Smith under photomixotrophic and various photoautotrophic micropropagation conditions[J]. Plant Cell, Tiss. Org. Cult, 71: 141-146.

SHA VALLI KHAN P S, KOZAI T, NGUYEN Q T, et al, 2003. Growth and water relations of *Paulownia fortunei* under photomixotrophic and photoautotrophic conditions[J]. Biologia. Plantarum, 46: 161-166.

SHIN K, PARK S, PAEK K, 2014. Physiological and biochemical changes during acclimatization in a *Doritaenopsis hybrid* cultivated in different microenvironments *in vitro*[J]. Environmental and Experimental Botany, 100: 26-33.

SILVA DE ASSIS E, NETO A R, RIGONATO DE LIMA L, et al, 2016. *In vitro* culture of *Mouriri elliptica* (Mart.) under conditions that stimulate photoautotrophic behavior[J]. AJCS, 10(2): 229-236.

SILVA T D, CHAGAS K, BATISTA D S, et al, 2019. Morphophysiological *in vitro* performance of Brazilian ginseng (*Pfaffia glomerata* (Spreng.) Pedersen) based on culture medium formulations[J]. In Vitro Cell. Dev. Biol. - Plant, 55: 454-467.

SIRVENT M T, WALKER L, VANCE N, et al, 2002. Variation in hypericins from wild populations of *Hypericum perforatum* L. in the Pacific Northwest of the USA[J]. Econ. Bot, 56: 41-48.

SMITH E F, ROBERTS A V, MOTTLEY J, 1990. The preparation *in vitro* of chrysanthemum for transplantation to soil. III. Improved resistance to desiccation conferred by reduced humidity[J]. Plant Cell, Tiss. Org. Cult, 27: 141-145.

SMITH E F, GRIBAUDO I, ROBERTS A V, et al, 1992. Paclobutrazol and reduced humidity improve resistance to wilting of micropropagated grapevine[J]. Hortscience, 27: 111-113.

SMITH H, KENDRICK R E, 1976. The structure and properties of phytochrome[M]// GOODWIN T W (ED.). The Chemistry & Biochemistry of Plant Pigments. London, New York, San Francisco: Academic Press, pp 377-424.

START N G, CUMMING B G, 1976. *In vitro* propagation of *Saintpaulia ionantha* Wendl[J]. Hortscienceenceence, 11: 204-206.

SU N, WU Q, SHEN Z, et al, 2014. Effects of light quality on the chloroplastic ultrastruture and photosynthetic characteristics of cucumber seedlings [J]. Plant growth Regulation, 73: 227-235.

SUPAIBULWATTANA K, KUNTAWUNGINN W, CHA-UM S, et al, 2011. Artemisinin accumulation and enhanced net photosynthetic rate in Qinghao (*Artemisia annua* L.) hardened *in vitro* in enriched-CO_2 photoautotrophic conditions[J]. POJ, 4(2): 75-81.

SUTTER E, LANGHANS R W, 1982. Formation of epicuticular wax and its effect on water loss in cabbage plants regenerated from shoot-tip culture[J]. Can. J. Bot, 60: 2896-2902.

TAIZ L, ZEIGER E, 2015. 植物生理学 (第五版)[M]. 宋纯鹏 , 王学路 , 周 云 , 译 . 北京：科学出版社 .

TAKAZAWA A, KOZAI T, 1992. Effect of types of culture vessels with supporting materials on the growth of carnation plantlets *in vitro*[J]. Environ. Cont. Biol, 30: 65-70. (in Japanese)

TANAKA F, WATANABE Y, SHIMADA N, 1991. Effects of O_2 concentrations on photorespiration in *Chrysanthemum morifolium* plantlets *in vitro* cultured photoautotrophically and photomixotrophically[J]. Plant Tiss. Cult. Lett, 8: 87-93.

TANAKA K, FUJIWARA K, KOZAI T, 1992. Effects of relative humidity in the culture vessel on the transpiration and net photosynthetic rates of potato plantlets *in vitro*[C]. Acta Horticulturae, 319: 59-64.

TANAKA M, NAGAE S, FUKAI S, et al, 1992. Growth of tissue cultured *Spathiphyllum* on rockwool in a novel film culture vessel under high CO_2[C]. Acta Horticulturae, 314: 139-146.

TANAKA M, TAKAMURA T, WATANABE H, et al, 1998. *In vitro* growth of *Cymbidium* plantlets cultured under superbright red and blue light-emitting diodes (LEDs)[J]. Journal of

Horticultural Science and Biotechnology, 73: 39-44.

TANAKA M, YAP D C H, NG C K Y, et al, 1999. The physiology of *Cymbidium* plantlets cultured *in vitro* under conditions of high carbon dioxide and low photosynthetic photon flux density[J]. Journal of Horticultural Science & Biotechnology, 74 (5): 632-638.

TANAKA M , GIANG D T T, MURAKAMI A, 2005. Application of a novel disposable film culture system to photoautotrophic micropropagation of *eucalyptusuro-grandis* (*UrophyllaxGrandis*) [J]. In Vitro Cell. Dev. Biol. -Plant, 41: 173-180.

TANG T M, HOANG N N, PHAM D M, et al, 2015. Study on the micropropagation of the male sterile chili pepper (*Capsicum* sp.)[J]. Tạp chí Công nghệ Sinh học, 13(4A): 1321-1328. (in Vietnamese)

TEIXEIRA DA SILVA J A, GIANG D D, TANAKA M, 2005. Novel micropropagation system for *Eucalyptus Uro-Grandis*[J]. Bragantia, Campinas, 64(3): 349-359.

TEIXEIRA DA SILVA J A, GIANG D D T, TANAKA M, 2006. Photoautotrophic micropropagation of *Spathiphyllum*[J]. Photosynthetica, 44(1): 53-61.

THI L T, NGUYEN M L T, NGUYEN Q T, 2020. Growth performance of *Hydrangea macrophylla* 'Glowing Embers' on culture medium with defferent macroelement concentrations and culture conditions[J]. Academia journal of biology, 42(4): 61-71.

TICHA I, 1996. Optimization of photoautotrophic tobacco *in vitro* culture: effect of suncaps closures on plantlet growth[J]. Photosyn, 32: 475-479.

TISARUM R, SAMPHUMPHUNG T, THEERAWITAYA C, et al, 2018. *In vitro* photoautotrophic acclimatization, direct transplantation and *ex vitro* adaptation of rubber tree (*Hevea brasiliensis*)[J]. Plant Cell, Tiss. Org. Cult, 133: 215-223.

TISSERAT B, HERMAN C, SILMAN R, et al, 1997. Using ultra-high carbon dioxide levels enhances plantlet growth *in vitro*[J]. HortTech, 7: 282-289.

TONG Y, HE D, 2010. A photoautotrophic *in vitro* system for evaluating salt tolerance of soybean (*Glycine max* L.) plants[J]. Journal of Tropical Agriculture, 48 (1-2) : 40-44.

UNO A, OHYAMA K, KOZAI T, et al, 2003. Photoautotrophic culture with CO_2, enrichment for improving micropropagation of *Coffea arabusta* using somatic embryos[C]. Acta Horticulturae, 625: 270-277.

VAHDATI K, ASAYESH Z M, ALINIAEIFARD S, et al, 2017. Improvement of *ex vitro* desiccation through elevation of CO_2 concentration in the atmosphere of culture vessels during *in vitro* growth[J]. Hortscience, 52(7): 1006-1012.

VALERO-ARACAMA C, ZOBAYED S M A, KOZAI T, 2000. A preliminary experiment on photoautotrophic micropropagation of *Rhododendron*[C]//KUBOTA C, CHUN C(EDS.). Transplant Production in the 21st Century. The Netherlands: Kluwer Academic Publishers, pp 215-218.

VALERO-ARACAMA C, ZOBAYED S M A, ROY S K, et al, 2001. Photoautotrophic Micropropagation of *Rhododendron*[J]. Molecular Breeding of Woody Plants: 385-390.

VALERO-ARACAMA C, WILSON S B, KANE M E, et al, 2007. Influence of *in vitro* growth conditions on *in vitro* and *ex vitro* photosynthetic rates of easy- and difficult-to-acclimatize sea oats (*Uniola paniculata* L.) genotypes[J]. In Vitro Cell. Dev. Biol. - Plant, 43: 237-246.

VAN HUYLENBROECK J M, PIQUERAS A, DEBERGH P C, 2000. The evolution of photosynthetic capacity and the antioxidant enzymatic system during acclimatization of micropropagated *Calathea* plants[J]. Plant Sci, 155: 56-66.

VYAS S, PUROHIT S D, 2003. *In vitro* growth and shoot multiplication of *Wrightia tomentosa* Roem et Schult in a Controlled carbon dioxide environment[J]. Plant Cell, Tiss. Org. Cult, 75: 283-286.

WALKER P N, HEUSER C W, HEINEMANNP H, 1989. Micropropahation: effects of ventilation and carbon dioxide level on *Rhododendron* 'P.J.M.'[J]. Transactions of the ASAE, 32: 348-352.

WARDLE K, DOBBS E B, SHORT K C, 1983. *In vitro* acclimatization of aseptically cultured plantlets to humidity[J]. J. Amer. Soc. Hort. Sci, 108: 386-389.

WATANABE Y, SAWA Y, NAGAOKA N, et al, 2000. Photoautotrophic growth of *Pleioblastus pygmaea* plantlets *in vitro* and *ex vitro* as affected by types of supporting material *in vitro*[C]//KUBOTA C, CHUN C(EDS.). Transplant Production in the 21st. The Netherlands: Kluwer Academic Publishers, pp 226-230.

WHITELAM G, HAL LIDAY K, 2007. Light and plant development[M]. Oxford: Blackwell Publishing.

WILLIAMS R R, 1992. Towards a model of mineral nutrition *in vitro*[C]//KURATA K, KOZAI T(EDS.). Transplant Production system. Dordrecht, The Netherlands: Kluwer Academic Publishers, pp 213-229.

WILLIAMS R R, 1995. The chemical microenvironment[M]//AITKEN-CHRISTIE J, KOZAI T, SMITH M A L. Automation and environmental control in plant tissue culture. Dordrecht, the Netherlands: Spinger, pp 405-439.

WILSON S B, IWABUCHI K, RAJAPAKSE N C, et al, 1998a. Responses of broccoli seedlings to light quality during low-temperature storage *in vitro*: I. Morphology and survival[J]. Hortscience, 33: 1253-1257.

WILSON S B, IWABUCHI K, RAJAPAKSE N C, et al, 1998b. Responses of broccoli seedlings to light quality during low-temperature storage *in vitro*: II. Sugar content and photosynthetic efficiency[J]. Hortscience, 33: 1258-1261.

WILSON S B, KUBOTA C, KOZAI T, 2000. Effects of medium sugar on growth and carbohydrate status of sweet potato and tomato plantlets *in vitro*[C]//KUBOTA C, CHUN C(EDS.). Transplant Production in the 21st Century. The Netherlands: Kluwer Academic Publishers, pp 258-265.

WILSON S B, HEO J, KUBOTA C, et al, 2001. A forced ventilation micropropagation system for photoautotrophic production of sweet potato plug plantlets in a scaled-up culture vessel: II. Carbohydrate status[J]. HortTech, 11: 95-99.

WU H C, LIN C C, 2013. Carbon dioxide enrichment during photoautotrophic micropropagation of *Protea cynaroides* L. plantlets improves *in vitro* growth, net photosynthetic rate, and acclimatization[J]. Hortscienceenceence, 48(10): 1293-1297.

XIAO Y, ZHAO J, KOZAI T, 2000. Practical sugar-free micropropagation system using large vessels with forced ventilation[C]//KUBOTA C, CHUN C(EDS.). Transplant Production in the 21st Century. The Netherlands: Kluwer Academic Publishers, pp 266- 273.

XIAO Y, LOK Y, KOZAI T, 2003. Photoautotrophic growth of sugarcane *in vitro* as affected by photosynthetic photon flux and vessel air exchanges[J]. In Vitro Cell. Dev. Biol. - Plant, 39: 186-192.

XIAO Y, KOZAI T, 2004. Commercial application of a photoautotrophic micropropagation system using large vessels with forced ventilation: plant growth and production[J]. Hortscienceenceence, 39: 1387-1391.

XIAO Y, HE L, LIU T, et al, 2005. Growth promotion of gerbera plantlets in large vessels by using photoautotrophic micropropagation system with forced ventilation[J]. Propagat Ornament Plants, 5: 179-185.

XIAO Y, KOZAI T, 2006a. *In vitro* multiplication of statice plantlets using sugar-free media[J]. Scientia Horticulturae, 109: 71-77.

XIAO Y, KOZAI T, 2006b. Photoautotrophic growth and net photosynthetic rate of sweet potato plantlets *in vitro* as affected by the number of air exchanges of the vessel and type of supporting material[J]. tsinghua science and technology, 11(4): 481-489.

XIAO Y, ZHANG Y, DANG K, et al, 2007. Growth and photosynthesis of *Dendrobium candidum* wall. ex lindl. plantlets cultured photoautrophically[J]. Propagation of Ornamental Plants, 7(2): 89-96.

XIAO Y, NIU G, KOZAI T, 2012. Development and application of photoautotrophic micropropagation plant system[J]. Plant Cell, Tiss. Org. Cult, 105: 149-158.

植物无糖培养微繁殖及种苗生产

YANG C S, KOZAI T, JEONG B R, 1992. Medium NH_4^+: NO_3^- ratio and ion level affect photoautotrophic growth of carnation and potato plantlet *in vitro*[J]. Abstr. Ann. Meeting Korean Soc. Hort. Sci, 10(2): 130-131.

YANG C S, KOZAI T, FUJIWARA K, 1995. Effects of initial inorganic ion composition and initial total inorganic ion concentration of culture medium on the net photosynthetic rate and growth of strawberry plantlets *in vitro* under photoautotrophic conditions[J]. Environ. Cont. Biol, 33: 71-77. (in Japanese)

YANG Q, PAN J, SHEN G, et al, 2019. Yellow light promotes the growth and accumulation of bioactive flavonoids in *Epimedium pseudowushanense* [J]. Journal of Photochemistry and Photobiology B: Biology, 197.

YOON Y, MOBIN M, HAHN E, et al, 2009. Impact of *in vitro* CO_2 enrichment and sugar deprivation on acclimatory responses of Phalaenopsis plantlets to *ex vitro* conditions[J]. Environmental and Experimental Botany, 65: 183-188.

YOSHINAGA K, OHYAMA K, KOZAI T, 2000. Energy and mass balance of a closed-type transplant production system (Part 3) .Carbon dioxide balance[J]. J. High Technology in Agriculture, 12: 225-231.

ZAREI A, BEHDARVANDI B, TAVAKOULI DINANI E, et al, 2021. *Cannabis sativa* L. photoautotrophic micropropagation: a powerful tool for industrial scale *in vitro* propagation[J]. In Vitro Cell. Dev. Biol.-Plant.

ZHANG M, ZHAO D, MA Z, et al, 2009. Growth and photosynthetic capability of *Momordica grosvenori* plantlets grown photoautotrophically in response to light intensity[J]. Hortscience, 44(3): 757-763.

Ziv M, 1991. Vitrification: morphological and physiological disorders of *in vitro* plants[M]// DEBERGH P C, ZIMMERMAN R H(EDS.). Micropropagation: Technology and Application. Dordrecht, The Netherlands: Springer, pp 45-69.

ZOBAYED S M A, AFREEN-ZOBAYED F, KUBOTA C, et al, 1999a. Stomatal characteristics and leaf anatomy of potato plantlets cultured *in vitro* under photoautotrophic and photomixotrophic conditions[J]. In Vitro Cell. Dev. Biol. - Plant, 35: 183-188.

ZOBAYED S M A, ARMSTRONG J, ARMSTRONG W, 1999b. Cauliflower shoot-culture: effects of different types of ventilation on growth and physiology[J]. Plant Sci, 141: 209-217.

ZOBAYED S M A, KUBOTA C, KOZAI T, 1999c. Development of a forced ventilation micropropagation system for large-scale photoautotrophic culture and its utilization in sweet potato[J]. In Vitro Cell. Dev. Biol.-Plant, 35: 350-355.

ZOBAYED S M A, AFREEN F, KUBOTA C, et al, 2000a. Water control ability of *Ipomoea batatas* grown photoautotrophically under forced ventilation and photomixotrophically under natural ventilation[J]. Ann. Bot, 86: 603-610.

ZOBAYED S M A, AFREEN-ZOBAYED F, KUBOTA C, et al, 2000b. Mass propagation of *Eucalyptus camaludulensis* in a scaled-up vessel under *in vitro* photoautotrophic condition[J]. Ann. Bot, 85: 587-592.

ZOBAYED S M A, 2000c. *In vitro* propagation of *Lagerstroemia* spp. from nodal explants and gaseous composition in the culture head space[J]. Environ, Cont. Biol, 38: 1-11.

ZOBAYED S M A, AFREEN F, KOZAI T, 2001a. Physiology of *Eucalyptus* plantlets cultured photoautotrophically under forced ventilation[J]. In Vitro Cell. Dev. Biol. - Plant, 37: 807-813.

ZOBAYED S M A, ARMSTRONG J, ARMSTRONG W, 2001b. Leaf anatomy of *in vitro* tobacco and cauliflower plantlets as affected by different types of ventilation[J]. Plant Sci, 161: 537-548.

ZOBAYED S M A, SAXENA P K, 2004. Production of St. John's wort plants under controlled environment for maximizing biomass and secondary metabolites[J]. In Vitro Cell. Dev. Biol. - Plant, 40: 108-114.

ZOBAYED S M A, AFREEN F, KOZAI T, 2005. Temperature stress can alter the photosynthetic efficiency and secondary metabolite concentrations in St. John's wort[J]. Plant Physiol. Biochem, 43: 977-984.

鲍顺淑, 贺冬仙, 2006. 可控环境下培养基成分对大豆组培苗生根的影响 [J]. 农业生物技术科学, 122(11): 60-64.

鲍顺淑, 贺冬仙, 郭顺星, 2007. 铁皮石斛在人工光型密闭式植物工厂的适宜光照强度 [J]. 农业工程科学, 23(3): 469-473.

卜妍红, 陆婷, 吴虹, 等, 2020. 栀子化学成分及药理作用研究进展 [J]. 安徽中医药大学学报, 39(6): 89-93.

蔡汉, 陈晓强, 熊作明, 等, 2007. 茉莉离体微繁及无糖生根技术 [J]. 江苏农业学报, 23(5): 464-468.

曹卫星, 2018. 作物栽培学总论 [M]. 3 版. 北京: 科学出版社.

曹孜义, 刘国民, 1996. 实用植物组织培养教程 [M]. 甘肃: 甘肃科学技术出版社.

曾小美, 王凌健, 夏镇澳, 等, 2003. 胡萝卜光自养型愈伤组织的诱导培养及其光合特性 [J]. 实验生物学报, 36(1): 18-22.

陈本学, 林思祖, 曹光球, 2012. 观赏多花相思光自养生根培养研究 [J]. 北方园艺, 23: 71-75.

陈本学，2008.珍珠相思光自养微繁殖技术再生体系的建立 [D]. 福州：福建农林大学.

陈家龙，2006.冬青 (Ilexchinensis Sims) 离体快繁系建立及光合自养培养研究 [D]. 南京：南京农业大学.

陈金鹏，张克霞，刘毅，等，2021.地黄化学成分和药理作用的研究进展 [J]. 中草药，52(6)：1772-1784.

陈疏影，王荔，杨艳琼，等，2007.微环境调控对灯盏花无糖组培苗显微结构的影响 [J].云南农业大学学报，22(3)：183-187.

陈瑶，贾恩礼，2011.罗汉果化学成分和药理作用的研究进展 [J].解放军药学学报，27(2)：171-174.

仇金维，2012.杉木优良无性系光自养微繁殖技术 [D]. 福州：福建农林大学.

催瑾，2002.芋脱毒快繁体系的构建以及组培苗无糖养研究 [D]. 南京：南京农业大学.

崔瑾，徐志刚，李式军，等，2003.CO$_2$浓度和光合光量子通量密度对叶用甘薯组培苗光合自养和过氧化物酶活力的影响 [J]. 应用与环境生物学报，9(5)：482-484.

崔瑾，徐志刚，李式军，等，2004.环境调控对甘薯组培苗光合自养和叶片超微结构的影响 [J].中国农业科学，37(6)：821-824.

淡明，李松，刘丽敏，等，2011.甘蔗健康种苗组培快繁技术的研究进展 [J].安徽农业科技，39(6)：3165-3166.

范子南，肖华山，范晓红，等，1997.金线莲的组织培养研究 [J].福建师范大学报(自然科版)，13(2)：82-87.

冯洁，曹琳琳，王越，等，2019.无糖组织培养技术在马铃薯种苗快繁中的应用 [J].华中农业大学学报，38(6)：62-69.

谷艾素，2011.光调控对花烛组织培养及试管苗合特性的影响 [D].南京：南农业大学.

管道平，杨其长，刘文科，等，2006.圆叶海棠无糖培养生根研究 [J].果树学报，23(6)：899-902.

管道平，2007a.丛枝菌根与无糖培养对海棠组苗生理效应研究 [D].北京：中国农业科学院.

管道平，刘文科，杨其长，等，2007b.植物光自养培养箱 CO$_2$ 自动调控系统的设计 [J].林业科学，43(5)：116-119.

郭欣，林珊，吴丽明，等，2019.灯盏细辛化学成分及药理作用研究进展 [J].中成药，41(2)：393-402.

国家药典委员会，2015.中华人民共和国药典 [M].北京：中国医药科技出版社.

和世平，王荔，陈疏影，等，2009.半夏无糖组培苗营养生长和光合生理对增施CO$_2$的响应 [J].云南农业大学学报，24(2)：204-209.

和世平，厦国银，王荔，2011.不同基质和营养液组合对半夏不定芽无糖组培生根率的影

响 [J]. 云南农业科技, 6：4-6.

黄燕芬, 范成五, 2005. 组织培养快速繁殖罗汉果种苗 [J]. 种子, (8)：91-92.

贾效成, 陈良秋, 刘艳菊, 2020. 无糖培养对油茶生根及叶绿素含量的影响 [J]. 现代农业科技, 9：9-10.

黎彩琴, 2011. 台湾、漳州金线莲光自养生根培养的生态环境调控技术 [D]. 福建：福建农林大学.

李浚明, 1992. 植物组织培养教程 [M]. 北京：中国农业大学出版社.

李孟超, 2000. 火鹤组培苗无糖生根培养试验 [J]. 北京农业科学, (4)：30-32.

李艳敏, 孟月娥, 赵秀山, 等, 2011. 培养容器对金叶复叶槭无糖培养的影响 [J]. 河南科技学院学报 (自然科学版), 39(6)：10-12.

李云, 2001. 林果花菜组织培养快速育苗技术 [M]. 北京：中国林业科技出版社.

李宗菊, 周应揆, 桂明英, 等, 1999. 满天星无糖组培快繁技术研究 [J]. 云南大学学报 (自然科学版), 21(2)：134-138.

廖飞雄, 李玲, 姚翠娴, 等, 2004. 无蔗糖培养和不同封口膜对非洲菊组培苗生长的影响研究 [J]. 中国农学通报, 20(4)：211-214.

林小苹, 2018. 铁皮石斛无糖组培技术初探 [J]. 福建热作科技, 43(2)：6-10.

刘宏, 代巧妹, 仲丽丽, 等, 2021. 贯叶连翘抗抑郁作用机制研究进展 [J]. 辽宁中医药大学学报, 23(7)：40-44.

刘水丽, 杨其长, 2007. 无糖培养条件下三种大豆组培苗生长差异研究 [J]. 大豆科学, 26(2)：163-166.

刘文芳, 2012. 光环境调控对冬青组织培养的影响 [D]. 南京：南京农业大学.

刘文科, 杨其长, 魏灵玲, 2012.LED 光源及其设施园艺应用 [M]. 北京: 中国农业科技出版社.

刘文科, 2016. 当我们谈论植物工厂时, 我们在谈论什么？ [J]. 蔬菜, （9）：1-4.

刘燕, 陈训, 2008. 影响西洋杜鹃离体试管苗开花的几个因素 [J]. 安徽农业科学, 36(22)：9405-9407.

路娟, 赵颖, 柴瑞平, 等, 2018. 珐菲亚 (巴西人参) 化学成分及药理作用研究进展 [J]. 中医药信息, 35(2)：118-122.

罗在柒, 龙启德, 姜运力, 李兰, 2021. 全国石斛产业现状及贵州发展石斛产业的思考 [J]. 贵州林业科技, 49(1)：42-47.

莫磊兴, 李小泉, 林贵美, 等, 2003. 火鹤花离体培养育苗技术研究 [J]. 西南农业学校, (1)：126-128.

潘瑞炽, 董愚得, 1979. 植物生理学 [M]. 湖北：人民教育出版社.

祁永琼, 许邦丽, 褚素贞, 等, 2008. 仙客来组织培养技术的研究 [J]. 云南农业科技, 5：

13-15.

屈云慧，熊丽，张素芳，等，2003. 虎眼万年青离体快繁体系及无糖生根培养 [J]. 中南林学院学报，5：56-58.

屈云慧，熊丽，张素芳，等，2004a. 彩色马蹄莲组织苗无糖生根培养的环境控制 [J]. 植物遗传资源学报，2：166-169.

屈云慧，熊丽，张素芳，等，2004b. 情人草组培苗无糖养应用研究 [J]. 华中农业大学学报，35：192-193.

圣倩倩，高顺，顾舒文，等，2021. CO_2 浓度升高对植物生理生化影响的研究进展 [J]. 西部林业科学，(6)，50(3)：171-176.

石兰英，田新民，魏涛，等，2012. 红掌组培苗无糖生根培养研究 [J]. 江苏农业科学，40(6)：51.

宋越冬，马明建，2009a. 不同 CO_2 浓度对大空间液体培养无糖菊花组培苗生长特性的研究 [J]. 北方园艺，1：62-64.

宋越冬，马明建，2009b. 光照强度对大空间液体培养无糖菊花组培苗生长特性的影响 [J]. 北方园艺，1：62-64.

谭文澄，戴策刚，1991. 观赏植物组织培养技术 [M]. 北京：中国林业科技出版社.

陶泽鑫，陆宁姝，吴晓倩，等，2021. 石斛的化学成分及药理作用研究进展 [J]. 药学研究，40(1)：44-50.

仝宇欣，方炜，2020. 数字化植物工厂理论与实践 [M]. 北京：中国农业科技出版社.

王建勤，林兰英，陈钢，1996. 金线莲原球茎的诱导与植株再生 [J]. 植物学通报，13(1)：54-55.

王立，黄宏健，李小燕，等，2020a. 杜仲无糖组培生根微环境控制技术 [J]. 热带农业工程，44(6)：91-94.

王立，余翠婷，2020b. 金线莲和铁皮石斛无糖组培与传统组培的对照试验 [J]. 基因组学与应用生物学，39(9)：4162-4170.

王立文，2005. 植物无糖组培中 CO_2 增施方法及其应用研究 [D]. 南京：南京农业大学.

王秋月，卢芳，刘树民，2020. 大麻及大麻素药用价值的现代研究进展 [J]. 中药理与临床，36(4)：222-227.

王依明，王秋红，2020. 半夏的化学成分、药理作用及毒性研究进展 [J]. 中国药房，31(21)：2676-2682.

王政，郭玉珍，刘艺平，等，2013. CO_2 施用条件下不同蔗糖浓度对彩色马蹄莲试管苗的影响 [C]// 中国园艺学会观赏园艺专业委员会 2013 年学术会论文集. 郑州：中国园艺学会，304-308.

韦立三，2001. 花卉组织培养 [M]. 北京：中国林业科技出版社 .

吴丽芳，蒋亚莲，张艺萍，等，2009. 花椰菜雄性不育系组培快繁及无糖培养技术 [J]. 北方园艺，6：57-58.

肖平，李克民，李昆，2013. 无糖组织培养核桃生根技术 [J]. 农业工程技术 (温室园艺)，5：74-75.

肖平，杨其长，杨建荣，等，2006. 甘薯组织的无糖培养 [J]. 农业工程技术 (温室园艺)，11：47.

肖栓锁，鲍文奎，1989. 试管外光自养培育四倍体水稻无性系健壮秧苗研究 [J]. 作物学报，15(4)：329-334.

肖玉兰，张立力，张光怡，等，1998. 非洲菊无糖组织培养技术的应用研究 [J]. 园艺学报，4：97-99.

肖玉兰，2003. 植物无糖微繁快繁工厂化生产技术 [M]. 昆明：云南科技出版社 .

徐志刚，崔瑾，焦学磊，等，2004. 光照强度和 CO_2 浓度间接调控对甘薯无糖组培苗光合特性的影响 [J]. 南京农业大学报，27(1)：11-14.

许文江，陈裕，林坤瑞，2000. 药用野生金线莲植物资源的研究 [J]. 福建热作科技，(4)：9-10.

颜昌敬，1990. 植物组织培养手册 [M]. 上海：上海科学技术出版社 .

杨凯，王荔，杨艳琼，等，2007. 灯盏花不定芽无糖生根培养的微环境调控技术研究 [J]. 云南农业大学学报，22(3)：319-322.

杨其长，2019. 植物工厂 [M]. 北京：清华大学出版社 .

杨艳琼，王荔，陈疏影，等，2007. 不同光照强度对灯盏花无糖组培苗生长发育的影响 [J]. 云南农业大学学报，22(3)：323-326.

杨玉田，郭兴臻，朱宗贵，等，2002. 无糖培养技术在甘薯快繁培养中的应用效果 [J]. 山东农业科学，5：18.

袁振，廖荣君，邢刚，等，2020. 欧李无糖组培生根研究 [J]. 山东林业科技，4(249)：39-42.

占艳，王荔，陈疏影，等，2009a. 微环境调控对半夏无糖组培苗根、叶显微结构的影响 [J]. 云南农业大学学报，24(3)：374-379.

占艳，王荔，陈疏影，等，2009b. 微环境调控对半夏无糖组培苗光合自养的影响 [J]. 云南农业大学学报，24(4)：539-544.

张国平，周伟军，2001. 作物栽培学 [M]. 浙江大学出版社 .

张婕，高亦珂，2010. 无糖组织培养在黄菖蒲 (*Iris pseudacorus*) 中的应用 [C]//2010 年全国观赏园艺学术年会论文集 . 西宁：中国园艺学会，271-273.

张丽蓉，2015. 金线莲化学成分的研究 [D]. 福建：福建医科大学 .

张美君，2009. 无糖培养微繁殖条件下不同的光照强度和光周期对罗汉果试管苗的影响 [D].

北京：首都师范大学.

张薇，杨生超，张广辉，等，2013.灯盏花种植发展现状及对策 [J].中国中药杂志，38(14)：2227-2230.

张宇，肖玉兰，2017.人工光植物工厂生产成本构成和经济效益分析 [J].长江蔬菜，4：34-40.

张振臣，2020.我国甘薯脱毒种薯种苗繁育存在的问题及建议 [J].植物保护，46(6)：10-13.

赵菊润，张治国，2014.铁皮石斛产业发展现状与对策 [J].中国现代中药，16(4)：277-279，286.

中国科学院中国植物志编辑委员会，2004.中国植物志 [M].北京：科学出版社.

钟兴颖，邬家琪，方炜，2018.全人工光型植物工厂中低钾、低钠与低硝酸盐水耕栽培莴苣之研究 [J].台湾园艺，64(2)：113-124.

周明，关秋竹，韦玉霞，等，2008.蔗糖浓度和光照对姜试管苗生长和光合的影响 [J].应用与环境生物学报，14(3)：356-361.